Jürgen Brandes, Jan Czerniawski

Spezielle und Allgemeine Relativitätstheorie

für Physiker und Philosophen

Jürgen Brandes, Jan Czerniawski

Spezielle und Allgemeine Relativitätstheorie für Physiker und Philosophen

Einstein- und Lorentz-Interpretation
Paradoxien
Raum und Zeit
Experimente

4. vollständig überarbeitete und erweiterte Auflage mit 100 Abbildungen
Verlag relativistischer Interpretationen - VRI
Karlsbad 2010

Bibliografische Information der Deutschen Nationalbibliothek. Die Deutsche Nationalbibliothek verzeichnet diese Publikation in der Deutschen Nationalbibliografie; detaillierte bibliografische Daten sind im Internet über http://dnb.d-nb.de abrufbar.

ISBN 9783930879083

ISBN 9783930879083 4. vollst. überarb. und erw. Aufl.
ISBN 3930879077 3. Aufl. Titel: Die relativistischen Paradoxien und Thesen zu Raum und Zeit: Interpretationen der speziellen und allgemeinen Relativitätstheorie / Jürgen Brandes.

Umschlaggestaltung, Abbildung 7.3, 19.1: Stephanie BURGSTALLER, A 5273 St. Veit, Österreich, unter Verwendung folgender Quellen:
Hendrik Antoon Lorentz, 1853 - 1928, Nobel Prize in Physics 1902. Portait of Jan Veth 1899 – s. BERENDS [19.1]. Copyright: Instituut-Lorentz, Universiteit Leiden, Niederlande, Prof. Dr. Beenakker
Bundesarchiv, Bild 102-10447 Einstein / Fotograf: o.Ang. / Lizenz CC-BY-SA 3.0

Gedruckt auf säurefreiem Papier mit neutralem pH-Wert (bibliotheksfest)

Unseren Familien

Vorwort

Enttäuschte Kritiker der Relativitätstheorie waren und sind keine Seltenheit und so ist dieses Buch „für diejenigen geschrieben, die EINSTEINs Relativitätstheorie studiert haben, von ihr fasziniert wurden, aber letztlich aufgegeben haben, sie zu verstehen" (sinngemäßes Zitat eines Betroffenen)

... und auch für diejenigen, die das überhaupt nicht nachvollziehen können, weil für sie philosophische Einwände ein mangelndes Verständnis des Minkowski-Raumes und der riemannschen Räume vermuten lassen, oder weil für sie die Lösung der Paradoxien ein – vielleicht noch nicht selbst durchgeführtes – Rechenexempel unter Beachtung der Relativität der Gleichzeitigkeit darstellt, oder weil für sie unlösbare Fragen zur Energieerhaltung nur vorübergehend ungelöste sein können. Näheres im Kapitel „Drei Gründe, dieses Buch (nicht) zu lesen".

Es werden sämtliche Erklärungen und Erklärungsversuche der Fachliteratur, soweit sie Bedeutung haben, systematisch diskutiert. Das ist überraschend einfach, denn dazu genügt es, die unterschiedlichen Lösungsvorschläge der Einstein- und Lorentz-Interpretation zu untersuchen. Im Vordergrund steht das Ziel, dem Leser zu ermöglichen**, eigene Entscheidungen** zur Relativitätstheorie zu treffen und bereits erfolgte zu überprüfen, deshalb wird die Lorentz-Interpretation gleichberechtigt zur klassischen, einsteinschen Theorie untersucht. Der Beitrag von Jan CZERNIAWSKI unterstützt dieses Ziel und diskutiert neben NEWTON und KANT auch die der Allgemeinen Relativitätstheorie näherstehende Philosophie von LEIBNIZ.

Ein wesentlicher Fortschritt dieser Auflage liegt im Verständnis der Energieerhaltung der Allgemeinen Relativitätstheorie, einschließlich des newtonschen Grenzfalls. So hat ein im newtonschen Gravitationsfeld ruhendes Objekt eine *negative* potentielle Energie. Für die Spezielle Relativitätstheorie bedeutet dies negative Masse mal c^2, negative Massen gibt es aber nicht. Man messe die Lorentz-Interpretation daran, wie sie dieses Verständnisproblem löst.

Herrn Dr. habil. Ludwig Neidhart, Augsburg danke ich, seine Rezension abdrucken zu dürfen.

Karlsbad, September 1994,
Juni 1995,
Februar 2001
Dezember 2010
Februar 2018 Jürgen Brandes

Inhaltsverzeichnis

Inhaltsverzeichnis

Vorwort **7**

1. **Einleitung** **19**

2. **Die Einstein- (EI) und Lorentz-Interpretation (LI) – erste Definition** **21**

3. **Drei Gründe, dieses Buch (nicht) zu lesen** **26**

3.1 Philosophische Gleichzeitigkeit 26
3.2 Zwillingsparadoxie 27
3.3 Energieerhaltung beim Freien Fall 28

I. **Die Paradoxien und das Raum-Zeit-Kontinuum der Speziellen Relativitätstheorie** **32**

4. **Die Aussage der Speziellen Relativitätstheorie** **32**

4.1 Einleitung 32
4.2 Die Lorentz- und Galilei-Transformationen 32
4.3 Die Relativität der Gleichzeitigkeit und die Einstein-Konvention der Uhrensynchronisation 36
4.4 Schlussfolgerungen aus den Lorentz-Transformationen 38
4.5 Impuls-, Massen- und Energieerhaltungssätze in der Speziellen Relativitätstheorie 42
4.6 Die unterschiedliche Gestalt von Naturgesetzen in der Speziellen Relativitätstheorie und in der Klassischen Physik 47

5. Die experimentellen Beweise der Speziellen Relativitätstheorie 48

5.1 Einleitung 48
5.2 Experimenteller Nachweis der Zeitdilatation 49
5.3 Die Abhängigkeit der Masse von der Geschwindigkeit 50
5.4 Zum experimentellen Nachweis der Konstanz der Lichtgeschwindigkeit 51
5.5 Die Experimente von Michelson-Morley und Kennedy-Thorndike zum Nachweis der relativistischen Längenkontraktion. 53

6. Herleitung der Lorentz-Transformationen 59

6.1 Einleitung 59
6.2 Heuristische Herleitung der Lorentz-Transformationen aus Längenkontraktion und Zeitdilatation. 60
6.3 Alternative Herleitung der Lorentz-Transformationen mit Hilfe des Reziprozitätsprinzips. 64
6.4 Die Einstein- und Lorentz-Interpretation der Lorentz-Transformationen 65
6.5 Herleitung aus dem Relativitätsprinzip und dem Prinzip der Konstanz der Lichtgeschwindigkeit für beide Interpretationen 67
6.6 Definition der EI und LI – etwas abstrakter 70

7. Gedankenexperimente zur Unterscheidung zwischen der Einstein- und Lorentz-Interpretation 71

7.1 Einleitung 71
7.2 Gedankenexperiment zum Teilchenzerfall 71
7.3 Ein Gedankenexperiment zur Messung der Ein-Weg-Lichtgeschwindigkeit mit Hilfe von Lasern. 74
7.4 Stellungnahmen zur Lorentz-Interpretation – MITTELSTAEDT, TREDER, SEXL 77

8. Jan CZERNIAWSKI – Über Stäbe, Uhren und Relativität 83

8.1 Physikalische Bedeutung der kinematischen Transformationen 83

8.2 Realität relativistischer Effekte 96
8.3 Zur Klärung der Terminologie 106
8.4 Das entscheidende Argument 111
8.5 Protophysik und Raumzeitgeometrie 116

9. Die Begriffe Länge und Abstand der Speziellen Relativitätstheorie 125

9.1 Längen und Abstände relativistisch interpretiert 125
9.2 Längenmessungen in der LI 128
9.3 Linear beschleunigte Körper 129
9.4 Kreisförmig beschleunigte Körper 133

10. Paradoxien 139

10.1 Einleitung 139
10.2 Garagenproblem 140
10.3 Woodsche Paradoxon 142
10.4 Deckelparadoxie 144
10.5 Ehrenfest-Paradoxie 148
10.6 Bellsche Raumschiff-Paradoxie 155
10.7 Sagnac-Effekt 155
10.8 Uhren- oder Zwillingsparadoxie 159
10.8.1 Einleitung 159
10.8.2 Vorbemerkung zur Eigenzeit 160
10.8.3 Eigenzeiten relativ zu *S*, *S'*, *S''* 163
10.8.4 Eigenzeiten mit Wechsel von *S'* und *S''* 166
10.8.5 Widersprüchliche Folgerungen beim Uhrenparadoxon und ihre Eliminierung 167
10.8.6 Die Inertialsystemforderung 170
10.8.7 Die allgemein-relativistische Lösung 173
10.8.8 Die Zwillingsparadoxie in WIKIPEDIA 179

11. Philosophische Beiträge zur Einstein- und Lorentz-Interpretation 182

11.1 Die Begriffe ein- und mehrdimensional 182

11.2 Ein erstes philosophisches Argument zum Raum-Zeit-Kontinuum 187
11.3 Der vierdimensionale Minkowski-Raum der EI 189
11.4 Alternative Interpretation des Minkowski-Raumes der LI 196
11.5 Inertialsysteme mit Lichtgeschwindigkeit 198
11.6 Räumliche Objekte und Raum, Zeitabläufe und Zeit 201
11.6.1 Geometrische Objekte in mathematischen Räumen, Körper im physikalischen Raum 201
11.6.2 Relative und philosophische Gleichzeitigkeit 204
11.6.3 Minkowski-Raum und wirklicher Raum 210
11.7 Äther und Quantenäther 213
11.8 Physikalische Größen in der EI und LI 217

12. Vergleich der Einstein- und Lorentz-Interpretation der Speziellen Relativitätstheorie 223

13. Eine exakte Definition der Lorentz-Interpretation der Speziellen Relativitätstheorie 225

II. Der gekrümmte Raum der Allgemeinen Relativitätstheorie 229

14. Überblick 229

15. Die Bedeutung der Allgemeinen Relativitätstheorie für die speziell-relativistischen Raum-Zeit-Thesen 230

16. Schwarzschild-Metrik (SM) 232

16.1 Einleitung 232
16.2 Die experimentellen Beweise für die Gültigkeit der Schwarzschild-Metrik 232
16.3 Grundlagen der Schwarzschild-Metrik 237

16.4 Geometrisches Modell der Schwarzschild-Metrik 240
16.5 Gaußsches Koordinatensystem für zentralsymmetrische Gravitationsfelder 244
16.6 Die Einstein- und Lorentz-Interpretation der Schwarzschild-Metrik 246
16.7 Experimentell überprüfbare Schlussfolgerungen aus der Schwarzschild-Metrik 248
16.8 Die Schwarzschild-Metrik in anderen Koordinaten und der Einwand von WEYL 250
16.9 Die Singularität der Schwarzschild-Metrik 254

17. Die poincarésche These und der leere, materiefreie Raum der Allgemeinen Relativitätstheorie 257

18. Zur Definition des gekrümmten Raumes mit Hilfe der Mathematik 260

18.1 Einleitung 260
18.2 Zweidimensionale Kugelflächen 260
18.3 Dreidimensionale Kugelflächen 266
18.4 Zur Konstruktion eines Koordinatensystems für die dreidimensionale Kugelfläche 270
18.5 Deutung der Metrik als Maßstabsverzerrung 272
18.6 Andere gekrümmte Flächen 274

19. Kosmologie und Robertson-Walker-Metrik (RWM) 277

19.1 Einleitung 277
19.2 Der endliche gekrümmte kosmologische Raum aus der Sicht der Schwarzschild-Metrik 278
19.3 Das kosmologische Prinzip und das mitbewegte Koordinatensystem 278
19.4 Die Robertson-Walker-Metrik (RWM) 281
19.5 Die Lorentz-Interpretation der Robertson-Walker-Metrik als Maßstabsveränderungen 285
19.6 Beobachtungen im Universum 287

19.7 Die kosmologischen Alternativen: Das unendliche euklidische und unendliche hyperbolische Weltall. 291
19.8 Vertiefung der Einstein- und Lorentz-Interpretation der RWM 294
19.8.1 Überblick 294
19.8.2 Das newtonsche Gravitationsgesetz und der Urknall 296
19.8.3 Die Robertson-Walker-Metrik und der Gravitationskollaps von Sternen 297
19.8.4 Der expandierende Raum und die kosmologische Gleichzeitigkeit für den speziell-relativistischen Grenzfall 298
19.8.5 Die Ausdehnung des Universums als Funktion von t und τ 304

20. Die Lorentz-Interpretation der Allgemeinen Relativitätstheorie 305

20.1 Ansatz einer exakten Definition 305
20.2 Plausibilität und Verifizierbarkeit der Zusatzannahmen 308

21. Schwarze Löcher und Energieerhaltung der SM 310

21.1 Energieerhaltung für Licht 310
21.2 Fallgesetze 312
21.3 Energieerhaltungssatz für frei fallende Teilchen 316
21.4 Energieerhaltung in der Inneren Schwarzschildmetrik. 320
21.5 Schwarze Löcher der SM und OVG 321

22. Schwarze Löcher und Energieerhaltung der RWM 327

22.1 Formeln 327
22.2 Lorentz-Interpretation für explodierende Staubsterne 328
22.3 Schwarze Löcher (SL) und Energieerhaltung in der RWM 331

23. Vergleich der Einstein- und Lorentz-Interpretation der Allgemeinen Relativitätstheorie 336

24. Hinweise, Ergänzungen, Anmerkungen zu I. und II. 337

24.1 Absolute speziell-relativistische Effekte 337
24.2 Wilhelm T. HERING: Diskussionsbemerkungen zum Vortrag von J. BRANDES auf der 64. DPG-Tagung in Dresden 342
24.3 Bellsche Raumschiff-Paradoxie – Ergänzung 345
24.4 Historische Anmerkung zur Lorentz-Interpretation 345
24.5 Kritiker der Lorentz-Interpretation 346
24.6 Fermatsche Prinzip in der Allgemeinen Relativitätstheorie 347
24.7 Gewichtskraft, Gravitationskraft 348
24.8 Das negative newtonsche Gravitationspotenzial 348
24.9 Energieerhaltungssatz von EINSTEIN 350
24.10 Leben wir in einem Schwarzen Loch? 351
24.11 Astronomische Beobachtungen 352
24.12 Kosmischer Mikrowellenhintergrund (CMB) und der sogenannte WMAP cold spot 355
24.13 Die Kleinheit der Kosmologischen Konstante 356

25. Verzeichnisse 358

25.1 Nützliche und hypothetische Zahlen 358
25.2 Glossar 359
25.3 Literaturverzeichnis und Quellenhinweise 364
25.4 Die Autoren 393
25.5 Stichwortverzeichnis 394

26. Rezension 406

Spezielle und Allgemeine Relativitätstheorie für Physiker und Philosophen

„Beiß nicht in meinen Finger, schau, wohin er zeigt."
Warren S. McCulloch

1. Einleitung

Wenn Sie einen eigenen Weg durch dieses Buch suchen, sollten Sie als erstes Kapitel 3 lesen, damit Sie wissen, was Ihnen versprochen wird. Gelöst werden die drei Problemkreise – philosophische Einwände, Widersprüche durch Paradoxien, Energieerhaltung in der Allgemeinen Relativitätstheorie – durch die Lorentz-Interpretation der Speziellen und Allgemeinen Relativitätstheorie oder bereits durch die Einstein-Interpretation. Für die eigene Entscheidung des Lesers werden beide Interpretationen gleichberechtigt diskutiert. Die Kap. 2, 6.6, 13, 20 definieren zunehmend exakter, was unter Einstein- und Lorentz-Interpretation zu verstehen ist. Die zugehörigen Kap. 13, 23 fassen zusammen, welche Unterschiede zwischen beiden Interpretation bestehen und was experimentell überprüfbar ist.

Die Kap. 4 bis 19 haben seit der ersten Auflage Bestand und beschreiben elementar und dennoch exakt, wie die philosophischen Einwände und Paradoxien mit Hilfe der Lorentz-Interpretation gelöst werden können, **ohne die grundlegenden physikalischen Erkenntnisse der Relativitätstheorie zu bestreiten.** Die Kap. 21 und 22 beschäftigen sich mit der Energieerhaltung in der Allgemeinen Relativitätstheorie und betreffen den Physiker. Hier wird die Lorentz-Interpretation endgültig experimentell überprüfbar und damit zu einer **physikalischen** Theorie.

Diese Punkte erscheinen dem Autor als wesentlich:

a.) Der Nachweis, dass die Spezielle Relativitätstheorie alternativ herleitbar ist, Kap. 6 und Kap. 8

b.) Die Widersprüchlichkeit der Zwillingsparadoxie, Kap. 10.8

c.) Der speziell-relativistische Grenzfall und die kosmologische Gleichzeitigkeit, Kap. 19.8.4

d.) Die Erklärung, was das negative newtonsche Gravitationspotenzial bedeutet, Kap. 21.3, 24.8.

Schon 1999 hat der Autor in seinem ersten DPG-Vortrag [Vor1] daraufhingewiesen, dass die höchstenergetische kosmische Strahlung (UHECR) ihren Ursprung in den galaktischen Zentren haben könnte, so wie es die Experimente des Pierre-Auger-Observatoriums [266] und H.E.S.S. [155.1] jetzt zu bestätigen scheinen. Die damalige Prognose möchte der Autor erweitern: Die Energieprobleme bei der Simulation von Supernovae, die unerklärt hohe Energie von Gammabursts, fehlende erfolgreiche Simulationen von Jets aus AGN's und möglicherweise auch die mit zu hoher Intensität vorhergesagten Gravitationswellen haben sämtlich gleiche Ursachen, die in den unterschiedlichen Aussagen zur Energieerhaltung und zu den Eigenschaften Schwarzer Löcher von Einstein- und Lorentz-Interpretation zu suchen sind. Anregungen zu diesem Thema s. Kap.21.3 und 24.11.

Auf einige, hoffentlich entschuldbare Mängel sei hingewiesen: Manche Formeln können Schreibfehler enthalten oder schlecht lesbar, einige Kapitel etwas langatmig sein. Die LI der SM und RWM in Kap. 16–18 ist eine Vorstufe der allgemeineren in Kap. 20, wird aber bereits als LI bezeichnet. Einige Ideen sind nicht als bewiesen anzusehen, sondern sollen dem Verständnis dienen, anregen, in jedem Falle lediglich weiterhelfen. Der Autor kann nicht für jeden Einzelfall ausschließen, vielleicht das eine oder andere, wesentlich erscheinende Argument zu Gunsten der EI oder LI übersehen zu haben.

Die ersten drei Auflagen trugen den Titel: „*Die relativistischen Paradoxien und Thesen zu Raum und Zeit: Interpretationen der speziellen und allgemeinen Relativitätstheorie*". Neu in der vierten Auflage sind u. a. die Kapitel zur Energieerhaltung und der erweiterte Beitrag von Jan CZERNIAWSKI.

Für den richtigen Lösungsansatz relativistischer Aufgaben ist die Kenntnis beider Interpretationen hilfreich und es ist nicht entscheidend, welcher von beiden man den Vorzug gibt. Da beide hier gut verständlich erklärt sein dürften, eignet sich dieser Text zum Gebrauch neben den üblichen Vorlesungen, die einerseits mathematisch anspruchsvoller sind, aber andererseits auf die Lorentz-Interpretation nicht eingehen. Obwohl mehr beabsichtigt ist, bleibt das Minimalziel eine systematische Darstellung der Paradoxien der Relativitätstheorie zusammen mit den Vorschlägen, sie zu lösen.

Die wichtigste physikalische Aussage liegt im Verständnis des *negativen* newtonschen Gravitationspotenzials.

2. Die Einstein- (EI) und Lorentz-Interpretation (LI) – erste Definition

Die Lorentz-Interpretation (LI) ist eine Erweiterung der Klassischen Speziellen und Allgemeinen Relativitätstheorie. Das bedeutet, für die LI ist die Klassische Spezielle und Allgemeine Relativitätstheorie weder falsch noch richtig sondern unvollständig. Eine falsche Theorie muss man ersetzen, eine unvollständige erweitern, letzteres will die LI. Einstein-Interpretation (EI) ist ein anderer, kürzerer Name für Klassische Spezielle und Allgemeine Relativitätstheorie, wobei die Betonung darauf liegt, dass die relativistischen Formeln im Sinne EINSTEINs philosophisch zu deuten sind. Abb. 2.1 veranschaulicht, was beiden Interpretationen gemeinsam ist und was sie unterscheidet. Daraus folgt etwas genauer: EI und LI verwenden dieselben Formeln der Klassischen Speziellen und/oder Allgemeinen Relativitätstheorie. Die EI deutet die relativistischen Formeln und Messergebnisse als philosophische Aussagen über Raum und Zeit. Die LI versucht die relativistischen Formeln und Messergebnisse durch Annahmen über den Einfluss der Messinstrumente physikalisch zu vertiefen.

Während die EI eine hoch entwickelte Theorie darstellt, steht die LI an den Anfängen, aber sie ist soweit durchdacht, dass sie experimentell überprüfbar ist. Beispielsweise sind die Eigenschaften Schwarzer Löcher überprüfbar unterschiedlich in beiden Interpretationen. Für die LI sind Schwarze Löcher möglicher Ursprung der UHECR (kosmische Teilchen höchster Energie) und emittieren Licht, für die EI sind Schwarze Löcher Objekte, die weder wie Sterne strahlen noch Teilchen emittieren können.

In seiner Inaugurationsrede im Jahre 1914 in Berlin hatte EINSTEIN das Prinzip der Allgemeinen Relativitätstheorie erläutert: Alle Gleichungen sollen unabhängig vom jeweiligen Koordinatensystem gelten. Die Spezielle Relativitätstheorie „gewährt vom theoretischen Standpunkt aus nicht die volle Befriedigung, weil [sie] die gleichförmige Bewegung bevorzugt.“ Dazu erwiderte Planck: Gewisse Bezugsysteme müssen eine Vorrangstellung besitzen, beispielsweise gilt das Relativitätsprinzip nur in Inertialsystemen und man kann deshalb „ebenso gut auch umgekehrter Ansicht sein und gerade in der Bevorzugung der gleichförmigen Bewegung ein besonders wichtiges und wertvolles Merkmal erblicken.“ [254]

Ungewollt beachtet die LI die tiefgehende, sich scheinbar widersprechende Naturphilosophie zweier berühmter Physiker, denn manche Naturgesetze erkennt man an der Unabhängigkeit ihrer Gleichungen vom jeweiligen Koordinatensystem, andere, in dem man sie in ausgezeichneten Koordinatensystemen untersucht.

Abb. 2.1 (nebenstehend) Die Klassische Spezielle und Allgemeine Relativitätstheorie ist erwiesenermaßen nicht falsch, aber möglicherweise auch nicht richtig, sondern unvollständig.

Die Lorentz-Interpretation (LI) erweitert beide Relativitätstheorien um die Vorstellung nicht messbarer relativistischer Effekte, denn für die LI unterliegen auch die Messgeräte relativistischen Effekten. So ergeben sich Unterschiede in der Beurteilung der Paradoxien, für den Energieerhaltungssatz, bei den Schwarzen Löchern und in der Raum-Zeit-Philosophie.

Die Ideen der Abb. 2.1 etwas ausführlicher. Für die Klassische Spezielle Relativitätstheorie gelten:
(a) das Prinzip der Konstanz der Lichtgeschwindigkeit (alternativ: Die Lichtgeschwindigkeit ist unabhängig von der Geschwindigkeit der Lichtquelle)
(b) das Relativitätsprinzip.

Daraus folgt die Lorentzinvarianz der Naturgesetze und die Darstellbarkeit dieser Gesetze im Minkowski-Raum. Für die Lorentz-Interpretation (LI) der Speziellen Relativitätstheorie gilt: Physikalische Objekte verändern sich, wenn sie bewegt werden. Dasselbe gilt für die Messinstrumente, mit denen derartige physikalische Effekte untersucht werden. Unterscheidet man nicht zwischen beiden Effekten und betrachtet nur die um die üblichen Messfehler bereinigten Messergebnisse, so gilt die Klassische Spezielle Relativitätstheorie, d. h. deren Formeln und deren Prinzipien.

Beispiele:

Das Messergebnis für einen bewegten Stab gemessen mit einem mitbewegten Meterstab ändert sich nicht gegenüber einem ruhenden Stab. Die Lorentz-Kontraktion zeigt sich nur, wenn Stab und Meterstab relativ zu einander bewegt werden. Analoges gilt für Schwingungen gemessen mit einer mitbewegten oder ruhenden Uhr (Zeitdilation). Da in die Formel für das Messergebnis nur die Relativgeschwindigkeit von Messobjekt und Messgerät eingeht, gibt es für die Klassische Spezielle Relativitätstheorie keine absolute sondern nur eine relative Geschwindigkeit. Für die LI gibt es unterschiedliche Begriffe von Geschwindigkeit, wenn auch nicht den einer ‚absoluten' Geschwindigkeit durch den ‚leeren' Raum. Die LI untersucht, welche überprüfbaren physikalische Konsequenzen sich damit ergeben könnten, insbesondere lehnt sie so etwas nicht von vornherein als falsch ab.

Die maxwellschen Gleichungen sind lorentzinvariant. Bewegte elektrische Ladungen haben ein Magnetfeld, das mitbewegte Messgeräte (z. B. eine Magnetnadel) aber nicht messen können. Für die Klassische Spezielle Relativitätstheorie bedeutet das, dass elektrische und magnetische Felder keinen absoluten Charakter haben, für die LI nur, dass dieser absolute Charakter nicht in die Formeln zur Berechnung der

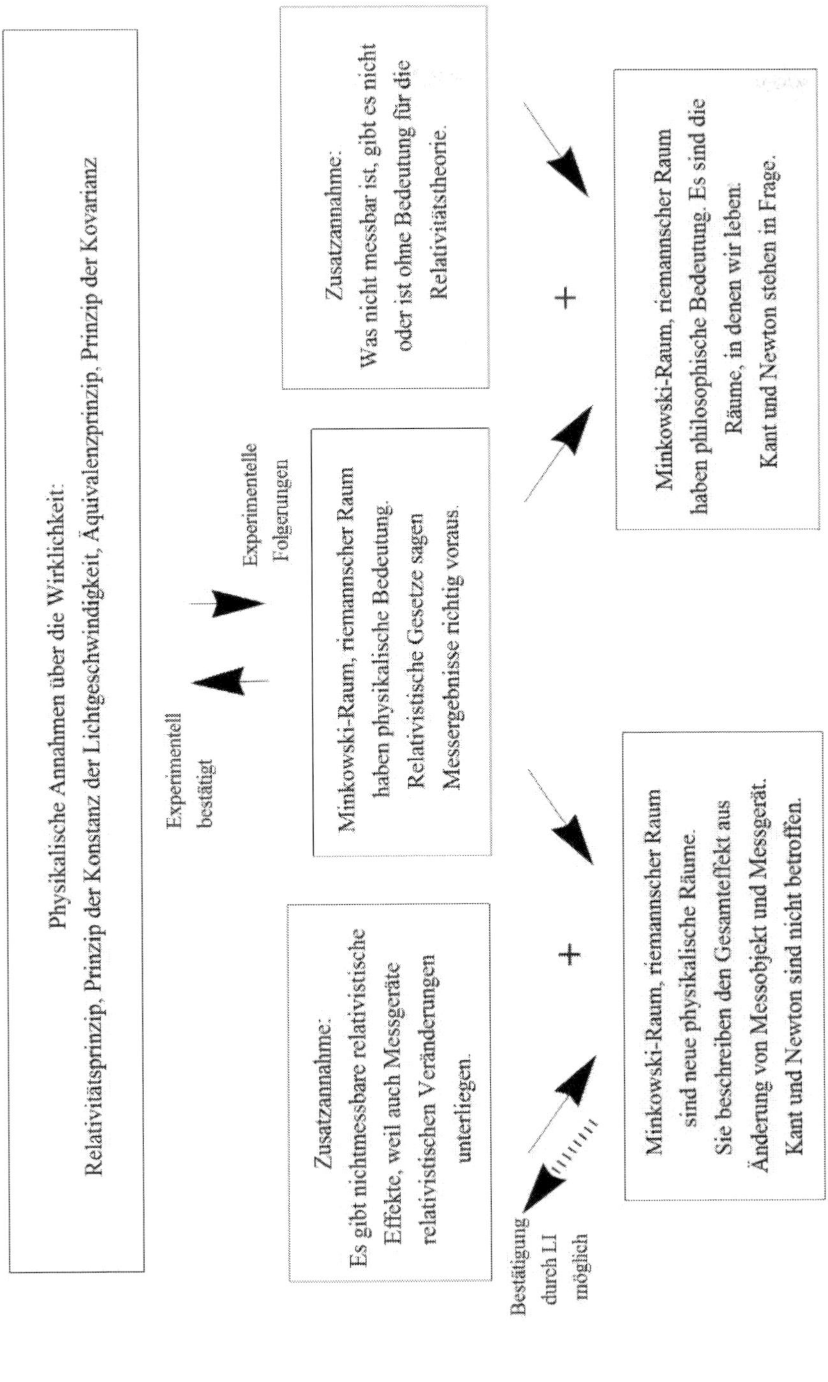
Physikalische Annahmen über die Wirklichkeit:
Relativitätsprinzip, Prinzip der Konstanz der Lichtgeschwindigkeit, Äquivalenzprinzip, Prinzip der Kovarianz
Experimentell bestätigt
Experimentelle Folgerungen
Minkowski-Raum, riemannscher Raum haben physikalische Bedeutung. Relativistische Gesetze sagen Messergebnisse richtig voraus.
Zusatzannahme: Es gibt nichtmessbare relativistische Effekte, weil auch Messgeräte relativistischen Veränderungen unterliegen.
+
Minkowski-Raum, riemannscher Raum sind neue physikalische Räume. Sie beschreiben den Gesamteffekt aus Änderung von Messobjekt und Messgerät. Kant und Newton sind nicht betroffen.
Bestätigung durch LI möglich
Zusatzannahme: Was nicht messbar ist, gibt es nicht oder ist ohne Bedeutung für die Relativitätstheorie.
+
Minkowski-Raum, riemannscher Raum haben philosophische Bedeutung. Es sind die Räume, in denen wir leben. Kant und Newton stehen in Frage.

Messergebnisse eingeht. Wieder fragt die LI, ob sich daraus in anderer Weise physikalisch überprüfbare oder philosophisch relevante Schlussfolgerungen ergeben könnten.

Für die Klassische Allgemeine Relativitätstheorie gelten:

das Äquivalenzprinzip

das Kovarianzprinzip.

Gravitationsfelder ähnlich zu denen der newtonschen Gravitationstheorie, die Kräfte auf materielle Objekte ausüben, gibt es in der Klassischen Allgemeinen Relativitätstheorie nicht. Was an deren Stelle tritt, sind die pseudo-riemannschen Räume vom Index 1 (d. h. besondere gekrümmte vierdimensionale Räume). Wenn oft genug von Gravitationskräften gesprochen wird, dann nur in Analogie zu den newtonschen Gravitationsfeldern.

Für die Lorentz-Interpretation (LI) der Allgemeinen Relativitätstheorie gilt ganz analog zur LI der Speziellen Relativitätstheorie: Physikalische Objekte verändern sich in Gravitationsfeldern, ebenso die Messgeräte, mit denen die Eigenschaften dieser Objekte untersucht werden. Fragt man nicht im Einzelnen nach diesen beiden Effekten, sondern betrachtet nur die Gesamtwirkung, gelten die Formeln der Klassischen Allgemeinen Relativitätstheorie. Die um die üblichen Messfehler bereinigten Messergebnisse sind das, was die allgemein relativistischen Formeln, abgleitet aus den obigen Prinzipien, vorhersagen. Der erste Unterschied: Riemannsche Räume sind für die LI mathematische Räume zur Beschreibung von physikalischen Eigenschaften von Gravitationsfeldern und treten nicht an deren Stelle.

Beispiele.

Der Vergleich von Längen und periodischen Vorgängen mit Meterstab und Uhr am gleichen Ort zeigt keinen Unterschied zur Messung im gravitationsfreien Raum. Aber z. B. der Vergleich von Uhren innerhalb und außerhalb von Gravitationsfeldern durch Uhrentransport zeigt, dass Uhren in Gravitationsfeldern langsamer gehen (Gravitationsrotverschiebung). Die Klassische Allgemeine Relativitätstheorie sagt dazu, keine der Uhren läuft absolut langsamer, sondern sie bewegen sich in der vierdimensionalen gekrümmten Raumzeit auf verschiedenen Bahnen, wozu die eine Uhr mehr Sekunden benötigt als die andere.

Für die Klassische Allgemeine Relativitätstheorie beschreiben die Formeln der Schwarzschild-Metrik (SM) und der Robertson-Walker-Metrik (RWM) riemannsche Räume, Maßstäbe und Uhren werden in ihnen nicht verändert, solange die Abmessungen der Objekte klein sind und deshalb die Raumkrümmung als konstant angesehen werden darf (d. h. bei fehlenden Gezeitenkräften). Für die LI beschreiben die Formeln der SM und der RWM Maßstabskontraktion und Uhrdilation in Gravitationsfeldern, die RWM ist für die LI zusätzlich die Folge einer neuen

Gleichzeitigkeitsdefinition (kosmologische Gleichzeitigkeitsdefinition im Gegensatz zur speziell-relativistischen Gleichzeitigkeitsdefinition eines Beobachters außerhalb des Gravitationsfeldes).

Die LI bezeichnet das Gravitationsfeld als das, was es gibt, was Wirklichkeit ist, die Klassische Allgemeine Relativitätstheorie bezeichnet den riemannschen Raum als die Wirklichkeit, ein Gravitationsfeld, das real existiert, gibt es für sie nicht.

Welche nachprüfbaren Unterschiede ergeben sich daraus für die LI? Es sind die Unterschiede in der Raum-Zeit-Philosophie, die Unterschiede in der Lösung der Paradoxien, unterschiedliche, experimentell überprüfbare Vorhersagen in der Speziellen Relativitätstheorie, z. B. in der Frage: Sind Lorentz-Kontraktionen mit Kräften verbunden oder nicht?, und in der Allgemeinen Relativitätstheorie z. B. aus den anderen Eigenschaften von Schwarzen Löchern. Alles steht in Einklang mit den bisherigen relativistischen Experimenten, insbesondere mit den astronomischen Beobachtungen von GENZEL et al. [122], die nicht genügen, um zwischen beiden Varianten der Schwarzen Löcher zu unterscheiden, s. Kap. 21.

Das folgende Kapitel nennt vorwegnehmend drei Sachverhalte, die zu Gunsten der LI sprechen.

3. Drei Gründe, dieses Buch (nicht) zu lesen

Die Einstein-Interpretation (EI, Synonym für Klassische Spezielle und Allgemeine Relativitätstheorie) und die Lorentz-Interpretation (LI, gleiche Formeln, aber mit anderen philosophischen und physikalischen Schlussfolgerungen) unterscheiden sich in den Lösungsvorschlägen zu einer Reihe unterschiedlicher Fragen. Beispielhaft werden in diesem Kapitel je eine philosophische, wissenschaftstheoretische und physikalische Frage ausgewählt. Zuvor sei noch einmal wiederholt, dass die zahlreichen experimentellen Bestätigungen und die zugehörigen, relativistischen Formeln für beide Interpretationen gültig sind. Es ist ein weit verbreitetes Vorurteil, dass nur die EI mit dieser Fülle von Experimenten in Einklang stehen kann.

Diskutiert werden:

a.) ein philosophisches Argument zur absoluten Gleichzeitigkeit
b.) ein wissenschaftstheoretisches zur Widerspruchsfreiheit der EI
c.) ein physikalisches Argument – Energieerhaltung beim freien Fall.

„Alle Wissenschaft ist nur eine Verfeinerung
des Denkens des Alltags.“
EINSTEIN 1936

3.1 Philosophische Gleichzeitigkeit

Jeder Physiker weiß es, in jedem Physikbuch ist es nachlesbar: Es gibt keine (absolute) Gleichzeitigkeit, sondern nur eine relative Gleichzeitigkeit, wie aus den Lorentz-Transformationen abzuleiten ist. Dazu im Widerspruch steht die Aussage des Naturphilosophen DESSAUER und anderer: „Gleichzeitigkeit ist ein legaler ontologischer Begriff, auch in den Fällen, wo sie nicht messbar ist.“ D. h. es gibt eine (absolute oder philosophische) Gleichzeitigkeit, die Relativitätstheorie ist jedoch nicht in der Lage, sie zu messen.

Es ist das sog. Gegenwartsargument, das überzeugend der Relativität der Gleichzeitigkeit widerspricht. Alles, was Gegenwart ist (egal wo im Weltraum), ist gleichzeitig. 'Gegenwart sein' bedeutet stets auch ‚wirklich sein' und umgekehrt. Irgendein Vorgang in der Gegenwart ist zugleich auch ein wirklicher Vorgang. Dagegen sind Vergangenheit und Zukunft nicht mehr oder noch nicht, auf jeden Fall keine Wirklichkeit. Gleichzeitigkeit und ‚Wirklichkeit sein' sind äquivalent. Ob eine weit entfernte Sternexplosion noch Wirklichkeit ist, oder vorbei ist und nur noch die Folgen gefährlich sein können, liegt fest für jeden, der sich dort aufhält – völlig unabhängig davon, ob wir das wissen oder nicht. Das, was dort Wirklichkeit ist, ist zu unserem Tun gleichzeitig.

Es gibt also zweierlei: Die nicht messbare philosophische Gleichzeitigkeit und die messbare relative Gleichzeitigkeit der Relativitätstheorie. Die LI hat im Gegensatz zur EI mit beiden Begriffen keine Schwierigkeiten.

Man kann die Wirklichkeit nicht leugnen. Wer es macht, müsste z. B. erklären, wie er seinen Standpunkt rechtfertigen will, sobald er gestorben ist. Natürlich, warum keine Wiederauferstehung? Aber helfen kann sie erst dann, wenn sie Wirklichkeit wird. Wie man so und mit vielen anderen Überlegungen sieht, ist es wissenschaftlicher Unsinn, die Wirklichkeit zu leugnen und hier kein Thema. Aber es trotzdem versuchen und diesen naheliegenden und natürlichen Standpunkt nicht einmal tolerieren? Die LI ist darauf angewiesen, dass es nicht geschieht. Andererseits, Irrtümer kann man auch für sie nicht ausschließen; soweit es den Autor betrifft, bekennt er sich dazu, s. Kap. 24.11. Die ausführliche Gleichzeitigkeitsdiskussion s. Kap. 11.6.2.

3.2 Zwillingsparadoxie

Die Zwillingsparadoxie darf man nicht verwechseln mit der experimentell überprüfbaren und überprüften Tatsache, dass ein Weltraumfahrer bei seiner Rückkehr jünger ist als ein auf der Erde zurückgebliebener Zwillingsbruder. Das ist eine Folge der Zeitdilation, der Zwilling auf der Erde bildet ein Inertialsystem, der Weltraumfahrer bewegt sich darin mit unterschiedlicher Geschwindigkeit und Richtung. Paradox ist: Wenn sich der Raumfahrer entfernt, befindet er sich in einem Inertialsystem, in dem der Erdzwilling sich bewegt und deshalb jünger bleibt. Dann folgt die Umkehr und wieder befindet sich der Raumfahrer in einem Inertialsystem, in dem sich der Erdzwilling bewegt und weiterhin jünger bleibt.

Wie löst sich die Paradoxie? Der Raumfahrer befindet sich in zwei verschiedenen Inertialsystemen, das ist nicht verboten, er wurde beschleunigt, dieser Zeitraum ist vernachlässigbar, da die Weltraumreise entsprechend beliebig verlängert werden kann. Mindestens auf den ersten Blick ein deutlicher Widerspruch innerhalb der Klassischen Speziellen Relativitätstheorie.

Bleibt es dabei, obwohl die Hauptsache, die Physik (der Weltraumfahrer bleibt jünger) von der EI richtig vorhergesagt wird? Das Kap. 10.8 enthält alle wesentlichen Lösungsversuche der EI und den einen der LI, so dass der Leser sich selbst entscheiden kann. Allerdings, auch wenn Sie eine bestimmte Lösung überzeugend finden, so bleibt die Frage offen, weshalb sich die Relativitätstheorie unterschiedliche Lösungen zum Aussuchen leisten darf, ohne kritisiert zu werden. Einige Lösungen zum Aussuchen, heißt keine Lösung – aber das ist genau die Situation einer Theorie, der ein weiteres, zu einer Auswahl führendes Kriterium fehlt, einer Theorie, die nicht falsch, sondern unvollständig ist. Die einst revolutionäre, heute selbstverständliche Erkenntnis der Klassischen Speziellen Relativitätstheorie, dass der Weltraumfahrer jünger bleibt, wird mit dem Lösungsansatz der LI nicht in Frage gestellt.

„Wer die Spezielle Relativitätstheorie widerlegen will, ist ein Esel, bei der Allgemeinen Relativitätstheorie mag es anders sein.“
Ondit aus Potsdam, ca. 1970

3.3 Energieerhaltung beim Freien Fall

Inzwischen ist die Allgemeine Relativitätstheorie experimentell gut bestätigt und man könnte das obige Zitat erweitern, aber das schließt Mängel an der Theorie nicht aus. Im Gegensatz zur Speziellen Relativitätstheorie und zur newtonschen Gravitationstheorie besitzt die Klassische Allgemeine Relativitätstheorie keinen universellen Energieerhaltungssatz. Betrachten wir dazu ein einfaches, anschauliches Beispiel, einen frei fallenden Stein. Lässt man ihn fallen, gewinnt er kinetische Energie und deshalb wächst die Gesamtenergie und wegen $E = mc^2$ auch die Gesamtmasse des Steins. Woher kommt der wachsende Anteil der Gesamtenergie

$$\Delta E = m_0 c^2 \left(\frac{1}{\sqrt{1-\beta^2}} - 1 \right) \tag{3.1}$$

E: Energie, m: Masse, m_0: Ruhemasse, v: Geschwindigkeit, h: Höhe des Steins, $\beta = v/c$.

In der Klassischen Mechanik entspricht der Energiezunahme eine Abnahme der potentiellen Energie mgh und Ähnliches gilt in der newtonschen Gravitationstheorie. Auf Grund der Speziellen Relativitätstheorie muss dem positiven ΔE des Steins eine Abnahme der Gesamtmasse bzw. Gesamtenergie der Erde um denselben Betrag zugeordnet werden, denn die Gesamtenergie von Erde und Stein muss konstant bleiben. Aber in der Allgemeinen Relativitätstheorie gibt es kein überzeugendes Konzept der potentiellen Energie, weil man nicht annehmen darf, dass das Gravitationsfeld Energie (und damit Masse) auf den fallenden Stein überträgt. RINDLER [299] beweist das für einen Spezialfall. „By slowly lowering a particle of rest mass m_0 to the horizon [of a black hole] we could extract from it all energy m_0c^2. A fair question: have we really extracted this energy from the particle, using the field as a mere catalyst, or have we extracted it from the field?” Seine Antwort: Keine Energie vom Feld. TOLMAN [367] diskutiert die Grenzen des Energiekonzepts der Allgemeinen Relativitätstheorie mit ähnlichem Ergebnis.

Wie könnte die Lösung für ein frei fallendes Teilchen, unseren Stein aussehen? Ein vollständiger Lösungsvorschlag an dieser Stelle ist zu viel verlangt. Deshalb die

Idee der LI und einige Einwände der EI am Beispiel eines im Gravitationsfeld ruhenden Teilchens.

Betrachtet man die allgemein-relativistischen Formeln für den freien Fall relativ zum ausgezeichneten Koordinatensystem (r,t-Koordinatensystem) der SM, rechtfertigt sich die folgende Annahme der LI: Die Ruheenergie eines frei fallenden Teilchen nimmt ab, aber die Gesamtenergie bleibt konstant. Für die Masse eines im Feld ruhenden Teilchens, d. h. für die Ruhemasse eines Teilchens im Gravitationsfeld $m_{0,Feld}$ gilt dabei quantitativ:

(3.2) $$m_{0,Feld} = m_0 \left(1 - {2GM_{Stern}}/{c^2 r}\right)^{\frac{1}{2}}$$

Sie nimmt ab mit abnehmendem r und hat für $r \rightarrow \infty$ den alten Wert.

M_{Stern}: Masse des Sterns (oder der Erde), G: Gravitationskonstante, r: Abstand vom Mittelpunkt des Sterns (oder der Erde).

Die EI macht diesen Ansatz nicht. Wegen TOLMAN und RINDLER, s. o., entfällt für sie auch die Alternative, eine Abnahme der gravitativen Masse des Sterns zu fordern.

Die Gravitationskraft ist in dieser neuartigen Vorstellung das Bestreben des Gravitationsfeldes, die Ruhemasse eines Teilchens zu verringern. Damit gilt z. B. für einen hüpfenden Ball – hüpft der Ball nach oben, nimmt die Ruhemasse gemäß Formel (3.2) zu (NEWTON: die potentielle Energie nimmt zu) und die Geschwindigkeit ab und umgekehrt beim Fallen. Die Gesamtenergie des Teilchens bleibt konstant.

Ein erster möglicher Einwand ist die Gravitationsrotverschiebung von Licht. Licht hat keine Ruhemasse, die abnehmen könnte und erfährt deshalb keine Gravitationskräfte, trotzdem soll die Frequenz und damit die Gesamtenergie in Gravitationsfeldern zu- oder abnehmen. Die Einzelheiten s. Kap. 21. (Tatsächlich lässt sich zeigen, dass Licht seine Frequenz und damit seine Energie nicht ändert, wenn es sich im Gravitationsfeld fortpflanzt, sondern nur seine Geschwindigkeit und Wellenlänge, wie in optisch dichten Medien.)

Die EI argumentiert: Der frei fallende Körper erfährt keine Kräfte, er bewegt sich auf einer Geodäten (das entspricht im gekrümmten Raum der Geraden), die Masse und Gesamtenergie bleiben konstant, denn es wirken ja keine Kräfte ... und in Hinblick darauf völlig unverständlich nimmt relativ zu allen ruhenden lokalen Inertialsystemen die kinetische Energie des frei fallenden Körpers zu und man weiß nicht, woher diese Energie genommen wird. An anderer Stelle wiederum kennt die Klassische Allgemeine Relativitätstheorie zu Recht den Unterschied zwischen konstituierender und gravitativer Masse eines Sterns, s. Formel (22.18). In diesem Sinne wird gezeigt, s. Kap. 21, dass das Energiekonzept der LI dem der EI nicht widerspricht, sondern es erweitert.

Abschließend noch einmal die offene Frage: Die kinetische Energie und damit die Gesamtenergie eines frei fallenden Steins nimmt zu. Woher kommt der Zuwachs, wenn RINDLER [299] Recht hat, dass sich das Gravitationsfeld nicht verändert und deshalb keine Energie an den Stein abgeben kann?

Und ein Ausblick: Die beiden Kapitel 4 und 16 bringen Grundlagen, Fakten und Teillösungen, um die LI abstrakter definieren und mit der EI vergleichen zu können. Vieles davon ist Allgemeinwissen für einen Physiker, aber diese beiden Kapitel zeigen mehr, nämlich auch, dass die relativistischen Formeln nicht nur aus den Annahmen der EI sondern außerdem alternativ herleitbar sind.

I. Die Paradoxien und das Raum-Zeit-Kontinuum der Speziellen Relativitätstheorie

I. Die Paradoxien und das Raum-Zeit-Kontinuum der Speziellen Relativitätstheorie

4. Die Aussage der Speziellen Relativitätstheorie

4.1 Einleitung

Der normale Einstieg in die Spezielle Relativitätstheorie besteht darin, auf Grund zweier allgemeiner Prinzipien – Konstanz der Lichtgeschwindigkeit und Relativitätsprinzip – die Lorentz-Transformationen "herzuzaubern". Eines unserer Ziele ist aber, die Spezielle Relativitätstheorie aus unterschiedlichen Prinzipien auf verschiedenen Wegen herzuleiten, um die in ihr enthaltenen Raum-Zeit-Theorien besser zu verstehen. Deshalb beginnen wir mit dem Ergebnis, den Lorentz-Transformationen, und zeigen beispielhaft, wie sich darauf die Spezielle Relativitätstheorie aufbaut. Damit ist fest umrissen, was aus allgemeinen Prinzipien herzuleiten ist und es ist leicht zu sehen, ob eine alternative Methode, etwas herzuleiten, vollständig ist.

Der minimale Umfang der Speziellen Relativitätstheorie besteht aus den Lorentz-Transformationen und den relativistischen – im Gegensatz zu den klassischen – Energie- und Impulserhaltungssätzen. Was darüber hinausgeht – die relativistische Mechanik und die kovariante Formulierung der maxwellschen Elektrodynamik –, ist einerseits für die Zielsetzung dieser Abhandlung und andererseits auch für viele praktische Anwendungen relativistischer Formeln nicht erforderlich.

Die Grundlagen der Speziellen Relativitätstheorie werden allgemeinverständlich, hinreichend genau vorgestellt. Nichtfachleuten ist zu empfehlen, ergänzend und erklärend eine Einführung, wie [sp1], zu verwenden.

4.2 Die Lorentz- und Galilei-Transformationen

Den Kern der Speziellen Relativitätstheorie bilden die sogenannten Lorentz-Transformationen. Mit oder aus ihnen leiten sich alle relativistischen Phänomene ab. Deshalb werden die Lorentz-Transformationen an den Anfang gesetzt – sie sind dafür aber auch einfach genug: Sie beschreiben lediglich den Übergang zwischen Inertialsystemen. Inertialsysteme sind Bezugs- oder Koordinatensysteme mit der Eigenschaft, entweder zu ruhen oder sich geradlinig gleichförmig zu bewegen. Physikalisch bedeutet das, sie bewegen sich kräftefrei und werden nicht beschleunigt. Die Körper in ihnen sind natürlich Kräften unterworfen.

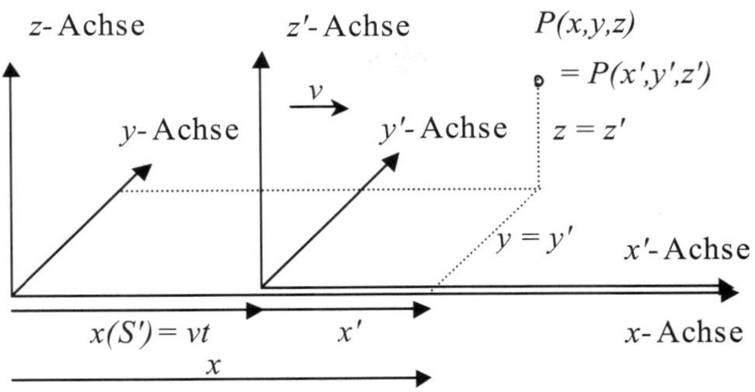

Abb. 4.1 Die Inertialsysteme $S = S(x, y, z, t)$ und $S' = S'(x', y', z', t')$

Der Punkt $P = P(x, y, z)$ bzw. $P' = P'(x', y', z')$ hat die (Orts-) Koordinaten x, y, z in S und die (Orts-) Koordinaten x', y', z' in S'. S' bewegt sich mit der Geschwindigkeit v in S in Richtung der positiven x -Achse. Die x -Koordinate des Ursprungs von S' hat den Wert $x = vt$ in S. Die x' -Koordinate des Ursprungs von S hat den Wert $x' = -vt$ in S'. Nicht grafisch dargestellt sind die Zeitkoordinate t in S und die Zeitkoordinate t' in S'.

Bezugs- oder Koordinatensysteme ordnen in der Mathematik Punkten Koordinaten zu, in der Physik entsprechen den Punkten Ereignisse oder Positionen von Körpern und die Koordinaten sind die Ortsangaben x, y, z zusammen mit dem zugehörigen Zeitpunkt t. Anschaulich sieht man das in Abb. 4.1, das Koordinatensystem S besteht aus drei zueinander senkrechten Achsen, den Koordinatenachsen x, y, z (genauer: x -, y - und z -Achse) und beliebig vielen Uhren, die in S ruhen. Relativ zum Koordinatensystem S können sich weitere Koordinatensysteme S' S'' ... in beliebiger Richtung bewegen. Die Koordinatenachsen von S' heißen x' -, y' - und z' -Achsen, von S'' x'' -Achse etc.. Weiterhin bezeichnen x, y, z und x', y', z' die Ortskoordinaten des Punktes P in S und in S' und entsprechendes gilt für S''. Die in S gemessenen Zeiten werden mit t, die in S' und S'' gemessenen Zeiten mit t' und t'' bezeichnet. Um exakt auszudrücken, welche Koordinaten der Punkt P besitzen soll, schreibt man auch $P(x, y, z)$ oder $P(x, y, z, t)$ Entsprechend kann man auch die Koordinatenachsen eines Inertialsystems mit $S(x, y, z)$ oder $S(x, y, z, t)$ kennzeichnen. Ob mit t, t' Zeit an sich gemessen wird oder ob es nur Uhrzeiten sind, wird damit nicht festgelegt. Mit Hilfe der Koordinatensysteme wird lediglich präzisiert, wann sich dieser oder jener Körper wo befindet, welche Längenmessung zu welcher Uhrzeit seine Position beschreibt.

Wie man mit Maßstäben Längen und mit Uhren Zeiten misst, ist – von der Genauigkeit abgesehen – in der Relativitätstheorie nicht anders als im täglichen Leben. Ein Problem besteht aber darin, alle Uhren so zu stellen, dass sie "gleichzeitig" dieselbe Uhrzeit anzeigen. Das wird in Kap. 4.3 behandelt, zunächst setzen wir voraus, dass die Uhren in Einklang mit den Lorentz-Transformationen synchronisiert sind.

Ohne Beschränkung der Allgemeinheit dreht man die Koordinatenachsen von *S* und *S'* so, dass die x - und x' - Achsen zusammenfallen und in eine gemeinsame Richtung zeigen. Die y - und y' - sowie die z - und z' -Achsen liegen parallel zueinander. Der Begriff ohne Beschränkung der Allgemeinheit in diesem Zusammenhang soll besagen, das sich alles, was physikalisch wichtig ist, an solchen Inertialsystemen demonstrieren lässt.

Da man dieselben Ereignisse in verschiedenen Inertialsystemen beschreiben kann, entsteht die Frage, wie deren Koordinaten miteinander zusammenhängen, Wenn man in *S* ruht, welche Koordinaten hat man dann in *S'*? Dies leisten die – berühmten – Lorentz-Transformationen (4.1) – (4.3). Wegen ihrer Bedeutung sollen diese Formeln, wie andere später auch, mit Hilfe von Zahlenbeispielen erläutert werden.

(4.1)
$$x' = \gamma(x - vt)$$
$$y' = y$$
$$z' = z$$

(4.2)
$$t' = \gamma(t - vx/c^2)$$

wobei für γ gilt:

(2-3)
$$\gamma = 1/\sqrt{1-v^2/c^2}$$

c ist die Lichtgeschwindigkeit,
v die Relativgeschwindigkeit der Inertialsysteme *S, S'*.

Was man auf jeden Fall kann, ist die obigen Gleichungen so umformen, dass *x, y, z* und *t* links stehen:

(4.4)
$$x = \gamma(x' + vt')$$
$$y = y'$$
$$z = z'$$

(4.5)
$$t = \gamma(t' + vx'/c^2)$$

wobei für γ unverändert gilt:

$$\gamma = 1/\sqrt{1-v^2/c^2}$$

Diese Umformung hatte einen Sinn: (4.4) und (4.5) beschreiben umgekehrt den Übergang von *S'* nach *S*. Hierin haben sich die Vorzeichen vor *v* umgekehrt.

Die konkrete Bedeutung der Lorentz-Transformationen ist leicht einzusehen. Sind die Koordinaten eines Punktes *P* im Inertialsystem *S* gegeben, kann man mit Hilfe der Lorentz-Transformationen die Koordinaten von P im Inertialsystem S', das sich mit der Geschwindigkeit v relativ zu S bewegt, berechnen, d. h. aus $P(x, y, z, t)$ ergibt sich $P(x', y', z', t')$. Vorausgesetzt ist dabei, auch die Zeiten t wurden vorschriftsmäßig gemessen.

Dazu einige Zahlenbeispiele: a) Sind x, y, z, t gleich null, so gilt dasselbe für x', y', z', t', d. h. der Ursprung von S' bewegt sich zur Zeit $t = t' = 0$ am Ursprung von S vorbei.

b) Voraussetzungsgemäß zeigen alle Uhren in S stets dieselbe Zeit an. Es seien x = 300000 km, y, z beliebig, $t = 0$, $v = 0.5c = 0.5 \times 300000$ km/s, dann ist $\gamma = 1.15$ und für x' sowie t' ergibt sich:

$$\begin{aligned} x' &= \gamma\,(x - v \times 0) \\ &= 1.15 \times 300\,000 \text{ km} \\ t' &= \gamma(0 - 0.5 \times 300000/\mathrm{c}) \\ &= 1.15 \times (0 - 0.5) \\ &= -0.57 \text{ s} \end{aligned}$$

Entsprechend, wenn

$$\begin{aligned} x &= -300\,000 \text{ km} \\ x' &= -1.15 \times 300\,000 \text{ km} \\ t' &= +0.57 \text{ s} \end{aligned}$$

y' sowie z' haben stets dieselben Werte wie y und z. Man sieht, obwohl $t = 0$, ist t' ungleich null und verschieden für verschiedene x'. Das heißt allgemein: Für Inertialsysteme besteht eine "Relativität der Gleichzeitigkeit". Zeigen in einem Inertialsystem S alle Uhren dieselbe Zeit an, so zeigen die Uhren in S' für verschiedene x' verschiedene Uhrzeiten an. Die y'- und z' Koordinaten haben keinen Einfluss auf die Werte von t', wie die Formel für t' zeigt. Weiteres s.u..

Um die Lorentz-Transformationen besser zu verstehen, sollen sie mit den klassischen Transformationsformeln für den Übergang zwischen Inertialsystemen, den Galilei-Transformationen verglichen werden:

$$\begin{aligned} x' &= x - vt \\ y' &= y \\ z' &= z \\ t' &= t \end{aligned} \tag{4.6}$$

Man sieht sofort, hier gibt es keine Relativität der Gleichzeitigkeit. Alle Uhren zeigen in allen Inertialsystemen an allen Orten dieselbe Zeit an, denn es gilt: $t = t'$.

Zahlenbeispiel: Mit den obigen Werten für x, v ergibt sich

$$x' = -300000 \text{ km}, \qquad \text{bzw.}$$

$$x' = +300000 \text{ km}.$$

Für $t = 0$ ist auch $x' = x$. Die größere Länge $x' = 1.15 \times 300000$ km erscheint in S nicht zu $x = 30000$ km kontrahiert. (Auf das Multiplikationszeichen "$\times$" wird im Weiteren verzichtet.)

Warum die Lorentz-Transformationen die physikalische Wirklichkeit besser beschreiben als die Galilei-Transformationen ist noch zu begründen; als ersten Schritt ging es hier darum, beispielhaft zu klären, was Lorentz- und Galilei-Transformationen aussagen und was sie unterscheidet.

4.3 Die Relativität der Gleichzeitigkeit und die Einstein-Konvention der Uhrensynchronisation

Während die Galilei-Transformation keine Schwierigkeiten aufwirft, wenn Uhrzeiten gemessen werden sollen – alle Uhren werden an einen Ort gebracht, auf die gleiche Zeit eingestellt und dann in den verschiedenen Inertialsystemen an alle Orte verteilt, danach herrscht überall dieselbe Uhrzeit $t' = t$ – haben die Zahlenbeispiele für die Lorentz-Transformationen eine andere Situation aufgezeigt. Sind in einem Inertialsystem alle Uhren synchron und zeigen die Zeit t an, zeigen die Uhren in anderen Inertialsystemen abhängig von x verschiedene Zeiten t' an. (Relativität der Gleichzeitigkeit).

Warum können Uhren nicht in derselben Weise in allen Inertialsystemen einheitlich synchronisiert werden? Das Schlagwort heißt: Bewegte Uhren gehen langsamer, das lässt sich an Hand der Lorentz-Transformationen begründen (s.u.) und bedeutet: Sobald man alle Uhren in einem Inertialsystem an einem Ort synchronisiert hat, müssen sie an andere Orte bewegt werden. Sie werden mit einer gewissen Geschwindigkeit unterschiedlich lange und weit verschoben, während dieser Zeit gehen sie langsamer als die ruhenden Uhren, die Synchronisation geht verloren. Es ist keine Methode bekannt – und wegen der umfangreichen Versuche, eine zu finden, darf man sagen, es gibt auch keine – diese Effekte rechnerisch zu berücksichtigen oder beliebig klein werden zu lassen. Laufen die Uhren aus irgendwelchen Gründen bereits synchron, gibt es keine Methode, das zu bestätigen.

Die Einstein-Konvention der Uhrensynchronisation verwendet Lichtsignale, um das Synchronisationsproblem zu "lösen". Wäre die Lichtgeschwindigkeit unendlich groß, genügte es, von einem Punkt aus, einen Lichtblitz in alle Richtungen zu emittieren und alle Uhren, so wie sie von ihm getroffen werden, auf null zu setzen. Da die Lichtgeschwindigkeit den endlichen Wert c hat, muss man die Entfernung berücksichtigen. Um die Entfernung s zurückzulegen, benötigt das Lichtsignal die

Zeit s / c. Wird das Lichtsignal zur Zeit $t = 0$ abgesandt, muss die in s stehende Uhr auf die Zeit $t = s / c$ eingestellt werden, wenn das Signal ankommt. Auf diese Weise lassen sich alle Uhren in S auf einen definierten Synchronisationszustand bringen, ohne sie bewegen zu müssen. Entsprechend verfährt man für S'.

Voraussetzung für dieses Verfahren ist die ungewöhnliche Annahme, dass die Lichtgeschwindigkeit in jedem Inertialsystem, gleichgültig wie schnell sie sich relativ zueinander bewegen, denselben Wert c hat. Diese Forderung heißt das Prinzip der Konstanz der Lichtgeschwindigkeit. Es lässt sich aus den Lorentz-Transformationen ableiten:

Sei (4.7) $$x = ct \text{ oder } x - ct = 0$$

Man multipliziere Formel (4.5) mit c und subtrahiere von (4.4):

$$x - ct = \gamma(x'+vt') - \gamma(ct'+vx'/c)$$

Nach einfacher Zwischenrechnung:

$$0 = x'-ct'$$

oder (4.8) $$x' = ct'$$

d. h. für ein Lichtsignal, das in S von $x = 0$ in positive x-Richtung ausgesandt wird, gilt Formel (4.7) und daraus folgt Formel (4.8) in S'.

Damit ist die Einstein-Konvention zur Uhrensynchronisation zulässig sofern die Lorentz-Transformationen gelten. Die Anwendbarkeit der Einstein-Konvention erlaubt aber zwei verschiedene Interpretationen:

a) Nach der Einstein-Konvention gestellte Uhren sind "in Wirklichkeit" synchron (und daraus folgt, die Aussage "Uhren sind synchron" gilt nur relativ zum jeweiligen Inertialsystem).

b) Die Uhren sind nach der Einstein-Konvention nur zweckmäßig synchronisiert. Allein auf Grund dieser zweckmäßigen Definition haben die Lorentz-Transformationen für alle Inertialsysteme dieselbe Form. Andere Synchronisationen wären prinzipiell erlaubt, insbesondere dann, wenn dadurch die Lorentz-Transformationen vereinfacht würden.

Standpunkt a.) wird die klassische oder relativistische Interpretation der Einstein-Konvention genannt (kürzer: *Einstein-Interpretation (EI)*) und ist Standard (fast) aller Lehrbücher. Standpunkt b) kennzeichnet die *Lorentz-Interpretation (LI)*. Für beide gelten die Lorentz-Transformationen und damit die gleichen mathematischen Formeln. Für eine Bewertung der Standpunkte ist es, ohne die experimentellen Bestätigungen der Lorentz-Transformationen zu kennen, zu früh.

Beide Standpunkte beinhalten eine unterschiedliche Interpretation des Prinzips der Konstanz der Lichtgeschwindigkeit:

a) Licht hat "in Wirklichkeit" in alle Richtungen den Wert c

b) Die Lichtgeschwindigkeit wird in alle Richtungen zu c gemessen, weil die Uhren entsprechend synchronisiert worden sind, über seine "wirklichen" Werte sind ohne Zusatzüberlegungen keine Aussagen möglich.

Hinweis auf später: Durch die Einstein-Konvention wird die sog. Ein-Weg-Lichtgeschwindigkeit zu c, das ist mehr als experimentell bewiesen ist. Experimentell bewiesen ist nur die Konstanz der sog. Zwei-Weg-Lichtgeschwindigkeit [371].

4.4 Schlussfolgerungen aus den Lorentz-Transformationen

In diesem Kapitel wiederholen wir die bisherigen, elementaren Schlussfolgerungen aus den Lorentz-Transformationen und ergänzen sie um die weiteren, wichtigen der Längenkontraktion, der Zeitdilatation, und des Additionstheorems der Geschwindigkeiten, das in späteren Überlegungen benötigt wird.

1. Die Maximalgeschwindigkeit von Inertialsystemen

In den Lorentz-Transformationen wird der Faktor γ unendlich groß, wenn v sich c nähert, da der Faktor $\sqrt{}(1-v^2/c^2)$ sehr klein wird. Diese mathematische Tatsache heißt physikalisch interpretiert, es darf in der Wirklichkeit keine Inertialsysteme geben, die sich relativ zueinander mit c oder gar größerer Geschwindigkeit bewegen, weil für sie keine Transformationsformeln existieren. Nicht widerspruchsvoll ist die Annahme von Teilchengeschwindigkeiten größer oder gleich c. Die Annahme von $x = wt, w \geq c$, führt innerhalb der Lorentz-Transformationen nicht zu undefinierten Werten und insbesondere ist der Wert $w = c$ für Lichtquanten erfüllt, nur für die Relativgeschwindigkeit von Inertialsystemen ist er nicht erlaubt. Teilchengeschwindigkeiten $w > c$ gibt es in Wirklichkeit dennoch nicht, wie die Diskussion des Energieerhaltungssatzes zeigen wird, da zur Beschleunigung auf Lichtgeschwindigkeit für normale Teilchen, z. B. Elektronen, unendlich große Energiebeträge erforderlich wären.

Zahlenbeispiel: Ist $v = 0.99c$, ist $\gamma = 7.089$
Ist $v = 0.999c$, ist $\gamma = 22,37$

2. Relativität der Gleichzeitigkeit

Wie bereits diskutiert, zeigt Formel (4.2) der Lorentz-Transformationen unterschiedliche Zeiten t' in S' für konstantes t und veränderliches x in S. Entsprechendes gilt umgekehrt für t bei konstantem t' und veränderlichem x', s. Formel (4.5). Diese mathematische Tatsache in die Sprache der Physik übersetzt, heißt: Zeigen Uhren in einem Inertialsystem dieselbe Zeit t an, stellt ein Beobachter in S' fest, die Uhren in S laufen für ihn nicht synchron, sie zeigen nur dann dieselbe Zeit an, wenn sie in S' zu unterschiedlichen Zeitpunkten t' verglichen werden.

Es ist nicht möglich, einen der beiden Beobachter vorzuziehen, die Lorentz-Transformationen behandeln beide als gleichberechtigt. Jede der obigen Aussagen ist in gleicher Weise real, es gibt keine absolute Gleichzeitigkeit mehr oder schwächer, sie ist nicht realisierbar. In keinem Falle ist eine absolute Gleichzeitigkeit erlebbar, Beobachter in *S* und in *S'* erleben die Gleichzeitigkeit ihrer Uhren in gleicher Weise, und so wie sie die eigene Gleichzeitigkeit erleben, erleben sie die fremde Ungleichzeitigkeit – beides ist Erfahrung.

Die Missachtung der Relativität der Gleichzeitigkeit ist Ursache verschiedener Paradoxien, wie sich zeigen wird.

3. Konstanz der Lichtgeschwindigkeit

Die Lichtgeschwindigkeit wird in allen Inertialsystemen mit c gemessen, was sich schon daraus ergibt, dass die Uhren in Inertialsystemen mit Lichtsignalen synchronisiert werden müssen. Wir haben aber auch gesehen, dass in Lorentz-Transformationen

$$x = ct \qquad (4.10)$$
$$x' = ct'$$

nach sich zieht.

Wie bereits diskutiert, kann das die Folge einer nur zweckmäßigen Definition der Gleichzeitigkeit sein. Die Lorentz-Transformationen gelten in Inertialsystemen erst dann, wenn ihre Uhren nach dieser Definition synchron laufen.

4. Längenkontraktion

Man setze

$$\Delta x' = x_2' - x_1'$$
$$\Delta x = x_2 - x_1$$

$\Delta x'$ ist die Länge eines in *S'* ruhenden Stabes, x_2' und x_1' sind die Ortskoordinaten seines Anfangs- und Endpunktes in *S'*. Welche Länge Δx hat dieser Stab in *S* zu einem bestimmten Zeitpunkt t_0?

Wegen
$$x_1' = \gamma(x_1 - ct_0)$$
$$x_2' = \gamma(x_2 - ct_0)$$

folgt
$$x_1' - x_2' = \gamma(x_1 - x_2) \text{ und}$$

$$\Delta x' / \gamma = \Delta x \qquad (4.11)$$

γ ist stets größer als eins, also erscheint die Länge $\Delta x'$ des Stabes in *S* als kleinere, kontrahierte Länge Δx. Bewegte Längen werden kontrahiert.

Anm.: Eine Stablänge ließe sich bequemer mit l abkürzen, mit Δx wird ausgedrückt, dass sich die Stablänge als Differenz von x-Koordinaten darstellt. Statt Δx hieße das:

$$l'_{Stab} / \gamma = l_{Stab}$$

Ein in S' ruhender Stab der Länge l' hat in S die kürzere Länge l.

Zahlenbeispiel: $v = 0.5c$, $l' = 1\text{ m}$

$$l = 1\text{ m} / \gamma = 0.866\text{ m}$$

(l' wird in S um 13.4 % kürzer gemessen.)

Bei der Längenkontraktion ist wesentlich: Sie wird in S zu einem bestimmten Zeitpunkt t_0 festgestellt, dies ist in S' kein einheitlicher Zeitpunkt. Umgekehrt erscheint ein in S ruhender Stab in S' bewegt und deshalb dort verkürzt. Immer muss man deutlich sehen: Die Messungen bewegter Stablängen liefern Messergebnisse, die kleinere Werte haben als die Messergebnisse ruhender Stäbe. Daran ist nichts Widersprüchliches. Die Messergebnisse beschreiben reale Erlebnisse: Fasse ich einen bewegten Stab zur Zeit t_0 an der Stelle x_1 und x_2 an, spüre ich Anfang und Ende des Stabes in den Händen.

5. Zeitdilatation

Bewegte Uhren gehen langsamer, ihre Zeitangaben werden dilatiert im Vergleich zu ruhenden Uhren.

Sei $\Delta t' = t_2' - t_1'$ das Zeitintervall einer in S' ruhenden Uhr. In S bewegt sich die Uhr mit der Geschwindigkeit v in positive x-Richtung. Sie passiere eine in S ruhende Uhr an der Stelle x_1 zur Zeit t_1 und danach eine andere ruhende Uhr an der Stelle x_2 zur Zeit t_2. Dann gilt:

$$t'_2 = \gamma(t_2 - vx_2 / c^2)$$

$$t'_1 = \gamma(t_1 - vx_1 / c^2)$$

$$x_2 - x_1 = v(t_2 - t_1)$$

$$\begin{aligned} t'_2 - t'_1 &= \gamma(t_2 - t_1 - v(x_2 - x_1)/c^2) \\ &= \gamma(t_2 - t_1 - v^2(t_2 - t_1)/c^2) \\ &= \gamma(t_2 - t_1)(1 - v^2/c^2) \\ &= (t_2 - t_1)\sqrt{1 - v^2/c^2} \end{aligned}$$

(4.12)
$$\Delta t' = \Delta t\sqrt{1 - v^2 / c^2}$$

$$\Delta t' = \Delta t / \gamma$$

Diesmal ist der Faktor $1/\gamma$ auf der rechten Seite. Ist in S das Zeitintervall Δt vergangen, zeigt die bewegte Uhr das kleinere Zeitintervall $\Delta t'$ an.

Zahlenbeispiel: $v = 0.5c$, $\Delta t' = \Delta t\, 0.866$, sind für die ruhende Uhr 60 Minuten vergangen, sind es für die bewegte Uhr 52 Minuten.

Myonen sind bestimmte Elementarteilchen, wie z. B. Elektronen, sie haben aber nur eine mittlere Lebensdauer $\Delta t'$ von 2.2 10^{-6} s, danach zerfallen sie. Mit v = 0.99 c bewegte Myonen haben ohne Zeitdilatation eine Reichweite von

$$s' = vt' = 0.99\ \text{c}\ 2.2\ 10^{-6}\ \text{s} = 653\ \text{m}$$

Aufgrund der Zeitdilatation leben bewegte Myonen aber länger, sie legen deshalb den Weg

$$s = 0.99\ \text{c}\ 2.2\ 10^{-6}\ \text{s}/\sqrt{}(1 - 0.992) = 4629\ \text{m}$$

zurück. Dieser Weg ist gemessen worden und stimmt mit den Berechnungen überein.

Wie erlebt das Myon seine dilatierte Lebensdauer? Es sagt, meine Lebensdauer beträgt 2.2 10^{-6} s, ich werde nicht länger leben, aber in S lege ich die Strecke s zurück, denn s bewegt sich auf mich zu und wird deshalb um den Faktor $1/\gamma$ verkürzt, 2.2 10^{-6}s genügen mir, um den Endpunkt von s zu erreichen.

Das Erleben und die Messergebnisse zweier gegeneinander bewegter Personen widersprechen sich. Jeder misst und erlebt beim Anderen eine längere Lebensdauer. Trotzdem gilt: Die Messwerte in den Inertialsystemen sind zugleich die Größen, die man erlebt, deshalb beschreiben sie etwas Reales. Man kann nicht erwarten, dass ein bewegtes Myon einerseits länger lebt, andererseits, wenn man es anhält, eine geringere Zeit gelebt hat. Für die EI ist das selbstverständlich: In Bezug auf Messwerte und auf das eigene Erleben sind alle Inertialsysteme gleichwertig. Für die LI sind Längen- und Zeitmessungen etwas Anderes als Raum und Zeit, erlebte Gleichzeitigkeit etwas Anderes als Gegenwart oder Wirklichkeit.

6. Additionstheorem der Geschwindigkeiten

Wir haben gesehen, Inertialsysteme bewegen sich relativ zueinander mit geringeren Geschwindigkeiten als c. S' bewege sich relativ zu S mit v = 0.9 c, S'' relativ zu S' ebenfalls mit v' = 0.9 c. Wie groß ist die Geschwindigkeit w von S'' relativ zu S? Sicherlich nicht 0.9 c + 0.9 c > c, weil für v > c die Lorentz-Transformationen nicht existieren.

Wir übernehmen das Additionstheorem für Geschwindigkeiten aus der Literatur [sp1], da die Herleitung mathematisch einfach ist und nichts prinzipiell Neues bietet:

(4.13) $$w = \frac{w' + v}{1 + w'v/c^2}$$

Oder nach w' aufgelöst: $$w' = \frac{w - v}{1 - wv/c^2}$$

S' hat relativ zu *S* die Geschwindigkeit v
S'' hat relativ zu *S* die Geschwindigkeit w
S'' hat relativ zu *S'* die Geschwindigkeit w'

w, w' kann man auch als eine Teilchengeschwindigkeit ansehen, nämlich aller Teilchen, die in *S"* ruhen.

Zahlenbeispiel: Ein Teilchen ruhe in *S''* und habe in *S'* die Geschwindigkeit $w' =$ 0.9 c, *S'* habe relativ zu *S* die gleiche Geschwindigkeit $v =$ 0.9 c, dann ist $w =$ 0.995 c, mit dieser Geschwindigkeit bewegt sich das Teilchen in *S*.

4.5 Impuls-, Massen- und Energieerhaltungssätze in der Speziellen Relativitätstheorie

Zum Verständnis der Speziellen Relativitätstheorie gehört das Verständnis, wie sich aus den Lorentz-Transformationen Aussagen über Impuls-, Masse- und Energieerhaltung gewinnen lassen, obwohl sie mit Koordinatentransformationen auf den ersten Blick nichts zu tun haben. Allein mit den Lorentz-Transformationen ist das auch nicht möglich, es muss als weitere Voraussetzung hinzugenommen werden, dass auch in der Speziellen Relativitätstheorie Erhaltungssätze ähnlich zu denen der Klassischen Physik gelten, wobei offen ist, wie sie genau lauten und welche Gestalt sie haben.

Als erstes soll gezeigt werden, wenn die drei obigen Erhaltungssätze in der Speziellen Relativitätstheorie weiterhin gelten sollen, muss die Masse eine Funktion der Geschwindigkeit sein. Dabei geht es zunächst nur um diesen qualitativen Nachweis, nicht um den quantitativen Zusammenhang.

Man betrachte in *S'* den ideal unelastischen Stoß zweier Teilchen der gleichen Masse m und den entgegengesetzen Geschwindigkeiten v und $-v$.

Impulserhaltung in der Klassischen Physik heißt (s. Abb. 4.2):

(4.15.) $$mv + m(-v) = M\ 0 = 0$$

Massenerhaltung:

(4.16) $$m + m = M$$

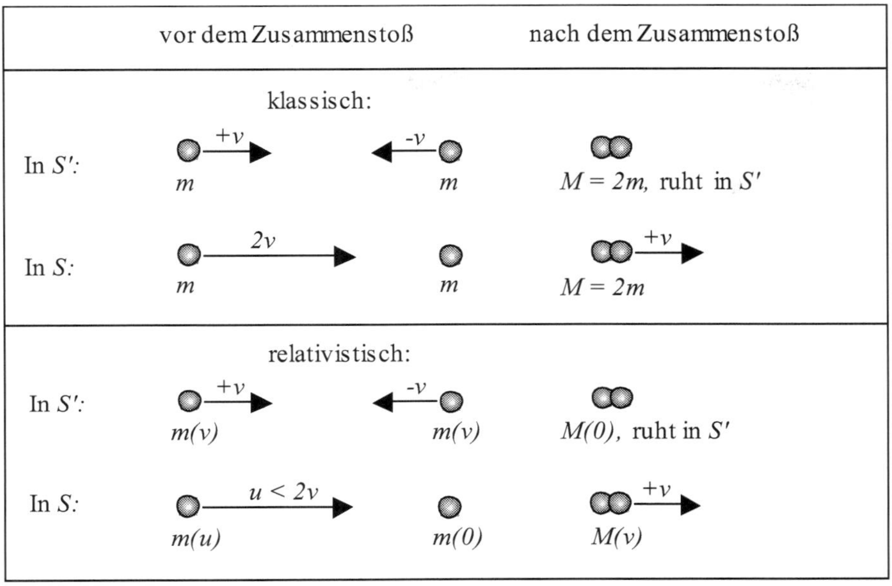

Abb. 4.2 Der ideal unelastische Stoß zweier gleicher Teilchen entgegengesetzter Geschwindigkeit v

Von S aus betrachtet, aber unter Verwendung des relativistischen Additionstheorems für Geschwindigkeiten, gilt:

(4.17)
$$m \frac{2v}{1+v^2/c^2} + m\,0 = Mv$$
$$m + m = M$$

In S' ist die Summe der Impulse vor und nach dem Zusammenstoß null; mit anderen Worten, der Gesamtimpuls ist stets null und bleibt somit erhalten. In S ruht das Teilchen, das sich in S' mit $-v$ bewegt, sein Impuls in S ist null; der Impuls des anderen Teilchens muss wegen der Impulserhaltung gleich dem Impuls des beim Stoß entstandenen Teilchens mit der Masse M sein. Gleichung (4.17) würde klassisch lauten:

(4.18)
$$m\,2v = (m+m)v = Mv$$

Gleichung (4.17) kann nur dann gelten., wenn m in S eine größere Masse hat als in S'. Das einzige, was m relativ zu S' von m relativ zu S unterscheidet, ist seine Geschwindigkeit. Deshalb die qualitative und im Vergleich zur Klassischen Physik revolutionäre Konsequenz: Die Masse ist eine Funktion der Geschwindigkeit. Ursache ist das relativistische Additionstheorem, eine Folgerung aus den Lorentz-Transformationen.

Nun geht es um den quantitativen Zusammenhang und die genaue Gestalt der relativistischen Erhaltungssätze. Man findet sie mit einer zur Klassischen Physik analogen Vorgehensweise. Dort untersucht man Sonderfälle – die verschiedensten Varianten von elastischen und unelastischen Stößße, es gibt aber auch ganz andere Ansätze – und versucht damit die Gesetze zu entdecken.

Wir beginnen mit der am wenigsten einschneidenden Annahme: Die Masse hänge von der Geschwindigkeit ab, sie ist eine Funktion der Geschwindigkeit, d. h.

$$m = m(v)$$

im übrigen gelten Impuls- und Massenerhaltungssatz für diese Massen $m(v)$, d. h. für die dynamischen Massen, nicht aber für die sog. Ruhmassen von Körpern, das sind die Massen der Körper, wenn sie ruhen, also den mit $m(0)$ bezeichneten Wert haben. Der unelastische Stoß hat jetzt die etwas kompliziertere Gestalt:

(4.19) $$m(v)v + m(v)(-v) = M(0)\,0 = 0$$

(4.20) $$m(v) + m(v) = M(0)$$

In S:

(4.21) $$m(u)u = M(v)v$$

(4.22) $$u = \frac{2v}{1 + v^2 / c^2}$$

(4.23) $$m(u) + m(0) = M(v)$$

Man muss jetzt sehr genau beachten, welche Geschwindigkeit die Massen besitzen, $M(0)$ ist ungleich $2m(0)$, wie (4.20) zeigt.

Für die folgende Rechnung ist es von Vorteil, das Ergebnis vorweg zu nennen:

$$m(v) = \gamma\, m(0)$$
$$= \frac{m(0)}{\sqrt{1 - v^2 / c^2}}$$

γ ist derselbe Faktor wie in den Lorentz-Transformationen.

Man erhält aus (4.22) und (4.23):

(4.24) $$M(0) = 2m(v)$$

(4.25) $$m(u)u = M(v)v$$

(4.26) $$m(u) + m(0) = M(v)$$

Eliminiert man $M(v)$ aus (4.25) und (4.26)

(4.27) $$m(u)u = (m(u) + m(0))v$$

und setzt für u Formel (4.22) ein, erhält man

$$m(u)\frac{2v}{1 + v^2/c^2} = (m(u) + m(0))\,v$$

Nach einigen Zwischenrechnungen unter Verwendung von

$$\frac{1 - v^2/c^2}{1 + v^2/c^2} = \sqrt{1 - (\frac{2v}{1 + v^2/c^2})^2}$$

erhält man nach Rücktransformation von u das Ergebnis:

$$m(u) = \frac{m(0)}{\sqrt{1 - u^2/c^2}}$$

Mit Verwendung des Faktors γ aus den Lorentz-Transformationen hat man allgemein

(4.28) $$m(v) = \gamma m(0)$$

Zur Bestätigung dieses Ergebnisses kann man noch $M(v)$ bestimmen: Es ist zunächst wegen (4.20)

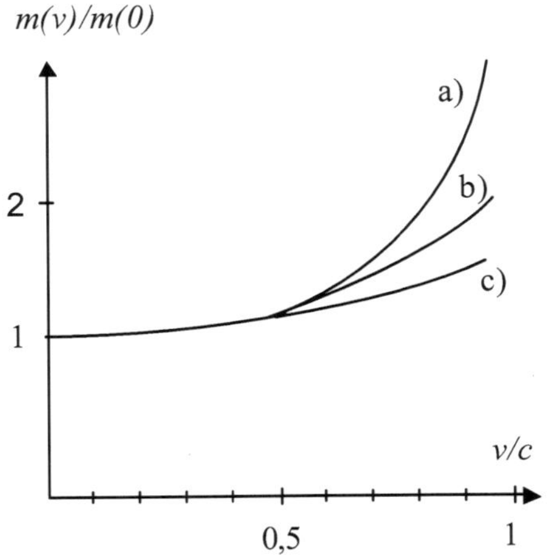

Abb. 4.3 Die Funktion $m(v)$ und Näherungsfunktionen

a) $m(v)$, b) Reihenentwicklung, Formel (4.32), mit 3 Gliedern und c) mit 2 Gliedern. Erst für große Geschwindigkeiten, $v > 0.4c$, sind in der Zeichnung Abweichungen erkennbar.

(4.29) $$M(0) = 2\gamma m(0)$$

Eliminiert man $m(u)$ aus (4.21) und (4.23) und ersetzt $m(0)$ mit Hilfe von (4.29), führt das zu:

$$M(v) = \frac{M(0)u}{2\gamma(u-v)} = \frac{M(0)}{\sqrt{1-u^2/c^2}}$$

wenn man für u und γ entsprechend einsetzt.

Man sieht, unter Annahme von

(4.30) $$m(v) = \gamma m(0)$$

gilt der Massen- und Impulserhaltungssatz in der gleichen Gestalt wie in der Klassischen Physik. Man muss nur die Ruhmasse $m(0)$ durch die dynamische Masse $m(v)$ ersetzen.

Wie lautet nun der Energieerhaltungssatz? Nimmt man das berühmte Ergebnis vorweg,

(4.31) $$E = mc^2$$

so ist der Energieerhaltungssatz der Massenerhaltungssatz multipliziert mit der Konstante c^2. Wie sieht man das? Man entwickle $m(v)$ in eine Reihe:

$$m(v) = \frac{m(0)}{\sqrt{1-v^2/c^2}} = m(0)\left(1+\frac{1}{2}\frac{v^2}{c^2}+\frac{1}{2}\frac{3}{4}\left(\frac{v^2}{c^2}\right)^2+\ldots\right)$$

Diese Reihenentwicklung steht in mathematischen Formelsammlungen [35], die einfachste Bestätigung gelingt, indem man beide Kurven auf einem PC zeichnen lässt, s. Abb. 4.3.

Bis auf Glieder höherer Ordnung gilt:

$$m(v) = m(0) + 1/2\, m(0)\, v^2/c^2$$

$1/2\, mv^2$ ist die kinetische Energie eines Teilchens der Masse m und der Geschwindigkeit v in der Klassischen Physik und deshalb die These:

$$E = mc^2$$

Sie ist plausibel, denn bis auf die Konstante $m(0)c^2$ ist sie die kinetische Energie. Man sagt daher, $m(0)c^2$ ist die Ruhenergie und $m(v)c^2$ die Gesamtenergie eines bewegten Teilchens (die relativistische Formel für die kinetische Energie ist deren Differenz).

Es ist die Erfahrung, die zeigt, dass diese – mit vielen Hypothesen, aber dennoch nicht willkürlich hergeleiteten – Formeln wirklich die gesuchten Erhaltungssätze in der Speziellen Relativitätstheorie darstellen. *Eine exakte Herleitung gibt es nicht.*

Blicken wir noch einmal zurück: Aus den Lorentz-Transformationen ergibt sich das Additionstheorem (4.13) für Geschwindigkeiten, daraus zwingend die qualitative Abhängigkeit der Masse von der Geschwindigkeit, wenn man zusätzlich den Impulserhaltungssatz fordert. Die quantitativen Zusammenhänge und schließlich $E = mc^2$ lassen sich aus speziellen Stoßvorgängen entwickeln. Man darf deshalb sagen, hat man die Lorentz-Transformationen – aus welchen Prinzipien auch immer – hergeleitet, hat man die gesamte Spezielle Relativitätstheorie.

Damit vereinfacht sich unsere Aufgabe, die philosophische Bedeutung der Relativitätstheorie abzuschätzen; es genügt die Beurteilung der Prinzipien, aus denen die Lorentz-Transformationen hergeleitet werden können. Wie wir sehen werden, gelingt das von zwei sehr verschiedenen Positionen aus. Auch die Diskussion der Paradoxien verlangt – von evtl. Kleinigkeiten abgesehen – nur die Kenntnis der Lorentz-Transformationen, so dass die obigen, weitergehenden Ausführungen zu den Erhaltungssätzen nicht vollständig verstanden sein müssen.

4.6 Die unterschiedliche Gestalt von Naturgesetzen in der Speziellen Relativitätstheorie und in der Klassischen Physik

Was bleibt an der Klassischen Physik im Vergleich zur Speziellen Relativitätstheorie richtig und was wird falsch – falsch im Sinne von nur näherungsweise gültig?

Richtig bleibt die Idee, Naturgesetze relativ zu Inertialsystemen zu formulieren, und richtig die Idee, dass relativ zu Inertialsystemen Naturgesetze die gleiche Gestalt haben. So wird der Impuls klassisch mit $m(0)v$ relativ zu Inertialsystemen definiert und entsprechend gilt der Impulserhaltungssatz für die Klassische Physik in allen Inertialsystemen.

Falsch sind die Übergangsformeln von einem Inertialsystem in ein anderes. In der Klassischen Physik werden sie durch die Galilei-Transformationen beschrieben, richtig ist es, die Lorentz-Transformationen zu verwenden. Deshalb sind auch die Erhaltungssätze der Klassischen Physik falsch, sie sind so in Formeln gefasst worden, dass sie für Galilei-Transformationen die gleiche Gestalt behalten und nicht für Lorentz-Transformationen und gelten deshalb nur noch näherungsweise.

Anders liegt die Situation für die Klassische Elektrizitätslehre. Sie baut bekanntlich auf den maxwellschen Gleichungen auf. Auch für sie gilt das Relativitätsprinzip, sie müssen aber nicht neu geschrieben werden, denn sie behalten für Lorentz-Transformationen ihre klassische Gestalt und behalten ihre Gestalt nicht für Galilei-Transformationen. Wäre das nicht so, hätten auch die maxwellschen Gleichungen geändert werden müssen (und EINSTEIN oder ein anderer Physiker wären noch berühmter geworden).

„Theorien kommen und gehen, Tatsachen bleiben bestehen"
R. W. Pohl

5. Die experimentellen Beweise der Speziellen Relativitätstheorie

5.1 Einleitung

Die experimentellen Beweise der Speziellen Relativitätstheorie sind zahllos. So verschiedenartig sie sind, sie haben nicht alle die gleiche prinzipielle Bedeutung. Uns geht es hier um die experimentelle Absicherung der Lorentz-Transformationen. Deshalb haben, wie sich zeigen wird, der Nachweis der Zeitdilatation und der Längenkontraktion und Nachweise zum Prinzip der Konstanz der Lichtgeschwindigkeit (das in strenger Form nicht experimentell bewiesen ist) größere Bedeutung, denn die Lorentz-Transformationen sind die Basis der relativistischen Raum-Zeit-Theorien und Aufhänger der viel diskutierten Paradoxien.

Geringere Bedeutung haben in diesem Zusammenhang die experimentellen Beweise der relativistischen Erhaltungssätze, ungeachtet ihrer überragenden physikalischen Tragweite. Um allerdings unsere Diskussion der Erhaltungssätze von Kap. 4.5 abzurunden, soll die experimentelle Bestätigung für die Abhängigkeit der Masse von der Geschwindigkeit mit einbezogen werden.

Alle Experimente zur Speziellen Relativitätstheorie sind in vielen Varianten mit ständig zunehmender Präzision wiederholt worden, unter ihnen manche mit dem intensiven Wunsch, die Relativitätstheorie in Schwierigkeiten zu bringen, so dass man nur eine Frage stellen kann: Wie vollständig und lückenlos ist der experimentelle Beweis der Speziellen Relativitätstheorie gelungen? Gibt es wesentliche Experimente, die noch nicht durchgeführt werden konnten?

Was als wesentlich anzusehen ist, hängt ab vom jeweiligen theoretischen Standpunkt, unserer liegt in möglichen Varianten zur Raum-Zeit-Theorie. Die Untersuchung wird zeigen, dass an den Lorentz-Transformationen die Synchronisationsvorschriften für Uhren experimentell nicht bewiesen (und wohl auch nicht beweisbar) sind, was für die Raum-Zeit-Konzepte von erheblicher Bedeutung ist; die Längenkontraktion und Zeitdilatation der Lorentz-Transformationen sind hinreichend genau bestätigt.

5.2 Experimenteller Nachweis der Zeitdilatation

Von allen theoretischen Vorhersagen der Speziellen Relativitätstheorie ist die der Zeitdilatation die beeindruckendste und die, die am meisten Widerspruch hervorgerufen hat. Der experimentelle Nachweis ist inzwischen auf vielfältige Art erfolgt.

a) Durch die Experimente von HÄFELE und KEATING [142], [143] wurden hochempfindliche Uhren im Flugzeug von Ost nach West und umgekehrt um die Erde geflogen und die Zeitdilatation unmittelbar gemessen. In Abb. 5.1 ist der Versuch beschrieben. Eine genauere Messung von [2] bestätigte die Zeitdilatation auf 1 %.

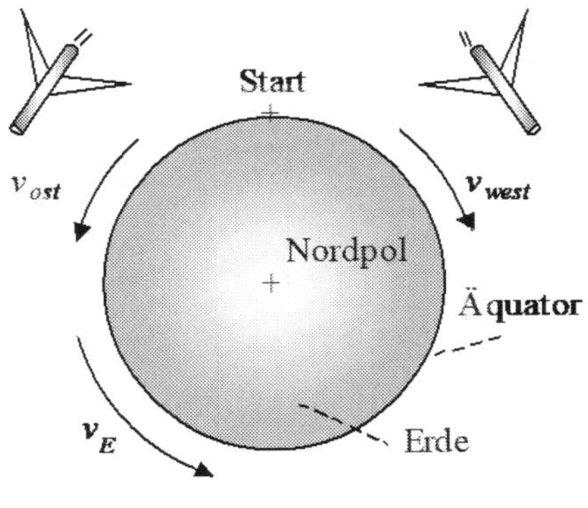

Abb. 5.1 Flugzeuge um die Erde.

Relativ zum Erdmittelpunkt bewegen sich Uhren in Flugzeugen und auf der Erdoberfläche unterschiedlich schnell. Bewegte Uhren gehen langsamer, am langsamsten die Uhr in Richtung Ost, $v_E + v_{Ost}$, am schnellsten die Uhr in Richtung West, $v_E - v_{West}$. Die Geschwindigkeit der Uhr auf der Erdoberfläche liegt dazwischen. (Gravitationskräfte sind vernachlässigt, der Erdmittelpunkt ist für Zeiträume einiger Tage ein Inertialsystem.) Die Messungen mit Atomuhren bestätigen die Vorhersagen.

b) Eine Reihe von Elementarteilchen haben nur eine endliche Lebensdauer, danach zerfallen sie. Solche Elementarteilchen sind Uhren, die ein bestimmtes Zeitintervall anzeigen. Ihre Geschwindigkeitsabhängigkeit ist in verschiedenen Varianten gemessen worden. So auch für Pionen, Elementarteilchen mit einer Halbwertszeit von t_H = 1.8 10^{-8} s, d. h. von 10 000 Teilchen sind nach dieser Zeit im Mittel 5 000 zerfallen. Bewegen sich Pionen mit 92% der Lichtgeschwindigkeit, so leben sie um den Faktor

$$1/\gamma = \sqrt{1-0.92^2} = 2.55$$

länger. Erst nach einer Zeit von $t_H\gamma$ ist dann die Hälfte von ihnen zerfallen. Die andere Hälfte legt einen Weg größer als

$$s = 0.92ct_H\ /\ \gamma\ = 12.7\ \text{m}$$

zurück. Ohne Zeitdilatation wären es nur

$$s = 0.92ct_H\ = 4.96\ \text{m}$$

Das Experiment bestätigt die Vorhersage mit einer Genauigkeit von 1 %. [305], [116].

c) Der erste Nachweis der Zeitdilatation gelang H. E. IVES und G. R. STILWELL 1938 mit Hilfe von Kanalstrahlen, Licht aussendenden, bewegten Teilchen [169]. Bei diesem Experiment wurde die Frequenzverschiebung zwischen ruhenden und bewegten Lichtquellen gemessen. Von einer bewegten Lichtquelle ausgesandtes Licht hat eine um den Faktor $1/\gamma$ geringere Frequenz, da sie eine bewegte Uhr darstellt, die mit Lichtfrequenz schlägt. (Diese Überlegung gilt für Beobachtungen senkrecht zur Bewegungsrichtung, in Bewegungsrichtung oder entgegen zur Bewegungsrichtung tritt noch ein normaler Dopplereffekt hinzu.)

Alle Experimente bestätigen die aus den Lorentz-Transformationen folgende Zeitdilatation der Formel (4.12). Dabei wurden Genauigkeiten von 0.05% erreicht [136].

5.3 Die Abhängigkeit der Masse von der Geschwindigkeit

Um die Jahrhundertwende gab es elektromagnetische Theorien, die wie die Relativitätstheorie eine Zunahme der Masse von Elektronen mit wachsender Geschwindigkeit voraussagten. Die deshalb von KAUFMANN [181] angestellten Experimente wurden erst nachträglich als Bestätigung der Speziellen Relativitätstheorie erkannt.

In diesem Versuch beschleunigt man Elektronen in elektrischen Feldern auf eine bestimmte Geschwindigkeit und bestimmt dann ihre dynamische Masse $m(v)$ durch Ablenkung in magnetischen Feldern. Stehen die magnetischen Felder senkrecht zur Flugrichtung der Elektronen, werden sie auf Kreisbahnen abgelenkt und ihr Radius hängt wegen der Zentrifugalkräfte von der Masse ab. Die quantitativen Zusammenhänge sind nicht schwierig nachzuvollziehen [115], uns interessiert das Ergebnis: In Abb. 5.2 ist die relativistische Aussage in der Form

$$\frac{m(v)}{m(0)} = \frac{1}{\sqrt{1 - v^2 / c^2}} \tag{5.2}$$

gezeichnet worden und die ermittelten Messpunkte sind markiert. Sie zeigen eine gute Übereinstimmung. Entsprechende Versuche sind auch für andere Elementarteilchen gemacht worden, ein Experiment für Protonen mit siebenfacher Ruhmasse stimmt auf 0.05% mit der Theorie überein [136]. Ein sichtbarer Beweis für die Richtigkeit der Theorie sind die heutigen Teilchenbeschleuniger.

In Abb. 5.2 ist im übrigen auch gut der Charakter von c als Grenzgeschwindigkeit zu erkennen. Je stärker sich v dem Wert c nähert, desto steiler verläuft diese Kurve.

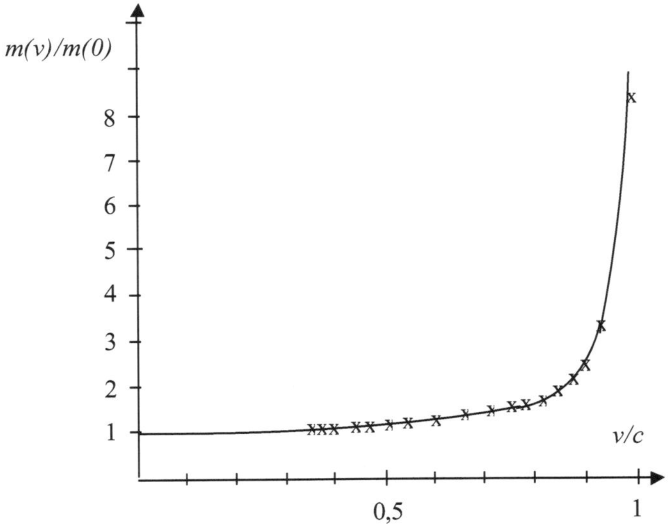

Abb. 5.2 Die relativistische Abhängigkeit der Masse *m* von der Geschwindigkeit *v* mit Messpunkten für Elektronen und Protonen.

5.4 Zum experimentellen Nachweis der Konstanz der Lichtgeschwindigkeit

Eine besonders einfache Anordnung, die Lichtgeschwindigkeit zu messen, besteht darin, ein Lichtsignal, wie in Abb. 5.3, längs der Strecke $\Delta x'$ auszusenden, am Spiegel A zu reflektieren und die Zeit $\Delta t'$ zu messen, die es für Hin- und Rückflug längs $\Delta x'$ benötigt hat. Bewegt man die Messapparatur mit unterschiedlichen Geschwindigkeiten und ändert sich $\Delta t'$ nicht, ist die Konstanz der Lichtgeschwindigkeit nachgewiesen. Das ist durchführbar, ist aber nicht sehr genau und tut andererseits mehr als man will. Es soll ja nur die Konstanz der Lichtgeschwindigkeit nachgewiesen und nicht ihre Größe gemessen werden.

Deshalb ist es besser, dasselbe Lichtsignal mit Spiegeln in zwei zueinander senkrechte Richtungen aufzuspalten und zu prüfen, ob die Lichtsignale für den Hin- und Rückweg längs $\Delta x'$ und $\Delta y'$ unterschiedliche Zeiten benötigen, wenn man die Apparatur mit unterschiedlicher Geschwindigkeit v bewegt.

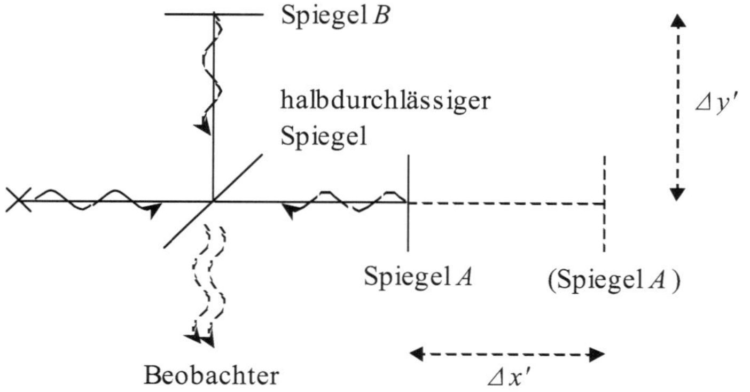

Abb. 5.3 Interferometer-Experiment von MICHELSON-MORLEY und KENNEDY-THORNDIKE

Licht einer bestimmten Wellenlänge wird an einem halbdurchlässigen Spiegel in zwei Strahlen aufgespalten, am Spiegel A und B reflektiert und danach wieder am halbdurchlässigen Spiegel zum Beobachter abgelenkt. Beide Lichtstrahlen bleiben beim Drehen der Messapparatur um 90° in Phase, denn die Interferenzstreifen ändern sich nicht. Das Experiment von KENNEDY-THORNDIKE hat ungleiche Arme, der Einfachheit halber habe der Arm in x-Richtung die doppelte Länge $2\Delta x$ (gestrichelt: längerer Arm).

Unterschiede von Laufzeiten von Lichtsignalen lassen sich sehr genau messen. In Abb. 5.3 sind die Wellenfronten des aufgeteilten Lichtblitzes bei der Rückkehr gezeichnet. Wellenberge und Wellentäler liegen an derselben Stelle, sie sind in Phase, wenn sie gleichzeitig zurückkommen, sie sind nicht Phase, Wellenberge und Wellentäler sind gegeneinander verschoben, wenn Hin- und Rücklaufzeiten längs $\Delta x'$ und $\Delta y'$ unterschiedlich sind. Haben Lichtsignale Wellenberge (und Wellentäler) an derselben Stelle, verstärken sie sich, sind sie verschoben, löschen sich Lichtsignale ganz oder teilweise aus. Das kann man gut beobachten (und nennt man Überlagerungen oder Interferenzen).

Die bekannten Experimente von MICHELSON-MORLEY und KENNEDY-THORNDIKE, [228] und [184], haben mit entsprechenden Messapparaturen, die durch Erddrehung und Bewegung der Erde um die Sonne unterschiedlichste Geschwindigkeiten und Geschwindigkeitsrichtungen hatten, keine Laufzeitunterschiede nachweisen können und bestätigen, dass die Lichtgeschwindigkeit von hin- und zurücklaufenden Lichtsignalen konstant ist. Die Erdbahngeschwindigkeit beträgt ca. 30 km/s, mit den heutigen Apparaturen könnten schon für Geschwindigkeiten von 3 cm/s Änderungen nachgewiesen werden.

Was diese Experimente nicht nachweisen können, ist die Konstanz der sog. Ein-Weg-Lichtgeschwindigkeit. Dazu muss man am Anfangs- und Endpunkt von der Strecke $\Delta x'$ je eine Uhr aufstellen und die Laufzeiten der Lichtsignale in eine einzige Richtung messen. Das ist aber nur möglich, wenn zuvor die Uhren synchronisiert worden sind – die Spezielle Relativitätstheorie verwendet dafür Lichtsignale (s. Kap. 6.3) und setzt somit die Ein-Weg-Lichtgeschwindigkeit auf c, wenn sie es nicht zuvor bereits ist und kann deshalb die Ein-Weg-Lichtgeschwindigkeit nicht experimentell bestimmen. Darauf wird in Kap. 6 näher eingegangen und dort wird diskutiert, welche Konsequenzen sich daraus ableiten lassen.

Die eigentliche Bedeutung der Experimente von MICHELSON-MORLEY und KENNEDY-THORNDIKE liegt in mehr als nur dem Nachweis der Konstanz der Zwei-Weg-Lichtgeschwindigkeit. Untersucht man die Experimente quantitativ in beliebigen, relativ zur Messanordnung bewegten Inertialsystemen, stellt man fest, dass sie ein Beweis für die Lorentz-Kontraktion sind, die Konstanz der Zwei-Weg-Lichtgeschwindigkeit ist nur eine notwendige Konsequenz daraus. Diese Untersuchung ist für unsere Zielsetzungen sehr wichtig und soll nun durchgeführt werden.

5.5 Die Experimente von Michelson-Morley und Kennedy-Thorndike zum Nachweis der relativistischen Längenkontraktion.

Die Versuche von MICHELSON-MORLEY [228] und KENNEDY-THORNDIKE [184] sollten prüfen, in welcher Weise sich die Lichtgeschwindigkeit ändert, wenn die sie messende Apparatur sich bewegt. Die Bewegung dachte man sich relativ zum Ausbreitungsmedium der Lichtwellen. Das Nullergebnis der Versuche erlaubt zwei Interpretationen. Neben der von EINSTEIN im Jahre 1905 [96] auch die von LORENTZ in den Jahren 1896 und 1904 [205], [204]. Sie lauten:

These I. Die Lichtgeschwindigkeit ist unabhängig vom Ausbreitungsmedium, d. h. ein Ausbreitungsmedium *gibt es nicht* (EINSTEIN, Einstein-Interpretation der Experimente von MICHELSON-MORLEY und KENNEDY-THORNDIKE).

These II. Wegen des Relativitätsprinzips lässt sich ein Ausbreitungsmedium *nicht nachweisen.* Konkret in diesem Experiment sind es die auftretende Längenkontraktion und Zeitdilatation, die das Nullergebnis erzwingen (LORENTZ, Lorentz-Interpretation der Experimente von MICHELSON-MORLEY und KENNEDY-THORNDIKE).

Mit beiden Theorien vereinbar ist es, ein sog. ausgezeichnetes Inertialsystem anzunehmen. Ein ausgezeichnetes Inertialsystem ist ein Inertialsystem, in dem die Lichtgeschwindigkeit in alle Richtungen denselben Wert c hat. In der einsteinschen Interpretation sind alle Inertialsysteme ausgezeichnet, in der lorentzschen Interpretation nur eines. Ob deshalb in dieser Interpretation ein reales Ausbreitungsmedium angenommen werden muss oder ob es andere Erklärungen für die Existenz nur eines ausgezeichneten Inertialsystems gibt, ist hier ohne Belang - s. Kap. 6.

Die Versuchsapparatur sind sogenannte Interferometer, Geräte, die die Interferenz von Lichtstrahlen gleicher Wellenlänge nachweisen, s. Abb. 5.3. Im Prinzip sind Interferometer zwei zueinander senkrecht stehende Arme gleicher (MICHELSON-MORLEY [228]) oder ungleicher Länge (KENNEDY-THORNDIKE [184]) an deren Enden durch Spiegel Lichtsignale einer Lichtquelle reflektiert und danach zur Interferenz gebracht werden. Bei unterschiedlicher Laufzeit der Lichtsignale längs der beiden Arme müssten sich bei Drehung der Apparatur die Interferenzstreifen ändern, wie in Kap. 5.4 erläutert wurde.

Man sieht keinen Effekt, ohne Annahme einer Längenkontraktion und Zeitdilatation müsste ein Effekt nachweisbar sein. Das Ergebnis der quantitativen Analyse wird sein: Der MICHELSON-MORLEY-Versuch allein weist eine Längenkontraktion nach, sie könnte aber auch in y- und z-Richtung stattfinden. Zusammen mit dem Versuch von KENNEDY-THORNDIKE und dem von IVES-STILWELL zur Zeitdilatation lässt sich zeigen:

$$\begin{aligned} \Delta x' &= \gamma \Delta x \\ \Delta y' &= \Delta y \\ \Delta z' &= \Delta z \end{aligned} \tag{5.3}$$

Aus der Abb. 5.3 sieht man: Licht einer bestimmten Wellenlänge wird an einem halbdurchlässigen Spiegel in zwei Strahlen aufgespalten, am Spiegel A und B reflektiert und danach erneut am halbdurchlässigen Spiegel zum Beobachter hin abgelenkt. Beide Lichtstrahlen sind in Phase, beim Drehen der Apparatur um 90° ändern sich die Interferenzstreifen nicht. Das Experiment von KENNEDY-THORNDIKE hat ungleich lange Arme, der Einfachheit halber habe der Arm in x-Richtung die doppelte Länge $2\Delta x'$.

Das ausgezeichnete Inertialsystem werde mit $S = S(x, y, z, t)$ bezeichnet, und das Inertialsystem, in dem die Messapparatur ruht, mit $S' = S'(x', y', z', t')$. Relativ zu S' gilt:

(5.4) $$\Delta y' = \Delta x'$$

$\Delta t'$ ist das Zeitintervall für Lichtsignale hin und zurück längs $\Delta x'$ oder $\Delta y'$. Die Lichtlaufzeit $\Delta t'$ ist gleich in alle Richtungen, da beim Drehen keine Interferenzen auftreten, (genauer: die Messwerte $\Delta t'$ der Lichtlaufzeiten sind gleich.)

(5.5) $$\Delta t = \Delta x\left(\frac{1}{c-v} + \frac{1}{c+v}\right)$$

(5.6) $$\Delta t = \Delta x \frac{2\gamma^2}{c}$$

(5.7) $$\Delta t = \frac{2\Delta y}{\sqrt{c^2 - v^2}}$$

Δt ist das Zeitintervall für Lichtsignale hin und zurück längs Δx, Δy. Es ist für beide Fälle gleich, da keine Interferenzen auftreten.

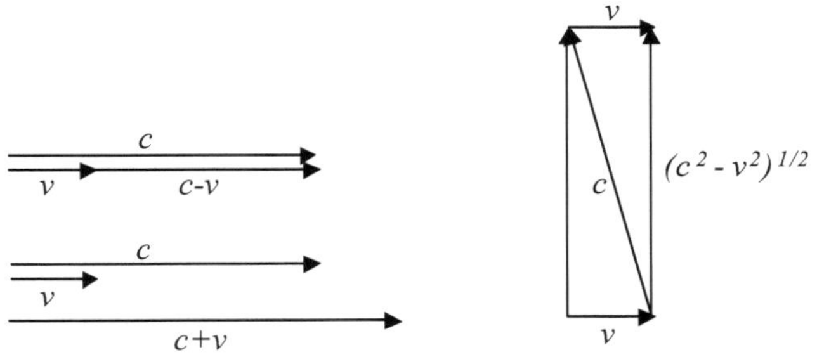

Abb. 5.4 Die vektorielle Geschwindigkeitsaddition für Lichtsignale in x-Richtung, ihr entgegen und senkrecht dazu.

(c, v werden in demselben Inertialsystem gemessen, werden c und v in verschiedenen Inertialsystemen gemessen, gilt Formel (4.13) und die Summe ist c.)

Bewegt sich das Licht in die positive x-Richtung, hat es die Geschwindigkeitsrichtung der Messapparatur und den Betrag $c-v$, nach Reflexion am Spiegel A hat es die entgegengesetzte Richtung und den Betrag $c+v$. In y'-Richtung ist die Resultierende beider Geschwindigkeiten senkrecht zu v und hat den Betrag $(c^2-v^2)^{1/2}$, s. Abb. 5.4.

Zur Erläuterung der Beziehung c^2-v^2. Will ein Schwimmer mit der Geschwindigkeit c senkrecht einen mit v fließenden Fluss durchqueren, so muss er etwas flussaufwärts gerichtet schwimmen. Pro Sekunde muss er so viele Meter stromaufwärts schwimmen, wie er vom Fluss abwärts getrieben wird. Seine Gesamtgeschwindigkeit hat eine Richtung senkrecht zum Ufer, ihr Betrag ist geringer als c, so wie es das Diagramm der Abb. 5.4 zeigt, und hat wegen des Lehrsatzes von PYTHAGORAS den Wert $(c^2 - v^2)^{1/2}$.

Aus (5.6) und (5.7) folgt nach einfacher Rechnung:

(5.8) $$\gamma\, \Delta x = \Delta y$$

Δx ist kleiner als Δy, aber beide können kleiner als $\Delta y'$ sein.

Aus dem Experiment von MICHELSON-MORLEY ergibt sich wegen $\Delta y' = \Delta x'$ und gleichem $\Delta t'$ in alle Richtungen:

$$\frac{2\Delta x'}{\Delta t'} = \frac{2\Delta y'}{\Delta t'} = \text{konstant}$$

Die Konstante könnte aber eine Funktion der Geschwindigkeit v des Inertialsystems S' relativ zu S sein. Diese Unsicherheit beseitigt das Experiment von KENNEDY-THORNDIKE. Es weist nach, dass die Konstante für alle Geschwindigkeiten v denselben Wert hat und daher gleich der Lichtgeschwindigkeit c ist:

(5.9) $$\frac{2\Delta l'}{\Delta t'} = \frac{2\Delta x'}{\Delta t'} = c$$

$\Delta l' = \Delta x'$ gilt, weil der Arm des Interferometers in x-Richtung so gewählt wurde. Nimmt man an

$$\frac{2\Delta x'}{\Delta t'}$$

ändere sich mit der Geschwindigkeit v, müssten im Experiment Interferenzen beobachtet werden, denn wegen der ungleichen Armlänge würde diese Änderung nicht mehr wie beim Experiment von MICHELSON-MORLEY durch eine gleich große Änderung in y-Richtung kompensiert. Die Wellenberge in Abb. 5.3 müssten sich gegeneinander verschieben, weil sich die Laufzeitdifferenz ändert. Unterschiedliche Geschwindigkeiten und Geschwindigkeitsrichtungen ergaben sich im Experiment von KENNEDY-THORNDIKE durch Messungen über längere Zeiträume hinweg schon durch die Erddrehung und die Drehung der Erde um die Sonne.

Aus den bisherigen Ableitungen folgt

(5.10) $$\Delta x' = \frac{c\Delta t'}{2} \quad \text{wegen (5.9)}$$

(5.11) $$\Delta x' = \frac{c\Delta t}{2\gamma} \quad \text{wegen (5.11), Zeitdilatation,}$$

(5.12) $$\Delta x' = \gamma\Delta x \quad \text{wegen (5.6)}$$

Aus (5.4) und (5.12) folgt

(5.13) $$\Delta y' = \gamma\Delta x$$

(5.14) $$\Delta y' = \Delta y \quad \text{wegen (5.8)}$$

Formeln (5.12) und (5.14.) stimmen mit (5.3) überein und wir sehen: Die Experimente von MICHELSON-MORLEY, KENNEDY-THORNDIKE und IVES-STILWELL gemeinsam sind der experimentelle Nachweis der Lorentzkontraktion, wie sie H. A. LORENTZ von Anfang an richtig angenommen hatte.

Was ist die Aussage des Versuches von MICHELSON-MORLEY zum Prinzip der Konstanz der Lichtgeschwindigkeit?

Für die Hin- und Rückgeschwindigkeit wird in *S'* der Wert c gemessen, wenn sie in *S* den Wert c hat: Von *S* aus betrachtet, ist die Lichtgeschwindigkeit in *S'* $c-v$, $c-v$, $(c^2-v^2)^{1/2}$ je nach Richtung – also stets ungleich c. Gemessen wird in *S'* aber:

(5.15)
$$\begin{aligned} v_{Licht} &= \frac{2\Delta x'}{\Delta t'} \\ &= \frac{2\gamma\Delta x}{\Delta t'} && \text{wegen (5.3)} \\ &= \frac{2\gamma^2\Delta x}{\Delta t} && \text{wegen (5.1)} \\ &= \mathrm{c} && \text{wegen (5.6)} \end{aligned}$$

Entsprechend in y'-Richtung.

Welcher Wert würde für die Ein-Weg-Lichtgeschwindigkeit in *S'* gemessen, wenn die Uhren relativ zum ausgezeichneten Inertialsystem *S* synchronisiert werden?

(5.16) $$\Delta t_+ = \frac{\Delta x}{v_{Licht}} = \frac{\Delta x}{c-c} = \frac{\Delta x'}{\gamma(c-v)}$$

Δt_+ ist die Zeit für ein Lichtsignal bis zum Spiegel *A* in *S*, $\Delta t'_+$ die entsprechende Zeit in *S'*. Wegen $\Delta t_+ = \gamma\Delta t'_+$

(5.17) $$\frac{\Delta x'}{\Delta t'_+} = (c-v)\gamma^2$$

Das wäre die in *S'* gemessene Ein-Weg-Lichtgeschwindigkeit zum Spiegel *A*.

Die entsprechenden Werte für Lichtsignale zurück vom Spiegel *A*, $\Delta t'$ oder längs $\Delta y'$ in eine der beiden Richtungen, $\Delta t'_y$:

(5.18) $$\frac{\Delta x'}{\Delta t'} = (c+v)\gamma^2$$

(5.19) $$\frac{\Delta x'}{\Delta t'_y} = \sqrt{c^2-v^2}\,\gamma = \mathrm{c}$$

Werden die Uhren in S' relativ zum ausgezeichneten System S synchronisiert, wird nur in y'-Richtung für Licht der Wert c gemessen. Experimentell überprüft sind die Formeln (5.16) – (5.19) nicht, dies wäre ein Test der Ein-Weg-Lichtgeschwindigkeit (s. Kap. 5).

Zusammenfassung: Die Lorentz-Kontraktion (5.3) ist durch die Experimente von MICHELSON-MORLEY, KENNEDY-THORNDIKE und IVES-STILWELL nachgewiesen. Sie ist sowohl durch die Einstein- als auch durch die Lorentz-Interpretation erklärbar. Alle diese Messungen wurden wegen ihrer Bedeutung mit besonderer Sorgfalt ausgeführt, vielfach wiederholt und variiert, so dass Zweifel an den Ergebnissen nicht berechtigt erscheinen.

6. Herleitung der Lorentz-Transformationen

6.1 Einleitung

Es gibt eine Reihe verschiedener, korrekter Vorgehensweisen, die Lorentz-Transformationen aus allgemeinen Annahmen herzuleiten [96], [326], [he2]. So elegant sie sind, sie sind nicht physikalisch zwingend, denn es gibt keine vollständigen experimentellen Beweise derartig allgemeiner Annahmen. Deshalb gehen wir zunächst einen anderen Weg und fragen: Lassen sich die Lorentz-Transformationen ohne Zusatzannahmen aus experimentell gesicherten Voraussetzungen ableiten, oder gibt es noch andere, wenn auch unwahrscheinliche Koordinatentransformationen, die mit der Erfahrung übereinstimmen?

Wenn *S* das ausgezeichnete Inertialsystem ist und damit Licht in alle Richtungen die Geschwindigkeit c hat (Voraussetzung I), verkürzt sich der bewegte Stab (Voraussetzung II), die bewegte Uhr läuft langsamer (Voraussetzung III). Synchronisiert man Uhren auch in *S'* mit Licht, gilt entweder die Umkehrung (Einstein-Interpretation (EI), EINSTEIN) oder das Umgekehrte wird als Folge von Synchronisationseffekten nur gemessen (Lorentz-Interpretation (LI), POINCARÉ , LORENTZ und Nachfolger). Beides führt zu denselben Formeln: den Lorentz-Transformationen.

(Die Lorentz-Interpretation besitzt große philosophische Bedeutung, wird aber in üblichen Lehrbüchern nicht behandelt.)

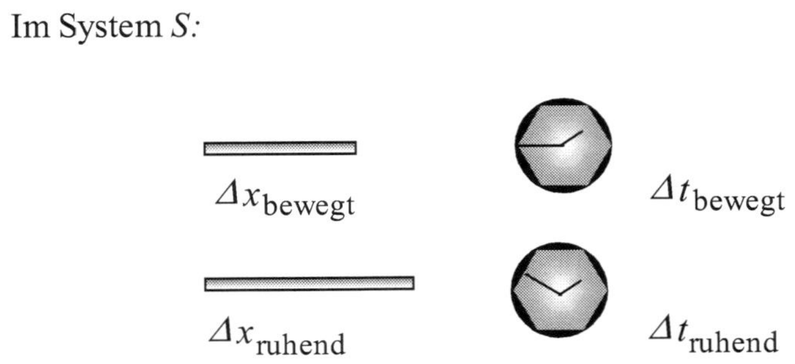

Abb. 6.1 Zur Herleitung der Lorentz-Transformationen.

Die Frage des 1. Absatzes zuerst zu beantworten, hat den folgenden Vorteil: Man kann sich die Mühe ersparen zu prüfen, ob die Relativitätstheorie in Schwierigkeiten geraten könnte, wenn sich die Herleitung der Lorentz-Transformationen als unvollständig erweist, weil die gemachten Voraussetzungen nicht stimmen. *Die Prinzipien, aus denen die Lorentz-Transformationen herleitbar sind, mögen zweifelhaft sein, die Lorentz-Transformationen selbst muss man wegen der experimentellen Bestätigungen akzeptieren, wie als erstes gezeigt werden soll.*

Wir sehen folgende Fakten als experimentell bestätigt an:

a.) bewegte Längen werden in Bewegungsrichtung verkürzt,
b.) bewegte Uhren gehen langsamer,

und zwar relativ zu jedem Inertialsystem, wenn man die *Messwerte* betrachtet, d. h. wir lassen die Frage offen, welchen Einfluss die sich mitändernden Maßstäbe haben können. Die experimentellen Beweise dafür sind die Versuche von MICHELSON-MORLEY, KENNEDY-THORNDIKE und IVES-STILWELL, sowie ihre späteren Präzisierungen, wie in Kap. 5 untersucht wurde.

6.2 Heuristische Herleitung der Lorentz-Transformationen aus Längenkontraktion und Zeitdilatation.

In Einklang mit [he1] nehmen wir an (Abb. 6.1):

I. $S = S(x, y, z, t)$ ist ein ausgezeichnetes Inertialsystem, d. h. ein Inertialsystem, in dem die Lichtgeschwindigkeit den konstanten Wert c in alle Richtungen besitzt.

Wenigstens ein solches Inertialsystem muss existieren. Jede andere Annahme würde bedeuten, dass Licht eine Vorzugsrichtung im Raum besitzt, was der Erfahrung widerspricht.

II. In $S(x, y, z, t)$ mit v bewegte Körper sind in Bewegungsrichtung um den Faktor $1/\gamma$ verkürzt:

$$\Delta x' = \gamma \Delta x \qquad \Delta y' = \Delta y \qquad \Delta z' = \Delta z \tag{6.1}$$

$\Delta x', \Delta y', \Delta z'$ sind die Längen der Körper, wenn Sie in Ruhe sind. Ihr Zahlenwert stimmt mit dem Wert überein, den man erhält, wenn man bewegte Längen mit mitbewegten Maßstäben misst, (weil dann beide in derselben Weise verkürzt sind. Deshalb die Bezeichnung $\Delta x'$ statt Δx_{ruhend}). $\Delta x, \Delta y, \Delta z$ sind die wirklichen, verkürzten Längen der bewegten Körper in $S = S(x, y, z, t)$. Kürzer: Der in S gemessenen Länge Δx eines Stabes entspricht die in S' gemessene Länge $\Delta x'$.

III. In $S(x, y, z, t)$ mit v bewegte Uhren laufen um den Faktor γ langsamer als in $S(x, y, z, t)$ ruhende Uhren.

(6.2) $$\Delta t' = \Delta t / \gamma$$

$\Delta t' = \Delta t_{bewegt}$ ist die Eigenzeit, bzw. das Eigenzeit-Intervall einer Uhr, das ist die von der bewegten Uhr angezeigte Zeit, bzw. Zeitspanne. Δt ist die in $S(x, y, z, t)$ mit ruhenden Uhren gemessene, wirkliche Zeitspanne.

Annahmen (6.1) und (6.2) sind experimentell bestätigt, wie in Kap. 5 gezeigt wurde.

IV. Uhren werden in bewegten Inertialsystemen gemäß der Einstein-Konvention synchronisiert. Dadurch sind Uhren "in Wirklichkeit" (Einstein-Interpretation) oder nur "zweckmäßig" (Lorentz-Interpretation) synchronisiert. Die Synchronisationsvorschrift ist experimentell nicht (vollständig) nachgewiesen bzw. nachweisbar, s. Kap. 5.

Zur Herleitung der Lorentz-Transformationen führen wir ein Inertialsystem $S' = S'(x', y', z', t')$ ein, das sich relativ zu S in positive x-Richtung mit der Geschwindigkeit v bewegt. Für in S' ruhende Stäbe gilt:

$$\Delta x' = x' - x'_0$$

$$\Delta y' = y' - y'_0$$

$$\Delta z' = z' - z'_0$$

wenn sie auf der x'-, y'- bzw. z'-Achse liegen, x'_0, y'_0, z'_0 sind null, wenn die Stabanfänge im Ursprung von S' liegen.

Fallen S und S' zum Zeitpunkt $t = t' = 0$ zusammen, so gilt auch:

(6.4) $$\Delta x = x - x_0$$

$$\Delta y = y - y_0$$

$$\Delta z = z - z_0$$

Seien jetzt x_0, y_0, z_0 die Position des Ursprungs von S' in S. Für ihn gilt

$$x_0 = vt$$

(6.5) $$y_0 = y'_0 = 0$$

$$z_0 = z'_0 = 0$$

$x_0 = vt$ drückt aus, dass sich der Koordinatenursprung von S' in S mit v in x-Richtung bewegt.

Aus (6.1) folgt mit (6.3), (6.4) und (6.5)

$$1/\gamma\,(x' - x'_0) = x - x_0$$

(6.6) $$x' = \gamma(x - x_0)$$

$$x' = \gamma(x - vt)$$

$$y' - y'_0 = y - y_0$$

(6.7) $$y = y'$$

$$z' - z_0 = z - z_0$$

(6.8) $$z = z'$$

(6.6), (6.7), (6.8) sind der erste Teil der Lorentz-Transformationen, jetzt fehlt noch der Zeitzusammenhang.

Die naheliegende Idee ist, da S ein ausgezeichnetes Inertialsystem darstellt, die Uhren in S' relativ zu S zu synchronisieren. Wegen (6.2) gilt dann:

$$t' - t'_0 = \gamma(t - t_0)$$

bzw. $t' = \gamma t$ wenn $t_0 = t'_0 = 0$ gesetzt ist.

Das ist aber praktisch nicht durchführbar, da zwar S laut Voraussetzung existiert, aber im übrigen nicht bekannt ist. Um definierte Zustände zu bekommen, wird eine Synchronisierungsvorschrift für Uhren benötigt, die unabhängig von S realisierbar ist. Das gilt für die bekannte einsteinsche Definition der Gleichzeitigkeit IV mit Hilfe von Lichtsignalen. Man sieht deutlich, welchen Stellenwert sie hier bei der Herleitung der Lorentz-Transformationen besitzt: Längenkontraktion und Zeitdilatation bestehen bereits, die Synchronisationsvorschrift ist nur eine zweckmäßige Zutat. (Siehe auch die weitere Diskussion in Kap. 7.)

In Formeln ausgedrückt heißt die einsteinsche Definition der Gleichzeitigkeit:

(6.9) Aus $x = ct$ soll $x' = ct'$ folgen.

Wegen (6.2) muss t' von t und wegen (6.9) außerdem von x abhängen, die einfachste Zuordnung, die das leistet ist der lineare Zusammenhang

(6.10) $$t' = at + bx$$

Nun müssen a und b ermittelt werden. Am elegantesten ist es, Formel (6.10) zu differenzieren. Man erhält:

(6.11) $$\frac{dt'}{dt} = a + b\frac{dx}{dt} \qquad x' = \text{const}$$

Wegen (6.2) ist $$\frac{dt'}{dt} = \frac{\Delta t'}{\Delta t} = \frac{1}{\gamma}$$

und wegen $x' = \text{const}$ ist

$$\frac{dx}{dt} = v$$

Das ergibt das Zwischenergebnis

(6.12) $$1/\lambda = a + bv$$

Ohne Differenzieren erhält man (6.12) wie folgt:

Man betrachte eine in S' an der Stelle $x' = 0$ ruhende Uhr, die zum Zeitpunkt $t = 0$ die Zeit $t' = 0$ anzeigt. Dann ist

$$\frac{t' - t'_0}{t - t_0} = \frac{\Delta t'}{\Delta t}$$

$$= \gamma \qquad \text{wegen (6.2)}$$

$$t' / t = \gamma \qquad \text{wegen } t' = t = 0$$

Außerdem ist $$x = vt$$

Die an der Stelle $x = 0$ ruhende Uhr bewegt sich wie der Koordinatenursprung von S' mit der Geschwindigkeit v.

Aus (6.10) folgt

$$t' = t(a + bx / t)$$

$$t' / t = (a + bx / t)$$

und damit wieder, diesmal ohne zu differenzieren

(6.12) $$1 / \gamma = a + bv$$

Ersetzt man in (6.6) und (6.10) x und x' durch ct und ct' was wegen (6.9) erlaubt ist, und eliminiert t', so erhält man

(6.13) $$\gamma(1 - v / c) = a + bc$$

Zusammen mit (6.12) lassen sich a und b ermitteln:

(6.14) $$a = \gamma$$

(6.15) $$b = -\gamma v / c^2$$

Damit hat man wegen (6.10)

(6.16) $$t' = \gamma(t - vx / c^2)$$

die gesuchte Zeitabhängigkeit.

Formeln (6.6), (6.7), (6.8) und (6.16) sind die gesuchten Lorentz-Transformationen.

Die Unterschiede in der Einstein- und der Lorentz-Interpretation der Lorentz-Transformationen liegen in der Interpretation der Beziehung (6.9).

6.3 Alternative Herleitung der Lorentz-Transformationen mit Hilfe des Reziprozitätsprinzips.

Neben der einsteinschen Synchronisationsvorschrift (6.9) gibt es eine andere, die das Reziprozitätsprinzip anwendet [24]. Es besagt: Man synchronisiere die Uhren in *S'* so, dass nicht nur für $x' = 0$ $x = vt$ gilt, sondern auch umgekehrt für $x = 0$ $x' = -vt'$. Damit wird *S'* an *S* angeglichen, nun hat der Koordinatenursprung von *S* in *S'* die Geschwindigkeit $-v$, wenn *S'* in *S* die Geschwindigkeit $+v$ hat. Es ist erstaunlich, dass diese eigentlich unbedeutende Annahme sich als gleichwertig zur einsteinschen Synchronisationsvorschrift erweist.

$x = 0$ und $x' = -vt'$ in (6.6) sowie in (6.10) eingesetzt, führen zu:

$$t' = \gamma t$$

$$t' = at$$

also

$$a = \gamma$$

Andererseits ist für:

$$x' = 0$$

$$x = vt$$

und nach (6.2)

$$\Delta t = \gamma \Delta t'$$

$$t - t_0 = \gamma (t' - t_0')$$

$$t = \gamma t'$$

In (6.10) eingesetzt:

$$t / \gamma = \gamma t + bvt$$

$$b = \left(\frac{1}{\gamma} - \gamma \right) / v$$

$$b = -\gamma v / c^2$$

Damit kennt man die Konstanten *a*, *b* der Formel (6. 10) und die Lorentz-Transformationen sind hergeleitet. In der Einstein-Interpretation des Reziprozitätsprinzips wird zu Recht darauf hingewiesen, dass die Koordinatenursprünge sich ebenso wie beliebige Körper relativ zueinander mit demselben *v* bewegen müssen und dies der Erfahrung entspricht, die Lorentz-Interpretation kann einwenden, dass mit bewegten und deshalb langsamer gehenden Uhren gemessene Geschwindigkeiten unterschiedliche Messergebnisse für *v* liefern.

Wegen der sogenannten Gruppeneigenschaft der Lorentz-Transformationen gelten zwischen beliebigen Inertialsystemen *S'* und *S''* die Lorentz-Transformationen, weil sie zwischen *S* und *S'* sowie *S* und *S''* gelten und damit verliert *S* mathematisch seine Vorzugsstellung. Diese Rechnung ersparen wir uns.

(Die inertialen oder Selleri-Transformationen verwenden eine absolute Gleichzeitigkeit und besitzen keine Gruppeneigenschaft [328]. Lorentz-Transformationen in beliebige räumliche Richtungen und nicht nur in *x*- oder *x'*-Richtung: s. [328]).

Fassen wir zusammen: Die Lorentz-Transformationen lassen sich aus den experimentell gesicherten Annahmen der Längenkontraktion und Zeitdilatation relativ zu einem ausgezeichneten Inertialsystem herleiten, wenn man in den übrigen Inertialsystemen Uhren geeignet synchronisiert. Dazu verwendet man die einsteinsche Definition der Gleichzeitigkeit oder das Reziprozitätsprinzip. Beides ist relativistisch und lorentzsch interpretierbar.

6.4 Die Einstein- und Lorentz-Interpretation der Lorentz-Transformationen

Die Lorentz-Transformationen ließen sich aus den beiden unterschiedlichen Voraussetzungen herleiten:

a) Alle Inertialsysteme sind "in Wirklichkeit" gleichwertig. Dies ist die Einstein-Interpretation der Lorentz-Transformationen und der Standpunkt der Speziellen Relativitätstheorie, wie sie Gegenstand der Lehrbücher ist.

b) Alle Inertialsysteme "erscheinen" als gleichwertig. Auch wenn man absolute Veränderungen voraussetzt, sind – wie Kap. 6.2 gezeigt hat – die Messergebnisse von Längen und Uhrzeiten nur von den Relativgeschwindigkeiten abhängig. (Lorentz-Interpretation)

Welche der Interpretationen die einfachere ist, kann dahingestellt bleiben, da sie nicht auch die richtige sein muss. Aber wir müssen noch die beiden Relativitätsprinzipien auf alle physikalischen Effekte verallgemeinern, was jedoch wenig Mühe macht:

a) Alle Naturgesetze haben in allen Inertialsystemen dieselbe Gestalt (EINSTEINs Relativitätsprinzip). Das kann gar nicht anders sein, sonst wären ja gewisse Inertialsysteme ausgezeichnet, weil in ihnen z. B. einige Gesetze einfacher zu formulieren sind.

b) Alle Naturgesetze haben in allen Inertialsystemen dieselbe Gestalt, soweit sie messbare Eigenschaften beschreiben. Man muss hinzufügen: Andere Eigenschaften – z. B. die absolute Längenänderung eines bewegten Stabes – sind zunächst ohne physikalisches Interesse, da sie nicht experimentell überprüfbar sind.

Das lorentzsche Relativitätsprinzip ist eine Erweiterung des galileischen Relativitätsprinzips. Obwohl man sich auf einer Reise in absoluter Bewegung befinden kann, erlebt man sich als ruhend und die Umgebung als bewegt, absolute Bewegung selbst wird mit dem newtonschen Eimerexperiment nachgewiesen. Das ist das galileische Relativitätsprinzip und wird vertieft: Trotz eigener absoluter Bewegung erlebt man den Gang der eigenen Uhr und die Länge eigener Maßstäbe als unverändert und die relativ bewegten Uhren und Maßstäbe als verlangsamt oder verkürzt. In Analogie zum newtonschen Eimerexperiment gibt es absolute relativistische Effekte für rotierende Uhren und Maßstäbe, wie in Kap. 9 ausgeführt wird. Im Unterschied zum einsteinschen Relativitätsprinzip gibt es hier nicht messbare Eigenschaften, sog. verborgene Parameter. Ein einfaches Beispiel ist die Lichtgeschwindigkeit. Sie wird in allen Inertialsystemen zu c gemessen, aber natürlich hat sie in einem absolut mit v bewegten System je nach Ausbreitungsrichtung alle Werte zwischen $c+v$ und $c-v$ (s. Abb. 5.4). (Philosophisch dürfte diese Interpretation gut zur Protophysik passen, JANICH [174], aber relativistisch ist [322].)

Beim jetzigen Stand unserer Diskussion sind beide Interpretationen gleichwertig. Wir werden sehen: Experimentell ist zwischen ihnen nicht zu entscheiden (s. nächstes Kap.), aber offen bleibt, ob philosophisch-wissenschaftstheoretische Überlegungen, Gedankenexperimente oder die Lösung der Paradoxien eine von beiden bevorzugt. Wer das Ergebnis schon jetzt wissen will, lese Kap. 12.

Wie im Kap. 4 gezeigt wurde, ist mit der Herleitung der Lorentz-Transformationen bis auf die unproblematische Ergänzung der Erhaltungssätze (fast) die gesamte Spezielle Relativitätstheorie hergeleitet. Das wurde jetzt auf zweierlei Weisen erreicht und in diesem Sinne ist es erlaubt, von der Einstein- und der Lorentz-Interpretation der Speziellen Relativitätstheorie zu sprechen. Sollte man es vorziehen, sich zwei unterschiedliche Theorien vorzustellen, wäre zu bedenken, dass beide den Namen EINSTEINs tragen und sich deshalb bereits in der Namensgebung gleichen müssten, denn die physikalische Bedeutung der Speziellen Relativitätstheorie drückt sich in ihren Formeln aus und es war EINSTEIN [96], der sie als erster vollständig hergeleitet und sie mit beobachtbaren, physikalischen Größen verknüpft hat. Deshalb erscheint es angemessener, es bei der Bezeichnung ‚Interpretation' zu belassen. Y. PIERSEAUX [268] geht in der Namensgebung den anderen Weg.

6.5 Herleitung aus dem Relativitätsprinzip und dem Prinzip der Konstanz der Lichtgeschwindigkeit für beide Interpretationen

Die folgende Herleitung der Lorentz-Transformationen folgt den Ausführungen von U. E. SCHRÖDER [326] und soll zeigen, wie die dazu erforderlichen theoretischen Annahmen in analoger Weise für beide Interpretationen der Relativitätstheorie gelten und somit letztlich in der Eleganz ihrer Herleitung kaum Unterschiede zu sehen sind. Man legt dabei das Relativitätsprinzip und das Prinzip der Konstanz der Lichtgeschwindigkeit so zu Grunde, wie es in der jeweiligen Variante gilt. **Die Sprechweise der Lorentz-Interpretation wird in spitzen Klammern angegeben,** wo sie sich von der Einstein-Interpretation unterscheidet; die formalen Unterschiede sind gering.

1.) Für kleine Geschwindigkeiten sollen die gesuchten Transformationsformeln in die Galilei-Transformation

$$x' = x - vt$$
$$y' = y$$
$$z' = z$$

übergehen, die den Übergang von *S* zu *S'* beschreiben. Deshalb wird der Ansatz

$$\begin{aligned} x' &= \gamma(v)(x - vt) \\ y' &= n(v)y \\ z' &= n(v)z \end{aligned} \tag{6.20}$$

versucht.

2.) $\gamma(v)$ ist eine gerade Funktion, d. h. $\gamma(v) = \gamma(-v)$, wie sich zeigen lässt: Wegen der Homogenität und Isotropie des Raumes dürfen sich die Transformationsformeln nicht ändern, wenn sowohl die Richtung der x-Achse und die Richtung der x'-Achse umgekehrt wird und auch der Wert von v zu $-v$ wird.

$$\begin{aligned} -x' &= \gamma(-v)(-x - (-v)t) \\ y' &= n(-v)y \\ z' &= n(-v)z \end{aligned} \tag{6.21}$$

Nehmen wir ein und denselben Punkt $P(x, y, z)$. Er hat zunächst die Koordinaten x, y, z und x', y', z'. Nach Umkehren der Achsen hat derselbe Punkt die Koordinaten $-x, y, z$ und $-x', y', z'$ und v wird zu $-v$, da die Richtung, in der sich *S'* bewegt, dieselbe bleibt. Oder etwas anders ausgedrückt, wenn es ein Koordinatensystem mit (6.20) gibt, muss es wegen der Gleichartigkeit des Raumes in alle Richtungen auch eines mit (6.21) geben.

Aus (6.20) und (6.21) folgt die Behauptung:

$$\gamma(v) = \gamma(-v)$$
$$n(v) = n(-v)$$

3.) Die Inertialsysteme S und S' sind <**oder erscheinen**> gleichberechtigt, d. h. man darf in (6.20) x und x', y und y', z und z' vertauschen, den Wert von v durch $-v$ ersetzen und die Transformationsformel muss unverändert bleiben. Andernfalls wäre das Relativitätsprinzip verletzt.

(6.22)
$$x = \gamma(-v)(x' + vt')$$
$$y = n(-v)y'$$
$$z = n(-v)z'$$

Daraus folgt:

$$yy' = n(v)^2\, yy'$$
$$n(v) = 1$$

da $n(v)$ aus Symmetriegründen nicht negativ sein darf.

4.) Nun wird das Prinzip der Konstanz der Lichtgeschwindigkeit angewendet. Es besagt, c ist konstant in allen S < **bzw. c wird in allen *S* so gemessen**>. In Formeln:

Aus $x = ct$ soll $x' = ct'$ folgen.

Aus (6.20) und (6.22) folgen damit die beiden Gleichungen:

(6.23) $$x' = \gamma(v)x(1 - v/c)$$

(6.24) $$x = \gamma(v)x'(1 + v/c)$$

Multipliziert man beide Formeln miteinander, müssen die Faktoren vor xx' gleich sein:

$$xx' = \gamma(v)^2\left(1 - v^2/c^2\right)xx'$$
$$\gamma(v) = \frac{1}{\sqrt{1 - v^2/c^2}}$$

5.) Damit hat man

(6.25)
$$x' = \gamma(x - vt)$$
$$y' = y$$
$$z' = z$$

und die fehlende Transformation für die Zeit erhält man durch Einsetzen von

$$t' = x' / c$$

in die Beziehung (6.25) für x'

$$t' = \gamma\left(x / c - vct / c^2\right)$$

und wegen $x/c = t$ und $x = ct$ folgt

(6.26) $$t' = \gamma\left(t - vx/c^2\right)$$

Die Formeln (6.25) und (6.26) sind die Lorentz-Transformationen, Sie sind für beide Interpretationen der Relativitätstheorie hergeleitet, in die Mathematik ist die unterschiedliche Deutung der Koordinatenwerte nicht eingegangen.

Soweit die Herleitung – z. B. von (6.26) – unbefriedigend erscheinen sollte, ist sie es für beide Interpretationen. Letztlich hat sie ihre Berechtigung durch die Übereinstimmung mit der Erfahrung. Von U. E. SCHRÖDER findet man in [326] eine weitere, ausführlichere Herleitung der Lorentz-Transformationen aber ohne Anwendung des Prinzips der Konstanz der Lichtgeschwindigkeit, die – entsprechend variiert – ebenso für die Lorentz-Interpretation gilt und so nachweist, dass in mathematischer Hinsicht in beiden Interpretationen fast identische Argumentationen erlaubt sind, beide dieselben Formeln liefern und von daher keine der beiden der anderen vorzuziehen ist

6.6 Definition der EI und LI – etwas abstrakter

EI:

1.) In Inertialsystemen haben alle Naturgesetze dieselbe Gestalt. (Relativitätsprinzip)

2.) In Inertialsystemen hat die Lichtgeschwindigkeit den Wert c. (Prinzip der Konstanz der Lichtgeschwindigkeit).

Ursache für die Gültigkeit der beiden Prinzipien ist, dass es weder Raum noch Zeit gibt, sondern nur ein vierdimensionales Raumzeitkontinuum, den sog. Minkowski-Raum. Das führt zur Lorentzinvarianz der Naturgesetze. Die beiden Prinzipien setzen voraus, dass alle Naturgesetze messbar sind. Experimentell überprüfbar ist nur die Umkehrung: Was von den Naturgesetzen messbar ist, erfüllt die beiden Postulate.

LI:

1.) Was von Naturgesetzen messbar ist, lässt sich in Inertialsystemen durch dieselben Formeln beschreiben. (Relativitätsprinzip der LI).

2.) Die Uhren eines Inertialsystems lassen sich so synchronisieren, dass die Messung der Lichtgeschwindigkeit stets den Wert c ergibt. (Prinzip der Konstanz der Lichtgeschwindigkeit der LI).

Aus dem 2. Prinzip folgt, dass die Lichtgeschwindigkeit unabhängig von der Geschwindigkeit der Quelle ist. Das 1. Prinzip ist experimentell gut bestätigt und gilt für Inertialsysteme, deren Uhren in Einklang mit dem 2. Prinzip synchronisiert sind (einsteinsche Uhrensynchronisation). Ursache der geänderten Prinzipien ist, dass Bewegung sowohl Messobjekte als auch Messinstrumente verändert, aber beide Effekte zusammen – wie für die EI – im Minkowski-Raum beschrieben werden können. Das führt zur Lorentzinvarianz der Naturgesetze, so weit sie messbar sind.

Also gleiche Formeln für EI und LI, aber andere physikalische Erklärungen, deren Bedeutung später klarer wird. Es gibt andere Definitionen der EI und LI, es gibt offene Fragen (Was ist Bewegung innerhalb der LI?). Die nächsten Kapitel schaffen Grundlagen und bringen Anwendungsfälle, die hier für weitere Klarheit sorgen. Wie sich zeigt (und schon gezeigt hat), muss von der LI zusätzlich die

3.) Existenz eines ausgezeichneten Inertialsystems

gefordert werden.

7. Gedankenexperimente zur Unterscheidung zwischen der Einstein- und Lorentz-Interpretation

7.1 Einleitung

Akzeptiert man eine unterschiedliche Interpretierbarkeit der Lorentz-Transformationen, liegt die Suche nach einer experimentellen Trennung nahe. Um es vorweg zu sagen, es gibt keine speziell-relativistischen Experimente, mit denen zwischen beiden Interpretationen zu unterscheiden wäre. (Abb. 24.6 wäre ein diskussionswürdiges Gegenbeispiel.) Trotzdem sind solche Überlegungen nützlich, weil sie die Unterschiede beider Interpretationen deutlich machen.

Man kann experimentell zwischen ihnen nicht unterscheiden, weil für beide Interpretationen ein Relativitätsprinzip gilt und für alle Naturvorgänge gleiche Messergebnisse vorausgesagt werden, obwohl in der Lorentz-Interpretation nur die Messwerte relativ zum ausgezeichneten Inertialsystemen den "wirklichen" Wert einer physikalischen Größe beschreiben. Auf diesen Unterschied beziehen sich die folgenden Gedankenexperimente. Sie haben deshalb für die klassische Sicht der Relativitätstheorie einen sofort erkennbaren Nulleffekt, für die Lorentz-Interpretation gilt dasselbe, es ist aber schwieriger zu ersehen.

7.2 Gedankenexperiment zum Teilchenzerfall

Man lasse Elementarteilchen der mittleren Lebensdauer t_m mit derselben Geschwindigkeit w' in *S'* in alle Richtungen fliegen. Dann zerfallen sie im Mittel nach derselben Zeitspanne und haben den Weg r' zurückgelegt:

(7.1) $$r' = \frac{t_m w'}{\sqrt{1 - w'^2 / c^2}}$$

wobei für t_m die Zeitdilatation zu berücksichtigen ist. Alle Teilchen zerfallen im Mittel auf einem Kreis mit dem Radius r', wenn sie von einem Punkt aus starten.

Auf Grund des Relativitätsprinzips gilt das für alle Inertialsysteme und nicht nur für ein ausgezeichnetes und wird in gleicher Weise in beiden Interpretationen vorausgesagt. Aber in diesem speziellen Fall kann das Relativitätsprinzip überprüft werden. Für die Einstein-Interpretation ist das trivial, Formel (7.1) gilt für jedes beliebige Inertialsystem *S'*, überall ist dasselbe Versuchsergebnis zu erwarten. Für die Lorentz-Interpretation ist das komplizierter, Formel (7.1) gilt zunächst einmal nur für das ausgezeichnete Inertialsystem, *S'* soll aber ein beliebiges Inertialsystem sein. Haben die Elementarteilchen in *S'* die Geschwindigkeit w', so haben sie im ausgezeichneten Inertialsystem *S* in die verschiedenen Richtungen unterschiedliche Geschwindigkeiten, in Bewegungsrichtung von *S'* $v+w$, entgegen $v-w$, senkrecht dazu $\sqrt{(v^2+w^2)}$

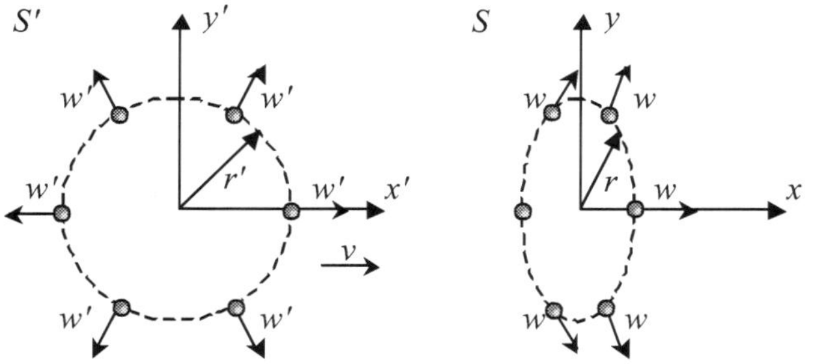

Abb. 7.1 Gedankenexperiment zur Einstein- und zur Lorentz-Interpretation.

Haben Elementarteilchen ,● , in *S'* in alle Richtungen die Geschwindigkeit w', haben sie in *S* unterschiedliche Geschwindigkeiten und unterschiedliche Lebensdauern. Von *S* aus betrachtet ist für die Lorentz-Interpretation nicht ohne weiteres ersichtlich, ob die Elementarteilchen in *S'* im Mittel auf einem Kreis mit dem Radius r' zerfallen.
($v = w' = 0.866c$, $\gamma = 2$, dargestellt sind die Positionen und Geschwindigkeiten der Elementarteilchen zum Zeitpunkt des Zerfalls.)

Die Idee zwischen beiden Theorien zu unterscheiden lautet, s. Abb. 7.1: Da relativ zu *S* die Elementarteilchen wegen der unterschiedlichen Geschwindigkeit unterschiedliche Lebensdauern haben und dies ihre wirkliche Größe ist, müssen sie sich in *S'*, wo sie dieselbe Geschwindigkeit besitzen, unterschiedlich weit bewegen. Sie werden im Mittel nicht auf einem Kreis vom Radius r' zerfallen. Dies wäre dann ein Widerspruch zur Erfahrung.

Die genaue Rechnung zeigt, dass diese Idee nicht trägt. Der Grund ist: Zur höheren Lebensdauer in *S* gehört sogar noch die höhere Geschwindigkeit in *S*, aber *S'* bewegt sich ebenfalls in *S*, die Elementarteilchen mit der hohen Geschwindigkeit laufen dem Inertialsystem *S'* hinterher und umgekehrt. Rechnen wir für Teilchen in positive und negative *x*-Richtung: *S'* ist ein Inertialsystem und es gilt das relativistische Additionstheorem, Formel (4.13), weil in *S'* Uhren gemäß der Einstein-Konvention synchronisiert sein müssen:

(7.2) $$w_r = \frac{v+w'}{1+vw'/c^2}$$

(7.3) $$w_l = \frac{v - w'}{1 - vw'/c^2}$$

Der hier untersuchte Sonderfall entspricht mit anderen Bezeichnungen der Bewegung von Uhren in Abb. 10.8. Nach rechts in positive x-Richtung fliegende Teilchen haben in S die mit w_r bezeichnete Geschwindigkeit, sie legen den Weg s_r zurück. Entsprechend in S' w_r' und s_r' und nach links w_l, w_l', s_l, s_l' Für die Zeitdilatation gilt:

$$t_m(w_r) = \frac{t_m}{\sqrt{1 - w_r^2 / c^2}}$$

$$t_m(w_l) = \frac{t_m}{\sqrt{1 - w_l^2 / c^2}}$$

In S zurückgelegter Weg:

$$s_r = w_r t_m(w_r)$$
$$s_l = w_l t_m(w_l)$$

S' bewegt sich mit v in S, es legt die Wege zurück:

$$s(S_r') = v t_m(w_r)$$
$$s(S_l') = v t_m(w_l)$$

Von S aus betrachtet legen die Elementarteilchen in S' die Wege zurück:

$$s_r - s(S_r') = (w_r - v) t_m(w_r)$$
$$s_l - s(S_l') = (w_l - v) t_m(w_l)$$

In S' ist das ein um den Faktor γ längerer Weg

$$s_r' = \gamma(s_r - s(S_r'))$$
$$s_l' = \gamma(s_l - s(S_l'))$$

s_r', s_l' müssen gleich r' sein, was die Rechnung bestätigt:

(7.12) $$s_r' = \frac{\gamma(w_r - v) t_m}{\sqrt{1 - w_r^2 / c^2}}$$

(7.13) $$s_l' = \frac{\gamma(w_l - v) t_m}{\sqrt{1 - w_l^2 / c^2}}$$

Mit den Formeln

(7.14) $$w_r - v = w' \frac{1 - v^2/c^2}{1 + vw'/c^2}$$

und (7.15) $$\sqrt{1 - {w_r}^2/c^2} = \frac{\left(1 - v^2/c^2\right)\left(1 - w'^2/c^2\right)}{1 + vw'/c^2}$$

und analog für w_l ergibt sich eingesetzt in s'_r und s'_l die Behauptung. Für die y'-Richtung ist das Ergebnis nicht anders.

(Formeln (7.14) und (7.15) sind mathematische Identitäten, die bestätigt werden können, indem w_r durch Formel (7.2) eliminiert wird.)

(Generell gilt: Man kann umgekehrt jedes Naturgesetz verwenden, um Uhren zu synchronisieren, z. B. mit Zweiteilchenzerfällen ruhender (Elementar-)Teilchen. Das Ergebnis ist dasselbe wie für Lichtsignale.)

7.3 Ein Gedankenexperiment zur Messung der Ein-Weg-Lichtgeschwindigkeit mit Hilfe von Lasern.

Nach der Einstein-Interpretation ist die Lichtgeschwindigkeit in allen Inertialsystemen konstant c, nach der Lorentz-Interpretation ist sie es nur im ausgezeichneten Inertialsystem *S*. In relativ zu *S* bewegten Inertialsystemen wird sie aber als c gemessen, wenn die Uhren in üblicher Weise synchronisiert sind, an sich ist sie beispielsweise in Bewegungsrichtung $c - v$, und $c + v$ entgegen dazu. Das gibt Anlass zu dem folgenden Gedankenexperiment mit zwei Lasern, um zwischen beiden Interpretationen zu unterscheiden.

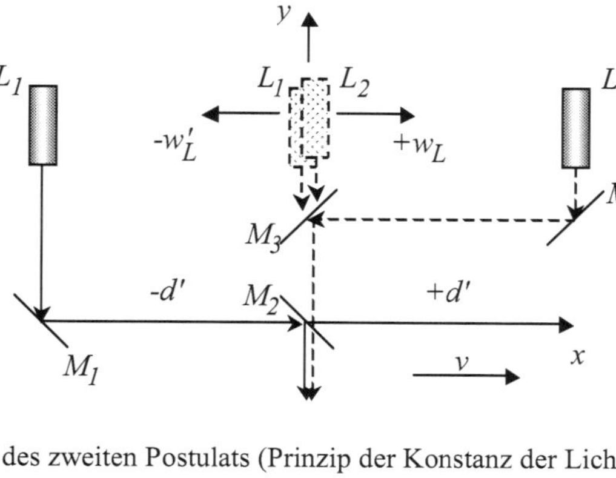

Abb. 7.2 Test des zweiten Postulats (Prinzip der Konstanz der Lichtgeschwindigkeit).
$M_1 - M_4$: Spiegel, L_1, L_2: Laser

Betrachtet man die Versuchsanordnung der Abb. 7.2, so sind Lichtwellen, die von zwei Lasern L_1 und L_2 über die Spiegel M_1 und M_4 im Abstand $2d'$ ausgesendet werden, beim Zusammentreffen an den Spiegeln M_2 und M_3 nicht in Phase, wenn sie es in M_1 und M_4 waren, weil die Lichtgeschwindigkeit relativ zum ausgezeichneten System $S(x,y,z,t)$ $c-v$ und $c+v$ beträgt. Man weiß aber nicht, ob die Lichtwellen bzw. die Laser L_1 und L_2 an den Stellen M_1 und M_4 in Phase sind. Deshalb bewegt man die Laser L_1 und L_2 zunächst nach M_2 , M_3 , bringt sie in Phase und verschiebt sie mit konstanter Geschwindigkeit w' nach M_1 und M_2. Bei diesem Transport ändern die Laser ihre Phase in definierter Weise und man kann jetzt die Phase von L_1 und L_2 an der Stelle vorausberechnen und eine evtl. Phasendifferenz auch experimentell bestimmen. Nach der Einstein-Interpretation gibt es keine Phasendifferenz, die genaue Rechnung, die im folgenden durchgeführt wird, zeigt dasselbe für die Lorentz-Interpretation.

(Dies hier untersuchte Experiment ist in Varianten in der Literatur [54], [387], [102] verschiedentlich und zu Unrecht zur Messung der Ein-Weg-Lichtgeschwindigkeit vorgeschlagen worden [371]. Der Verfasser selbst war diesem Irrtum erlegen und hatte 1974 den Vorschlag der Abb. 7.2 zur Veröffentlichung eingereicht. Er wurde angenommen, gerade noch rechtzeitig konnte der Verfasser seinen Vorschlag zurückziehen.)

Da das Ergebnis klar ist, wurde die Rechnung komprimiert, ist aber deshalb etwas komplizierter.

Die Phasen der Lichtwellen der Laser L_1 und L_2 werden Mit $\Phi_{L1}(x,t)$ und $\Phi_{L2}(x,t)$ bezeichnet. Zum Zeitpunkt $t'=t=0$ befinden sich L_1, L_2 an der Position $x'=x=0$ und die Phasen sind $\Phi_{L1}(0,0)=\Phi_{L2}(0,0)=\Phi_0$. Die Geschwindigkeit w'_L von L_1 , L_2 wird in S' gemessen, dessen Uhren nach der einsteinschen Konvention synchronisiert sind. Deshalb kann w_L nach dem relativistischen Additionstheorem ermittelt werden:

(7.20) $$w_L = \frac{v + w'_L}{1 + w'_L v / c^2}$$

Die Zeitdauer, um L_1. L_2 in S' nach $x'=d'$ zu bewegen, beträgt

$\Delta t' = d'/w_L$. Im ausgezeichneten System $S(x,y,z,t)$ lauten die entsprechenden Zeitintervalle Δt_{L1} und Δt_{L2} . Sie sind voneinander verschieden, für L_2 bekommt man

$$w_L \Delta t_{L2} - v\Delta t_{L2} = d'/\gamma$$
$$\Delta t_{L2} = \frac{d'}{\gamma(w_L - v)}$$
$$\Delta t_{L2} = \gamma d'(1 + w'_L v / c^2)/w'_L$$

Entsprechend für L_1:

$$\Delta t_{L1} = \gamma d'(1 - w'_L v / c^2)/w'_L$$

Während der Verschiebung der Laser haben sie die Frequenz f_{L1}, f_{L2}:

$$f_{L1} = f / \gamma(w_{L1})$$
$$f_{L2} = f / \gamma(w_{L2})$$

wobei f die Frequenz der Laser in Ruhe in S ist. Nur relativ zu S' haben die Laser dieselbe Geschwindigkeit w'_L

Mit diesen Formeln lässt sich die Phase der beiden Lichtwellen mit den Wellenlängen l_+ und l_- an der Stelle $x' = 0$ als Funktion der Zeit angeben:

$$\Phi_{L2}(x'=0, t > \Delta t_{L2}) = \Phi_0 + \Delta t_{L2} 2\pi f_{L2} + \frac{d' 2\pi}{\gamma l_-} + \frac{2\pi f (t - \Delta t_{L2})}{\gamma}$$

$$\Phi_{L1}(x'=0, t > \Delta t_{L1}) = \Phi_0 + \Delta t_{L1} 2\pi f_{L1} + \frac{d' 2\pi}{\gamma l_+} + \frac{2\pi f (t - \Delta t_{L1})}{\gamma} - \frac{(\Delta t_{L2} - \Delta t_{L1}) 2\pi f}{\gamma}$$

Weil $$\Delta t_{L2} 2\pi f_{L2} = \Delta t_{L1} 2\pi f_{L1}$$

erhält man

(7.30) $$\Phi_{L1}(x'=0, t) - \Phi_{L2}(x'=0, t) = \frac{2\pi d'}{\gamma}\left(\frac{1}{l_+} - \frac{1}{l_-}\right) - \frac{d' 2v 2\pi f}{c^2}$$

Die Formeln für die Wellenlängen lauten:

und

$$l_+ = \frac{(c - v)\gamma}{f}$$
$$l_- = \frac{(c + v)\gamma}{f}$$

Sie in die Phasendifferenz (7.30) eingesetzt, ergibt null, wie vorhergesagt.

Mit den beiden Gedankenexperimenten ist veranschaulicht, weshalb experimentell nicht zwischen der Einstein- und Lorentz-Interpretation unterschieden werden kann. Sie zeigen außerdem: Die schwächere Annahme, Längenkontraktion und Zeitdilatation gibt es nur relativ zu einem ausgezeichneten Inertialsystem, genügt zur Erklärung relativistischer Experimente.

7.4 Stellungnahmen zur Lorentz-Interpretation – MITTELSTAEDT, TREDER, SEXL

So überzeugend die Überlegungen zur Lorentz-Interpretation sein mögen, manchen Leser wird es verwundern, weshalb einerseits so viele Wissenschaftler für sie plädieren, [he1], andererseits in den üblichen (und zahlreicheren) Lehrbüchern darüber so gut wie nichts zu finden ist. Beispielhaft soll deshalb auf die überdurchschnittlich gründlichen Arbeiten von P. MITTELSTAEDT [232], H.-J. TREDER [368], sowie R. SEXL [215ff] eingegangen werden. Voranstellen möchte der Autor mit BERENDS [19.1] wenigstens einen Hinweis auf H. A. LORENTZ, Nobelpreisträger wie EINSTEIN.

P. MITTELSTAEDT überrascht in seinem weit verbreiteten Werk "Der Zeitbegriff in der Physik" [232] damit, die Lorentz-Interpretation nicht einmal zu erwähnen, obwohl sie ihm bekannt ist, wie sich aus der zitierten Literatur ergibt. Für ihn besteht dazu deshalb keine Veranlassung, weil alle Inertialsysteme, wie die Erfahrung zeigt, gleichberechtigt sind, keines wird ausgezeichnet. Zeichnet man dennoch versuchsweise ein Inertialsystem aus und definiert die hier bestehende relative Gleichzeitigkeit als absolut für alle übrigen Inertialsysteme, so geht – wie korrekt gezeigt wird, wenn man nur die Formeln betrachtet – das Relativitätsprinzip verloren, was deshalb nicht gerechtfertigt ist.

MITTELSTAEDTS Standpunkt lässt sich mit EINSTEIN [90] inhaltlich, nicht wörtlich zitieren: "Warum soll ich das System K, welchem die Systeme K' physikalisch vollkommen gleichwertig sind, in der Theorie vor letzterem durch die Annahme auszeichnen, dass (es ein ausgezeichnetes Inertialsystem gibt)? Eine solche Asymmetrie des theoretischen Gebäudes, dem keine Asymmetrie des Systems der Erfahrungen entspricht, ist für den Theoretiker unerträglich. Es scheint mir die physikalische Gleichwertigkeit von K und K' mit der Annahme, dass (es ein ausgezeichnetes Inertialsystem gibt), zwar nicht vom logischen Standpunkte geradezu unrichtig, aber doch unannehmbar."

Logisch "nicht geradezu unrichtig", das billigt MITTELSTAEDT der Lorentz-Interpretation (vielleicht) zu, zu wenig, um sie überhaupt zu erwähnen.

H.-J. TREDER, dessen Standpunkt ebenfalls von EINSTEIN nicht weit abweicht, untersucht dagegen alternative Interpretationen in seinem Buch "Philosophische

Probleme des physikalischen Raumes" und in seiner Arbeit "Aktive und passive Verallgemeinerungen der Lorentz-Poincaré-Transformationen und das Licht- und das Relativitätsprinzip von EINSTEIN" [369] am Beispiel der Thesen von HOLST [159] und JANOSSY [175]. Er sagt dort und begründet es etwas abstrakter als hier wiedergegeben werden kann: "Gäbe es hingegen entsprechend der Konzeption von LORENTZ (1895) ein privilegiertes (absolutes) Bezugssystem, so könnte ... zwischen der Zu- und der Abnahme (Anm.: einer absoluten Geschwindigkeit) unterschieden werden" und daraus ließen sich dann alternativ die relativistischen Formeln ableiten. D. h. für H.-J. TREDER ist die LI logisch einwandfrei.

Wie H.-J. TREDER – in Einklang mit EINSTEIN [90] – anmerkt, ist der Begriff eines Äthers auch in der Relativitätstheorie legitim. Unter Äther versteht man das, was ein bestimmtes Inertialsystem physikalisch vor den übrigen auszeichnet und beispielsweise die Lorentz-Kontraktion verursachen kann, (s. Kap. 8.7). "Jedoch fällt (Anm.: in der Relativitätstheorie) ... jeder kinematische Bezug auf den Äther aus der Dynamik der Teilchen und Felder heraus. ... Dieses lässt sich natürlich auch so deuten, dass die Wechselwirkung zwischen "Äther und Materie" gerade durch die Lorentz-Kontraktion, die Einstein-Dilatation usw. so reguliert wird, dass alle von der Geschwindigkeit relativ (Anm.: zum privilegierten Inertialsystem) abhängigen Effekte kompensiert sind. – Diese "kausale" Interpretation der (Anm.: Speziellen Relativitätstheorie), die auf LORENTZ zurückgeht, wurde von HOLST ... übernommen und ist neuerdings von JANOSSY systematisch durchgeführt worden." Sie ist nichts anderes als unsere Lorentz-Interpretation und für sie gilt: "BORNs Kritik trifft den Kern des Problems: Kinematische Effekte bedürfen keiner "Ursache"." [369]

Wie ist BORNs Kritik zu verstehen? Kinematische Effekte sind die Folgen (Effekte) einer kräftefreien Bewegung. Längenkontraktion, Zeitdilatation, Massenzunahme $m(v)$ usw. sind allein von der Bewegung, der Relativgeschwindigkeit, abhängig und deshalb nicht mit Kräften in Verbindung zu bringen. Diese Effekte haben keine Ursache im eigentlichen Wortsinn, sie erklären sich durch die neuartige Raum-Zeit-Struktur. D. h. für BORN und TREDER ist ein Äther überflüssig.

Damit liegt die Erwiderung fest: Im gekrümmten Raum, wie ihn eine Kugelfläche bildet, ist eine Kreisbewegung rein kinematisch, im normalen Raum ist sie die Wirkung einer (Zentripetal-)Kraft. Das Relativitätsprinzip hat für unterschiedliche Räume unterschiedliche Bedeutung. Ist notwendigerweise der Raum wirklich, für den das Relativitätsprinzip besonders elegant formulierbar ist?

H.-J. TREDER billigt der Lorentz-Interpretation, wie gesagt, logische Konsistenz zu. Dieser Standpunkt lässt sich gut mit V. LAUE [380] zitieren: "Eine eigentliche experimentelle Entscheidung zwischen der erweiterten Lorentzschen und der Relativitätstheorie ist dagegen wohl überhaupt nicht zu erbringen, und wenn die erstere trotzdem in den Hintergrund getreten ist, so liegt dies hauptsächlich daran, dass ihr, so nahe sie auch der Relativitätstheorie kommt, doch das große, einfache, allgemeine Prinzip mangelt, dessen Besitz der Relativitätstheorie schon in ihrer jetzigen (Anm.: 1911), noch sehr der weiteren Entwicklung bedürftigen Gestalt etwas Imposantes verleiht." – womit EINSTEINs Formulierung des Relativitätsprinzips gemeint ist. Ein weiterer Beitrag zu dieser Entwicklung: TREDER, H.-J., Philosophische Probleme des physikalischen Raumes [368].

Roman U. Sexl

A Test Theory of Special Relativity

Relativität, Gruppen, Teilchen

Weiße Zwerge – Schwarze Löcher

Raum – Zeit – Relativität

Gravitation und Kosmologie

Bis 1986: Professor und Vorstand für Theoretische Physik, Universität Wien
Mitglied der internationalen Komitees für Physikerziehung sowie für allgemeine Relativitätstheorie und Gravitation

1972–1976: Abteilungsleiter am Institut für Weltraumforschung der Österreichischen Akademie der Wissenschaften

Bekannt durch seine Publikationen: A Test Theory of Special Relativity; Weiße Zwerge – Schwarze Löcher; Gravitation und Kosmologie; Raum – Zeit – Relativität; Relativität – Gruppen – Teilchen, [215] - [217], [333] - [338].

Die Gültigkeit der Lorentz-Transformationen ist experimentell nachgewiesen.	
Sie sind herleitbar aus:	
Einsteinsche Relativitätsprinzip	Wirkungen relativ zu einem ausgezeichneten Inertialsystem.
Mit den wichtigen Ergebnissen:	
Relativität der Gleichzeitigkeit, Raum und Zeit bestehen als Minkowski-Raum	Absolute Gleichzeitigkeit, newtonscher Raum und davon unabhängig die absolute Zeit
Wie ist zwischen beiden Interpretationen zu unterscheiden?	
Nicht experimentell ([215], Kap. 7. Im Gegensatz zu üblichen Ansichten.)	
Nicht mit Hilfe der Paradoxien (wegen derselben Formeln, [335], Kap. 10)	
Die Allgemeine Relativitätstheorie ist in gleicher Weise doppelt deutbar ([338], [334], Kap. 16)	
Aber: Das einsteinsche Relativitätsprinzip ist philosophisch-wissenschaftstheoretisch überlegen ([335], Kap. 11)	

Abb. 7.4 Zur Raum-Zeit-Theorie von Roman U. SEXL, Wien, 1939–1986.

Die Raum-Zeit-Theorie von SEXL weist beide Interpretationen als experimentell gleichwertig nach – sowohl innerhalb der Speziellen als auch der Allgemeinen Relativitätstheorie. Darin liegt die überragende Bedeutung dieser Theorie. Die Einstein-Interpretation wird schließlich nicht aus experimentellen sondern aus philosophisch-wissenschaftstheoretischen Gründen vorgezogen.

Die eindeutigste Zustimmung allgemein anerkannter Wissenschaftler findet sich in der viel zitierten Arbeit von R. MANSOURI, R. U. SEXL "A test theory of special relativity" [215], [216], [217]. Dort finden sich unsere Überlegungen zur Lorentz-Interpretation und es heißt: (engl.) "Wir gelangen auf diese Weise zu dem bemerkenswerten Ergebnis, dass eine Theorie mit einer absoluten Gleichzeitigkeit zur Speziellen Relativitätstheorie äquivalent ist." und weiter: "So kann die viel diskutierte Frage zustimmend beantwortet werden, ob die Spezielle Relativitätstheorie und eine Äthertheorie, die die Zeitdilatation und Längenkontraktion einbezieht, aber eine absolute Gleichzeitigkeit bewahrt, empirisch gleichwertig sind."

Klare Worte von MANSOURI und SEXL, die ein Kommentar nur schmälern kann. Jedoch, empirisch gleichwertig bedeutet nicht an sich gleichwertig. Die Lorentz-Interpretation trägt die Last, den Ätherbegriff zu klären, die Einstein-Interpretation die Last der Paradoxien und philosophischen Einwände, wie die weiteren Überlegungen zeigen werden.

Zur Position von SEXL – von besonderem Gewicht, da sie ein weithin bekannter und anerkannter Wissenschaftler vertritt – einige weitere, zum Teil vorgreifende Hinweise, s. Abb. 7.3 + 7.4:

Die empirische Gleichwertigkeit beider Alternativen wird von SEXL mehrfach betont: "... man kann durch Messung von Raum- und Zeitintervallen zwischen beiden Theorien nicht unterscheiden" [335]. "Wir sehen also, dass hier die ... Theorie von EINSTEIN genau dasselbe verlangt, wie die ... Theorie von LORENTZ. ... Und hier sei gleich allgemein bemerkt: Ganz prinzipiell gibt es kein experimentum crucis (Anm.: unterscheidendes Experiment) zwischen diesen beiden Theorien." (SEXL zitiert P. EHRENFEST aus dem Jahr 1913 in [335])

Einen möglichen Vorzug der alternativen lorentzschen Theorie bei der Klärung der Paradoxien bestreitet SEXL: "Man überzeugt sich aber leicht, dass alle beobachtbaren Konsequenzen wie "Uhrenparadoxon" etc. in dieser Version der Theorie ebenso resultieren wie in der Standardversion. Beide Versionen unterscheiden sich, um dies nochmals zu betonen, nur um eine Konvention über Synchronisation von Uhren."

Die ausführliche Untersuchung dazu verschiebt sich in Kap. 10.8 Zwillingsparadoxie. SEXL begnügt sich im wesentlichen mit dem Hinweis auf die asymmetrische Situation beider Uhren und sagt: "Der Irrtum in dieser Argumentation liegt darin, dass das ... Koordinatensystem (Anm.: s. Abb. 10.11) ... krummlinig ist. Dem entspricht die Tatsache, dass das mit der Uhr 2 (Anm.: mit der Uhr M_r) mitbewegte System kein Inertialsystem ist. Die Benutzung eines derartigen Systems ist natürlich ... zulässig, ... nur muss man alle Formeln geeignet transformieren ..." und die Vorhersagen werden für beide Uhren dieselben. [335]

SEXL lässt offen, inwieweit ein geändertes Relativitätsprinzip, wie in Kap. 6.5, beide Alternativen wissenschaftstheoretisch gleichwertig macht. Aber mit Hinblick auf die Schwierigkeiten der lorentzschen Alternative sagt er: "Der negative Ausgang all dieser Experimente (Anm.: vergeblicher Nachweis einer absoluten Bewegung durch den Raum) konnte in der Äthertheorie jedes Mal durch geeignete Modifikation der Grundgleichungen, wie beispielsweise durch den Einbau der Lorentzkontraktion, widerspruchsfrei gedeutet werden. Doch hätte auch jedes positive Ergebnis dieser Versuche innerhalb der Äthertheorie eine ... Erklärung finden können." [333]. Nur die einsteinsche Theorie sagt die Ergebnisse eindeutig voraus und wird deshalb als überlegen angesehen. Das berührt die Ausführungen in den Kapiteln 10 und 11.

Ebenfalls von großer Bedeutung sind die Überlegungen von SEXL (zusammen mit URBANTKE) zu den unterschiedlichen Deutungen des gekrümmten Raumes der Allgemeinen Relativitätstheorie. Sie führen in [334] zu (fast) einer alternativen Relativitätstheorie und werden in [338] anschaulich begründet. Diese Alternative ist gleichfalls nicht sinnvoll zu bestreiten, wie in Kap. 13 gezeigt wird.

Die überragende Leistung R. U. SEXLs (zusammen mit R. MANSOURI und H. K. URBANTKE) liegt in dem Nachweis, dass die Einstein- und die Lorentz-Interpretation der Speziellen und auch der Allgemeinen Relativitätstheorie immerhin experimentell gleichwertig sind. Wie dagegen Kap. 6.3 und 6.5 gezeigt haben, lässt sich auch die Lorentz-Interpretation der Speziellen Relativitätstheorie aus zur Einstein-Interpretation gleichwertigen Prinzipien ableiten. Entsprechendes gilt für die Allgemeine Relativitätstheorie, wie gezeigt wird.

Mit den bis hier erworbenen oder aktualisierten Kenntnissen ist der nachfolgende Beitrag von CZERNIAWSKI gut verständlich. Sein wichtigstes Ziel ist der einwandfreie Nachweis, dass die LT alternativ herleitbar sind. Daraus ergibt sich ein neuer Weg, ein ausgezeichnetes Bezugssystem zu definieren, s. Abb. 8.5. Weiterhin schlägt er vor, die möglichen Energieprobleme der Allgemeinen Relativitätstheorie mit einer zusätzlichen Metrik zu lösen, so wie in diesem Buch davon unabhängig geschehen ist – Kap. 20. Außerdem gelangt er über die Philosophie von LEIBNIZ zu einem eigenen Urteil über die Rolle der Zeit in der Quantenmechanik, das zu Äußerungen von Theoretikern passt, so zu W. NOLTING [242]: „Alle Versuche, eine *Observable* Zeit einzuführen, münden in unüberwindlichen, prinzipiellen Schwierigkeiten ...“.

8. Jan CZERNIAWSKI – Über Stäbe, Uhren und Relativität

Seit langem besteht Streit zwischen den Befürwortern zweier verschiedener Interpretationen der Relativitätstheorie, der orthodoxen von EINSTEIN und MINKOWSKI, und der alternativen, von LORENTZ formulierten. Nicht immer ist klar, welches die Hauptstreitpunkte sind. Oft konzentriert sich die Polemik auf unwesentliche Fakten oder ist sie die Folge von Missverständnissen terminologischen Ursprungs. Häufig stehen Argumente beider Seiten in Widerspruch zu allgemein akzeptierten Ansichten. Sogar die jeweiligen Parteien sind weit von Einstimmigkeit entfernt und vereinen unter sich Repräsentanten mit in wichtigen Punkten gegensätzlichen Ansichten. Deshalb ist es nicht leicht, die Angelegenheit so weit zu klären, dass es möglich wird, den Streit beizulegen, aber versuchen wollen wir es trotzdem.

8.1 Physikalische Bedeutung der kinematischen Transformationen

Da wir zwei Interpretationen einer Theorie betrachten müssen, ist es wesentlich sich klar zu machen, was interpretiert werden soll. Um unsere Aufgabe zu erleichtern, beschränken wir unsere Überlegungen zunächst auf die spezielle Relativitätstheorie. Einfach ausgedrückt, reduziert sich diese Theorie im Prinzip auf die Lorentz-Kinematik und dessen Konsequenzen. Deshalb muss man wissen, was die Aussage bedeutet, dass in der Welt der speziellen Relativitätstheorie die Lorentz-Kinematik "gilt". Es sei der Hinweis erlaubt, dass eine solche Welt nicht mit unserer realen Welt gleichgesetzt werden darf, in der die spezielle Theorie nur näherungsweise gilt, im Gegensatz zu einem idealisierten Modell.

Es ist allgemein üblich, die Bedeutung der kinematischen Transformationen auf der Basis einer seiner Herleitungen zu erklären. In der Regel beginnt eine solche Herleitung mit der Formulierung der beiden berühmten einsteinschen Postulate, die oft nicht ganz angemessen als die einzigen "Annahmen" der Theorie bezeichnet werden. Dann wird eine allgemeine Form von linearen Transformationen eingeführt, die einige freie Parameter enthält, die später bestimmt werden. Diese Linearform wird üblicherweise als unmittelbar einleuchtend behandelt, nur wenige Autoren sind sich der Notwendigkeit bewusst, einige zusätzliche Annahmen einzuführen, die das Linearitätserfordernis rechtfertigen. Als nächstes werden die Einschränkungen aus den Postulaten auf die Transformationsformeln angewendet, was die Parameter endgültig werden lässt. Schließlich werden sie physikalisch interpretiert.

Insgesamt werden fast bis zum Ende der Ableitung formale Umformungen von formal eingeführten Größen gemacht, deren physikalische Bedeutung unklar bleibt. Dieser Weg, die Bedeutung der Transformationen zu erklären, ist nicht ganz überzeugend. Die Ableitung dürfte aufschlussreicher werden, wenn man alle eingeführten Größen schon zu Beginn spezifiziert. Darüber hinaus ist es nicht sicher, ob man alle Annahmen auf einmal nennen sollte. Vielleicht ist es besser sie nach und nach in Einklang mit den Erfordernissen der Ableitung einzuführen.

Wir beginnen mit der folgenden Annahme:

A1. Der umgebende Raum irgendeines Bezugsystems *S* ist dreidimensional und euklidisch, d. h. isotrop, gleichförmig und flach.

"Isotrop" und "gleichförmig" bedeutet hier: Wird ein lokales Experiment durchgeführt, dann hängt das Ergebnis nicht von der räumlichen Orientierung und dem Ort der Apparatur sowie dem untersuchten physikalischen Systems ab. "Flach" bedeutet hier etwa dasselbe wie "affin", d. h. der Begriff einer geradlinigen Bewegung (Translation) ist wie gewohnt anwendbar.

Hinzukommen weitere Annahmen:

A2. Die in *S* bestehende Zeit verläuft gleichförmig.

Das ist äquivalent zu der Annahme, dass physikalische Phänomene, wie sie in *S* beobachtet werden, in einem definierten Sinn wiederholbar sind, d. h. prinzipiell kann dasselbe Phänomen zu verschiedenen Zeiten auftreten.

A3. Es gibt feste Körper und zuverlässige Uhren

"Fest" bedeutet hier, dass die in Frage stehenden Objekte nach Verändern der räumlichen Orientierung und/oder des Ortes ihre linearen Abmessungen behalten (im Sinne der "Metrik" des Raumes). Eine "zuverlässige" Uhr ist eine Uhr, die "gleichförmig läuft", d. h. sie ordnet demselben, zu verschiedenen Zeiten auftretenden Phänomen dieselbe Zeitdauer zu. Damit ist ein in *S* operierender Beobachter in der Lage, in seinem umgebenden Raum ein kartesisches Koordinatensystem und eine Zeitkoordinate einzuführen.

Während das Verfahren, räumliche Koordinaten einzuführen, relativ einfach ist, gilt für die Zeitkoordinate etwas anderes. Das Problem liegt in der Vorstellung ein und derselben Zeitkoordinate aber an verschiedenen Orten. Es liegt nahe, dies auf das Ablesen identischer Uhren zurückzuführen, die zueinander synchron laufen und an den betreffenden Orten ruhen. Deshalb wird eine Synchronisierungsprozedur benötigt.

In den üblichen Darstellungen werden Uhren mit Lichtsignalen synchronisiert. Das hat den Nachteil, Kinematik von den Eigenschaften eines speziellen Phänomens wie der Lichtfortpflanzung abhängig werden zu lassen. Darüber hinaus führt das zu einem scheinbaren Zirkelschluss, mit der Folge von einigen Spekulationen über angeblich konventionale Komponenten der Relativitätstheorie. Das Ergebnis der Prozedur hängt von der Annahme ab, dass Lichtausbreitung richtungsinvariant ist, was wiederum von der durch diese Prozedur definierten Gleichzeitigkeit abhängt. Tatsächlich besteht hier kein wirklicher Zirkelschluss, wie sich später zeigen wird, aber einfach einzusehen ist das nicht, so dass es besser ist, das ganze Problem durch Auswahl einer anderen Prozedur, die nicht auf eine so problematische Annahme angewiesen ist, zu vermeiden.

Unter den verschiedenen Synchronisationsprozeduren bietet sich als ganz natürlich ein Verfahren mit transportierten Uhren an. Eine Uhr bewegt sich gleichförmig und geradlinig, beim Vorbeigleiten werden die anderen Uhren synchronisiert. Wird die erste Uhr erreicht, wird diese mit der gleitenden Uhr synchronisiert. Wenn anschließend die nächste Uhr erreicht wird, kann auch sie synchronisiert werden.

Mit dieser Methode ist jedoch ein Problem verbunden. Man kann nicht a priori einen Einfluss der Bewegung auf die Uhrenanzeige ausschließen. Natürlich würde dadurch das Ergebnis der Prozedur beeinträchtigt. Um die Folgen eines solchen Einflusses zu eliminieren, empfiehlt es sich, stattdessen die so genannte "adiabatische" Uhrensynchronisationsprozedur zu übernehmen, die äquivalent zu dem Grenzfall der obigen Prozedur ist, wenn die Geschwindigkeit des Uhrentransportes sich null annähert.

Ein anderes Problem auf dieser Stufe unserer Herleitung ist mit dem Begriff der Gleichförmigkeit des Uhrentransportes verknüpft. Man könnte einwenden, dass es keinen Sinn hat, über Gleichförmigkeit der Bewegung zu sprechen, bevor die Zeitkoordinate definiert ist. Das ist jedoch kein ernstes Problem, der fragliche Begriff ist leicht zu definieren und auf einen Vergleich der Entfernungen, die die sich bewegenden Uhren zurücklegen, mit den Anzeigen dieser Uhren zurückführbar. (vgl. [8-8])

Nachdem die räumlich-zeitlichen Koordinaten in 5 eingeführt worden sind, ist der Begriff einer gleichförmigen und geradlinigen Bewegung für alle Objekte gut definiert. Wir können jetzt die nächste Annahme machen:

A4. In S ruht jeder freie Körper oder er bewegt sich gleichförmig und geradlinig.

Das bedeutet, dass in S das Trägheitsgesetz besteht und so S legitimerweise als inertiales Bezugssystem (Inertialsystem) betrachtet werden kann. Als eine Konsequenz dieser Annahme kann nicht nur der in S ruhende Beobachter räumliche Koordinaten und eine Zeitkoordinate in seinem Bezugssystem einführen, sondern auch jeder Beobachter, der in einem beliebigen Bezugssystem S' ruht, das sich relativ zu S mit der Geschwindigkeit v gleichförmig und geradlinig bewegt. Nun wird es interessant herauszufinden, wie sich die in S eingeführten Koordinaten zu den auf der Basis derselben Prozedur in einem sich frei bewegenden System eingeführten Koordinaten verhalten.

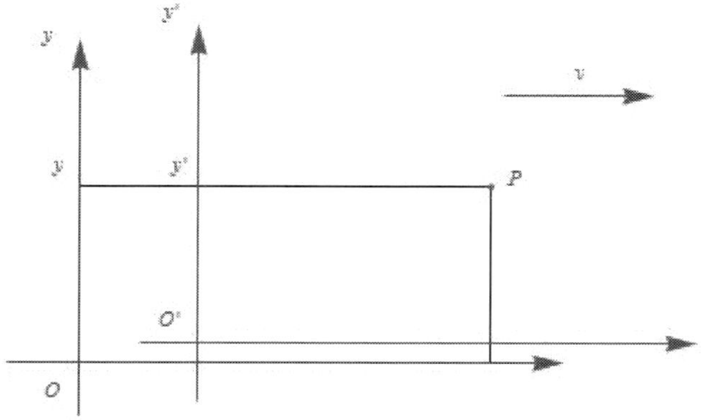

Abb. 8.1 Die kinematische Transformation für eine gleichförmig geradlinige Bewegung eines Bezugssystems

Ohne nennenswerten Verlust an Allgemeinheit nehmen wir an, dass die Bewegungsrichtung von S' mit der OX Achse zusammenfällt und dass zur Zeit $t=0$ die Ursprünge und die Richtungen aller Achsen beider Koordinatensysteme zusammenfallen – Abb. 8.1. Gäbe es in diesem Fall keinen Einfluss der Bewegung auf die Abmessungen der sich bewegenden festen Körper, wären die räumlichen Koordinaten in S' mit den räumlich-zeitlichen Koordinaten in S über die bekannten Formeln der Galilei-Transformationen verknüpft. Man muss jedoch die Möglichkeit in Betracht ziehen, dass ein Einfluss vorhanden ist. Aus Symmetriebedingungen folgt, dass er sich in zwei Faktoren ausdrückt, es seien ε und δ, die nur vom Betrag der Geschwindigkeit abhängen, mit der sich die Körper bewegen. Das führt zu den folgenden Transformationsformeln:

$$x' = \frac{1}{\varepsilon(v)}(x - vt)$$

(8.1)
$$y' = \frac{1}{\delta(v)} y$$

$$z' = \frac{1}{\delta(v)} z$$

Die Formel der Zeitkoordinate kann nicht so einfach erhalten werden. Abgesehen von einem möglichen Einfluss der Bewegung auf die Anzeigen der in S' ruhenden Uhren, ausgedrückt durch den Faktor γ, muss der Einfluss auf die Ergebnisse der in S' durchgeführten Synchronisationsprozedur, wie er aus derselben Bewegung resultiert, berücksichtigt werden – Abb. 8.2. Betrachten wir zwei in S' ruhende Uhren und eine dritte Uhr für die Durchführung der Synchronisationsprozedur. Sei die Anzeige der ersten Uhr zu Beginn der Prozedur $t_0' = \frac{t}{\gamma(v)}$. Das zur Durchführung benötigte Zeitintervall sei T, dann zeigt die erste Uhr die Zeit $t_0' + \frac{T}{\gamma(v)}$ an, während die zweite und dritte Uhr die Zeit $t_0' + \frac{T}{\gamma(u)}$ anzeigen, wobei u die Geschwindigkeit der dritten Uhr in S ist.

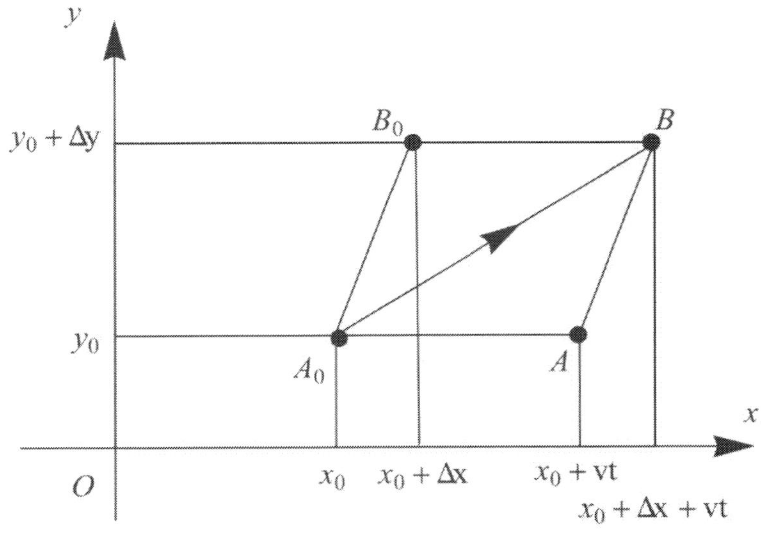

Abb. 8.2 Synchronisation von Uhren in einem sich bewegenden Bezugssystem, beobachtet vom ruhenden System.

Den Grenzfall für die Prozedur des "adiabatischen" Uhrentransportes nennen wir ideale Synchronisation. Dieser Grenzfall entspricht der Situation, in der u gegen v und gleichzeitig T gegen unendlich strebt, so dass die Differenz der Anzeigen der ideal synchronisierten Uhren lautet:

(8.2) $$\Delta t' = \lim_{\substack{u\to v \\ T\to\infty}} \left(\frac{T}{\gamma(u)} - \frac{T}{\gamma(v)}\right)$$

Mit $\alpha = 1/T$:

(8.3) $$\Delta t' = \lim_{\alpha\to 0} \frac{1}{\alpha}\left(\frac{1}{\gamma(u)} - \frac{1}{\gamma(v)}\right)$$

deshalb:

(8.4) $$\Delta t' = \frac{d(1/\gamma)}{d\alpha}(\alpha = 0) = \frac{d(1/\gamma)(0)}{d\alpha}$$

(Ableitung von $\frac{1}{\gamma}$ nach α an der Stelle $\alpha = 0$ analog später für $u = v$) und schließlich:

(8.5) $$\Delta t' = -\frac{1}{\gamma^2(v)} \frac{d\gamma(v)}{du} \frac{du(0)}{d\alpha}$$

Man sieht leicht, dass $u = \sqrt{((v + w_x)^2 + w_y{}^2 + w_z{}^2}$, wobei $w_x = \alpha\Delta x$, $w_y = \alpha\Delta y$, $w_z = \alpha\Delta z$ und Δx, Δy, Δz die Differenzen der räumlichen Koordinaten für in S simultane Positionen der synchronisierten Uhren sind. Daher:

(8.6) $$\frac{du(0)}{d\alpha} = \Delta x$$

also:

(8.7) $$\Delta t' = -\frac{1}{\gamma^2(v)} \frac{d\gamma(v)}{du} \Delta x$$

Jetzt sei für $t = 0$ die erste Uhr am Ursprung des Koordinatensystems und zeige die Zeit $t_0' = 0$. In diesem Fall hat die erste Uhr zum beliebigen Zeitpunkt t die Ortskoordinaten $(vt, 0, 0)$ und die Zeit lautet $t_0' = \frac{1}{\gamma(v)} t$ während die zweite Uhr an einem Punkt mit den Koordinaten (x, y, z) die Zeit $t' = t_0' + \Delta t'$ zeigt. Es ist leicht einzusehen, dass in diesem Fall $\Delta x = x - vt$. Daher erhalten wir zusammen mit (8.1) und (8.7):

$$
\begin{aligned}
x' &= \frac{1}{\varepsilon(v)}(x - vt) \\
y' &= \frac{1}{\delta(v)} y \\
z' &= \frac{1}{\delta(v)} z \\
t' &= \frac{1}{\gamma(v)} t - \frac{1}{\gamma^2(v)} \frac{d\gamma(v)}{du}(x - vt)
\end{aligned}
\tag{8.8}
$$

Auf der Grundlage der bis jetzt gemachten Annahmen ist dies die allgemeinste Form der kinematischen Transformationen. Für $\varepsilon(v) = \delta(v) = \gamma(v) = 1$ erhält man als einen Sonderfall die Galilei-Transformationen. Dies beschreibt die Situation, in der die Bewegung keinen Einfluss auf die Abmessungen fester Körper und die Anzeigen von Uhren hat. Auf der anderen Seite ergeben sich für $\delta(v) = 1$ und $1/\varepsilon(v) = \gamma(v) = 1/\sqrt{(1 - v^2/c^2)}$ die Lorentz-Transformationen. Man beachte, dass der mögliche Einfluss der Bewegung auf die Abmessungen starrer Körper der einzige Grund für die Abweichungen in den Formeln der räumlichen Koordinaten von den Galilei-Transformationen darstellt; deshalb hat das nichts mit Gleichzeitigkeit und nichts mit dem Problem von unendlich schneller Wechselwirkung zwischen entfernten Objekten zu tun. Ganz entsprechend ist der mögliche Einfluss der Bewegung auf den Gang der Uhren der einzige Grund für die Abweichung der allgemeinen Formel für die Zeitkoordinate von der einfachen Galilei-Formel. Insbesondere ist dies auch die notwendige Bedingung für den Effekt der Relativität der Gleichzeitigkeit„ der darin besteht, dass Uhren, die in einem bewegten System synchronisiert sind, es in einem ruhenden System nicht sind (und umgekehrt). Jedoch ist es keine hinreichende Bedingung für diesen Effekt, weil es eine Definition einer absoluten Gleichzeitigkeit auf der Basis einer anderen Synchronisationsmethode, die von der oben angewandten verschieden ist, nicht ausschließt.

Eine andere wichtige Eigenschaft von der oben gewonnenen allgemeinen Form für Transformationen ist ihre Linearität. Dies ist die Konsequenz aus den Annahmen A1 und A2 und hat zur Folge, wenn man auch A4 verwendet, dass neben *S* jedes Bezugssystem *S'*, das sich relativ zu *S* gleichförmig und geradlinig bewegt, ein inertiales Bezugssystem darstellt, d. h. in jedem solchen System gilt das Trägheitsgesetz. Damit gelangen wir zur nächsten Annahme:

A5. In jedem Bezugssystem, das sich relativ zu *S* gleichförmig und geradlinig bewegt, hat jedes Naturgesetz dieselbe Form wie in *S*.

Dies bedeutet, dass das spezielle (oder eingeschränkte) Relativitätsprinzip gilt. Weil in den kinematischen Transformationsformeln Aussagen über den Einfluss der Bewegung auf starre Körper und Uhren enthalten sind, dürfen sie als eine Art Naturgesetz angesehen werden. Deshalb müssen sie in allen Inertialsystemen dieselbe Form haben. Der einzige Weg, um die Erfüllung dieser Bedingung zu gewährleisten, ist zu fordern, dass die kinematischen Transformationen eine Gruppe bilden [8-49]. Insbesondere bedeutet es, dass das Inverse der Transformation (8.8) dieselbe Form haben muss wie die Transformation selbst. Wenden wir nun diese Bedingung auf (8.8) an. Die Umkehrformel der Transformation ist durch Auflösung des Gleichungssystems (8.8) nach x, y, z, t leicht zu erhalten und ergibt:

$$\begin{aligned} x &= \varepsilon(v)\left(1 + \frac{1}{\gamma(v)}\frac{d\gamma(v)}{du}v\right)x' + \gamma(v)vt' \\ y &= \delta(v)y' \\ z &= \delta(v)z' \\ t &= \gamma(v)t' + \varepsilon(v)\frac{1}{\gamma(v)}\frac{d\gamma(v)}{du}x' \end{aligned} \tag{8.9}$$

Andererseits, als Konsequenz der obigen Bedingung, muss (8.9) äquivalent sein zu:

$$\begin{aligned} x &= \frac{1}{\varepsilon(v')}(x' - v't') \\ y &= \frac{1}{\delta(v')}y' \\ z &= \frac{1}{\delta(v')}z' \\ t &= \frac{1}{\gamma(v')}t' - \frac{1}{\gamma^2(v')}\frac{d\gamma(v')}{du}(x' - v't') \end{aligned} \tag{8.10}$$

Durch Vergleich der entsprechenden Faktoren in den beiden Formen der Formel für die Umkehrtransformation erhalten wir die folgenden Bedingungen:

$$\frac{1}{\delta(v')} = \delta(v) \tag{8.11a}$$

$$-\frac{1}{\varepsilon(v')}v' = \gamma(v)v \tag{8.11b}$$

(8.11c) $$\frac{1}{\gamma(v')}(1+\frac{1}{\gamma(v')}\frac{d\gamma(v')}{du}v')=\gamma(v)$$

(8.11d) $$\frac{1}{\varepsilon(v')}=\varepsilon(v)(1+\frac{1}{\gamma(v)}\frac{d\gamma(v)}{du}v)$$

(8.11e) $$-\frac{1}{\gamma^2(v')}\frac{d\gamma(v')}{du}=\varepsilon(v)\frac{1}{\gamma(v)}\frac{d\gamma(v)}{du}$$

Darüber hinaus muss v' dieselbe Funktion von v sein, wie v von v' und für $v=0$ gilt auch $v'=0$.

Zieht man die Tatsache in Betracht, dass die Faktoren γ, ε und δ per Definition positiv sind und allenfalls vom Betrag von v abhängen (d. h. es sind gerade Funktionen von v), dann ist es leicht zu sehen, dass $v'=-v$ die einzige Funktion ist, die (8.11b) erfüllt. Wenn das so ist, ergeben (8.11a) und (8.11b):

(8.12a) $$\delta(v)=1$$

(8.12b) $$\varepsilon(v)=1/\gamma(v)$$

Mit (8.12a) und (8.12b) ergeben sich aus (8.8) die folgenden vereinfachten Transformationsformeln:

(8.13)
$$x'=\gamma(v)(x-vt)$$
$$y'=y$$
$$z'=z$$
$$t'=\frac{1}{\gamma(v)}t-\frac{1}{\gamma^2(v)}\frac{d\gamma(v)}{du}(x-vt)$$

Wie leicht zu sehen ist, muss noch als einziges die Form des Faktors γ als Funktion der Geschwindigkeit bestimmt werden.

Als Folge von (8.12b) und der Bedingung $v'=-v$, wird (8.11e) zur Identität und beide Gleichungen (8.11c) und (8.11d) erweisen sich als äquivalent zu einer Differentialgleichung:

(8.14) $$\frac{1}{\gamma(v)}\frac{1}{\gamma^2(v)-1}\frac{d\gamma(v)}{dv}=\frac{1}{v}$$

die standardmäßig leicht zu integrieren ist. Die allgemeinste Lösung kann ausgedrückt werden in der Form:

(8.15) $$\gamma(v)=1/\sqrt{(1-\lambda v^2)}$$

wobei λ eine beliebige reelle Zahl sein kann. Jetzt hat die Transformationsgleichung die Form:

$$x' = \gamma(v)(x - vt)$$
$$y' = y$$
$$z' = z \tag{8.16}$$
$$t' = \gamma(v)(t - \lambda vx)$$

Jetzt sieht die Formel der Lorentz-Transformation sehr ähnlich. Das einzige was noch bestimmt werden muss, ist die Konstante λ. Dennoch wollen wir zunächst einige Sonderfälle unserer Lösung betrachten. Für $\lambda = 0$ erhalten wir $\gamma(v = 1)$ und die Transformation (8.16) verwandelt sich in die Galilei-Transformation:

$$x' = x - vt$$
$$y' = y$$
$$z' = z \tag{8.17}$$
$$t' = t$$

Für negative λ können wir über $tg(\phi) = v\sqrt{(-\lambda)}$ einen neuen Parameter ϕ einführen. Nun bekommen wir:

$$x' = x\cos(\phi) - (t/\sqrt{(-\lambda)})\sin(\phi)$$
$$y' = y$$
$$z' = z \tag{8.18}$$
$$(t'/\sqrt{(-\lambda)}) = (t/\sqrt{(-\lambda)})\cos(\phi) + x\sin(\phi)$$

Für eine geeignete Wahl der Zeiteinheiten erhalten wir so die Form einer raumzeitlichen Rotation in der Ebene XOT um den Winkel ϕ kleiner als 90-Grad. Während die Lösung (8.17) erwartet werden kann, darf man (8.18) als eine unschöne Überraschung ansehen, weil ihr nichts Physikalisches zu entsprechen scheint. Glücklicherweise ermöglicht uns das Relativitätsprinzip, der Form der kinematischen Transformationen eine weitere Einschränkung aufzuerlegen. Wenn sie eine Gruppe bilden sollen, dann muss jede Verknüpfung von zwei Transformationen dieselbe Form besitzen. Die Verknüpfung von zwei Rotationen mit weniger als 90-Grad ist jedoch nicht notwendigerweise wieder eine Rotation von weniger als 90-Grad. Deshalb sind die Transformationen der Form (8.18) mit dem Relativitätsprinzip unverträglich. Die einzigen Transformationen, die mit diesem Prinzip verträglich sind, stellen die Galilei-Transformationen (8.17) und die Transformationen (8.16) mit einem positiven λ dar. Die nun noch verbleibende Undefiniertheit kann auf verschiedene Weisen eliminiert werden. Eine davon ist die folgende Annahme:

A6. Jeder Lichtstrahl pflanzt sich (im leeren Raum) in S mit derselben konstanten Geschwindigkeit c fort, unabhängig von der Bewegung seiner Quelle.

Wie man sieht, ist das das zweite der beiden berühmten einsteinschen Postulate. Zusammen mit A5 lässt sich daraus ableiten, dass die Lichtgeschwindigkeit denselben konstanten Wert in allen inertialen Bezugssystemen hat. Es ist allgemein bekannt, dass dieses Theorem, das oft mit dem obigen zweiten Postulat verwechselt wird, unkompatibel zur galileischen Kinematik ist. Jetzt betrachten wir das Transformationsgesetz für Geschwindigkeiten, wie es sich aus (8.16) ableitet. Mit einigen wenigen Umformungen hat man:

$$u_x' = \frac{u_x - v}{1 - \lambda v u_x}$$

(8.19)
$$u_y' = \frac{u_y}{\gamma(v)(1 - \lambda v u_x)}$$

$$u_z' = \frac{u_z}{\gamma(v)(1 - \lambda v u_x)}$$

In dem speziellen Fall $u_y = u_z = 0$ reduziert sich die obige Formel zu:

(8.20)
$$u' = \frac{u - v}{1 - \lambda v u}$$

Wie leicht zu sehen ist, gilt für $u = c$ auch $u' = c$ dann und nur dann, wenn $\lambda = \frac{1}{c^2}$. Die einzige mit A5 und A6 kompatible Kinematik muss von den Transformationen (8.16) mit $\lambda = \frac{1}{c^2}$ ausgehen, d. h.:

(8.21)
$$x' = \gamma(v)(x - vt)$$
$$y' = y$$
$$z' = z$$
$$t' = \gamma(v)(t - vx/c^2)$$

Natürlich ist das die lorentzsche Kinematik (Lorentz-Transformation).

Wie wir gerade gesehen haben, reduziert sich die so oft überschätzte Rolle des zweiten Postulates darauf, die Konstante λ zu definieren. Diese Rolle kann von anderen Annahmen übernommen werden, zum Beispiel:

A6'. Jeder Körper, der sich mit konstanter Geschwindigkeit v relativ zu S bewegt, erfährt eine Kontraktion in Geschwindigkeitsrichtung um den Lorentz-Faktor $\gamma(v) = 1/\sqrt{(1 - v^2/c^2)}$, wobei c eine universelle Konstante ist.

Das ist die Lorentz-FitzGerald-Kontraktionshypothese, dessen Kompatibilität mit dem Relativitätsprinzip manchmal zu Unrecht verneint wird.

Eine signifikantere Rolle spielt das erste Postulat. Trotzdem sind die Annahmen A1–A4 ebenfalls unentbehrlich. Insbesondere lässt sich die lineare Form der Transformationen ohne A1 und A2 nicht rechtfertigen. Deshalb nehmen die Autoren, die sie augenscheinlich auslassen, sie als implizit gegeben an.

Das Relativitätsprinzip hat eine weitere Konsequenz. Würde es nicht gelten, dann wäre es möglich zwischen Inertialsystemen auf Grund von physikalischen Messungen zu unterscheiden. Als Konsequenz gäbe es einige Freiheit in der Wahl der Form der kinematischen Transformationen, verbunden mit der Möglichkeit, in verschiedenen Bezugsystemen verschiedene Prozeduren zur Einführung von Koordinaten anzuwenden. Die Unterschiede könnten durch die unterschiedlichen Geschwindigkeiten in der Bewegung von Bezugssystemen relativ zu dem ausgezeichneten Bezugssystem gerechtfertigt werden. Zum Beispiel könnte man statt der Lorentz-Transformationen die Galilei-Transformationen vorziehen oder die sogenannten verallgemeinerten Galilei-Transformationen:

(8.22)
$$x' = \gamma(v)(x - vt)$$
$$y' = y$$
$$z' = z$$
$$t' = \frac{1}{\gamma(v)} t$$

Obgleich die letzteren keine Gruppe bilden, wäre dies kein signifikanter Makel, weil es keine Rechtfertigung für die Forderung gibt, dass sie es müssen. Wenn jedoch das Relativitätsprinzip gilt, dann sind die Lorentz-Transformationen in einem eindeutigen Sinn "wahrer" als alle anderen Transformationen als die einzigen, welche die in verschiedenen Bezugssystemen eingeführten Koordinaten mit derselben einfachen Prozedur verknüpfen. In einem anderen Sinn „wahrer“ sind die Galilei-Transformationen – s. Kap. 8.5.

Vergleichen wir nun die endgültige Form der Transformationen (8.21) mit ihrer Form (8.8), bevor die einsteinschen Postulate angenommen worden waren. Nimmt man allein (8.21), könnte man den Eindruck gewinnen, dass sie eine besondere Verbindung zwischen der Zeitkoordinate t und der räumlichen Koordinate x begründen, weil in der letzten Formel derselbe Faktor γ auftritt und die Formeln einander sehr ähneln. Man kann sie noch ähnlicher machen,

in dem man einen neuen Parameter φ mit $\tanh(\varphi) = \frac{v}{c}$ einführt. Jetzt gewinnen die Transformationen die Form:

$$
\begin{aligned}
x' &= x\cosh(\varphi) - ct\sinh(\varphi) \\
y' &= y \\
z' &= z \\
ct' &= ct\cosh(\varphi) - x\sinh(\varphi)
\end{aligned}
\tag{8.23}
$$

sehr ähnlich zu (8.18). Mit einer geeigneten Wahl der Zeiteinheit verwandeln sie sich in raumzeitliche Pseudo-Rotationen in der XOT-Ebene. Daraus ergibt sich die Meinung, dass die lorentzsche Kinematik eine tiefe und unauflösbare Verbindung von Raum und Zeit einführt, in tiefem Gegensatz zur Galilei-Kinematik. Einige Autoren interpretieren diesen Zusammenhang als "Verräumlichung der Zeit", andere als "Verzeitlichung des Raumes" [8-1]. Nach Vergleich mit (8.8) erkennt man, dass die Ähnlichkeit der fraglichen Formeln aus den Einschränkungen folgt, die das Relativitätsprinzip der allgemeinsten Form den kinematischen Transformationen auferlegt. Deshalb ist es nicht der Fall, dass in beiden Formeln derselbe Faktor auftritt, sondern nur, dass die konkreten Werte der Faktoren in den Formeln miteinander verbunden sind.

Die angebliche "Verzeitlichung des Raumes" könnte auch als eine fundamentale Abhängigkeit räumlicher Messungen von Zeitmessungen verstanden werden. In unserer Prozedur, Koordinaten einzuführen, sind jedoch räumliche Koordinaten unabhängig von der Zeit definiert worden. Natürlich könnte man eine andere Prozedur anwenden, die dann räumliche Messungen mit Zeitmessungen verbindet, zum Beispiel die "Radar-Methode" der Entfernungsmessung, aber die daraus resultierende "Verzeitlichung des Raumes" wäre künstlich, eine Folge der Prozedur. Dasselbe gilt auch für die angebliche "Verräumlichung der Zeit", verstanden als eine Abhängigkeit der Zeitmessungen von räumlichen Messungen, weil in unserer Prozedur die Zeitkoordinate nur mit Uhren definiert wurde. Es scheint, dass sich dieses Mal die gegensätzliche Ansicht ergibt, weil der einsteinschen Synchronisationsprozedur mit Lichtsignalen zu hohe Bedeutung beigemessen wird, die zumindest in einigen Versionen davon abhängt, dass die Lichtgeschwindigkeit bereits ermittelt ist, was wiederum räumliche neben den zeitlichen Messungen verlangt.

Eine andere Tatsache, aus der sich Spekulationen über eine angeblich unauflösbare Verbindung zwischen Raum und Zeit in der Speziellen Relativitätstheorie ableiten, ist die Anwesenheit der Zeitkoordinate t in der Formel für die x'-Koordinate und der x-Koordinate in der Formel für t'. Die Anwesenheit der Zeitkoordinate in der Formel für x' ist unverzichtbar in jeder Form kinematischer Transformationen, insbesondere in der Galilei-Transformation. Auf der anderen Seite stellt keine kinematische Transformation irgendeine Verknüpfung zwischen Raum- und Zeitkoordinaten in ein und demselben Bezugssystem her.

Ihre einzige Funktion ist "Umformung" der Beschreibung physikalischer Phänomene eines Bezugssystems in deren Beschreibung in einem anderen. Darin machen die Lorentz-Transformationen keine Ausnahme.

8.2 Realität relativistischer Effekte

Trotz der relativen Einfachheit der Speziellen Relativitätstheorie sind Debatten über Interpretationen immer noch aktuell. Insbesondere wird das Problem der Realität relativistischer Effekte (Zeitdilation, Längenkontraktion, Massenzuwachs) stets aufs Neue aufgegriffen. Die Sachlage ist in dieser einmaligen Kontroverse auffällig konfus. Dabei ist deren Lösung von grundlegender Bedeutung für das Verständnis des physikalischen Gehaltes der Relativitätstheorie, so dass es besser wäre, es gäbe eine allgemein akzeptierte Erklärung.

Unglücklicherweise erwähnen Lehrbücher dieses Problem nicht oder sie vertreten wechselseitig konträre Ansichten. Manchmal führt das zu grotesken Situationen, eine von ihnen hat J. BELL beschrieben. Er führte ein Gedankenexperiment durch, in dem zwei geeignete Raumschiffe hintereinander aufgestellt und mit einem leicht zerreißbaren Faden verbunden werden; beide beginnen zu derselben Zeit in genau gleicher Weise zu beschleunigen. Ihm war klar, dass der Faden irgendwann als Folge der Lorentz-Kontraktion zerreißen muss. Ein Kollege weigerte sich jedoch, dem zuzustimmen. Deshalb wandten sich beide zur Klärung an die theoretische Abteilung von CERN und erhielten die einmütige, aber falsche Antwort, dass der Faden nicht reißen wird. Das illustriert die Bedeutung des fraglichen Problems. Es soll noch einmal aufgegriffen werden.

Auf den ersten Blick scheint zwischen der Zeitdilation und dem Massenzuwachs ein großer Unterschied zu bestehen. Während die erstere meistens als real angesehen wird, gilt die letztere als das Produkt einer rein terminologischen Konvention. In der Regel wird der Massenzuwachs in der Diskussion sogar als ein Problem geleugnet. Der Grund ist einfach: Ob Massenzuwachs eintritt, hängt sehr davon ab, wie man die dynamischen Gesetze formuliert. Es ist möglich, sie ohne jede Verwendung der geschwindigkeitsabhängigen, relativistischen Masse auszudrücken. Seine Rolle übernimmt dann die invariante Ruhmasse, die Form der physikalischen Gesetze wird entsprechend angepasst [8-48]. Wie wir sehen werden, ist eine derartige Konvention in der Schreibweise nicht völlig "unschuldig", so dass das eigentliche Problem bestehen bleibt.

Die Längenkontraktion nimmt eine Zwischenposition ein. Der Grund seiner Nichtrealität scheint nicht so überzeugend zu sein wie im Fall des Massenzuwachses. Andererseits gibt es kein vergleichbar zwingendes Argument zugunsten seiner Realität wie im Fall der Zeitdilation. Letztere ist mit dem sogenannten

Uhren- oder Zwillingsparadox verknüpft. Einige Autoren sind überzeugt, dass der reziproke Effekt der Zeitdilation, wie ihn inertiale Beobachter wechselseitig an ihren Uhren feststellen, synchronisierungsabhängig und deshalb unreal ist, der Effekt, wie er in der Uhrenparadoxie beobachtet wird, dagegen synchronisierungsunabhängig und somit real ist. Einen vergleichbaren synchronisierungsunabhängigen Effekt für die Längenkontraktion gibt es nicht.

Was ist an den synchronisierungsabhängigen Effekten so ungewöhnlich, das sie es davor bewahren könnte real zu sein? Darüber gibt es keine allgemeine Übereinstimmung unter den Anhängern der Nichtrealitätsthese. Einige betrachten die Synchronität als konventional, andere betonen lediglich ihre Relativität, d. h. ihre Abhängigkeit vom Bezugssystem. Wir beginnen unten mit der ersteren, strengeren These.

Die Nichtrealitätsthese beruht auf der Erkenntnis, dass das Längenverhältnis von sich relativ zueinander bewegenden Objekten von der Synchronitätsdefinition abhängt, weil die Länge eines sich bewegenden Objekts allgemein als die Entfernung zwischen simultanen Positionen seiner Endpunkte definiert ist. Die Längenkontraktion wird dann als die Konsequenz aus der Übernahme von EINSTEINs Synchronisierungsprozedur durch den Beobachter angesehen, womit man ein relatives, d. h. bezugssystemabhängiges Ergebnis hat. Wenn man andere die Gleichzeitigkeit definierende Prozeduren übernimmt, fällt das Ergebnis des Längenvergleichs anders aus. Insbesondere können die Längen zweier sich relativ zueinander bewegender Objekte durch geeignete Synchronisierungsverfahren gleich gemacht werden.

Dies Argument ist nur relevant, wenn Synchronität in einem tieferen Sinn konventional ist. Tatsächlich ist es das nicht – vgl. z. B. [8-47]. Wenn das Relativitätsprinzip besteht, dann gibt es keine vernünftige Alternative zur Standard-Synchronität, wie sie durch EINSTEINs Prozedur mit Signalen definiert wird. Beispielsweise ergibt sich dasselbe bei Anwendung der sehr natürlichen Prozedur, welche Synchronität durch adiabatischen Uhrentransport definiert (s. vorigen Abschnitt). Jede andere, nicht äquivalente Definition der Synchronität verletzt wenigstens eine der bewährten Raumzeit-Symmetrien ohne empirische Rechtfertigung. Darüber hinaus ist die Standard-Synchronisation die einzige, die allein durch die kausale Struktur der Raum-Zeit definierbar ist – s. [8-43].

Außerdem, auch wenn Synchronität konventional wäre, würde es nicht die Nichtrealitätsthese nach sich ziehen. Allenfalls würde es bedeuten, dass relativistische Effekte konventionale Komponenten enthalten. Andererseits, enthielten sie keine reale Komponente, wäre es möglich, sie vollständig für jede Geschwindigkeit der Objekte durch geeignete Wahl der Synchronitätsdefinition zu eliminieren, was nicht der Fall ist.

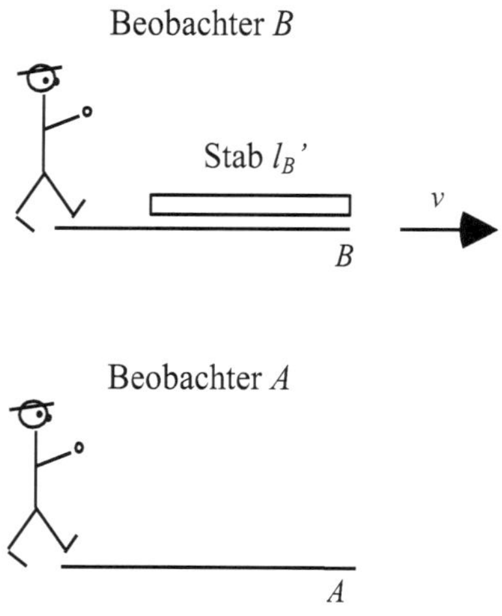

Abb. 8.3 Lorentz- und Einstein-Kontraktion

Beobachter A: Der Stab l'_B bewegt sich, deshalb ist er kürzer als in Ruhe (Lorentz-Kontraktion, sie ist real).

Beobachter B: der Stab l'_B ruht, er ist nicht verkürzt. Beobachter A sieht ihn als verkürzt an, weil Uhren in A nicht synchron laufen und Maßstäbe in A die falsche Länge anzeigen (Einstein-Kontraktion, sie ist scheinbar).

Dasselbe Argument ist gültig, wenn statt der vermeintlichen Konventionalität der relativistischen Effekte ihre reine Relativität untersucht wird. In einer Hinsicht sind sie natürlich relativ, da sie immer von den Standardgrößen für Länge, Zeit oder Masse im jeweiligen Bezugssystems abhängen. Das bewirkt jedoch auf keinen Fall ihre Nichtrealität. Wenn sie bloße Ergebnisse der Perspektive des Beobachters wären, wäre es möglich ein Bezugssystem zu finden, in dem relativistische Effekte für alle Geschwindigkeiten der Objekte verschwinden würden. Es kann gezeigt werden, dass das die Gültigkeit der newtonschen Mechanik an Stelle der Relativitätstheorie nach sich ziehen würde – vgl. [8-58]. Daher ist es nicht richtig, dass Realität dieser Effekte das Ende der Relativitätstheorie bedeutet. Im Gegenteil, die Relativitätstheorie kann nur stimmen, weil sie real sind.

Konzentrieren wir uns auf die Längenkontraktion. H. REICHENBACH untersuchte zwei Interpretationen dieses Effektes, die Lorentz- und die Einstein-Kontraktion. (Er nannte sie Lorentzverkürzung und Einsteinverkürzung..) Die Lorentz-Kontraktion wird von ihm beschrieben als die Differenz zwischen den Längen eines sich bewegenden festen Körpers und seines mitbewegten klassischen Gegenstücks. Die Einstein-Kontraktion kann verstanden werden als die Differenz zwischen der Länge eines ruhenden Stabes, wie er in einem sich bewegenden Bezugssystem gemessen wird, und der Ruhlänge des Körpers – s. Abb. 8.3 und 8.4.

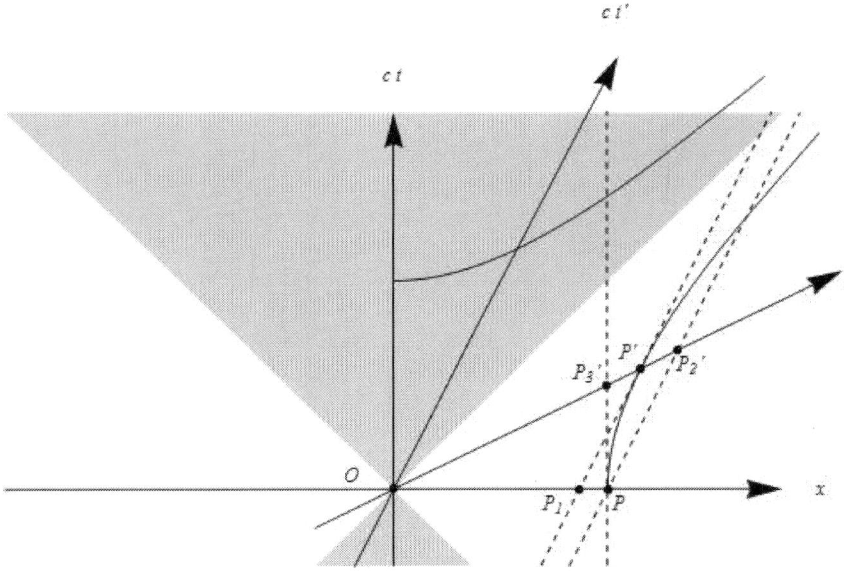

Abb. 8.4 Die Längenkontraktion im Minkowski-Diagramm

Das Verhältnis $OP_1 : OP$ und $OP':OP'_2$ repräsentiert die Lorentz-Kontraktion, das Verhältnis $OP'_3 : OP'$ die Einstein-Kontraktion.

Ist es sinnvoll innerhalb des Begriffsgebäudes der Relativitätstheorie Unterschiede zwischen einem Körper und seinem (nicht existierenden) klassischen Gegenstücks zu untersuchen? Kann darüber hinaus ein solcher Unterschied zwischen zwei verschiedenen Körpern sinnvoll "Kontraktion" genannt werden? Es ist eine wesentliche Eigenschaft klassischer Körper, dass ihre Länge immer gleich zu ihrer Ruhlänge ist, unabhängig von einer Bewegung. Das bedeutet, dass die Lorentz-Kontraktion auch verstanden werden kann als die Differenz zwischen der Länge eines sich bewegenden Körpers und seiner Ruhlänge. Wenn das so ist, dann ist der einzige Unterschied zwischen beiden Kontraktionen, dass für die Lorentz-Kontraktion das Bezugssystem als ruhend und der Körper als bewegt anzusehen ist, während für die Einstein-Kontraktion das Umgekehrte gilt. Ist diese Unterscheidung wesentlich?

Sie ist es in der Tat. Obgleich die Standpunkte von Beobachtern, die in verschiedenen inertialen Bezugssystemen ruhen, in gewisser Weise äquivalent sind, darf man das nicht so verstehen, das es bedeutungslos ist, welchen der Standpunkte wir einnehmen wollen. Wenn sich zwei Körper relativ zueinander bewegen, dürfen wir jeden von ihnen als ruhend behandeln, aber nicht beide gleichzeitig. Einige Autoren scheinen diese einfache Tatsache zu übersehen.

Die obige Beobachtung wirft etwas Licht auf das Interpretationsproblem der Ruhlänge. Üblicherweise wird sie verstanden als die Länge eines Körpers, wie sie in seinem Ruhsystem gemessen wird. Diese Interpretation ist völlig korrekt, solange wie wir den Standpunkt eines Beobachters einnehmen, der relativ zu dem Körper ruht. Aber sobald wir den Standpunkt eines Beobachters einnehmen, der sich relativ zum Körper bewegt, würde eine solche Interpretation besagen, dass man zwei verschiedene Standpunkte zu derselben Zeit annimmt. Zusätzlich würde es bedeuten, dass sowohl die Lorentz-Kontraktion als auch die Einstein-Kontraktion verstanden werden sollten als die Differenzen zwischen den Längen eines Körpers, wie sie in zwei verschiedenen Bezugssystemen gemessen werden. Noch einmal, es gäbe keinen Grund, dies eine "Kontraktion" zu nennen. Wenn man einen Körper als bewegt betrachtet, dann muss seine Ruhlänge irgendwie als eine Eigenschaft eines Körpers interpretiert werden, die sich auf das Bezugssystem bezieht, das man als ruhend ausgewählt hat.

Eine solche Interpretation ist leicht gefunden. Wir dürfen nämlich die Ruhlänge eines sich bewegenden Körpers als die Länge ansehen, die der Körper hätte, wenn er ruhen würde. Für einen ruhenden Körper fällt seine Ruhlänge mit seiner Länge im als ruhend betrachteten Bezugssystem zusammen. Deshalb muss der Lorentz-Kontraktion gerade die Differenz zwischen der Länge eines sich bewegenden Körpers und seiner Ruhlänge zugeordnet werden.

Bezüglich der Einstein-Kontraktion sind die Verhältnisse komplizierter. Hier muss die gesamte Situation vom Standpunkt eines Beobachters betrachtet werden, der relativ zum fraglichen Körper ruht. Die Länge des Körpers ist jetzt identisch mit seiner Ruhlänge. Andererseits kann dessen Länge, wie sie ein bewegter Beobachter misst, nicht als seine tatsächliche Eigenschaft behandelt werden, weil alle Messergebnisse dieses Beobachters durch zweierlei verfälscht werden: durch die Lorentz-Kontraktion seiner Messinstrumente und durch den Einfluss der Bewegung auf die Ergebnisse aus Anwendung der die Gleichzeitigkeit herstellenden Prozeduren. Die Einstein-Kontraktion kann deshalb ganz legitim als scheinbar behandelt werden, sie hat einen rein metrogenen (oder metrokinematischen) Charakter.

Der letztere Umstand ist in hohem Maße durch das Missverständnis der Rolle der Gleichzeitigkeit verdunkelt worden. Einige Leute behaupten, dass die Einstein-Kontraktion eine Konsequenz aus der Relativität der Gleichzeitigkeit ist. Tatsächlich ist das nicht die einzige Ursache dieses Effektes. Die Relativität der Gleichzeitigkeit bewirkt eine scheinbare Kontraktion, sie ist aber nicht identisch mit der Einstein-Kontraktion. Die letztere ist durch den Lorentz-Faktor $1/\sqrt{(1-v^2/c^2)}$ gegeben, die erstere durch sein Quadrat $1/(1-v^2/c^2)$. Der Faktor der Einstein-Kontraktion wird reduziert, weil auf Grund der Lorentz-Kontraktion für die sich bewegenden Standards der Längeneinheiten eine scheinbare Vergrößerung eintritt. Die Einstein-Kontraktion hat einen komplizierteren Ursprung als ihr üblicher Weise zugeschrieben wird. Sie ist die Komposition zweier verschiedener, rein scheinbarer Effekte, einer ist die Folge der Lorentz-Kontraktion, ein anderer die Folge der Gleichzeitigkeitsprozedur. Gäbe es keine Lorentz-Kontraktion, wäre der resultierende Effekt stärker.

Stellen wir uns einen Körper *A* ruhend in einem Inertialsystem vor und einen anderen Körper *B* ruhend in einem anderen Inertialsystem, das sich relativ zu *A* bewegt. Vom Standpunkt eines Beobachters, der relativ zu *A* ruht (*A*-Beobachter), erfährt der Körper *B* die Lorentz-Kontraktion und Körper *A* wird nicht kontrahiert, während der Beobachter, der relativ zu *B* ruht (*B*-Beobachter), aus Sicht des *A*-Beobachters am Körper *A* die (scheinbare) Einstein-Kontraktion beobachtet und den Körper *B* als (scheinbar) nicht-kontrahiert ansieht. Vom Standpunkt des *B*-Beobachters aus ist jedoch der Körper *A* lorentz-kontrahiert und gleichzeitig muss dem *A*-Beobachter der Körper *B* einstein-kontrahiert erscheinen. Als Ergebnis des Standpunktwechsels vertauschen Lorentz-Kontraktion und (scheinbare) Einstein-Kontraktion ihre Rollen. Lässt sich daraus schließen, dass die Lorentz-Kontraktion ebenfalls scheinbar ist?

Ein solcher Eindruck entsteht, wenn die Standpunkte vermischt werden. Tatsächlich erweisen sich die Lorentz-Kontraktion und die Einstein-Kontraktion als zwei Interpretationen desselben physikalischen Phänomens. Beispielsweise wird dieselbe Längenkontraktion des Körpers *B* als Lorentz-Kontraktion interpretiert, wenn der *A*-Beobachter sie betrachtet, und als Einstein-Kontraktion, wenn die Beobachtung des *A*-Beobachters vom Standpunkt des *B*-Beobachters aus beurteilt wird. Sie ist vom Standpunkt des B-Beobachters scheinbar, aber das heißt nicht, dass sie auch scheinbar ist vom Standpunkt des *A*-Beobachters aus. Im Gegenteil, um die Einstein-Kontraktion als scheinbar behandeln zu können, ist es wesentlich, die Lorentz-Kontraktion implizit als real anzusehen (s. oben).

Es scheint, dass wir erfolgreich die Hauptquelle der Konfusion in der Diskussion über die Realität der relativistischen Längenkontraktion identifiziert haben. Einige interpretieren sie als Lorentz-Kontraktion und behaupten sie als real, andere interpretieren sie als Einstein-Kontraktion und proklamieren ihre Nichtrealität. Noch schlimmer, die Standpunkte werden oft vermischt und die Autoren wechseln unbedacht von einem zum anderen. Es ist eine Tatsache, dass die Längenkontraktion, wie sie ein Beobachter erlebt, der sich relativ zum Körper bewegt, für diesen Beobachter real ist und scheinbar für den, der relativ zu dem Körper ruht. Für andere Beobachter ist es eine Mischung aus der (realen) Lorentz-Kontraktion und der (scheinbaren) Einstein-Kontraktion, ist also teilweise real und teilweise scheinbar. Deshalb ist die Realität der Längen-Kontraktion in gewissem Sinne relativ, d. h. bezugssystemabhängig. Dasselbe gilt für die Zeitdilation und den Massenzuwachs..

Unsere Lösung des Realitätsproblems relativistischer Effekte könnte den Eindruck erwecken, dass wir alle Effekte, wie sie ein Beobachter feststellt, von dessen Standpunkt aus als real und als (wenigstens teilweise) nicht real von den Standpunkten anderer Beobachter ansehen. Das wäre eine Selbsttäuschung. Es gibt aber auch einige Effekte, die scheinbar sind auch von dem Standpunkt eines Beobachters, der sie unmittelbar beobachtet. Wenn sich zum Beispiel ein sich bewegender Körper dem Beobachter nähert, sieht er den Körper gedehnt, wenn er sich umgekehrt von ihm entfernt, sieht er ihn stärker kontrahiert, als sich aus der Lorentz-Kontraktion ergibt [8-59]. Ein analoger Effekt bezieht sich auf die Frequenz einer bewegten Lichtquelle und wird relativistischer Doppler-Effekt genannt.

Genau genommen sind die beiden obigen Effekte nicht gänzlich scheinbar für den soeben eingenommenen Standpunkt. Beide Effekte sind aus zwei Anteilen zusammengesetzt. Einer davon ist real, dies ist die Lorentz-Kontraktion und die (reale) Zeitdilation, der andere ist scheinbar und resultiert aus der Endlichkeit der Lichtgeschwindigkeit bei der Informationsübertragung. Im Fall des relativistischen Dopplereffektes ist scheinbar der bekannte nicht-relativistische Dopplereffekt für den Fall, dass der Beobachter ruht und die Quelle sich bewegt.

Noch einmal, vom Standpunkt des Beobachters, der relativ zum Körper ruht, ist der sichtbare Effekt gänzlich scheinbar, weil er aus zwei scheinbaren Effekten besteht: der Einstein-Kontraktion und einem anderen Effekt, der aus der Endlichkeit der Lichtgeschwindigkeit resultiert. Im Fall des relativistischen Dopplereffektes ist vom Standpunkt des mitbewegten Beobachters dieser Effekt ebenfalls gänzlich scheinbar, weil aus zwei scheinbaren Effekten zusammengesetzt. Einer von ihnen ist der nicht-relativistische Dopplereffekt mit ruhender Quelle und bewegtem Beobachter; der andere ist die scheinbare Frequenzzunahme als Folge des Einflusses der Zeitdilation auf den sich bewegenden Frequenzstandard. Es ist wert, festgehalten zu werden, dass ohne die Folgen aus der (realen) Längenkontraktion und Zeitdilation, die Effekte, wie sie vom sich bewegenden Beobachter für die ruhenden Objekte gesehen werden, verschieden wären von denen, wie sie vom ruhenden Beobachter für die sich bewegenden Objekte gesehen werden. Die realen relativistischen Effekte stellen die Symmetrie (Reziprozität) wieder her, wie es unverzichtbar ist, wenn das Relativitätsprinzip gelten soll.

Ein allgemein bekanntes Argument zu Gunsten der Realität der Lorentz-Kontraktion ist, sie könne – wenigstens prinzipiell – fotografiert werden. Dies Argument beruht auf einer falschen Voraussetzung. Tatsächlich ist die Längenkontraktion nicht fotografierbar, weil durch die endliche Lichtgeschwindigkeit ein zusätzlicher Effekt auftritt. Erst umformuliert wird das Argument richtig. Die Längenkontraktion ist real, nicht weil sie fotografiert werden kann, sondern weil das, was fotografiert werden kann, davon abhängt. Gäbe es keine Kontraktion, sähe der visuelle Effekt für den Beobachter anders aus.

Dasselbe gilt für die visuellen Effekte, wie sie von jedem anderen Beobachter gesehen werden, der sich relativ zu ihm bewegt. So muss der Beobachter die reale Kontraktion in Betracht ziehen, um zu verstehen, was er tatsächlich sieht und was andere Beobachter zu derselben Zeit sehen. Dasselbe gilt für den Dopplereffekt. Gäbe es keine reale Zeitdilation, würden wir den nicht-relativistischen Dopplereffekt beobachten und es wäre möglich, eine absolute Bewegung der Bezugssysteme nachzuweisen. Obgleich also die Effekte der Längenkontraktion und Zeitdilation real nur vom Standpunkt eines Beobachters sind, der sie unmittelbar beobachten kann, so sind sie nicht nur wirklich beobachtbar, wie die oben erwähnten visuellen Effekte, sondern sie sind real in einem tieferen Sinn.

Zur Erklärung visueller Effekte wird nur relative Realität der relativistischen Effekte benötigt, d. h. ihre Realität vom Standpunkt eines Beobachters. Dies könnte so verstanden werden, man könne daraus schließen, dass der Frage über ihre Realität jede absolute Bedeutung fehlt. Nicht so einfach. So ist es nur in dem Fall, wenn es kein privilegiertes Inertialsystem gibt. Die Anwesenheit eines solchen Bezugssystems ändert die Situation vollständig. Wenn es existiert, dann kann z. B. die Längenkontraktion für bewegte Körper, wie sie von diesem ausgezeichneten Bezugssystem aus beobachtet wird, in einem fundamentaleren Sinn als real behandelt werden, z. B. als absolut real. Auf der anderen Seite sind die Kontraktionen, wie sie von anderen Bezugssystemen aus für Körper beobachtet werden, die relativ zum ausgezeichneten Bezugssystem ruhen, in einer gewissen Weise absolut scheinbar. Andere Kontraktionen, die von diesen Bezugssystemen aus beobachtet werden, sind in einem absoluten

Sinn teilweise real und teilweise scheinbar. Dasselbe würde für die anderen relativistischen Effekte gelten.

Abgesehen von der Frage nach der Existenz eines solchen privilegierten Bezugsystems, sind tatsächlich einige relativistische Effekte absolut real. Eines von ihnen ist das oben erwähnte Zwillingsparadox. Es wird manchmal missverstanden als eine Unterstützung für die These, dass ein privilegiertes Bezugssystem existiert. Es ist zwar eine Tatsache, dass die Existenz eines solchen Bezugssystems die Anwesenheit von absolut realen Effekten nach sich zieht, aber nicht umgekehrt. Wir finden nichts Ungewöhnliches in der Tatsache, dass das Zusammenspiel von relativen Größen als Ergebnis zu invarianten (z. B. Bezugssystem unabhängigen), also in gewissem Sinne absolut realen Größen führt.

Was ist die Hauptmotivation der Nichtrealitätsthese? Es scheint die Invarianz der Ruhmasse, Ruhlänge und Eigenzeit zu sein. Einige Autoren behaupten, dass z. B. die Ruhlänge eines Körpers seine aktuelle Länge ist, während seine Länge, wie sie ein relativ dazu bewegter Beobachter misst, nur scheinbar ist. Die Längenkontraktion wird dann als die Differenz zwischen seiner scheinbaren Länge in irgendeinem Bezugssystem und seiner aktuellen Länge, die nicht geschwindigkeitsabhängig ist, angesehen. Auf diese Weise wird die Ansicht vertreten, dass die Kontraktion scheinbar ist, weil sie nur die scheinbare Länge betrifft und nicht die aktuelle.

Aber gibt es vernünftige Gründe, die Ruhlänge als die aktuelle Länge eines Körpers anzusehen? In der nichtrelativistischen Physik war die Länge invariant, deshalb bestand keine Notwendigkeit, zwischen Ruhlänge und der Länge in einem Bezugssystem zu unterscheiden. In der Relativitätstheorie entsteht die Frage, was das relativistische Gegenstück zum nichtrelativistischen Begriff der Länge ist.

Auf den ersten Blick scheint die invariante Ruhlänge ein guter Kandidat zu sein. Nach einigen Überlegungen erweist sie sich jedoch als ungeeignet. Für einen sich bewegenden Körper ist die Messung der Ruhlänge sekundär im Vergleich zu seiner Länge als die Entfernung zwischen gleichzeitigen Positionen seiner Spitzen, was relativistischer und nichtrelativistischer Kinematik gemeinsam ist. Deshalb gibt es bessere Gründe letzteres als die aktuelle Länge eines Körpers zu behandeln. Die Ruhlänge sollte nicht als aktuelle Länge angesehen werden, sondern als die Länge, die ein ruhender Körper hätte, wie wir bereits früher gesehen haben.

Die Eigenzeit soll genauso behandelt werden. Es ist nicht angemessen zu behaupten, dass die sich bewegende Uhr die aktuelle, zwischen zwei Ereignissen vergehende Zeit misst, wobei die beiden Ereignisse den Anfang und das Ende eines Prozesses im mitbewegten materiellen System anzeigen. Sicherlich, die gemessene Eigenzeit stimmt mit der Zeit überein, die zwischen ähnlichen Ereignissen vergeht, wenn das materielle System ruht. Dasselbe gilt für die Ruhmasse, die als die Masse angesehen wird, die ein Körper hat, wenn er ruht. Sonst verlöre die relativistische Erklärung für das Verhalten von hochenergetischen Teilchen in Beschleunigern ihre Einsichtigkeit: deren Schlüssel ist die anwachsende Trägheit von Teilchen und die Masse ist das Maß der Trägheit. Darüber hinaus würde die Äquivalenz von Masse und Energie ihre Allgemeingültigkeit verlieren und in einem solchen Fall auf die Ruhenergie eingeschränkt werden.

Aber wie steht es aus mit der natürlichen Intuition, dass trotz relativer Längen (Massen) in den verschiedenen Bezugsystemen ein Körper so etwas wie eine wahre Länge (Masse) haben sollte? Und dass trotz verschiedener relativer Zeitintervalle in den verschiedenen Bezugssystemen so etwas wie ein wahres Zeitintervall zwischen zwei gegebenen Ereignissen vergehen sollte? Ist das kein guter Grund die Eigenzeit, die Ruhlänge und Ruhmasse in der Weise zu behandeln, wie wir es gerade zurückgewiesen haben?

Aus den zuvor genannten Gründen ist das unmöglich. Wenn es kein privilegiertes Bezugssystem gibt, wie allgemein angenommen wird, dann gibt es keine "wahre" Zeit (Länge, Masse) sondern nur relative Zeiten (Längen, Massen) in verschiedenen Bezugssystemen. Das bedeutet, dass wir die fraglichen Begriffe als in ihrem Wesen relativ, d. h. systemabhängig, behandeln müssen. Deshalb müssen wir auf die oben erwähnte Intuition vollständig verzichten. Wenn es jedoch ein privilegiertes System gibt, dann kann diese Intuition bewahrt werden. In diesem Fall kann die Rolle einer "wahren" Zeit, Länge und Masse von der (relativen) Zeit, Länge und Masse im privilegierten System übernommen werden. Diese Möglichkeit wird im Rahmen der Lorentz-Interpretation der Relativitätstheorie ausgeschöpft. Vgl. z. B. [8-3, 8-7, 8-10, 8-11, 8-14, 8-25, 8-27, 8-29, 8-33, 8-34, 8-39, 8-40, 8-41, 8-45, 8-53, 8-57, 8-58, 8-62].

Manchmal wird behauptet, dass die Realitätsthese nur wahr sein kann, wenn eine dynamische (Lorentz-) Interpretation der relativistischen Effekte erlaubt ist. Überraschenderweise ist genau das der Fall. Die dynamische Deutung widerspricht aber nicht deren standardmäßigen kinematischen Erklärungen, sie sollte eher als deren Ergänzung behandelt werden.

Das Problem einer kausalen Erklärung der relativistischen Effekte hat nichts mit dem Problem von absolut realen Effekten zu tun. Nicht nur die absolut realen Effekte benötigen eine solche Erklärung sondern die relativ realen ganz genauso – vgl. [8-3, 8-19]. Der einzige Unterschied besteht in der Tatsache, dass im letzteren Fall die Erklärung das Relativsein der Effekte teilen muss, z. B. muss sie auf das Bezugssystem bezogen sein, in welchem die Effekte beobachtet werden. Deshalb wird dafür keine Annahme über die Existenz eines privilegierten Systems oder des Äthers benötigt, wie manchmal fälschlich gefordert wird. Nur für Erklärungen von absolut realen Effekten, wie die absolute Lorentz-Kontraktion, ist die Existenz eines Äther-Ruhsystems erforderlich und zwar als notwendige Bedingung für beides, die Erklärung und das tatsächliche Bestehen dieser Effekte.

8.3 Zur Klärung der Terminologie

Bis jetzt haben wir uns auf Überlegungen beschränkt, die in Hinblick auf die Auseinandersetzungen zwischen den rivalisierenden Interpretationen der Relativitätstheorie neutral waren. Wir hoffen einige verbreitete inhaltliche Missverständnisse der Theorie erfolgreich beseitigt zu haben. Jetzt versuchen wir es mit einigen anderen, diesmal terminologischen Ursprungs.

Zu allererst, die Anhänger der nicht-orthodoxen Lorentz-Interpretation sind sich nicht immer völlig bewusst, was sie tatsächlich verteidigen. Sie legen zu oft zu viel Gewicht auf ihre Opposition zur orthodoxen einsteinschen Interpretation und missverstehen die Lorentz-Interpretation als eine zur Relativitätstheorie alternative Theorie. Dies erleichtert es den orthodoxen Relativisten das ganze als wieder eine andere Art von "verrücktem" Anti-Relativismus hinzustellen.

Insbesondere missfällt Lorentzanhängern das Konzept der Raumzeit zu sehr. Dabei ist überhaupt nicht klar, was an diesem Konzept falsch sein soll. Es hat sich als sehr nützliches mathematisches und heurististisches Werkzeug erwiesen, man sollte ihm lediglich nicht zu große ontologische Bedeutung zumessen. An der Aussage, dass die physikalische Raumzeit (in der lokalen Näherung) die Struktur eines vierdimensionalen pseudo-euklidischen Raumes besitzt, ist überhaupt nichts, was ein Lorentzanhänger unter keinen Umständen akzeptieren könnte. Das einzige, was er unter keinen Umständen akzeptieren kann, ist die unlösbare Einheit von Raum und Zeit, die als eine Schlussfolgerung aus dieser Feststellung hingestellt wird. Dabei ist es logisch nicht auszuschließen, dass die Raumzeit eine tiefere Struktur besitzt, aus der eine eindeutige Auflösung der Raumzeit in Raum und Zeit ableitbar ist.

Die negative Einstellung einiger Lorentzanhänger gegenüber dem Relativitätsprinzip ist in gleicher Weise ungerechtfertigt. Dieses gut bestätigte physikalische Prinzip mit der Aussage, dass die Naturgesetze in allen Intertialsystemen dieselbe Form haben, ist sehr vernünftig im Gegensatz zu der extremen Version des philosophischen Prinzips der Relativität der Bewegung, der zu Folge es sinnlos ist, von der Bewegung eines einzelnen Körpers zu sprechen, es sei denn, die Bewegung steht in Beziehung zu einem anderen Körper. Letzteres ist, im Gegensatz zum Relativitätsprinzip, keine Konsequenz aus der Relativitätstheorie, sogar mehr, es ist mit dieser unverträglich, denn sie kennt zumindest die absolute Unterscheidung zwischen beschleunigter und unbeschleunigter Bewegung. Auf der anderen Seite schließt das Relativitätsprinzip keineswegs die Existenz eines privilegierten Bezugssystems aus. Allenfalls ausgeschlossen ist, die Bewegung relativ zu diesem Bezugssystem durch lokale Experimente nachzuweisen. Auch das philosophische Prinzip der Relativität der Bewegung, richtig verstanden, schließt nicht die Existenz eines privilegierten Bezugssystems aus. Im Gegenteil, der richtige Weg, sich von absoluter Bewegung zu befreien, ist, sie durch Bewegung relativ zum Äther zu ersetzen, der eine Form eines materiellen Objektes ist, wenn auch nicht der gewöhnlichen Materie.

Weiterhin ist auch unklar, was an EINSTEINs zweitem Postulat falsch sein soll. Wörtlich genommen sagt es doch nur, dass die Geschwindigkeit der Lichtwellen nicht von der Bewegung ihrer Quelle abhängt [8-2, 8-56]. Eine solche Annahme hat die Relativitätstheorie mit allen Äthertheorien gemeinsam und ist nur mit ballistischen Theorien, z. B. der von RITZ, unvereinbar. Unglücklicherweise wird das Ganze noch mit der Hypothese von der Konstanz der Lichtgeschwindigkeit [8-56], nach welcher der Betrag der Lichtgeschwindigkeit in allen Inertialsystemen derselbe ist, vermengt.

Auf der anderen Seite ist die Konstanz der Lichtgeschwindigkeit keineswegs mit der Existenz eines privilegiertem Bezugssystems unvereinbar. Wenn in einem solchen System der Wert der Lichtgeschwindigkeit richtungsunabhängig und gleich zu der universellen Konstante c ist und die Lorentz-Kinematik erfüllt ist, dann ist in allen Inertialsystemen der Wert der Lichtgeschwindigkeit gleich c. Die Konstanz der Lichtgeschwindigkeit ist also erfüllt.

Einige Lorentzanhänger bestehen darauf, einen Unterschied zwischen Ein-Weg-Lichtgeschwindigkeit und der auf geschlossenen Wegen zu machen. Danach akzeptieren sie die Konstanz der Lichtgeschwindigkeit für geschlossene Wege und verneinen sie für die Ein-Weg-Lichtgeschwindigkeit. Diese Haltung ist jedoch unvereinbar mit der These, dass die Lorentz-Kinematik erfüllt ist, welche, wie in Kapitel 8.1 nachgewiesen wurde, aus der Hypothese der Längenkontraktion und Zeitdilatation folgt, was von keinem Lorentzanhänger abgestritten wird.

Darüber hinaus ist ein solcher Standpunkt das Ergebnis einer inkonsequenten Einstellung gegenüber Raum- und Zeitmessungen. Ihre Befürworter halten es für zulässig, die Gleichzeitigkeit innerhalb des privilegierten Systems auf alle Inertialsysteme auszudehnen, lehnen es aber ab, ganz analog auch die räumliche Metrik und die Zeitskala zu übertragen. Infolgedessen gewinnen sie eine Kinematik auf Grundlage der verallgemeinerten Galileitransformationen von Kapitel 8.1. Eine konsequentere Haltung würde zur galileischen Kinematik führen, aus welcher sich die Ablehnung der Konstanz der Lichtgeschwindigkeit sowohl für die Ein-Weg-Lichtgeschwindigkeit als auch für die aufgeschlossenen Wegen ergibt. Beide oben erwähnten Nicht-Lorentz-Kinematiken besitzen wegen des Relativitätsprinzips keine physikalische Bedeutung, weil das den Nachweis voraussetzt, welches Inertialsystem das privilegierte sein soll.

Wenn das Relativitätsprinzip und die Lorentz-Kinematik gelten, dann gibt jedes physikalische Synchronisationsverfahren relative, d. h. systemabhängige Ergebnisse. Eine solche Prozedur definiert eine Beziehung zwischen Ereignissen. Einige Lorentzanhänger stimmen nur in dem Fall zu, es Gleichzeitigkeit zu nennen, wenn die einsteinsche Standardprozedur, oder eine äquivalente, im privilegiertem System angewendet wird, während sie mit der Zustimmung zögern, wenn dieselbe Prozedur in einem sich relativ dazu bewegenden System angewendet wird. Es besteht keine Notwendigkeit für derartige Vorbehalte. Es ist stattdessen ratsam, zwischen Gleichzeitigkeit und absoluter Gleichzeitigkeit zu unterscheiden, wobei letztere mit Gleichzeitigkeit im privilegiertem System zusammenfällt. Das würde es ermöglichen, den Einsteinanhängern darin zuzustimmen, dass Gleichzeitigkeit in einem gewissen Sinne relativ ist, es aber abzulehnen, auch darin zuzustimmen, dass es keine absolute Gleichzeitigkeit gibt.

Ebenso ratsam ist es, zwischen einer Geschwindigkeit eines physikalischen Objektes in einem Bezugssystem und seiner Geschwindigkeit relativ zu einem anderen Objekt zu unterscheiden. Letztere kann definiert werden als das Ergebnis einer Subtraktion der Geschwindigkeiten der fraglichen Objekte. Das sogenannte relativistische Additionsgesetz für Geschwindigkeiten ist tatsächlich ein Transformationsgesetz für sie (s. Kapitel 8.1), und widerspricht deshalb nicht der obigen Feststellung. Dies erlaubt es einerseits zuzustimmen, dass die Lichtgeschwindigkeit in allen Inertialsystemen richtungsunabhängig und gleich c ist, andererseits aber zu behaupten, dass die Lichtgeschwindigkeit relativ zu einem gegebenen Körper im allgemeinen richtungsabhängig und gleich c nur im Ruhsystem des Körpers ist. Dieser Schluss kann in gleicher Weise von Lorentz- und Einsteinanhängern akzeptiert werden.

Der Meinungsunterschied wird deutlich, wenn Lorentzanhänger den Begriff absolute Geschwindigkeit eines Objektes als identisch mit der im privilegiertem System einführen, da Einsteinanhänger die Existenz einer absoluten Geschwindigkeit in diesem Sinne verneinen. Trotzdem wird manchmal behauptet, die Lichtgeschwindigkeit sei absolut. In gewisser Weise ist das gerechtfertigt, denn wenn es absolute Geschwindigkeiten gibt, dann ist der Betrag der Geschwindigkeit von Lichtstrahlen in irgendeinem Bezugssystem derselbe wie der ihrer absoluten Geschwindigkeit. Da das jedoch zu Verwirrung führt, wenn man an keine absoluten Geschwindigkeiten glaubt, ist es ratsam, von der Invarianz der Lichtgeschwindigkeit statt von seiner Absolutheit zu sprechen und die Bezeichnung "absolut" auf im privilegierten System definierte Größen zu beschränken. Auf der anderen Seite wäre es für Lorentzanhänger besser, nicht von der vermeintlichen Anisotropie der Geschwindigkeit von Licht in sich bewegenden Systemen sondern von der Anisotropie der absoluten Geschwindigkeit von Licht relativ zu absolut bewegten Systemen zu sprechen. Die letztere Formulierung ist komplizierter, aber weniger irreführend, seine Kompliziertheit ist der Preis für Genauigkeit. Sicherlich kann man die erstere Formulierung als Abkürzung für die letztere verwenden, aber nur nach einer notwendigen terminologischen Klärung.

Ein ähnlicher Unterschied kann in Hinblick auf die Begriffe Länge, Zeit und Masse gemacht werden. Zum Beispiel hat ein Körper eine invariante Ruhlänge und ein Spektrum von unterschiedlichen Längen in unterschiedlichen Bezugssystemen. Gibt es ein privilegiertes Bezugssystem, hat er eine absolute Länge gleich der in diesem System. Deshalb ist die absolute Länge eines Körpers im allgemeinen von seiner Ruhlänge und seiner Länge im gegebenen Bezugssystem verschieden. Sie ist gleich zur Ruhlänge nur, wenn der Körper absolut ruht und zu der Länge in einem Bezugssystem nur, wenn dies mit dem privilegierten System zusammenfällt. Gibt es jedoch kein privilegiertes System, dann gibt es auch keine absolute Länge, obwohl es berechtigt ist, von der Ruhlänge als absolut zu sprechen, da sie invariant ist. Dasselbe gilt für die absolute Zeit im Vergleich zur Eigenzeit und für die absolute Masse im Vergleich zur Ruhmasse.

Es könnte so aussehen, als würden absolute Größen hier als identisch zu ihren korrespondierenden relativen Größen im privilegierten Bezugssystem definiert. Es besteht jedoch keine Notwendigkeit zu einer solchen Vorgehensweise. Man könnte stattdessen annehmen, dass eine Größe absolut, d. h. bezugssystemunabhängig, in noch zwei Weisen ist: Entweder ist sie invariant, d. h. dieselbe in allen Bezugssystemen, oder sie steht in keiner Beziehung zu irgendeinem Bezugssystem. Damit kann das privilegierte Bezugssystem als dasjenige definiert werden, in dem all die absoluten aber nicht invarianten Größen mit ihren relativen Gegenstücken zusammenfallen. So kann der Begriff einer absoluten Größe als elementar und der Begriff des privilegierten Systems als abgeleitet behandelt werden. Das ermöglicht es den Lorentzanhängern, von der Annahme der Existenz eines Äthers zu abstrahieren und dabei den Kern ihrer Ansichten aufrecht zu erhalten. Natürlich werden die Einsteinanhänger die Existenz nichtinvarianter, absoluter Größen abstreiten und z. B. sagen, dass Länge rein relativ ist und keine absolute Bedeutung hat, die Ruhlänge dagegen absolut ist.

Hat man die obigen Unterscheidungen getroffen, können Lorentzanhänger z. B. zwischen Längenkontraktion als dem Verhältnis zwischen Länge eines Körpers in einem gegebenen Inertialsystem und seiner Ruhlänge und der absoluten Längenkontraktion als dem Verhältnis zwischen der absoluten Länge des Körpers und seiner Ruhlänge unterscheiden. Dann können sie sagen, dass die absolute Längenkontraktion absolut real ist, während die Längenkontraktion nur relativ real ist (s. voriges Kapitel). Einsteinanhänger würden zustimmen, dass die Längenkontraktion relativ real ist, aber hinzufügen, dass dieser Effekt keine absolute Bedeutung hat und somit keine absolute Realität. Dasselbe gilt für die anderen relativistischen Effekte.

Nachdem das privilegierte System definiert worden ist, kann man einige andere wichtige Begriffe einführen. Zu allererst die absolute Ruhe, identisch mit Ruhe im privilegierten Bezugssystem, zweitens absolute Gleichzeitigkeit als Gleichzeitigkeit im privilegiertem System und schließlich absolute Bewegung als Bewegung in diesem System. Einsteinanhänger verneinen die Existenz von absoluter Ruhe, von absoluter Gleichzeitigkeit und von absoluter Bewegung, aber sie müssen zugeben, dass Bewegung nicht rein relativ ist, weil man invariante Größen definieren kann, welche die Beschleunigung einer Bewegung oder den Unterschied zweier nicht-beschleunigter Bewegungen charakterisieren, obgleich diese Größen nicht mit der absoluten Beschleunigung und der absoluten Geschwindigkeit von Objekten relativ zueinander zusammenfallen. Einsteinanhänger müssen also zustimmen, dass einige Aspekte der Bewegung absolute Bedeutung haben.

Es muss hinzugefügt werden, dass, obwohl absolute Ruhe im obigen Sinne einführbar ist, es nicht empfehlenswert ist. Wichtiger, diese Möglichkeit ist beschränkt auf das System der Speziellen Relativitätstheorie. Die Identifizierung absoluter Ruhe mit Ruhen im Äthersystem ist als eine Regel in den dynamischen Raum-Zeiten der Allgemeinen Relativitätstheorie nicht länger möglich – s. nächstes Kapitel. Wir werden sehen (Kap. 8.5), dass dasselbe für die Identifizierung von absoluten Größen mit ihren im Äthersystem definierten Gegenstücken gilt.

8.4 Das entscheidende Argument

Alle Vorbereitungen sind getroffen. Jetzt ist es an der Zeit, die richtige Wahl zwischen den rivalisierenden Interpretationen der Relativitätsthecrie zu treffen, wobei wir nur solche Argumente verwenden dürfen, die beides, relevant und nicht-zirkulär sind. Das heißt, einige der in dieser Abhandlung vorgetragenen Argumente sind jetzt gegenstandslos. Von den anderen haben wir das eine oder andere bereits in vorangegangenen Kapiteln erwähnt.

Es sollte klar sein, dass wir nicht beabsichtigen, die Relativitätstheorie insgesamt in Frage zu stellen. So sind vermeintlich berechtigte Zurückweisungen des Relativitätsprinzips, der Lorentz-Kinematik oder der Konstanz der Lichtgeschwindigkeit (s. vorangehendes Kapitel) ohne Bedeutung für uns. Das heißt nicht, dass wir uns auf sie nicht beziehen, sondern nur, dass wir von ihnen keinen Gebrauch machen.

Zur Zeit zieht eine solche vermeintlich gelungene Widerlegung die Aufmerksamkeit verschiedener Autoren auf sich. Sie behaupten, dass der sogenannte Sagnac-Effekt unmittelbar das Prinzip der Konstanz der Lichtgeschwindigkeit und indirekt die Lorentz-Kinematik widerlegt. Was sie an Stelle der letzteren vorschlagen, ist eine Kinematik auf der Grundlage der verallgemeinerten galileischen Transformationen (s. erstes Kapitel).

Der Sagnac-Effekt entsteht durch die Phasenverschiebung von kohärenten Lichtstrahlen, die sich auf einer rotierenden Scheibe längs derselben Bahn aber in entgegengesetzte Richtungen (im Uhrzeigersinn und Gegenuhrzeigersinn) bewegen. Diese Phasenverschiebung kann mit Hilfe eines Interferometers beobachtet und theoretisch für ein nicht rotierendes Bezugssystem aus den Annahmen hergeleitet werden, dass in Inertialsystemen das Prinzip der Konstanz der Lichtgeschwindigkeit gilt und außerdem eine sich bewegende Lichtquelle eine Frequenzverschiebung auf Grund der Zeitdilation erleidet. Die Herleitung dieses Effektes im mitrotierenden Bezugssystem ist nicht so unproblematisch. Als ein Ergebnis wird manchmal behauptet, dass man auf Basis der Relativitätstheorie in diesem Fall das Fehlen dieses Effektes vorhersagen muss, weil in jedem Inertialsystem tangential zu einer rotierenden Scheibe das Prinzip der Konstanz der Lichtgeschwindigkeit gilt und die Wege beider Strahlen gleich lang sind. Auf diese Weise wäre die Spezielle Relativitätstheorie in Hinblick auf das Prinzip der Konstanz der Lichtgeschwindigkeit inkonsistent und unvereinbar mit experimentellen Ergebnissen.

Man kann zeigen, dass eine so einfache Schlussfolgerung verfrüht ist. Weil ein rotierendes Bezugssystem nicht inertial ist, sind die zeitlichen Verhältnisse nicht so einfach wie in einem Inertialsystem. Das bedeutet insbesondere, dass, obgleich die Lichtgeschwindigkeit richtungsunabhängig ist, die Zeit, die ein Lichtstrahl längs eines geschlossenen Weges benötigt, richtungsabhängig sein kann [8-38].

Die Autoren, die sich dieser Tatsache bewusst sind, bestehen nicht auf dieser scheinbar empirischen Zurückweisung, sondern betonen den Widerspruch, die Zeit in einem rotierenden Bezugssystem auf das Prinzip der Konstanz der Lichtgeschwindigkeit zu gründen. Sie schlagen vor, die Zeitbeschreibung auf eine solche Gleichzeitigkeitsdefinition zu gründen, die die Konsistenz dieser Beschreibung sichert. Die natürlichste Weise, das zu tun, besteht darin, in das rotierende Bezugsystem die Gleichzeitigkeit aus dem Inertialsystem zu übertragen, relativ zu dem die Bewegung eine reine Rotation ist. In anderen Worten, es sollte eine sogenannte externe Synchronisation (s. [8-44]) angewendet werden. Auf diese Weise werden Transformationsformeln erhalten, die ganz ähnlich zur verallgemeinerten Galilei-Transformation sind und als ihre Verallgemeinerung für rotierende Systemen behandelt werden können. Schließlich wird darauf hingewiesen, dass in derselben Weise die verallgemeinerten Galilei-Transformationen für jedes nicht-inertiale System weiter verallgemeinert werden können und dass es aber keine derartige Verallgemeinerung für die Lorentz-Transformationen gibt.

Ohne Zweifel ist die Möglichkeit einer solchen Verallgemeinerung ein gewisser Vorteil. Andererseits gibt es aber auch einige Nachteile. Verallgemeinerte Galilei-Transformationen bilden keine Gruppe mit dem Ergebnis, dass eine Zusammensetzung zweier solcher Transformationen im Normalfall nicht zu ihnen gehört. Was wichtiger ist, eine Transformation von einem System zu einem anderen hängt nicht nur von ihrer relativen Bewegung ab, sondern auch von ihren Bewegungen (oder wenigstens einer von ihnen) relativ zu dem Inertialsystem, dessen Gleichzeitigkeit in andere Systeme übertragen wird.

Man könnte argumentieren, dass die Rolle dieses speziellen Systems von dem absolut ruhenden System übernommen werden sollte, aber solch ein Postulat setzt die Möglichkeit voraus, ein derartiges System zu finden, was durch das Relativitätsprinzip ausgeschlossen wird. Wenn das so stimmt, muss das "privilegierte" System willkürlich gewählt werden. Vieles dieser Willkür wird durch die Transformationen selbst (im Gegensatz zu den Lorentz-Transformationen) und durch die Raumzeit-Koordinaten hereingetragen. Um letztere einzuführen, muss jeder Beobachter seine Bewegung relativ zu einem willkürlich gewählten System berücksichtigen. Das macht die Aufgabe komplizierter als die seines speziell-relativistischen Gegenstücks. Darüber hinaus führt es in seine Beschreibung der physikalischen Phänomene eine willkürliche Anisotropie ein, die in der speziell-relativistischen Beschreibung fehlt.

Vielleicht gäbe es eine gewisse Rechtfertigung die verallgemeinerten Galilei-Transformationen den Lorentz-Transformationen vorzuziehen, wenn es einige Phänomene gäbe, die das Relativitätsprinzip brechen würden, d. h. wenn dieses Prinzip nicht universell gültig wäre. Solche Phänomene würden es erlauben, nicht willkürlich eines der im übrigen äquivalenten Systeme vorzuziehen. Kein solches Phänomen ist bis jetzt bekannt. Auf der anderen Seite, auch wenn es welche gäbe, wäre es immer noch möglich die Lorentz-Transformationen vorzuziehen. Es ist nicht erwiesen, dass die Beschreibung dieser anormalen Phänomene unter Verwendung der verallgemeinerten Galilei-Transformationen einfacher würde als unter den Lorentz-Transformationen, während es sicher ist, dass genau das entgegengesetzte für alle anderen Phänomene gilt. Der Sagnac-Effekt ist keine Ausnahme, weil auch seine angeblich nicht-relativistische Beschreibung im mitrotierenden System von der relativistischen Beschreibung in einem nicht rotierenden System profitiert.

Ein anderes Phänomen, das oft von Anhängern der Lorentz-Interpretation genannt wird, ist die kosmische Hintergrundstrahlung. Es ist Tatsache, dass es nur ein Bezugssystem gibt, in dem die Strahlung isotrop ist. Ist dieses nicht das privilegierte, absolut ruhende System?

Im Zusammenhang mit der Speziellen Relativitätstheorie gibt es keinen Grund für diese Schlussfolgerung, weil man nachzuweisen hätte, dass die Hintergrundstrahlung kein anderes Inertialsystem "bevorzugen" könnte. Sie ist kein besonderes Phänomen sondern ein besonderes physikalisches Objekt, so dass diese "Bevorzugung" nicht den Bruch des Relativitätsprinzips bedeutet. Jedoch erhält der gewünschte Schluss Unterstützung von der Kosmologie auf Grundlage der Allgemeine Relativitätstheorie. Wenn die Urknall-Hypothese vorausgesetzt wird, dann gibt es eine Klasse sogenannter Fundamentalsysteme, die an jedem Ort einen lokalen Zustand "absoluter Ruhe" auszeichnen. Vgl. z. B. [8-11, 8-53].

Unnötig festzustellen, dass dies nicht die globale absolute Ruhe der Lorentz-Interpretation ist, weil sich die Fundamentalsysteme wegen des Urknalls voneinander entfernen. Allerdings bleibt etwas vom Geist dieser Interpretation erhalten, weil es in solchen kosmologischen Modellen die sogenannte kosmische Zeit gibt, die mit Hilfe der Raumzeit-Geometrie und deshalb in gewisser Weise absolut definiert wird – z. B. [8-61]. Die kosmische Zeit ist global und enthält eine globale Gleichzeitigkeitsrelation, die lokal mit den Gleichzeitigkeiten in den Fundamentalsystemen zusammenfällt. Daher ist die Hintergrundstrahlung bedeutsam vor allem als Bestätigung der Urknall-Hypothese.

Wir erinnern uns, dass eine solche absolute Zeit in der nicht-relativistischen Physik bestand und dann in der üblichen Einstein-Minkowski-Interpretation der Spezielle Relativitätstheorie verschwand. Nun scheint sie in der allgemein-relativistischen Kosmologie zurückzukehren. Eine solche Entwicklung sieht seltsam aus. In ihr scheinen zwei deutliche Unstetigkeiten zu bestehen. Wie deutlich sie sind, wird bald klar werden.

Allgemein besteht ein sehr grundlegendes Verständnis für die Natur der Zeit. Geht man davon aus, erstreckt sich die Welt nur räumlich – vgl. [8-45]. Was sich ins Zeitliche erstreckt, ist nicht die Welt selbst sondern seine Geschichte. Die Ereignisse, aus denen die Geschichte besteht, existieren nicht seit einer Ewigkeit sondern sie werden (become) oder gelangen ins Sein (come into being). Auf dieses Phänomen wird sich oft als der sogenannte Zeitfluss bezogen.

Die nicht-relativistische Linie bewahrte die obige Einsicht. Aber die Standard-Interpretation der Spezielle Relativitätstheorie hat es gewagt dies abzustreiten, weil 'Werden' eine globale absolute Gleichzeitigkeit erfordert, und mit einer Relation des 'gemeinsam Werdens' zusammenfällt. Als speziell-relativistisches Ergebnis wurde das Modell eines Block-Universums der Welt erdacht, in dem kein Zeitfluss besteht und zukünftige und genauso vergangene Ereignisse den absolut gleichen existentiellen Status besitzen wie die Gegenwart, d. h. sie existieren in einem gewissen Sinne zeitlos und Zeit ist nur die vierte Dimension der Welt, ebenbürtig zu seinen räumlichen Dimensionen.

Es muss betont werden, dass die relativistische Kinematik selbst nicht die Eliminierung des Zeitflusses bewirkt (s. erstes Kapitel). Es ist immer möglich anzunehmen, dass die absolute Gleichzeitigkeit mit der (relativen) Gleichzeitigkeit in einem bestimmten, obgleich unbekannten Inertialsystem zusammenfällt. Auch die Allgemeine Relativitätstheorie hat keine solche Konsequenz. Obgleich es Lösungen der einsteinschen Gleichungen gibt, die eine Schichtung in Ebenen absoluter Gleichzeitigkeit nicht erlauben (wie z. B. die Gödel'sche Lösung), so muss man diese nicht wirklich ernst nehmen. Im Gegenteil, das Fehlen einer solchen Möglichkeit kann als ein guter Grund betrachtet werden, derartige Lösungen als unphysikalisch auszuschließen.

Trotzdem ist es auch nicht der Fall, dass die relativistische Kinematik ohne jede Beziehung zu dieser Frage dasteht. In der nicht-relativistischen Kinematik ist die Gleichzeitigkeit absolut, d. h. dieselbe in allen Referenzsystemen, so dass die Eliminierung eines privilegierten Systems nicht die Eliminierung der absoluten Gleichzeitigkeit und des Zeitflusses bewirkt. Dazu im Gegensatz führen die Lorentz-Transformationen eine enge Beziehung zwischen der Existenz eines privilegierten Systems und der Anwesenheit eines Zeitflusses ein. Wenn es einen Zeitfluss gibt, dann gibt es auch ein privilegiertes System und umgekehrt. Es ist unmöglich, die Existenz eines solchen Systems zu leugnen und gleichzeitig einen Zeitfluss anzunehmen – vgl. [8-54].

Wir sehen, dass die Wahl unter den (zwei) Interpretationen der Relativitätstheorie dramatisch ist. Entweder man akzeptiert sowohl die orthodoxe Interpretation zusammen mit dem Bild eines Block-Universums der Welt oder man nimmt die Realität eines Zeitflusses an. Beide Möglichkeiten stehen mit den Ergebnissen der physikalischen Beobachtungen in Einklang. Trotzdem gibt es, sofern man den Begriff der empirischen Evidenz nicht auf solche Art Beobachtungen beschränkt, eine deutliche Evidenz für die zweite Möglichkeit. Es ist unsere Erfahrung des Zeitflusses selbst. Obwohl die Anhänger der Standard-Interpretation versuchen, dies als nur Schein zu deuten, so haben sie in ihrem Bild von der Welt keine Möglichkeit diesen angeblichen Schein zu erklären.

Ein anderes Argument zu Gunsten der Lorentz-Interpretation kann auf ein methodologisches Prinzip, nämlich das Korrespondenz-Prinzip, gestützt werden. Dementsprechend sollte eine neue physikalische Theorie zu der alten 'korrespondieren', z. B. sollte die alte ein Spezial- oder Grenzfall sein oder wenigstens eine Näherung der neuen darstellen. In der Minkowski'schen Raumzeit gibt es jedoch kein Element, das zur absoluten Zeit der nicht-relativistischen Physik oder zu der kosmischen Zeit der relativistischen kosmologischen Modelle korrespondiert. Diese Raumzeit ist also weder ein Spezial- oder Grenzfall noch eine Näherung eines solchen Modells. Natürlich ist es eine Lösung der einsteinschen Gleichungen, so wie das Gödel'sche Modell, aber weiter nichts.

Dasselbe gilt für die Raumzeit der nicht-relativistischen Physik relativ zur Minkowski'schen Raumzeit. Die Verhältnisse liegen jedoch für die Raumzeit der Lorentz-Interpretation anders. Obgleich die sogenannte galileische Raumzeit (ohne privilegiertes System, d. h. ohne absolutes Ruhsystem) weder zur Minkowski'schen noch zur Lorentz-Raumzeit korrespondiert, korrespondiert die Raumzeit, die NEWTON als ein Modell seiner Mechanik mit einer absoluten Ruhe als eine nicht-empirische Komponente bevorzugt hätte, mit der lorentzschen recht gut, weil es die Näherung für kleine absolute Geschwindigkeiten darstellt.

Auf der anderen Seite ist die Lorentz-Raumzeit eine lokale Näherung für alle realistischen kosmologischen Modelle, wobei deren Fundamentalsysteme lokal mit dem lorentzschen absoluten Ruhsystem zusammenfallen – und dessen absolute Zeit mit der kosmischen Zeit. Das Neue liegt darin, dass nun die Begriffe absolute Ruhe und absolute Zeit eine gewisse empirische Bedeutung erlangen, wie sie sich z. B. mit Beobachtungen der Hintergrundstrahlung und einigen anderen astronomischen Beobachtungen verbindet.

8.5 Protophysik und Raumzeitgeometrie

Die Lorentz-Interpretation der Relativitätstheorie führt wieder einige Begriffe ein, die metaphysisch in dem Sinne sind, dass ihre Anwendung nicht auf der Basis von Beobachtungen definiert ist. Einer von ihnen ist der "Zeitfluss" , ein anderer ist der Äther. Allerdings besteht im letzteren Fall eine gewisse Zweideutigkeit. Der Äther kann entweder als der wirkliche Träger von Feldern fundamentaler Wechselwirkungen (materielle Äther) oder als das ausgezeichnete Bezugssystem verstanden werden, das durch ein stetiges zeitartiges Vierervektorfeld (geometrischer Äther) gekennzeichnet ist – [8-35]. Während der vorige Begriff unzweifelhaft metaphysisch ist, ist der Status des letzteren nicht so klar. In einigen kosmologischen Modellen kann es sogar ein physikalischer Begriff sein. Insbesondere das Bezugssystem der fundamentalen Beobachter, das mit Hilfe der physikalischen Raumzeit-Geometrie definierbar ist, kann als geometrischer Äther angesehen werden.

Dasselbe gilt für die Begriffe absolute Gleichzeitigkeit, absolute Zeitskala und absolute Raumgeometrie.. Für sie gilt etwas Besonderes, so dass man zögert, sie als metaphysisch einzustufen. In Gegensatz zu klaren Fällen metaphysischer Begriffe erscheint für sie ihre Undefinierbarkeit auf der Grundlage von Messungen nicht als wesentlich, sondern nur als eine Folge des Relativitätsprinzips, wie es in der Relativitätstheorie zum Ausdruck kommt. Das letztere schließt die Existenz physikalischer Instrumente aus, die von relativistischen Bewegungseffekten unbeeinflusst sind. Wenn man jedoch zum Beispiel eine ideale Uhr hätte, die von der Zeitdilation unbeeinflusst bleibt, dann wäre absolute Gleichzeitigkeit zusammen mit einer absoluten Zeitskala durch Messungen mit einer solchen Uhr bestimmbar. Das ist somit quasi-operational, gewissermaßen recht ähnlich zu der Operationalität der physikalischen, relativen Gleichzeitigkeit, und nicht einfach operational wegen der zufälligen Tatsache, dass in unserer Welt das Relativitätsprinzip in einer Form gilt, die sich auf die Lorentz-Transformationen gründet.

Die obige Beobachtung zeigt die Notwendigkeit, solche Begriffe, die eindeutig nicht metaphysisch im üblichen Sinne sind, anders zu klassifizieren. Auch sind sie nicht physikalisch, sondern etwas dazwischen. Erfreulicherweise gibt es für sie eine alternative Klassifikation, sie können nämlich als protophysikalisch angesehen werden.

Die Protophysik war von P. LORENZEN als ein Programm für eine neue, konstruktivistische Begründung der Physik geplant, alternativ zu A. EINSTEINS relativistischem Programm – [8-42]. Er betrachtete das Letztere als unbefriedigend, weil es das so genannte Prinzip der methodischen Ordnung. [8-32] verletzte, was besagt, dass die Problemlösungen einer weniger fundamentalen Theorie, wie Elektrodynamik oder Gravitationstheorie, nicht Änderungen einer fundamentaleren Theorie, wie Kinematik, Chronometrie oder Geometrie, zur Folge haben können. In diesem Sinne ist die Protophysik eine gewisse Fortsetzung von H. DINGLERs Kritik der Relativitätstheorie, ohne sein Postulat zu teilen, sie zurückzuweisen.

Das Programm der Protophysik wurde von der wissenschaftlichen Gemeinschaft angesichts der Schwierigkeiten, es zu realisieren, und wegen Zweifeln am obigen Prinzip zurückgewiesen. Jedoch ein zusätzlicher Faktor, der eine wechselseitige Kommunikation erschwerte, war die Abneigung der Protophysiker gegen die Sprache der Raumzeit-Geometrie, wie sie unter Fachleuten der Relativitätstheorie üblich ist. Deshalb darf man annehmen, dass eine Übersetzung des Programms in deren Sprache zu einer Neubewertung führen könnte.

Bislang ist eine solche Übersetzung nur von deren Widersachern versucht worden, die sie an ihre eigenen Begriffe angepasst haben, was unvorteilhaft für die ursprüngliche Bedeutung war. Trotzdem haben diese Forscher richtig erkannt, dass es das Programm der Protophysik erfordert, der Raumzeit eine absolute Hintergrundgeometrie zuzuordnen, abgesehen von der physikalischen Geometrie, die durch eine Metrik festgelegt wird, die einige dynamische Gleichungen, wie die einsteinsche Feldgleichung, erfüllt, so wie in sogenannten bimetrischen Theorien der Gravitation [8-6]. Was zu Zweifeln Anlass geben kann ist, dass sie die Minkowski-Geometrie. als Hintergrundgeometrie annehmen.

Die Idee einer absoluten Hintergrundgeometrie kann mit DINGLERs Idee des „Nullpunktes“ verknüpft werden [8-20]. Wenn physikalische, materielle (Eich-) Normale für Länge und Zeit von der Gravitation beeinflusst werden, wie die Allgemeine Relativitätstheorie impliziert, dann muss für solche (Eich-) Normale ein Zustand vorstellbar sein, in dem sie sich befinden, wenn dieser Einfluss fehlt. Entsprechend müssen ideale Normale unempfindlich gegen Einflüsse durch Gravitation vorstellbar sein. Während Messungen mit physikalischen Normalen die physikalische Raumzeitgeometrie definieren, die einige dynamische Gleichungen wie die einsteinsche Feldgleichung erfüllen oder gerade die einsteinsche Feldgleichung als einen Sonderfall, welche durch solche Effekte irgendwie verzerrt wird, definieren analoge Messungen mit idealen Normalen eine „wahre“, unverzerrte Raum-Zeit-Geometrie.

Für bimetrische Theoretiker war es naheliegend, dass eine solche „wahre“ Geometrie die von MINKOWSKI sein muss. Man kann jedoch einwenden, dass die Normale, die das definieren, nicht hinreichend ideal sind. Obwohl sie unempfindlich gegen Gravitationseinflüsse sind, erfahren sie noch relativistische Einflüsse durch Bewegung. Insbesondere erfahren ideale Maßstäbe die Längenkontraktion und ideale Uhren – die Zeitdilation der Speziellen Relativitätstheorie. Sie erfüllen deshalb nicht die Idee des „Nullpunkts“. Diese Idee kann nur von idealen Normalen erfüllt werden, die nicht nur von Gravitationseinflüssen sondern auch von Bewegungseinflüssen unabhängig sind. Natürlich gibt es solche Normale nicht wirklich. Trotzdem sind sie durchaus vorstellbar. Außerdem können Messergebnisse mit solchen Normalen aus den geeignet korrigierten Messergebnissen mit physikalischen Normalen reproduziert werden.

Es ist leicht zu sehen, dass es in diesem Sinne ideale Uhren ermöglichen, absolute Gleichzeitigkeit, eine absolute Zeitskala und damit absolute Zeit zu definieren. Insbesondere kann absolute Gleichzeitigkeit durch einen völlig beliebigen Transport solcher Uhren definiert werden [8-32], weil sie nach Voraussetzung unempfindlich gegenüber Bewegungseinflüssen sind. Ideal starre Maßstäbe ermöglichen in gleicher Weise die Definition einer absoluten Raumgeometrie, identisch mit der Geometrie von Hyperebenen konstanter absoluter Zeit. Es ist klar, dass sie riemannsch sein muss, weil die physikalische Geometrie riemannsch ist. Als nächstes muss sie von konstanter Krümmung sein, weil es vernünftig erscheint, einen streng isotropen und homogenen Raum zu fordern. Hilfsweise kann man als Grund anführen, dass nur ein solcher Raum starre Bewegungen erlaubt. Wenn man schließlich zustimmt, dass physikalische Wechselwirkungen die einzige Quelle der Raumkrümmung sind, dann muss er flach sein. Ein weiteres Argument gründet sich auf der intuitiven Erkenntnis, dass es sinnvoll ist, von einer Orientierung von Vektoren an verschiedenen Orten zu sprechen. Man kann hinzufügen, dass unter riemannschen Räumen nur euklidische ähnliche Figuren erlauben, d. h. dieselbe Gestalt, aber unterschiedliche Größe.

Deshalb muss die absolute Hintergrundgeometrie die absolute Zeit und die absolute euklidische Metrik des Raumes enthalten. Es ist klar, dass die Lorentz-Interpretation der Relativitätstheorie wenigstens das enthalten muss. Was darüber hinaus? Die Geometrie, die nur diese Elemente enthält, ist die Geometrie der sogenannten Leibniz-Raum-Zeit [8-22, 8-21]. Viele Lorentzianer, den jetzigen Autor zu einem früheren Zeitpunkt der Entwicklung seiner Ansichten eingeschlossen, betrachten darüber hinaus absolute Ruhe als identisch mit dem Ruhen relativ zum Äther. Das ist gleichbedeutend damit, die Hintergrundgeometrie zur sogenannten Newton-Raum-Zeit anzureichern [8-22, 8-21]. Wie wir jedoch in dem vorigen Abschnitt gesehen haben, ist eine solche Gleichsetzung im Rahmen der Speziellen Relativitätstheorie nicht empfehlenswert und im Rahmen der Allgemeinen Relativitätstheorie sogar ausgeschlossen. Daher ist es besser, insgesamt auf den Begriff der absoluten Ruhe zu verzichten und sich mit dem geometrischen Äther als dessen Ersatz zu begnügen, der natürlich dynamisch ist und konsequenterweise nicht zur absoluten Hintergrundgeometrie gehören kann.

Ein anderes, mögliches Element der Hintergrundgeometrie ist der flache affine Zusammenhang, was nicht beschleunigte Bewegung in einem absoluten Sinne zu definieren erlaubt. Das wiederum würde bedeuten, als Hintergrundgeometrie die sogenannte Galilei-Raum-Zeit auszuwählen, welche die implizite Struktur der newtonschen Mechanik ist, so wie die Minkowski Raum-Zeit die implizite Struktur in der relativistischen Mechanik ist [8-35]. In beiden, der newtonschen Mechanik und der Speziellen Relativitätstheorie, gehört ein flacher Zusammenhang zur physikalischen Geometrie der Raum-Zeit und erlaubt es, Inertialsysteme zu definieren. Allerdings sowohl in der newtonschen Gravitations- als auch in der Allgemeinen Relativitätstheorie ist der Zusammenhang nicht länger flach, sondern er wird dynamisch, also nicht-absolut.

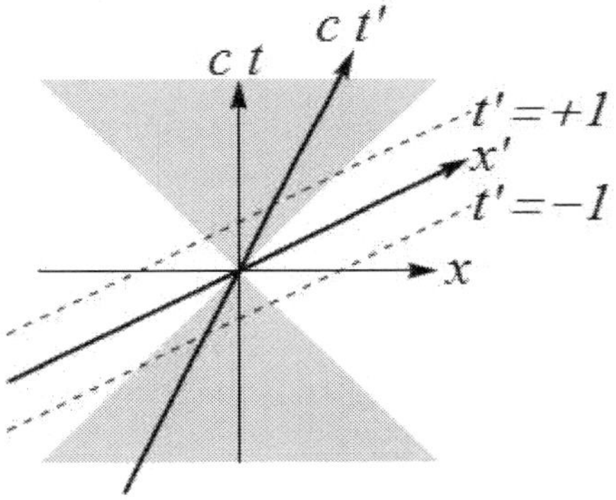

Abb. 8.5 Es gibt zwei Wege, ein ausgezeichnetes Bezugsystem einzuführen.

Der erste Weg, ein ausgezeichnetes Bezugsystem einzuführen: Angenommen es gibt einen das Licht übertragenden, materiellen Äther, dann ist das darin ruhende Inertialsystem (x', y', z', t') das ausgezeichnete Bezugssystem. Die Ein-Weg-Lichtgeschwindigkeit in einem solchen System ist c in alle Richtungen und EINSTEINs Synchronisationsverfahren reproduziert absolute Gleichzeitigkeit.

Der zweite Weg, ein ausgezeichnetes Bezugsystem einzuführen: Man führe in die Minkowski-Raumzeit den Leibniz-Hintergrund ein, der absolute Zeit beinhaltet, wie ausgeführt wurde. Dazu nehme man alle Raumzeit-Ereignisse, die absolut gleichzeitig zu irgendeinem Ereignis sind, beispielsweise zu dem, diesen Text zu lesen, d. h. $t' = 0$. Alle diese Ereignisse bilden eine Hyperebene absoluter Gleichzeitigkeit. Nimm alle solchen Hyperebenen früher oder später zu diesem Ereignis, z. B. $t' = -1$, $t' = +1$. Die Weltlinien orthogonal zu ihnen definieren ein ausgezeichnetes Bezugssystem. Innerhalb der Minkowski-Raumzeit ist es ein bestimmtes, wenn auch unbekanntes Inertialsystem.

Wie zusätzlich gilt, ist der Begriff der Trägheit eindeutig dynamisch und deshalb genügt es, dass Inertialsysteme in der physikalischen Geometrie definiert sind. Das bedeutet, dass der dynamische Zusammenhang, wie er zur letzteren gehört, kein Gegenstück in der absoluten Hintergrundgeometrie verlangt. Daher ist die Hintergrundgeometrie, die von der Lorentz-Interpretation benötigt wird, gerade die Leibniz-Geometrie. Sie enthält im Unterschied zur Minkowski-Geometrie keine absolute Geschwindigkeit, wie sie dort die Lichtkegelstruktur definiert. Darüber hinaus, im Unterschied zu beiden, der Minkowski- und Galilei-Geometrie, enthält sie keinerlei absolute Normale der Nicht-Beschleunigung oder irgendein Normal zum Verschwinden höherer Ableitungen der Geschwindigkeit nach der Zeit. Als ein Ergebnis, anders als beide, erfüllt es vollständig das Relativitätsprinzip der Bewegung.

Der geometrische Äther, der für die Lorentz-Interpretation unverzichtbar ist, gehört nicht zur Leibniz-Geometrie als Hintergrund-Geometrie. Andererseits gehört er auch nicht zur physikalischen Geometrie. Wohin gehört er dann? Es ergibt sich, dass er gerade zu ihrer logischen Summe gehört. Wie ist das möglich? In der physikalischen Geometrie ist eine Orthogonalitätsrelation definiert. Sie ermöglicht es, sozusagen den geometrischen Äther für umsonst zu erhalten: Er muss nicht separat angenommen werden, sondern kann definiert werden durch die Orthogonalität zu den Hyperflächen der absoluten Gleichzeitigkeit, die zur Hintergrund-Geometrie gehören [8-18] – s. Abb. 8.5.

Die Leibniz-Hintergrundgeometrie ermöglicht es, den relativistischen Effekten der Längenkontraktion und Zeitdilation eine absolute Bedeutung zuzuordnen. Die absoluten Effekte können definiert werden als das Verhältnis von Objektlänge und der Dauer eines Vorgangs, wie sie relativ zu idealen Normalen festliegen, zur Eigenlänge und Eigendauer, wie sie relativ zu physikalischen Normalen in ihrem Ruhsystem festliegen. In anderen Worten, der Unterschied zwischen physikalischer und Hintergrund-Geometrie kann als Maß für die Wirkung des Ätherwindes dienen. In diesem Sinne ist ein objektiver Charakter der relativistischen Effekte eingeführt. Es sei angemerkt, dass die absoluten Effekte nicht notwendigerweise mit ihren relativen Gegenstücken, wie sie im Äthersystem beobachtet werden, übereinstimmen. Das, weil weder die absolute Zeit noch die absolute räumliche Metrik notwendigerweise mit der relativen Zeit und der relativen räumlichen Metrik des Äthersystems zusammenfallen. Einen solchen Zusammenhang anzunehmen, ist nur bei fehlender Gravitation angemessen.

Einführung einer Leibniz-Hintergrundgeometrie kann auch als Hilfsmittel dienen, um einige bekannte theoretische Probleme zu lösen. Ebenso wie die Minkowski-Hintergrundgeometrie kann sie helfen, das Problem des Energie-Impuls-Tensors der Allgemeinen Relativitätstheorie zu lösen [8-61]. Um das Problem zu vermeiden, sollte man die Energie nicht bezüglich der physikalischen Geometrie sondern bezüglich der absoluten Hintergrundgeometrie berechnen. Im Unterschied zur Minkowski-Geometrie führt es nicht so einfach zu einem Konflikt in der Kausalstruktur (s. z. B. [8-50]), weil die Leibniz-Hintergrundgeometrie keine absolute Lichtkegelstruktur enthält, aber es erlaubt, jede Weltlinie, die zeitartig relativ zur absoluten Zeit orientiert werden kann, als kausal anzusehen. Die Leibniz-Hintergrundgeometrie ist ein natürlicher Hintergrund für das sehr intuitive, sogenannte „Flussmodell", in dem die Gravitation als die Wirkung des Ätherflusses interpretiert wird ([8-17, 8-28]; es ist einfach zu sehen, dass HAMILTON & LISLE als Hintergrundgeometrie keine Galilei- sondern eine Leibniz-Geometrie benötigen). Nicht zuletzt und Dank der absoluten Zeit in der Leibniz-Geometrie wird es möglich, das berühmt-berüchtigte Zeitproblem der Quantengravitation (s. z. B. [8-31]) zu vermeiden.

Literatur

[8-1] Arzelies H,, Relativistic Kinematics, Pergamon Press, Oxford 1966.

[8-2] Baierlein, R., Two myths about special relativity, Amer. J. Phys. 74, 193 (2006).

[8-3] Bell J.S., How to teach Special relativity, Progress in Scientific Culture 1, No 2 (1976); repr. in: Bell J.S., Speakable and Unspeakable in Quantum Mechanics, Cambridge Univ. Press, Cambridge 1987.

[8-4] Böhm D. & Hiley B.J., Nonlocality and the Einstein-Podolsky-Rosen experiment understood through quantum-potential approach, in: Selleri F. (ed.), Quantum Mechanics Versus Local Realism, Plenum Press, New York 1988.

[8-5] Bondi H., The space travelter's youth, Discovery 18, 505 (1957).

[8-6] Borzeszkowski, H.-H. von & Wahsner, R., Messung als Begründung oder Vermittlung? Ein Briefwechsel mit Paul Lorenzen über Protophysik und ein paar andere Dinge, Academia, Sankt Augustin 1995, p. 7.

[8-7] Brandes J., Die relativistischen Paradoxien und Thesen zu Raum und Zeit 2 Aufl., VRI, Karlsbad 1995.

[8-8] Bridgman P.W., A Sophisticate's Primer of Relativity, Routledge & Kegan Paul, London 1962 (Seiten 26-27).

[8-9] Builder G., The resolution of the clock paradox, Austr. J. Phys. 10, 246 (1957).

[8-10] Builder G., Ether and relativity, Austr. J. Phys. 11, 279 (1958).

[8-11] Craig W.L., The elimination of Newton's absolute time by relativity theory, in: Physical Interpretations of Relativity Theory II, London 1990.

[8-12] Czerniawski J., Dwie interpretacje teorii względności (Zwei Interpretationen der Relativitätstheorie), Zagadnienia Naukoznawstwa 26, 315 (1990), in Polnisch.

[8-13] Czerniawski J., Physical content of kinematic transformations, in: Physical Interpretations of Relativity Theory III, London 1992.

[8-14] Czerniawski J., Zrozumieć teorię względności (Die Relativitätstheorie verstehen), Tasso, Kraków 1993, in Polnisch.

[8-15] Czerniawski J., What is and what is not essential in Lorentz's relativity, in: Barone M. & Selleri F. (eds), Frontiers of Fundamental Physics, Plenum Press, New York 1994.
[8-16] Czerniawski J., Visual appearances and reality of the length contraction, in: Physical Interpretations of Relativity Theory IV, London 1994.
[8-17] Czerniawski, J., What is wrong with Schwarzschild's coordinates?, Concepts of Physics 3, 307 (2006).
[8-18] Czerniawski J., Ruch, przestrzeń, czas: Protofizyczne i metafizyczne aspekty podstaw fizyki relatywistycznej (Bewegung, Raum, Zeit: Die protophysikalischen und metaphysischen Aspekte der Grundlagen der relativistischen Physik), Jagiellonian Univ. Press, Kraków 2009, in Polnisch.
[8-19] Dieks D., The 'reality' of the Lorentz contraction, Zschr. für Allg. Wissenschaftstheorie 15/2, 330 (1984).
[8-20] Dingler, H., Die Grundlagen der Physik: Synthetische Prinzipien der mathematischen Naturphilosophie, 2nd ed., Gruyter, Berlin 1923.
[8-21] Earman, J., World Enough and Space-Time, MIT Press, Cambridge (Massachusetts) 1989.
[8-22] Ehlers, J., The nature and structure of spacetime, in: Mehra, J. (ed.), The Physicist's Conception of Nature, D. Reidel, Dordrecht 1973.
[8-23] Einstein A., Zur Elektrodynamik Bewegter Körper, Ann. d. Phys. 17, 891 (1905).
[8-24] Gödel K" A remark about the relationship between relativity theory and idealistic philosophy, in: Schilpp A. (ed.), Albert Einstein: Philosopher-Scientist, Open Court, La Satte (Illinois) 1949.
[8-25] Grabińska T., Analiza operacjonistycznych zalozen kinematyki H.E. Ivesa i kinematyki relatywistycznej (The analysis of operationistic foundations of the H.E. Ives' kinematics and relativistic kinematics), in: Z Zagadnien Filozofii Przyrodoznawstwa i Filozofii Przyrody 8, 7 (1986), in Polnisch.
Grabińska T., Relativity and space-time measurements, Astrophys. and Space Sci. 191, 23 (1992)
[8-26] Hafele J. C.& Keating R. E., Around-the-world atomic clocks, Science 177, 166 (1972).
[8-27] Hartmann E., Raum und Zeit im Lichte der neuesten physikalischen Theorien, Philosoph. Jb. der Görres-Gesellschaft 30, 1 (1917).
[8-28] Hamilton, A.J.S. & Lisle, J.P., The river model of black holes, Am. J. Phys. 76, 519 (2008).
[8-29] Ives H.E., Derivations of the Lorentz transformations, Philosoph. Magazine 36, 392 (1945).
[8-30] Ives H.E. & Stilwell G.R., An experimental study of the rate of a moving atomic dock, J. Opt. Soc. Amer. 28, 215 (1938).
[8-31] Isham, C.J., Canonical quantum gravity and the problem of time, in: Integrable Systems, Quantum Groups, and Quantum Field Theories, Ibot, L.A. & Rodriguez, M.A. (eds.), Kluwer, Boston 1992.
[8-32] Janich, P., Die Protophysik der Zeit, Suhrkamp, Frankfurt/M 1980; Englisch Version: Protophysics of Time, D. Reidel, Dordrecht 1985.
[8-33] Janossy L., Theory of Relativity Based on Physical Reality, Akad. Kiado, Budapest 1971.

[8-34] Kajfosz J., On the Problem of Inertial Motion, Inst, of Nucl. Phys., Kraków 1982.
[8-35] Kopczyński, W. & Trautman, A., Czasoprzestrzeń i grawitacja (Raumzeit und Gravitation), PWN, Warszawa 1981, in Polnisch; Englisch Version: Spacetime and Gravitation, Wiley & Sons, Chichester 1992.
[8-36] Kroes P., The dock paradox, or how to get rid of absolute time, Phil. Sei. 50, 159 (1983).
[8-37] Malament, D., Causal theories of time and the conventionality of simultaneity, Noûs 11, 293 (1977).
[8-38] Landau L.D. & Lifschitz E.M., Lehrbuch der theoretischen Physik Bd. II, Klassische Feldtheorie, Akademie-Verlag, Berlin 1967.
[8-39] Lenard P., Über Relativitätsprinzip, Äther, Gravitation, S. Hirzel, Leipzig 1921.
[8-40] Lorentz H.A., Die Relativitätstheorie für gleichförmige Translationen, Akad. Verlag, Leipig 1929; English Version: The principle of relativity for uniform translations, in: Lorentz H.A., Lectures on Theoretical Physics, vol. 3, MacMillan, London 1931.
[8-41] Lodge 0., Beyond Physics, G. Allen & Unwin, London 1930.
[8-42] Lorenzen, P., Eine Revision der Einsteinschen Revision, Philosophia Naturalis 16, 383 (1977).
Lorenzen, P., Relativistische Mechanik mit klassischer Geometrie und Kinematik, Mathematische Zeitschrift 155, 1 (1977).
[8-43] Malament, D., Causal theories of time and the conventionality of simultaneity, Noûs 11, 293 (1977).
[8-44] Mansouri R. & Sexl R.U., A test theory of special relativity: I. Simultaneity and dock synchronization, Gen. Rel. Gravit. 8, 497 (1977).
[8-45] Maxwell N., Are probabilism and special relativity incompatible?, Phil. Sci. 52, 23 (1985).
[8-46] Minkowski H., Raum und Zeit, Phys. Z. 10, 104 (1909).
[8-47] Mittelstaedt P., Der Zeitbegriff in der Physik, Wissenschaftsverlag, Mannheim 1989.
[8-48] Okun L.B., The coneept of mass, Physics Today 42 No 6, 31 (1989).
[8-49] Pars LA, The Lorentz transformation, Phil. Mag. 42, 249 (1921).
[8-50] Pitts, J.B. & Schieve, W.C., Null cones and Einstein's equations in Minkowski spacetime, Found. Phys. 34, 211 (2004).
[8-51] Poincare H., La mesure dutemps, Rev. Mét. Mor. 6, 371 (1898); repr. in: Poincare H., La Valeur de la Science, Flammarion, Paris 1905.
[8-52] Post E.J., Sagnac effect, Rev. Mod. Phys. 39, 475 (1967).
[8-53] Prokhovnik S., Light in Einstein's Universe, D. Reidel, Dordrecht 1985.
[8-54] Putnam H., Time and physical geometry, J. Phil. 64, 240 (1967).
[8-55] Reichenbach H., Philosophie der Raum-Zeit-Lehre, W. de Gruyter & Co., Berlin 1928; English transl.: The Philosophy of Space and Time, Dover Publ. New York 1958.
[8-56] Schaffner, K.F., Einstein versus Lorentz: research programmes and the logic of comparative theory evaluation, Brit. J. Phil. Sci. 25, 45 (1974).
[8-57] Selleri F., Noninvariant one-way velocity of time, Found. Phys. 26, 641 (1996).

[8-58] Sjödin T., Synchronization in special relativity and related theories, Nuovo Cim. 51B, 229 (1979).
[8-59] Tangherlini F.R., An introduction to the general theory of relativity, Nuovo Cim. Suppl. 20, 351 (1961).
[8-60] Terrell J., Invisibility of the Lorentz contraction, Phys. Rev. 116, 1041 (1959)
[8-61] Weinberg S., Gravitation and Cosmology, J. Wiley, New York 1972.
[8-62] Wiechert E., Relativitätsprinzip und Äther, Phys. Z. 12, 689 (1911).

Kommentar (jb): Das sehr schöne, in der Abb. 8.5 veranschaulichte Ergebnis zu einem ausgezeichneten Inertialsystem verdient es, noch einmal überdacht zu werden. Man nehme den Zeitpunkt, während Sie diesen Text lesen, ein weit entfernter Stern kann gerade explodieren und zu einer Supernova werden, es kann noch der Vorgängerstern existieren oder bereits der nachfolgende Neutronenstern, aber *Wirklichkeit* kann stets nur einer dieser drei Zustände sein, nicht alle drei zusammen. Was Wirklichkeit ist, ändert sich nicht durch den Wechsel des Beobachters in ein anderes Bezugsystem. Dasselbe gilt modifiziert für alle Ereignisse an jedem beliebigen Ort im Universum. Die Gesamtheit dieser *wirklichen* Ereignisse ist der Ausgangspunkt für ein ausgezeichnetes Bezugssystem; was noch hinzukommt: s. Abb. 8.5. Es entspricht physikalisch in etwa folgendem Argument: Da ‚wirklich bewegte' Uhren wegen der Zeitdilation ‚wirklich langsamer' laufen als ‚wirklich ruhende', weiß man, dass das ‚wirklich ruhende' Bezugssystem existiert, ohne deshalb nachweisbar zu sein.

Nun liegt es nahe zu fordern: Ein Bezugssystem, das zu allen Zeitpunkten $t = t_0$ überall Ereignisse beschreibt, *die Wirklichkeit und damit Gegenwart sind*, s. Kap. 3.1, ist auch ein Bezugsystem, das die Anforderungen der relativen Gleichzeitigkeit eines Inertialsystems der Speziellen Relativitätstheorie erfüllt. Das bedeutet, ein Bezugsystem mit philosophischer (oder absoluter) Gleichzeitigkeit ist ohne Zutun ein besonderes, ein ausgezeichnetes Inertialsystem und deshalb gilt: Da es Wirklichkeit gibt, gibt es ein ausgezeichnetes Inertialsystem, relativ zum ausgezeichneten Inertialsystem gemessene Eigenschaften sind unmittelbar eine Aussage über wirkliche Eigenschaften, die relativistischen Formeln ändern sich nicht.

CZERNIAWSKI hat diesen Sachverhalt klar erkannt und erstmals 1990 veröffentlicht [8-12], angeregt wurde er dazu von KOPCZYŃSKI und TRAUTMAN [8-35], und CZERNIAWSKI ergänzt: "The idea (..) in the present form, i.e. getting the geometrical ether through the relation of orthogonality, appeared in two conference papers in Polish in years 2008-2009." Ausführlicher wird sie in [8-18] ausgeführt.

Für den Autor (jb) war es stets klar, dass ein ausgezeichnetes Inertialsystem philosophische und nicht nur relative Gleichzeitigkeit besitzt, s. Kap. 11.6.2, er verdankt CZERNIAWSKI die Erkenntnis, dass *allein* philosophische Gleichzeitigkeit bereits ein ausgezeichnetes Bezugssystem definiert.

9. Die Begriffe Länge und Abstand in der Speziellen Relativitätstheorie

9.1 Längen und Abstände relativistisch interpretiert

Wie sich zeigen wird, ist an der Einstein-Interpretation unbefriedigend, was sich auf die Fragen: Was ist an der Längenkontraktion real? Gibt es Länge an sich? bezieht. Zunächst sind das philosophische Fragen, wenn man sich vor Augen hält, dass für alle Arten von Längen*messungen* Übereinstimmung zwischen Theorie und Experiment besteht, sobald aber absolute Effekte ähnlich zum newtonschen Eimerexperiment entstehen, ändert sich die Situation. Dann zeigt sich die Unvollständigkeit der EI. Sie findet immer ein Inertialsystem, relativ zu dem der Effekt erklärbar ist, aber es gibt andere, relativ zu denen es nicht funktioniert. Die Vorhersagen der LI sind für alle Inertialsysteme dieselben.

EINSTEIN hat sich zu der Frage: Sind Lorentz-Kontraktionen real? in einer Veröffentlichung [92] geäußert: Er wendet sich dort gegen die Interpretation der Lorentz-Kontraktion als nur scheinbar. Diese Ansicht liegt zunächst einmal nahe. Die Lorentz-Kontraktion wird festgestellt, indem Anfangs- und Endpunkt eines bewegten Stabes zu einem bestimmten Zeitpunkt mit einem ruhenden Maßstab verglichen werden. Auf Grund der Relativität der Gleichzeitigkeit ist das im Ruhesystem des Stabes nicht gleichzeitig. Im Ruhesystem hat der Stab eine unveränderliche Länge zu beliebigen Zeiten. In Wirklichkeit, real, ist der Stab also nicht kürzer geworden.

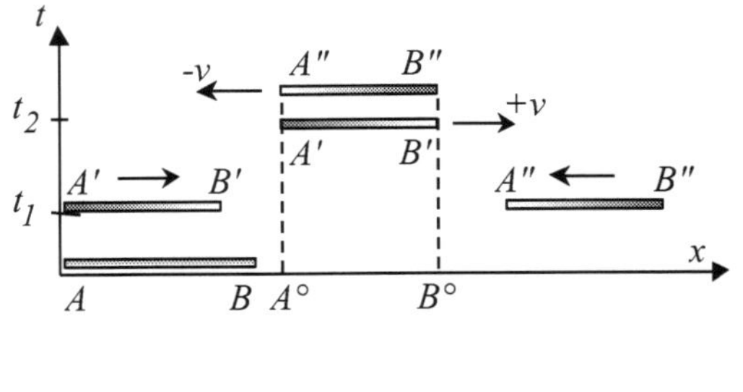

Abb. 9.1 EINSTEINS Gedankenexperiment zur Lorentz-Kontraktion

Gleichlange Stäbe nähern sich mit gleicher Geschwindigkeit v aus entgegengesetzten Richtungen. Die Lorentzkontraktion ist "keine subjektive Erscheinung" sondern real, weil $A°B°$ gemessen, wenn sich $A'A''$ und $B'B''$ decken, kleiner ist als AB, die Ruhlänge der Stäbe.

Dagegen wendet EINSTEIN ein (s. Abb. 9.1):" ... das würde Herr ... vielleicht zugeben, also in gewissem Sinne seine Aussage zurücknehmen, dass die Lorentz-Kontraktion eine subjektive Erscheinung sei... Es seien zwei (ruhend verglichen) gleich lange Stäbe $A'B'$ und $A''B''$, welche längs der x-Achse eines beschleunigungsfreien Koordinatensystems ... gleiten können. $A'B'$ und $A''B''$ sollen aneinander vorbeigleiten, wobei $A'B'$ im Sinne der positiven, $A''B''$ im Sinne der negativen x-Achse mit beliebig großer konstanter Geschwindigkeit bewegt sei.

Dabei begegnen sich die Endpunkte A' und A'' in einem Punkt $A°$ die Endpunkte B' und B'' in einem Punkt $B°$. Die Entfernung $A°B°$ ist dann nach der Relativitätstheorie kleiner als die Länge eines jeden der Stäbe $A'B'$ und $A''B''$, was mit einem der Stäbe konstatiert werden kann, indem derselbe im Zustand der Ruhe an der Strecke $A°B°$ angelegt wird"

Real ist die Längenkontraktion, wie die elegante Argumentation EINSTEINs zeigt. Überzeugend ist, dass sie ohne Uhrensynchronisation nachweisbar ist. Aber andererseits gilt nun, ein Körper hat beliebig viele reale Längen, denn alle in den beliebig bewegten Inertialsystemen gemessenen Längen desselben Körpers sind in gleicher Weise real. Werden Inertialsysteme senkrecht zur Stablänge bewegt, bleibt die Länge wiederum unverändert.

So real alle diese Längenmessungen sind, kann man nicht eine von ihnen auszeichnen? Als erste Idee nimmt man dafür die Ruhlänge eines Stabes, bzw. Körpers. Die Ruhlänge zeichnet es aus, unabhängig von einer Zeitmessung zu sein. Sie wird mit ruhenden Maßstäben gemessen und gilt für alle Zeiten. Die sich gegeneinander bewegenden Stäbe im obigen Beispiel von EINSTEIN sind ja gar nicht gleich lang, ihre Endpunkte treffen sich gar nicht gleichzeitig – sie verhalten sich so nur in einem bestimmten Inertialsystem, in dazu bewegten haben sie unterschiedliche Längen und ihre Endpunkte treffen sich nacheinander. Für ruhende Längen gilt das nicht, sie sind ausgezeichnet gegenüber anderen realen Längen.

Es gibt aber eine weitere Länge, die ähnlich zeitunabhängig ist wie die Ruhlänge – kreisförmig bewegte Ringe im Gedankenexperiment Kap. 9.4. Man kann jeden ruhenden Stab in Gedanken zu einem Ring gleicher Ruhlänge verformen und dann in Drehung versetzen. Seine aktuelle Rotationslänge ist mit ruhenden Maßstäben zu beliebigen Zeiten messbar und ändert sich nicht in beliebig langer Zeit. Man befestige einen Bleistift an der Peripherie des Ringes. Dann zeichnet der rotierende Ring auf eine geeignete Unterlage einen Kreis, dessen Umfang und Radius im Ruhesystem gemessen werden kann. Die Rotationslänge ist relativ zu allen Inertialsystemen kleiner als die Länge des nicht rotierenden Ringes. Das gilt unabhängig von der Relativität der Gleichzeitigkeit.

Trotzdem gibt es in der Einstein-Interpretation keine Möglichkeit irgendeine der gemessenen Längen als irgendwie "realer" vor den anderen auszuzeichnen. Betrachten wir den rotierenden Ring, er ist kürzer geworden, also müsste wenigstens eines seiner Stücke l_n (s. Abb. 9.3) kürzer als vorher geworden sein, aus Symmetriegründen eigentlich alle l_n. Aber betrachten wir die l_n aus dem entsprechenden S'_n, so hat jedes l_n, seine Ruhlänge l'_n, alle übrigen l_n haben sich verkürzt, das dem ruhenden l'_n gegenüberliegende l_n am stärksten von allen. Obwohl sich der Ring verkürzt hat, hat sich keines seiner Teile verkürzt oder jedes stärker als erforderlich, je nach Bezugsystem. Die Berechnung der Gesamtlänge ergibt aber stets das richtige, experimentell überprüfbare Ergebnis.

(Nicht alle Vertreter der EI werden zustimmen, dass sich der rotierende Ring verkürzt, in diesem Fall gibt es eine experimentelle Möglichkeit zwischen EI und LI zu unterscheiden, s. Kap. 24.1.)

Diese Art der Diskussion soll zeigen: Ein Teil der stets realen Längen spricht für wirkliche, den Körpern zuzusprechende Größen, ein anderer Teil für scheinbare, reine Messgrößen. Die Einstein-Interpretation besitzt kein Konzept zwischen ihnen zu unterscheiden, alle Messergebnisse sind in der gleichen Weise real. Man muss fragen: Beschreibt die Einstein-Interpretation die Wirklichkeit wie sie ist oder erklärt sie unzulässig als gleich, was lediglich als gleich gemessen wird, hat ein Körper Länge an sich oder ist er real nur relativ zu einem Inertialsystem?

Zu diesen Fragen lässt sich einwenden: Für die Einstein-Interpretation gibt es ein vierdimensionales Raum-Zeit-Kontinuum, es gibt nicht den Raum an sich und die Zeit an sich. Deshalb gibt es für Körper auch keine Länge an sich; was es für alle Körper gibt, ist ihr vierdimensionaler Abstand Δs, (s. Kap. 11.3):

(9.1) $$\Delta s = \sqrt{\Delta x^2 + \Delta y^2 + \Delta z^2 - c^2 \Delta t^2}$$

So gilt für eine bewegte Länge, die im System S' ruht.

(9.2) $$\begin{aligned}\Delta s &= \sqrt{\Delta x'^2 + \Delta y'^2 + \Delta z'^2} \\ &= \sqrt{\Delta x^2 + \Delta y^2 + \Delta z^2 - c^2 \Delta t^2}\end{aligned}$$

wobei Δx, Δy, Δz die $\Delta x'$, $\Delta y'$, $\Delta z'$ entsprechenden Längen im System S sind und Δt die Zeitdifferenz, die die Uhren in S anzeigen, wenn in S' gleichzeitig gemessen wird und dieses Δs hat für alle Inertialsysteme denselben Wert.

Das ist aber nichts für Längen eines Körpers Charakteristisches, denn jeder beliebige Abstand von zwei Punkten hat von jedem Inertialsystem aus betrachtet denselben Wert, vorausgesetzt, man misst die Abstände zu den der Lorentztransformation entsprechenden Zeiten. Invariant sind auch nicht die Ergebnisse der Längenmessungen, die innerhalb der verschiedenen Systeme gleichzeitig durchgeführt werden, sondern die Ergebnisse der Messungen gleichzeitig in vielleicht einem System, in den übrigen dann aber zu den entsprechend transformierten Zeitpunkten, also nicht mehr gleichzeitig. So hat beispielsweise eine in S ruhende Länge Δl gleichzeitig in S' gemessen, in S' den Abstand

$$\Delta l' = \Delta l \sqrt{1 - v^2 / c^2}$$

Während sich
$$\Delta l' = \frac{\Delta l}{\sqrt{1 - v^2 / c^2}}$$

ergibt, wenn ich in S' Anfangs- und Endpunkt so messe, dass in S Gleichzeitigkeit besteht. Mit anderen Worten, die Invarianz des vierdimensionalen Raum-Zeit-Abstandes ermöglicht auch keine Definition einer vom Inertialsystem unabhängigen räumlichen, evtl. vierdimensional gemessenen Länge, man bleibt abhängig von der Gleichzeitigkeit des jeweils gewählten Inertialsystems.

Deshalb ist es konsequent zu sagen: Für die Einstein-Interpretation der Relativitätstheorie gibt es keine Länge eines Körpers an sich. Alle gemessenen unterschiedlichen Längen sind in derselben Weise real.

9.2 Längenmessungen in der LI

Für die Lorentz-Interpretation ist ein ausgezeichnetes Inertialsystem verfügbar. Alle Messergebnisse werden zwar in der gleichen Weise wie für die Einstein-Interpretation vorhergesagt, aber mit dem Unterschied, relativ zum ausgezeichneten Inertialsystem stellen die Messergebnisse reale physikalische Größen dar, relativ zu anderen Inertialsystemen enthalten die Messergebnisse Synchronisationsanteile, sind also (teilweise) scheinbar. Auf Grund des Relativitätsprinzips kann man durch Messungen nicht entscheiden, welches Inertialsystem das ausgezeichnete ist, es ist aber in einer Diskussion "didaktisch" zulässig, ein beliebiges, besonders geeignetes als das ausgezeichnete Inertialsystem anzusehen und "in Gedanken" reale Effekte einzuführen.

Ruht ein Körper bzw. ein Maßstab im ausgezeichneten System, so ist seine dort gemessene Länge gleich der Ruhlänge und das ist seine reale Länge, bewegt sich ein Körper mit der Geschwindigkeit v relativ zum ausgezeichneten System, so ist er lorentzkontrahiert, seine reale Länge ist jetzt um den Faktor $1/\gamma$ kürzer. In einem beliebigen Inertialsystem wird auf Grund des Relativitätsprinzips für den ruhenden Maßstab derselbe Zahlenwert wie im ausgezeichneten System gemessen und für den mit v bewegten derselbe um den Faktor $1/\gamma$ verkürzte. In diesen Fällen enthält der Messwert einen scheinbaren Anteil, der aus der willkürlichen Synchronisationsvorschrift der Uhren folgt. Der Messwert gibt nicht mehr die reale (= wirkliche) Länge des Maßstabes wieder.

Da man – ebenfalls wegen des Relativitätsprinzips – das ausgezeichnete System nicht durch Messungen ermitteln kann, kennt man die wirkliche aktuelle Länge eines Stabes nicht. Man weiß nur, es gibt sie und wenn v relativ zum ausgezeichneten System bekannt ist, berechnet sie sich aus der gemessenen Ruhlänge dividiert durch Lorentzfaktor.

Auch die Besonderheiten der Rotation lassen sich zwanglos deuten. Bei einer Kreisbewegung eines Ringes relativ zum ausgezeichneten System sind alle Ringelemente l_n lorentzkontrahiert, relativ zu einem beliebigen Inertialsystem erscheinen sie es, die Messwerte sind dieselben, der in ihnen enthaltene reale Anteil ist unterschiedlich und nicht bekannt. Betrachtet man ein Ringelement l_n des Umfangs für sich, so kann es gerade das sein, das relativ zum ausgezeichneten System ruht, die anderen haben eine entsprechend höhere Geschwindigkeit relativ zum ausgezeichneten System oder der Mittelpunkt ruht und keines der Stücke l_n – aber in jedem Falle ist der Mittelwert der Geschwindigkeiten größer als die des Mittelpunktes und insgesamt ergibt sich stets ein geringerer Umfang für den rotierenden als für den nicht rotierenden Ring. Der rotierende Ring hat und behält eine kontrahierte Länge für beliebig lange Zeit. Der relativ zu einem S gemessene Betrag ist genau der Betrag, den der Ring real hätte, wenn S das ausgezeichnete Inertialsystem wäre.

Genau so wie es die Erfahrung zeigt, gibt der rotierende Ring eine reale Länge wieder, seine Teile l_n haben einen sich ständig ändernden scheinbaren Anteil. Ein einzelnes Teil l_n für sich betrachtet kann jede beliebige kontrahierte Länge haben, sie ist als scheinbar relativ zu einem Ruhesystem geschrumpft interpretierbar, nicht aber alle Teile l_n zusammen – alle Teile zusammen haben etwas Reales, wie die Ruhlänge selbst.

Die Deutung gemessener Längen als reale und scheinbare Größen ist in der Lorentz-Interpretation in Einklang mit der Erfahrung durchführbar. Das vierdimensionale Raum-Zeit-Kontinuum bedeutet in dieser Interpretation die Gesamtheit der gemessenen Längen und Zeiten, es ist nicht die Wirklichkeit selbst. Der reale Raum und die reale Zeit sind, da das ausgezeichnete Inertialsystem nicht durch Messungen ermittelt werden kann, nicht quantitativ bestimmbar, aber die Gestalt der Naturgesetze ist erkennbar. Wegen des Relativitätsprinzips unterscheiden sie sich nicht von den Formeln, die innerhalb beliebiger Inertialsysteme nur die Messergebnisse beschreiben.

9.3 Linear beschleunigte Körper

Zur weiteren Klärung der Frage, ob Längenkontraktionen reale Längenänderungen bewirken, oder ob es nur messbare Effekte sind, die ihre Ursache in der Relativbewegung von Inertialsystemen haben, sollen einige Gedankenexperimente durchgeführt werden.

Es soll zunächst gezeigt werden, dass durch die relativistische Längenkontraktion Spannungskräfte auftreten können, DEWAN et al. [69], [106]. Ebenso J. *S.* BELL [18], der anschaulich schildert, welche großen Probleme theoretische Physiker damit haben können.

Betrachten wir eine Rakete R_1, die in einem Inertialsystem *S* konstant mit dem Betrag *b* beschleunigt wird, s. Abb. 9.2. Dann gilt

(9.10) $$x_{R1} = 1/2\, bt^2$$

Die Länge *l* der Rakete erfährt dabei eine Lorentz-Kontraktion, für welche gilt:

(9.11) $$l = l'/\gamma$$

Die Ruhlänge ist l', da wir das augenblicklich relativ zu R_1 ruhende Inertialsystem mit *S'* bezeichnen wollen. Die Länge der Rakete erscheint vom System *S* aus betrachtet mit wachsender Zeit immer kürzer, während die Ruhlänge l' in *S'* konstant bleibt.

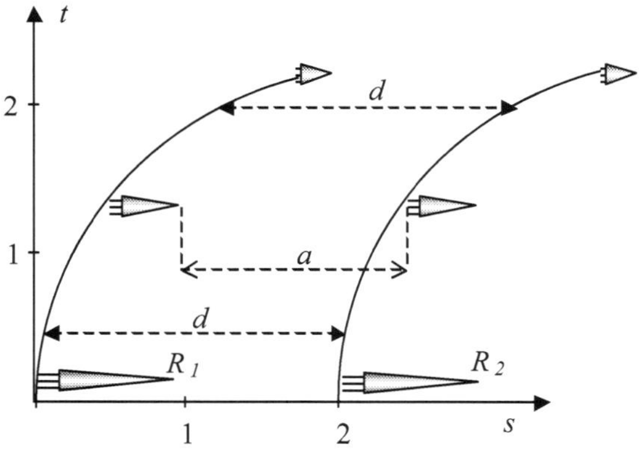

Abb. 9.2 Unterschiedliche Lorentz-Kontraktion von Längen und Abständen.

Zwei Raketen R_1 und R_2 werden in *S* konstant mit *b* beschleunigt. Der Abstand *d* der Raketenschwerpunkte bleibt unverändert, der Abstand *a* zwischen der Spitze von R_1 und dem Ende von R_2 nimmt zu, da die Raketen selbst kontrahieren.

Analog gilt für eine Rakete R_2, die im Abstand *d* von R_1 in *S* startet:

(9.12) $$x_{R1} = 1/2\, bt^2 + d$$

und natürlich hat die Länge dieser Rakete die gleiche Zeitabhängigkeit wie die der Rakete R_1.

Die augenblickliche Geschwindigkeit lautet $v = bt$. Hierbei wurden die bekannten Formeln für den freien Fall bzw. die konstante Beschleunigung verwendet [13].

In *S* beträgt die Differenz von x_{R2} und x_{R1} stets *d*, d. h. der Abstand der Raketen R_1 und R_2 ist stets derselbe, wie man erwartet, da beide Raketen sich in derselben Weise bewegen und beschleunigen. (Unter Abstand wird hier immer der Abstand der Raketenschwerpunkte verstanden, nicht die Entfernung zwischen Heck und Raketenspitze. Noch genauer: der Abstand der Triebwerke.)

Wie sieht dieser Vorgang relativ zu *S'* aus? In *S'* ruhen die Raketen zur Zeit *t* und die Länge beider Raketen ist hier gleich ihrer Ruhlänge l'. Aber der Abstand d' der Raketen voneinander ist nicht mehr der ursprüngliche Abstand *d* sondern größer:

(9.14) $$d' = \gamma d$$

Dies ist aus früheren Überlegungen klar: Alle Abstände in *S* erscheinen von *S'* aus kontrahiert und umgekehrt. Da die Raketen in *S'* zur Zeit *t* ruhen, von *S* aus gesehen aber den festen Abstand *d* haben, muss dieser Abstand in *S'* gemessen größer sein, denn er erscheint in *S* kontrahiert. In Formeln ist das völlig unproblematisch:

$$x'_{R2} = \gamma(x_{R2} - vt)$$
$$x'_{R1} = \gamma(x_{R1} - vt)$$
$$x'_{R2} - x'_{R1} = \gamma(x_{R2} - x_{R1})$$

und daraus folgt:
$$d' = \gamma d$$
$$d' > d$$

Wir erweitern nun unser Gedankenexperiment und verbinden die Schwerpunkte der beiden Raketen durch ein elastisches Band und wiederholen die Beschleunigung. Jetzt bestehen zwei Möglichkeiten:

a.) Das Band verhält sich wie ein starrer Stab, es kontrahiert und zieht die beiden Raketen soweit zusammen, dass die Ruhlänge des Bandes gleich bleibt, so wie Ruhlänge der Raketen auch oder

b.) die Raketen behalten ihren Abstand *d*. Sobald die Beschleunigung der Raketen beendet ist, ändert auch *S'* seine Geschwindigkeit relativ zu *S* nicht mehr, aber das elastische Band ist gespannt, denn in *S'* hat es jetzt die Länge γd. Sind die Raketen in *S'* reibungsfrei gelagert, werden sie langsam aufeinander zu bewegt, bis die Spannung des Bandes verschwunden ist. (Die gleichen Formeln (9.11) und (9.14) unterscheiden sich, in (9.11) ist l' konstant, in (9.14) aber d.) Eine ähnliche Überlegung ist in Abb. 9.2 zu sehen, hier werden Anfangs- und Endpunkt der Raketen durch ein elastisches Band a verbunden. Die Spannung entsteht zusätzlich durch die Lorentzkontraktion der Raketen relativ zu S.

Bevor über die Ursachen des unterschiedlichen Verhaltens von Abständen und Längen diskutiert werden kann, einige Argumente zur Richtigkeit der obigen Ergebnisse.

Hier werden beschleunigte Bewegungen untersucht, man könnte das innerhalb der Speziellen Relativitätstheorie für unzulässig halten. Das stimmt nicht, da die Überlegungen relativ zu Inertialsystemen durchgeführt werden. Bestünde der Einwand zu Recht, dürfte man in der Speziellen Relativitätstheorie keine Kreisbewegungen untersuchen. (FRENCH [115], Kap. 5.10). Nicht erlaubt ist es natürlich, beschleunigte Bezugsysteme einzuführen und für sie die Lorentz-Transformationen anzuwenden.

Ein weiterer Einwand könnte die Annahme einer konstanten Beschleunigung b betreffen. Selbstverständlich ist b nicht beliebig lange konstant zu halten, das führt wegen $v = bt$ zu einer unendlich hohen Geschwindigkeit, aber es ist für eine endliche Zeit immer erreichbar.

Um an die Beschränkung einer endlichen, kleinen Zeit nicht gebunden zu sein, kann man diese Überlegungen für sogenannte hyperbolische Bewegungen durchführen. Bei einer solchen Bewegung ist b nicht in S konstant sondern im jeweiligen Ruhesystem S' der Raketen. Zur Zeit $t = 0$ ist die Beschleunigung in S gleich b, zur Zeit $t = t_2$ in dem Inertialsystem S', das sich zu dieser Zeit mit der Geschwindigkeit der Raketen bewegt. In S ist die Beschleunigung dann von b verschieden und nun lautet die Formel für x_{R1} [190]:

$$x_{R1} = \frac{c^2}{b}\left(\sqrt{1 + b^2 t^2 / c^2} - 1\right)$$

Bei der Differenzbildung mit der entsprechenden Formel für x_{R2} hebt sich der von t abhängige Teil heraus und wieder bleibt nur der Abstand d übrig.

Es sei darauf hingewiesen, dass die Raketenbewegungen von einem anderen Inertialsystem S'' aus betrachtet zu denselben Ergebnissen führen, da der Raketenstart in S für das System S'' nicht gleichzeitig erfolgt. Bewegt sich S'' in positive x-Richtung, so startet R_2 von S'' aus betrachtet früher als R_1, außerdem ändert sich b zeitlich, so dass auch hier der Abstand zwischen R_1 und R_2 ständig wächst.

So wie das elastische Band mit zunehmender Geschwindigkeit Spannungskräften unterworfen ist, gilt das auch für die Rakete selber. Man darf somit die Längenkontraktionen von Körpern bei Beschleunigungen nicht nur als kräftefreie Bewegung im vierdimensionalen Raum der Speziellen Relativitätstheorie ansehen – unabhängig davon, dass durch die Beschleunigung selbst Kräfte auftreten.

Es bleibt zwar bei der Vorstellung, dass sich Längen und Abstände ändern, wenn ein Beobachter das Inertialsystem wechselt, aber werden Körper in einem Inertialsystem beschleunigt und ruht der Beobachter, verkürzen sich die Längen der Körper, aber nicht deren Abstände. Körper sind dabei irgendwelche kompakte Systeme, beispielsweise eine aus vielen Komponenten aufgebaute Messapparatur in einem Raumschiff. Noch komplizierter werden die Verhältnisse, wenn Körper in Rotation versetzt werden.

Worin liegt nun die Ursache für das Reißen des Fadens? Relativ zum Ausgangssystem *S* ist es die Lorentz-Kontraktion. Das passt schlecht zur Einstein-Interpretation, da sie nicht erklären kann, warum die Lorentz-Kontraktion zu Kräften führen soll, denn sie ist für die EI ein kinematischer Effekt. "Die Kontraktion ist also nur eine Folge der Betrachtungsweise, keine Veränderung einer physikalischen Realität. Also fällt sie nicht unter die Begriffe von Ursache und Wirkung." M. BORN [28]. Akzeptabel für die Einstein-Interpretation ist die Erklärung mit Hilfe der mitbewegten Inertialsysteme – Ursache der Kräfte ist hier die Relativität der Gleichzeitigkeit für Beginn und Ende der Beschleunigungen. In diesem Sinne wurde dem Autor in einer Diskussion vorgeworfen, die Argumentation relativ zu *S* sei falsch, nur die relativ zu *S'* sei akzeptabel. Die EI hat kein Recht, sich das passende Inertialsystem auszusuchen, alle sind gleichwertig. Die Annahme eines ausgezeichneten Inertialsystem ist "für den Theoretiker unerträglich" – EINSTEIN, Kap. 5 – daran ist die EI gebunden. Diese Überlegungen gelten sinngemäß für rotierende Körper (W. T. HERING, Kap. 24.2, [21]).

9.4 Kreisförmig beschleunigte Körper

In ähnlicher Form wie in dem vorigen Kapitel sollen einige Gedankenexperimente zu kreisförmig bewegten Körpern angestellt werden, um Anschauungsmaterial zu gewinnen für die Frage, inwieweit relativistische Längenkontraktionen real sind [187].

Um die schwierigere Diskussion über das Ehrenfest-Paradox, s. Kap. 7.5, zu vermeiden, sollen zwei Grenzfälle untersucht werden, s. Abb. 9.3 und 9.4:

a) Rotation eines Kreisringes

b) Rotation von Kreissegmenten, die über radiale Elemente (Speichen) mit dem Drehpunkt verbunden sind.

Für den Kreisring verkürzt sich wegen der Längenkontraktion der Umfang. Entsprechend verkürzen sich die Kreissegmente während die Speichen nur ihre Dicke nicht aber ihre Länge ändern.

Den während der Rotation auftretenden Lorentz-Kontraktionen wirkt die Zentrifugalkraft des Hohlzylinders entgegen. Für sie gilt:

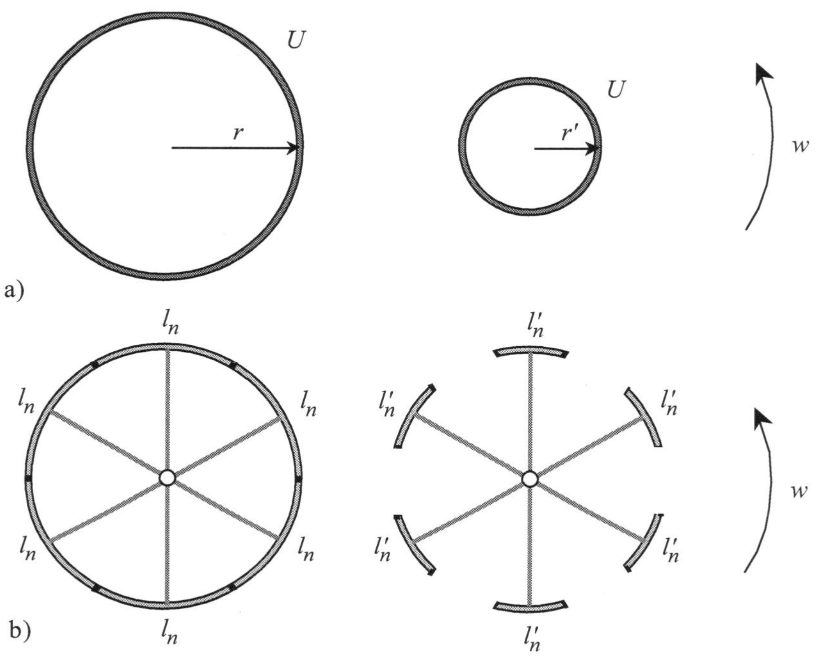

Abb. 9.3 Unterschiedliche Lorentzkontraktion eines geschlossenen und segmentierten Kreisringes

a) Ein dünner starrer Kreisring, in Rotation versetzt, verkürzt sich um den Faktor γ.
b) Ein in Segmente zerteilter Kreisring (Rad mit Speichen) in Rotation versetzt, ändert Radius und Umfang nicht, aber zwischen den Segmenten entstehen Lücken. (Drehgeschwindigkeit $w = 2\pi rf$ $f =$ Umdrehungen pro Sekunde, $\gamma = 2$, $w = v = 0.866c$)

(9.20)
$$\begin{aligned} Z &= mw^2 / r \\ &= \frac{m(0)}{\sqrt{1 - w^2 / c^2}} \frac{w^2}{r} \end{aligned}$$

$m(0) =$ Ruhmasse, $m =$ dynamische Masse des mit der Geschwindigkeit w bewegten Hohlzylinders vom Radius r.

Für ein konstantes, gegebenenfalls nahe an c liegendes w ist auch der Term

$$\frac{m(0)}{\sqrt{1-w^2/c^2}}$$

konstant. Für den Grenzwert r gegen unendlich ist die Zentrifugalkraft Z null, d. h. in der Praxis lässt sich durch geeignete Wahl eines genügend großen Radius die Zentrifugalkraft für jedes endlich große Teilstück vernachlässigbar klein halten und in den folgenden Betrachtungen kann ihr Einfluss unberücksichtigt bleiben. (Die Kräfte sind kompensierbar, in dem man die Teilstücke auflädt und die Rotation in einem schwachen Magnetfeld durchführt.)

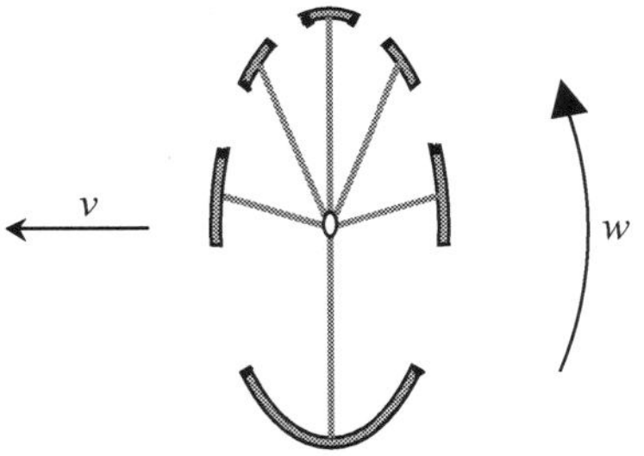

Abb. 9.4 Rollendes Rad

Rollt der segmentierte Ring als Rad in negative x-Richtung, so sind die Segmente unterschiedlich kontrahiert und die Segmentzwischenräume unterschiedlich vergrößert.($\gamma = 2$, $w = v = 0.866c$)

Man nehme weiterhin an, dass die Höhe des Hohlzylinders in seinen Abmessungen klein ist und so näherungsweise ein eindimensionaler Kreis entsteht. Dann hat der rotierende Kreisring, dessen Mittelpunkt in dem Inertialsystem S ruht, den Umfang

$$\begin{aligned} U' &= 2\pi r' \\ &= 2\pi r(1-w^2/c^2)^{1/2} \end{aligned} \tag{9.21}$$

Sowohl Umfang als auch Radius sind um den gleichen Faktor verkürzt.

Man denke sich zur Begründung den ruhenden Kreis in n gleiche Teile der Länge l_n zerlegt, Abb. 9.3 a. Jedes Stück l_n hat mit Ende der Beschleunigung die Geschwindigkeit w und daher von S aus betrachtet eine andere Länge l'_n. Wie groß wird l'_n? Die Geschwindigkeit von l_n verläuft tangential zum Kreisumfang, senkrecht zum jeweiligen Radius. Die Richtung der Geschwindigkeit ändert sich fortlaufend. Zu jedem beliebigen Zeitpunkt t hat jedes l_n die Geschwindigkeit w in eine bestimmte Richtung. Zu jedem Zeitpunkt t ruht l_n aber auch in einem Inertialsystem S'_n, das sich mit der Geschwindigkeit w in dieselbe Richtung bewegt wie l_n.

Das gilt für alle n Teilstücke l_n, alle S'_n haben relativ zu S die Geschwindigkeit w, ihre Richtungen sind verschieden. Da l_n zum Zeitpunkt t in S'_n ruht, hat es wie jeder andere in S'_n ruhende Stab von S aus betrachtet eine um $(1-w^2/c^2)^{1/2}$ verkürzte Länge l'_n

$$l'_n = l_n \sqrt{1-w^2/c^2}$$

Dabei ist von der Tatsache Gebrauch gemacht worden, dass l_n die Ruhlänge von l_n in S zu Beginn der Beschleunigung und in S'_n zum Zeitpunkt t ist.

Psychologisch könnte man einwenden:

l_n bewegt sich zum Zeitpunkt t nicht geradlinig und gleichförmig, l_n wird beschleunigt. Das stimmt, l_n hat zum Zeitpunkt t einen bestimmten Ort, eine bestimmte Geschwindigkeit von Betrag w und eine bestimmte Beschleunigung vom Betrag w^2/r. Aber für die Lorentz-Kontraktion kommt es nur auf w an, das ist einhellige Meinung und folgt aus den Lorentz-Transformationen. Ganz analog dazu erleiden auf Kreisbahnen bewegte Uhren die Zeitdilatation

$$t'_n = t_n/\gamma$$

(s. Kap. 3.2), auch für sie ist die Beschleunigung ohne Bedeutung, was zusätzlich experimentell bewiesen ist [14]. Bei Kreisbeschleunigungen ist die Zeitdilatation dieselbe wie für eine geradlinige Bewegung gleicher Geschwindigkeit.

Vorausgesetzt werden ideale Maßstäbe und ideale Uhren, d. h. solche, die durch die Beschleunigung nicht beschädigt werden. In Gedankenexperimenten, aber in der Regel auch in der Praxis, ist das erfüllt. Man kann außerdem, wie gezeigt wurde, die Beschleunigungen beliebig klein halten, indem man r sehr groß wählt.

Etwas Anderes ist die Frage, wie die Verhältnisse in einem auf dem Kreisring ruhenden Bezugssystem aussehen. In einem solchen beschleunigten Bezugssytem wird die Raum-Geometrie nichteuklidisch. Das muss man hier nicht wissen und wird später (Kap.10) aus anderen Gründen behandelt. Ein Ergebnis der dortigen Überlegungen ist aber bemerkenswert: Im kreisförmig beschleunigten Bezugsystem ruht ja der Kreisring und seine Ruhlänge ist dort ebenso groß wie die Länge des mit der Geschwindigkeit w relativ zu S rotierenden Kreisringes:

(Ruhlänge des Kreisringes im beschleunigten System)

$$= \sqrt{\left(1-w^2/c^2\right)} \times \text{(Ruhlänge des Kreisringes in einem Inertialsystem)}$$

Durch beschleunigte Bezugsysteme wird somit der Begriff der Ruhlänge relativiert. (Messergebnisse mit mitbewegten Maßstäben sind etwas Anderes.)

Nun führen wir ein weiteres, ähnliches Gedankenexperiment durch. Wie in Abb. 9.3 b.) dargestellt, soll ein in n Teile zerlegter Kreisring beschleunigt werden, jedes l_n ist über eine Speiche der Länge r mit dem Drehpunkt verbunden. Zu jedem l_n gehöre eine Rakete, die zeitgleich mit den übrigen gezündet und zu einem späteren, gemeinsamen Zeitpunkt abgeworfen wird.

Zum Zeitpunkt t ergibt sich die Situation von Abb. 9.3 b.). Die l_n haben die Geschwindigkeit w und es gilt

$$l'_n = l_n / \gamma$$

weil jedes l_n zur Zeit t in einem bestimmten Inertialsystem S'_n ruht. Dieses S'_n bewegt sich mit gleicher Geschwindigkeit in die gleiche Richtung wie l_n zum Zeitpunkt t. Die Längen der Speichen ändern sich nicht, da sie senkrecht zu ihrer Länge bewegt werden. Die Lorentz-Kontraktion verkürzt nur Längen in Bewegungsrichtung, nicht solche senkrecht dazu. In den Formeln (4.1) der Lorentztransformation ist $z' = z$ und $y' = y$. Dass die Speichen beschleunigt werden und Zentrifugalkräften unterliegen, spielt keine Rolle, wie im Gedankenexperiment zuvor gezeigt ist, da die Kräfte sich kompensieren lassen.

Während sich die l_n verkürzen, entstehen zwischen ihnen wachsende Lücken. Die Größe einer Lücke $l_ü$ ist die Differenz zwischen l_n und l'_n :

$$\begin{aligned} l_ü &= l_n - l'_n \\ &= l_n\left(1 - \sqrt{1 - w^2 / c^2}\right) \end{aligned} \qquad (9.26)$$

denn der Umfang der Kreisscheibe, wie er von den Speichen vom Radius r festgelegt wird, bleibt

$$\begin{aligned} U &= 2\pi r \\ &= n l_n \end{aligned} \qquad (9.27)$$

da sich r nicht ändert bzw. nicht ändern soll.

Bei diesen Überlegungen wurden die Längen l_n und die entsprechenden Kreisbögen als gleich angenommen, was näherungsweise immer gilt, wenn n genügend groß gewählt wird.

Wir sehen: Relativ zu S betrachtet, verkürzen sich auf Kreisbahnen beschleunigte Körper um den Lorentzfaktor $(1 - w^2 / c^2)^{1/2}$, aber die Abstände zwischen ihnen wachsen. Andererseits gilt: Betrachtet man in einem Inertialsystem ruhende Körper und deren Abstände von relativ dazu bewegten Inertialsystemen aus, so nehmen beide in gleicher Weise um den Lorentzfaktor ab, wenn die Relativgeschwindigkeit wächst. Noch komplizierter wird die Situation für ein rollendes Rad, Abb. 9.4 und rotierende Scheiben, Abb. 10.6. Die EI darf man fragen, woran erkennt das vierdimensionale Raum-Zeit-Kontinuum den Unterschied zwischen physikalischen Stäben und Abständen zwischen ihnen? Zwischen elastisch verbundenen und festen Körpern? Jedenfalls gibt es, wie es von KRAUS [187] ausgedrückt wird, zwei Arten von Lorentz-Kontraktionen, die von starren Maßstäben (Körpern) und die von Abständen zwischen ihnen – in Einklang mit den Überlegungen von Kap. 9.3, aber eine Erklärung von der EI für den Unterschied gibt es nicht. Das wird in Kap. 10.5 (Ehrenfest-Paradox) und Kap. 11 vertieft.

Als weiteres Problem betrachte man die absoluten Effekte der Abb. 9.5. Um den newtonschen Nachweis eines absoluten Raumes zu widerlegen, hat EINSTEIN das machsche Prinzip in seine Überlegungen übernommen. Dies wäre zu erweitern, um die zusätzlichen relativistisch verursachten absoluten Effekte, Abb. 9.5 b + c, erklären zu können – trotz vieler Mühen ist jedoch nicht einmal das eigentliche machsche Prinzip verifizierbar, auch nicht mit der Allgemeinen Relativitätstheorie, s. den Beitrag des Autors in [328]. Nehmen wir also an, dass das machsche Prinzip keine Erklärung ermöglicht, dann hat die EI ein Problem nicht aber die LI, denn für die LI gilt: Je schneller sich ein Längenelement bewegt, desto kürzer ist es. Gleichgültig, ob der ruhende Kreisring in einem absoluten Sinn ruht - was wegen des Relativitätsprinzips nicht erkennbar ist - der rotierende Kreisring bewegt sich insgesamt schneller und ist deshalb kürzer. Für die EI werden die absoluten Effekte der Abb. 9.5 für ein festes, vorgegebenes Inertialsystem zwar richtig berechnet, aber in der EI bleiben sie unverständlich, insbesondere relativ zu den mitbewegten Inertialsystemen für Abb. 9.5 b.) und c.). Die naheliegende Lösung: Hier fehlt der EI ein Auswahlkriterium.

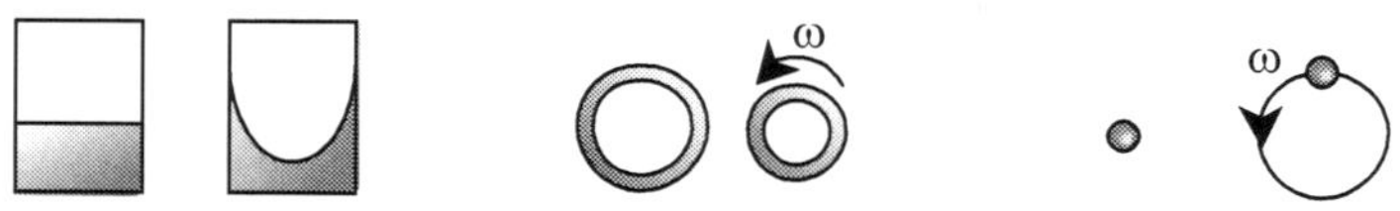

Gefäß mit Flüssigkeit ruhend und rotierend

Kreisring ruhend und rotierend

Uhr (Elementarteilchen) ruhend und im Speicherring umlaufend

Abb. 9.5 Drei absolute Effekte

LI: Alle drei absoluten Effekte bestätigen ein ausgezeichnetes Bezugssystem,
EI: Jedes Teilstück des bewegten Kreisrings ist relativ zu seinem mitbewegten Inertialsystem unverkürzt und damit sind – entgegen der Beobachtung – alle unverkürzt. Fehlt der EI ein Auswahlkriterium, das dieses Argument richtig zu Ende führt?

10. Paradoxien

10.1 Einleitung

Paradoxien nennt man scheinbar widersprüchliche Behauptungen. Im Gegensatz zu echten inneren Widersprüchen (Antinomien) ist eine Paradoxie, auch Paradox oder Paradoxon genannt, logisch widerspruchsfrei erklärbar.

Die Paradoxien der Speziellen Relativitätstheorie verdanken ihren Ursprung vor allem den folgenden Argumenten: Bewegen sich zwei Längen relativ zu einander, so erscheint jede der anderen als verkürzt, bewegen sich zwei Uhren relativ zu einander, zeigt jeweils die andere eine kürzere Zeit an, aber höchstens eine der beiden Längen kann in Wirklichkeit kürzer als die andere sein, höchstens eine der beiden Uhren in Wirklichkeit langsamer laufen.

Es ist nicht die Frage, ob die normalen Begriffe Länge und Zeit zum Relativitätsprinzip passen, sondern ob von der Relativitätstheorie vorhergesagte Ergebnisse sich selbst widersprechen. Vorhergesagt werden aber nur Messergebnisse. Deshalb muss man die obigen Argumente umformulieren und fragen: Werden gemessene Längen und gemessene Uhrzeiten für dieselben Maßstäbe und dieselben Uhren für ein und dasselbe Inertialsystem von der Theorie verschieden vorausgesagt? Erlaubt wäre das relativ zu verschiedenen Inertialsystemen.

Der wichtigste Ansatz zur Lösung der Paradoxien besteht in einer korrekten Anwendung der Lorentz-Transformationen. Damit wird insbesondere die Relativität der Gleichzeitigkeit berücksichtigt. Beim Zwillingsparadoxon ist die beschleunigte Bewegung zu untersuchen.

Diskutiert werden die Paradoxien zur Längenkontraktion für geradlinige Bewegungen, wie das Garagenproblem, und für Kreisbewegungen, das von EHRENFEST, sowie zur Zeitdilatation das berühmte Zwillingsparadoxon. Letzteres ausführlich auf Basis der Speziellen und der Allgemeinen Relativitätstheorie, denn in der Fachliteratur gibt es verschiedenartige Lösungen, die aber einander widersprechen. Gerade hier liegt eine Möglichkeit, zwischen der relativistischen und Lorentz-Interpretation zu unterscheiden, wie der Autor glaubt. Der Leser soll sich selbst entscheiden können auf der Grundlage einer von allen Seiten, aber ohne Weitschweifigkeit diskutierten Untersuchung. Die Paradoxien zur Thomas-Präzession – sie treten auf bei einer Folge von Lorentz-Transformationen in unterschiedliche räumliche Richtungen (nicht nur in Richtung der x, x' -Achse) – werden vom Autor in [328] untersucht.

Wer die folgenden Überlegungen verstanden hat, wird die dabei immer wieder angewandte Lösungsidee erkennen: Man mache aus der Paradoxie ein real durchführbares Experiment und berechne es relativ zu verschiedenen Inertialsystemen. Sind diese Vorhersagen widerspruchsfrei, gilt die Paradoxie als gelöst. Was von der Paradoxie noch immer verbleibt, gilt als nur "philosophisch", da ein Widerspruch zur physikalischen Erfahrung ausgeschlossen ist. Negativ formuliert bedeutet das, dass man der philosophisch-wissenschaftstheoretischen Frage, was z. B. Länge bewegter Körper eigentlich ist, ausweicht. Uns trifft dieser Vorwurf wegen Kap. 9 nicht.

Folgende Widersprüche bleiben nach Ansicht des Autors bestehen:
Bellsche Raumschiff-Paradoxie: Widerspruch in der Ursache der Lorentz-Kontraktion, Sagnac: Lichtgeschwindigkeit ist nicht überall gleich c, Zwillingsparadoxie: Antinomische Vorhersagen zum Alter der Zwillinge, Ehrenfest-Paradoxie: Lorentz-Kontraktion ist etwas Reales und das steht in Widerspruch zu den Inertialsystemen, in denen Längen-Dilatation eintreten soll.

In erster Linie geht es im folgenden darum, die Lorentz-Transformationen korrekt anzuwenden.

10.2 Garagenproblem

Eine Garage habe die Ruhlänge l_G von 2m, ein Auto die Ruhlänge l'_A von 8m. Die Garage ruhe in *S*, das Auto in *S'*, *S* und *S'* bewegen sich relativ zueinander mit der Geschwindigkeit *v*. *v* sei 290 000 km/s, und damit $\gamma = 4$.

Die Paradoxie lautet: Von *S* aus betrachtet hat das Auto die Länge

$$l_A = l'_A / \gamma$$

$$l_A = 2\ m$$

Wegen $l_G = l_A$ passt das Auto gerade in die Garage. Von *S'* aus betrachtet hat die Garage die Länge

$$l'_G = l_G / \gamma = 0.5 \text{ m}$$

Es gilt $l'_G < l'_A$, das Auto passt nicht in die Garage.

Die Lösung lautet: Man nehme an, die Garage habe zwei Tore T_1 und T_2, T_2 ist geöffnet, T_1 geschlossen, so dass das Auto ungehindert in die Garage fahren kann, aber gegen Tor T_1 stoßen wird. Kurz bevor die Spitze des Autos das Tor T_1 berührt, wird es geöffnet. Das sei in *S* zum Zeitpunkt t_1 der Fall. Kurz nachdem das Heck des Autos in der Garage ist, wird das Tor T_2 geschlossen, das geschehe in *S* zum Zeitpunkt t_2 .

In *S* gilt dann $\qquad t_1 = t_2$

denn das ganze Auto passt gerade in die Garage, Tor T_1 wird geöffnet und gleichzeitig wird Tor T_2 geschlossen.

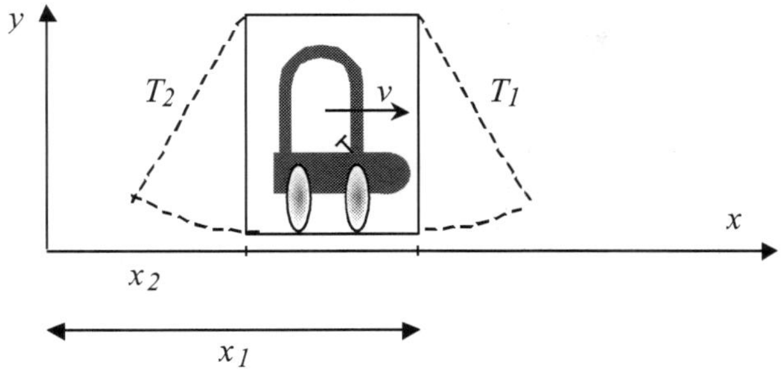

Abb. 10.1 Die Garage-Auto-Paradoxie

Ein Auto nähert sich mit v, es erfährt eine Lorentz-Kontraktion und passt deshalb in eine zu kurze Garage; aber für den Autofahrer bewegt sich die Garage, sie erfährt eine Lorentz-Kontraktion, die Garage wird noch kürzer und ist deshalb in jedem Falle für das Auto zu klein. T_1, T_2 Garagentore, x_1 , x_2 Anfang und Ende der Garage

Es gilt in S' wegen der Lorentz-Transformationen:

(10.1)
$$t_1' = \gamma(t_1 - vx_1 / c^2)$$
$$t_2' = \gamma(t_2 - vx_2 / c^2)$$

(10.2)
$$t_1' - t_2' = \gamma(t_1 - t_2 - v(x_1 - x_2) / c^2)$$
$$= -\gamma v l_G / c^2$$

Dabei sind x_1 und x_2 die x-Koordinaten der Tore T_1 und T_2, t_1' und t_2' die t_1 und t_2 in S' entsprechenden Zeiten, s. Abb. 10.1.

Wie man sieht ist

(10.3)
$$t_1' < t_2'$$

t_1' ist früher als t_2'.

Von S' aus betrachtet geschieht folgendes: Das Auto fährt in die Garage und nähert sich T_1, T_1 wird geöffnet, das Auto fährt weiter, das Heck passiert T_2, T_2 wird geschlossen, die Spitze des Autos hat zu diesem Zeitpunkt die Garage bereits verlassen. Was in S gleichzeitig geschieht, geschieht in S' nacheinander (Relativität der Gleichzeitigkeit) und in beiden Inertialsystemen wird der Vorgang richtig beschrieben, von S aus betrachtet passt das Auto gerade in die Garage, von S' aus nicht.

10.3 Woodsche Paradoxon

Das woodsche Paradoxon [408] geht aus von dem berühmten Experiment von A. H. FIZEAU um 1850 zur Bestimmung der Lichtgeschwindigkeit. Das Prinzip ist in Abb. 10.2 skizziert, soweit es hier von Bedeutung ist. Zwei auf eine Achse im Abstand L montierte Zahnräder drehen sich mit der Winkelgeschwindigkeit w_α. Von links fällt ein Lichtstrahl auf Zahnrad Z_1, er wird durch die Zähne in Lichtblitze zerhackt. Ein Lichtblitz durchlaufe die Strecke L in der Zeit $\Delta t = L/c$ und treffe genau auf eine Lücke von Zahnrad Z_2 – wie sieht ein Beobachter in S', das sich relativ zu S mit v bewegt, die Situation? Er sagt, L wird kontrahiert um den Faktor $1/\gamma$, die Lichtgeschwindigkeit bleibt konstant gleich c. Der Lichtblitz ist deshalb schneller beim Zahnrad Z_2 und findet dort noch keine Lücke vor.

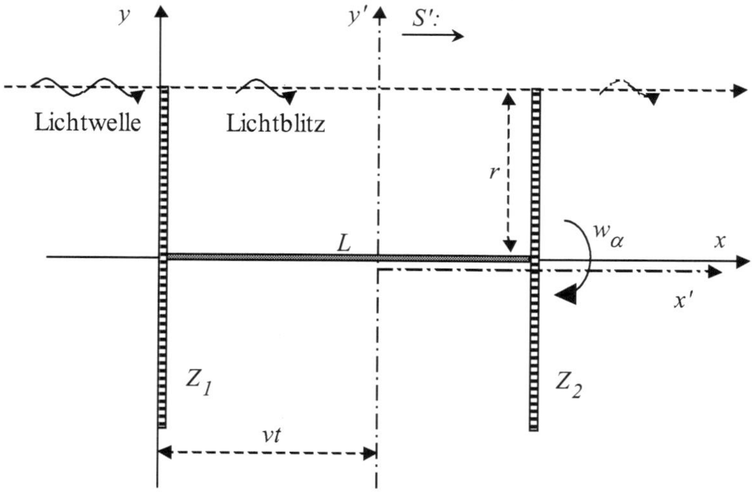

Abb. 10.2 Woodsche Paradoxie

Zahnrad Z_1 und Z_2 drehen sich um eine gemeinsame Achse im Abstand L. Ein Lichtblitz treffe in Z_2 eine Lücke. Von S' aus betrachtet ist L verkürzt, die Laufzeit des Lichtblitzes kürzer, außerdem dreht sich Z_2 langsamer: Der Lichtblitz trifft die Lücke nicht.

Da ein rotierendes Zahnrad eine Uhr darstellt (man muss nur die vorbeilaufenden Lücken zählen und weiß dann, wie spät es ist), rotieren die Zahnräder von *S'* aus betrachtet um den Faktor $1/\gamma$ langsamer. Das vergrößert den Effekt zusätzlich.

Zur Lösung der Paradoxie wird gezeigt: Wenn ein Lichtblitz am Zahnrad Z_2 ankommt, hat sich dieses um den Winkel α

(10.4)
$$\begin{aligned}\alpha &= w_\alpha t \\ &= w_\alpha L/c\end{aligned}$$

gedreht, gleichgültig, ob relativ zu *S* oder *S'* gerechnet wird.

Δt, $\Delta t'$ sind die Laufzeiten des Lichtblitzes in *S* bzw. *S'*.

1. Frage: Wann trifft der Lichtblitz bei Z_2 ein?

In *S*: Start $\quad x_1 = 0, \quad y_1 = r, \quad z_1 = 0, \quad t_1 = 0$

Ziel $\quad x_2 = L, \quad y_2 = r \quad z_2 = 0, \quad t_2 = L/c$

Mit Hilfe der Lorentz-Transformation gilt in *S'*:

Start $\quad x_1' = 0, \quad y_1' = r, \quad z_1' = 0, \quad t_1' = 0$

(10.5) Ziel
$$\begin{aligned}x_2' &= \gamma(L - vL/c) \\ &= \gamma L(1 - v/c)\end{aligned}$$

$$y_2' = r$$
$$z_2' = 0$$

(10.6)
$$\begin{aligned}t_2' &= \gamma(L/c - vL/c^2) \\ &= \gamma L(1 - v/c)/c\end{aligned}$$

Auch in *S'* hat sich das Licht mit c ausgebreitet, wie der Quotient von (10.5) und (10.6) zeigt.

2. Frage: Wie lange hat sich Z_2 in *S'* gedreht, wenn der Lichtblitz bei Z_2 eintrifft?

Nicht nur für die Dauer $t_2' - t_1'$, denn in *S'* hat Zahnrad Z_2 beim Start die Zeit t_{Z2}'

(10.7)
$$\begin{aligned}t_{Z2}' &= \gamma(0 - vL/c^2) \\ &= -\gamma vL/c^2\end{aligned}$$

Dies gilt wegen der Relativität der Gleichzeitigkeit. (In *S* gilt $t_1 = 0$ auch an der Stelle von Z_2)

in *S'* dreht sich Z_2 für die Dauer $\Delta t_{Z2}'$

(10.8)
$$\Delta t'_{Z2} = t'_2 - t'_{Z2}$$
$$t_{Z2}' = \gamma L / c \text{ (Vorzeichen beachten)}$$

Außerdem dreht sich das Zahnrad Z_2 um den Faktor $1/\gamma$ langsamer:

$$w'_\alpha = w_\alpha / \gamma$$

(Wer auch hier die Lorentz-Transformationen anwenden will, was sehr korrekt wäre, denke sich eine Uhr bei Z_2, sie geht genauso schnell, wie sich Z_2 dreht. Die Uhr bei Z_2 geht wiederum so schnell, wie eine gleiche Uhr bei Z_1. Die Rechnung für diese Uhr: s. Kap. 4.4)

Insgesamt ist der Drehwinkel α

(10.9)
$$\alpha = w'_\alpha \Delta t'_{Z2} = w_\alpha L/c$$

wie in *S*.

Wenn der Lichtblitz beim Zahnrad Z_2 eintrifft, hat es sich relativ zu *S* und *S'* um den gleichen Winkel gedreht.

10.4 Deckelparadoxie

In einem Inertialsystem *S* nähere sich ein Deckel von links einem in *S* ruhenden Revisionsschacht. Da sich der Deckel bewegt, wird er verkürzt und fällt in den Revisionsschacht, falls beide in Ruhe aufeinander passen. Ein auf dem Deckel ruhender Beobachter sieht den Revisionsschacht näherkommen. Für ihn ist der Revisionsschacht verkürzt und der Deckel deshalb zu groß, um durchzufallen. [118]

Zur Lösung der Paradoxie präzisiere man den Versuchsablauf:

Wir nehmen an, s. Abb. 10.3, der Schacht nähert sich in *S* mit der Geschwindigkeit *w* senkrecht zur *x*-Achse dem von links mit *v* anfliegenden Deckel. Zur Zeit t_0 treffen sie aufeinander. Der Deckel passe genau und gleite in den Schacht hinein.

Von *S'* aus betrachtet ruht der Deckel, die Schachtöffnung nähert sich und wird verkürzt. Der Deckel ist somit größer als die Schachtöffnung. Die genaue Rechnung zeigt, wie auch in Abb. 10.4 zu sehen ist, dass sich die Schachtöffnung dem Deckel schräg nähert, rechter Deckelrand und rechte Schachtöffnung treffen sich früher als linker Deckelrand und linke Schachtöffnung. (Relativität der Gleichzeitigkeit, in *S* sind beide Ereignisse gleichzeitig). Der Deckel wird von rechts nach links eingefangen, obwohl er größer ist als die Schachtöffnung.

Nun müssen wir rechnen. Zunächst in *S*. Zum Zeitpunkt t_0 treffen sich linker und rechter Schachtrand mit linkem und rechtem Deckelrand an der Position x_l und x_r

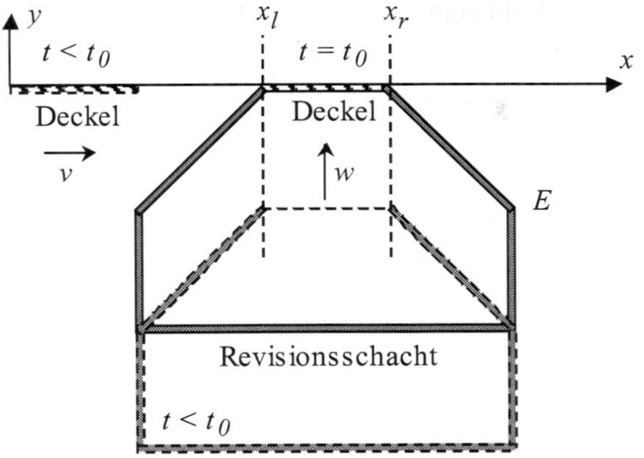

Abb. 10.3 Deckelparadoxie

Deckel und Revisionsschacht nähern sich einander. Im Zeitpunkt t_0 sitzt der Deckel auf dem Schacht. Für einen auf dem Deckel ruhenden Beobachter nähert sich der Schacht, die Schachtöffnung wird verkürzt und der Deckel passt nicht. ($\gamma = 2$, $w = v = 0.866\ c$)

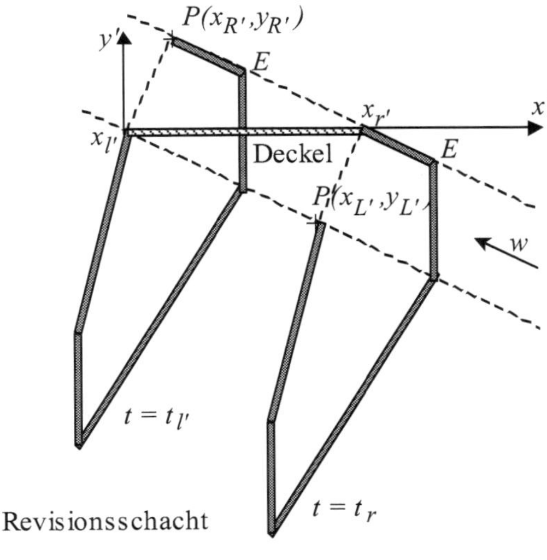

Abb. 10.4 Deckelparadoxie

In S' ruht der Deckel und ist größer als die Öffnung des Revisionsschachtes, der Revisionsschacht kommt schräg angeflogen und fängt den Deckel von rechts nach links ein. ($\gamma = 2$, $w = v = 0.866$ c)

– Abb. 10.3 – und gleiten aneinander vorbei. Wie das in *S'* aussieht, zeigt die mehrfache Anwendung der Lorentz-Transformationen. (Eine elegante aber gedanklich aufwändigere Lösung findet sich in [59]).

t_0 , x_r entspricht in *S'*:

(10.10) $$x'_r = \gamma(x_r - vt_0)$$

(10.11) $$t'_r = \gamma(t_0 - vx_r / c^2)$$

t_0 , x_l entspricht in *S'*:

(10.12) $$x'_l = \gamma(x_l - vt_0)$$

(10.13) $$t'_l = \gamma(t_0 - vx_l / c^2)$$

t'_l ist ungleich t'_r und zeigt die Relativität der Gleichzeitigkeit.

In *S'* betrachtet, trifft der linke Deckelrand den linken Schachtrand zur Zeit t'_1 am Ort x'_l und der rechte Deckelrand den rechten Schachtrand zur Zeit t'_r am Ort x'_r . t'_l ist größer als t'_r d. h. das Ereignis t'_r trifft früher ein, wie Abb. 10.4 bestätigt. In *S* finden beide Ereignisse zu derselben Zeit t_0 statt.

Wo, an welcher Position x'_L , befindet sich in *S'* zur Zeit t'_r der linke Schachtrand? *Wir wissen:* x_l *ist für alle Zeiten konstant in S und wir kennen daher von den vier* Größen

(10.14) $$x'_L, t'_r, t_L, x_l$$

t'_r und x_l und können die übrigen – x'_L und t_L – aus den Lorentz-Transformationen berechnen. Für t_L geschieht das wie folgt:

$$t'_r = \gamma(t_L - vx_l / c^2)$$

(nach t_L auflösen)

$$t_L = t'_r / \gamma + vx_l / c^2$$

(für t'_r Formel (10.11) einsetzen)

$$= \gamma(t_o - vx_r / c^2) / \gamma + vx_l / c^2$$

(γ kürzen)

$$= t_o - v(x_r - x_l) / c^2$$

d. h. t_L ist früher als t_0 .

Die vierte Größe x'_L von (10.14) lässt sich leicht berechnen, da nun t_L und x_L bekannt sind:

$$x'_L = \gamma(x_l - vt_L)$$
$$= \gamma(x_l - v(t_0 - v(x_r - x_l)/c^2))$$
(10.21)
$$= \gamma(x_l - vt_0 + v^2(x_r - x_l)/c^2)$$
$$= x'_l + \gamma v^2(x_r - x_l)/c^2$$

In welchem Abstand von der x-Achse befindet sich der linke Schachtrand zur Zeit t_L ? Er bewegt sich in S mit der Geschwindigkeit w und erreicht zur Zeit t_0 die x-Achse. Bis dahin legt er den Weg zurück:

$$y_L = w(t_L - t_0)$$
$$= w((t_0 - v(x_r - x_l)/c^2 - t_0)$$

(10.23) $$= -wv(x_r - x_l)/c^2$$

Außerdem gilt: $$y_L = y'_L$$

Entsprechend fragen wir jetzt: Wo, an welcher Stelle x'_R befindet sich in S' zur Zeit t'_l der rechte Schachtrand ? Wir wissen wiederum: x_R ist für alle Zeiten konstant in S und kennen daher von den vier Größen

(10.24) $$x'_R, t'_l, t_R, x_r$$

t'_l und x_r und können die übrigen Größen x'_R und t_R aus den Lorentz-Transformationen berechnen. Aus Symmetriegründen vertauschen wir aber in (10.21) und (10.23) nur x'_l mit x'_r, x_r mit x_l und x_l mit x_r.

(10.25) $$x'_R = x'_r - \gamma v^2(x_r - x_l)/c^2$$

(10.26) $$y'_R = +wv(x_r - x_l)/c^2$$

d. h. jetzt treffen sich linker Deckelrand und linker Schachtrand, nachdem die rechten Ränder einander passiert haben und Formel (10.25) und (10.26) beschreiben die Position des rechten Schachtrandes in S' zu diesem Zeitpunkt t'_l. Der in S' größere Deckel wird vom kleineren Schacht von rechts nach links eingefangen, wie in Abb. 10.4 grafisch veranschaulicht ist.

(Die elegantere Lösung [59] verwendet eine Formel für die Steigung der Geraden, längs der sich die Schachtränder bewegen:

(10.28) $$\frac{y'_L}{x'_L - x'_l} = \frac{-wv(x_r - x_l)/c^2}{\gamma v^2(x_r - x_l)/c^2} = \frac{-w}{\gamma v}$$

und stimmt mit unserer Rechnung bis auf die Namensgebung überein.)

Mit den in Abb. 10.3 und 10.4 gewählten Parametern kollidiert der Deckel mit dem Schacht an der Ecke *E*. Wegen der Relativität der Gleichzeitigkeit geschieht das in *S*, wenn der Deckel vollständig in den Schacht geglitten ist, in *S'* schon früher.

Die Idee, die wir zur Lösung der Deckelparadoxie angewendet haben, ist: Die in *S* unmittelbar einsichtige Lösung auf Grund der sinnvoll gewählten Geometrie in Abb. 10.3 wird mit den Lorentz-Transformationen in *S'* umgerechnet und das Ergebnis gezeichnet. Dabei muss berücksichtigt werden, dass das in *S* gleichzeitige Ereignis "Deckel passt", in *S'* zwei verschiedene Ereignisse "linke Seiten berühren sich" und "rechte Seiten berühren sich" bedeutet.

10.5 Ehrenfest-Paradoxie

Das Ehrenfest-Paradox beschäftigt sich mit rotierenden Kreisscheiben, Sonderfälle hatten uns bereits in Kap. 9.4 beschäftigt und dazu ähnlich Kap. 9.3 (bellsche Raumschiff-Paradoxie). Eine Kenntnis dieser Sonderfälle erleichtert das Verständnis der komplexeren Ehrenfest-Paradoxie. In Abb. 10.5 müsste der Umfang einer rotierenden Kreisscheibe eine Lorentzkontraktion erfahren, der Radius nicht, weil er senkrecht zur Bewegungsrichtung steht, aber beides gemeinsam passt nicht zur Kreisformel

(10.30) $$U = 2\pi R$$

EHRENFEST [88] beschreibt das so:

"Ein Körper verhält sich relativ-starr, heißt: er deformiert sich bei einer beliebigen Bewegung fortlaufend so, dass ein jedes seiner infinitesimalen (d. h. beliebig klein vorstellbaren) Elemente in jedem Moment für einen ruhenden Beobachter gerade diejenige Lorentz-Kontraktion (gegenüber dem Ruhezustand) aufweist, welche der Momentangeschwindigkeit des Element-Mittelpunktes entspricht.

"Als ich mir vor einiger Zeit die Konsequenzen dieses Ansatzes veranschaulichen wollte, stieß ich auf Folgerungen, die zu zeigen scheinen dass obiger Ansatz schon für einige sehr einfache Bewegungstypen zu Widersprüchen führt."

Dazu gehört "... die gleichförmige Rotation um eine feste Achse. In der Tat: Es sei gegeben ein relativ-starrer Zylinder vom Radius *R* und der Höhe *H*. Es werde ihm allmählich eine schließlich konstant bleibende Drehbewegung um seine Achse erteilt. Sei R' der Radius, den er bei dieser Bewegung für einen ruhenden Beobachter aufweist. Dann müsste R' zwei widersprechende Forderungen erfüllen:

a) Die Peripherie des Zylinders muss gegenüber dem Ruhezustand eine Kontraktion zeigen:

(10.31) $$2\pi R' < 2\pi R$$

denn jedes Element der Peripherie bewegt sich in seiner Richtung mit der Momentangeschwindigkeit $R'w_\alpha$. (w_α = Winkelgeschwindigkeit).

b) Betrachtet man irgendein Element eines Radius, so steht seine Momentangeschwindigkeit normal zu seiner Erstreckung; also können die Elemente eines Radius gegenüber dem Ruhezustand keinerlei Kontraktion aufweisen. Es müsste sein:

(10.32) $$R' = R$$ ..."

Aus (10.31) folgt natürlich: $$R' < R$$

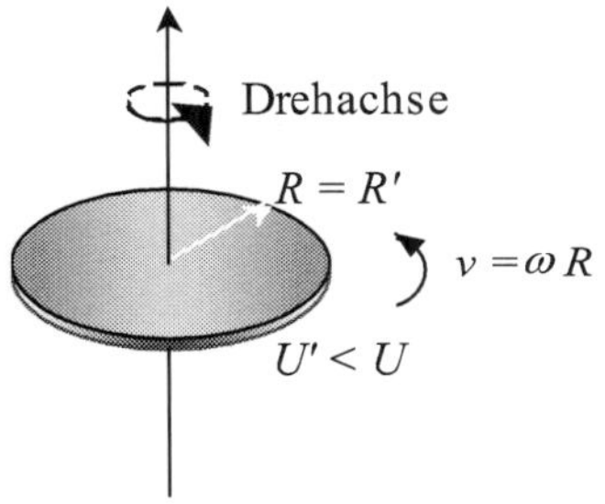

Abb. 10.5 Ehrenfest-Paradoxon

Eine Scheibe mit dem Radius R und dem Umfang $U = 2\pi R$ wird in Rotation versetzt. Da der Radius stets senkrecht zur Bewegungsrichtung steht, ändert sich seine Länge nicht. Der Umfang ist parallel zur Bewegungsrichtung und erfährt eine Längenkontraktion, so dass $U' < 2\pi R$ gelten müsste.

Die Paradoxie von EHRENFEST unterscheidet sich von den vorangehenden Paradoxien darin, dass hier keine je nach Wahl des Bezugssystems unterschiedliche Voraussage gemacht wird. In einem bewegten Inertialsystem hat die rotierende Scheibe keine kreisförmige Gestalt mehr, da der Rotation eine Relativgeschwindigkeit überlagert ist. Auch sind die Radien unterschiedlich kontrahiert, aber der Umfang der rotierenden Scheibe ist geringer als der einer nicht rotierenden, gleichgültig welches Bezugssystem man zu Grunde legt und solange Zentrifugalkräfte keine Rolle spielen. Eine entsprechende Berechnung führt für beliebige Bezugsysteme zu demselben Ergebnis, nur ist der mathematische Aufwand unterschiedlich. Wir können auf diese Rechnung verzichten, da in der Literatur nicht behauptet wird, dass die Ergebnisse für verschiedene Inertialsysteme verschieden sind. Ein Sonderfall sind die mit dem rotierenden Umfang mitgewegten Inertialsysteme: s. Kap. 24.2.

Was ist nun paradox? Mit den Überlegungen aus Kap. 9.4 nur wenig. Lediglich paradox im Sinne von überraschend, außergewöhnlich ist die dort begründete These, dass die Lorentz-Kontraktion etwas Reales sein und reale Kräfte erzeugen kann. Zur Lösung der Paradoxie muss man nämlich annehmen, dass mit zunehmender Rotation die Lorentzkontraktion den Scheibenumfang real verkürzen will und dadurch Spannungskräfte auftreten, die die Radien zusammendrücken wollen. Dem wirken dann die elastischen Kräfte in der Scheibe entgegen, da die Radien ihre Längen nur unter Einwirkung von Kräften ändern. In dieselbe Richtung wirken Zentrifugalkräfte, so dass real der Umfang der Kreisscheibe wachsen kann; in jedem Fall stellt sich ein Gleichgewicht ein, in dem tatsächlicher Radius und tatsächlicher Umfang über die Kreisformel zusammenpassen. (Dünne Scheiben könnten sich auch wölben, wie H. E. IVES [167] zu Recht annimmt.)

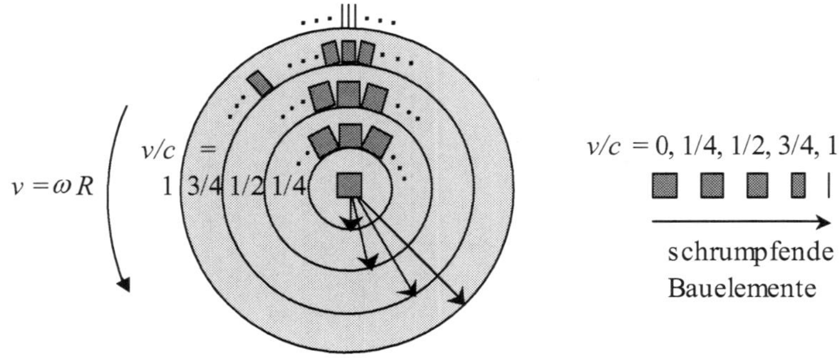

Abb. 10.6 Aufbau einer Scheibe während der Rotation.

Baut man eine Scheibe zusammen, während sie rotiert, passen in die äußeren Ringe relativ mehr Bauelemente als in die inneren, denn die Bauelemente kontrahieren mit zunehmender Geschwindigkeit [150]. Eine Abbremsung zerstört die Scheibe. (Hier sind die Lorentz-Kontraktionen real, wechselt ein Beobachter das Bezugssystem, sind sie scheinbar.)

Vernachlässigt man Zentrifugalkräfte, nimmt der Umfang U wegen der Lorentz-Kontraktion ab, aber wegen der elastischen Gegenkräfte der Kreisscheibe in geringerem Maße als die Spezielle Relativitätstheorie vorhersagt. Das ist weder paradox noch antinomisch. Einzusehen ist das für die Lorentz-Interpretation zunächst einmal für das ausgezeichnete Inertialsystem, wenn dort der Mittelpunkt der rotierenden Kreisscheibe ruht. Auf Grund des Relativitätsprinzips gelten dieselben Voraussagen für andere Inertialsysteme, wenn in ihnen der Mittelpunkt der rotierenden Scheibe ruht, andernfalls hätte man ein Experiment, wie in Kap. 7 gesucht wurde. Von der expliziten Rechnung ist dasselbe zu erwarten, schließlich gelten die Lorentz-Transformationen für alle Inertialsysteme, soweit messbare Effekte beschrieben werden. Als Variante baue man in Gedanken eine Scheibe ringförmig aus kleinen Elementen zusammen, während sie bereits rotiert, s. Abb. 10.6. Sieht man wieder von den Zentrifugalkräften ab, ist die Rotation spannungsfrei [150]. Spannungskräfte treten erst beim Abbremsen der Scheibe auf, weil dann die Lorentz-Kontraktionen der Ringelemente abnehmen und sich die ringförmigen Schichten ausdehnen, je weiter außen um so stärker.

Für die Einstein-Interpretation verläuft die Argumentation analog, man muss nur akzeptieren, dass Lorentz-Kontraktionen zu Spannungskräften führen, wenn irgendwelche Längenelemente an der Kontraktion gehindert werden, wie es für in Rotation versetzte Scheiben der Fall ist. Es gibt reale Änderungen der (Relativ-)Längen bei Beschleunigungen von Körpern und scheinbare Änderungen beim Wechsel der Bezugssysteme – widersprüchlich wird die Einstein-Interpretation nur, wenn man diesen Unterschied bestreitet.

Attribute	I	II	III	IV	V	VI	VII
Frei bewegliche Maßstäbe am Rand der Scheibe erfahren eine Lorentz-Kontraktion relativ zu *S*:	ja	ja	ja	ja	ja	nein	ja
Scheibenumfang ergibt eine Lorentz-Kontraktion relativ zu *S*:	nein	ja	ja	ja	nein?	nein	ja
Scheibenradius kontrahiert relativ zu *S*:	nein	nein	ja	ja	nein	nein	ja
Scheibenradius dilatiert relativ zu *S*:	nein	nein	nein	nein	ja	nein	nein
Spannungskräfte längs des Umfangs:	ja	nein	nein	nein	ja?	nein	ja
Radiale Spannungskräfte:	nein	nein	ja	ja	ja	nein	ja
Scheibe wölbt sich:	nein	nein	nein	ja	nein	nein	nein
Es entstehen Lücken zwischen frei beweglichen Maßstäben am Rand der Scheibe:	ja	nein	nein	nein	ja	nein	ja

Abb. 10.7 Tabelle zum Ehrenfest-Paradox

Die Vielfalt der "Lösungen" der Ehrenfest-Paradoxie, entnommen von T. E. PHIPPS [263] . Lösung IV (dünne Scheibe) und VII, sowie die Grenzfälle von Abb. 9.3 werden hier vertreten. Es besteht keine Einigkeit darin, wie sich Radius und Umfang einer rotierenden Scheibe verändern, deshalb wäre ein Experiment hilfreich.

Eine der ersten Lösungen des Ehrenfest-Paradoxons erfolgte mit Hilfe einer Lorentz-Interpretation von H. A. Lorentz [202] 1921 und H. E. IVES [167] 1939, die grundlegende Idee dürften aber mehrere andere Physiker auch gehabt haben. Deutlich später ist eine gründliche, relativistische Arbeit von Ø. GRØN, 1979 [132], der zutreffend feststellt: "Für genügend hohe Geschwindigkeiten kann das Material der

Scheibe auf Grund von Dewan-Beran-Spannungen (s. Kap. 9.4) radial aufbrechen." Auch W. PAULI [257] lässt sich zustimmend zitieren, wenn er sagt:" ... EHRENFEST hat gezeigt, dass ein starrer Körper nicht in Rotation versetzt werden kann." Das soll heißen: Ein ideal starrer Körper kann zwar Lorentz-Kontraktionen erleiden, aber unter der Einwirkung von Spannungskräften ändert er sich nicht, sonst wäre er nicht ideal starr. Er kann somit nicht in Rotation gebracht werden, ohne rissig, gedehnt oder gestaucht zu werden, denn die Lorentz-Kontraktion muss ja stattfinden. In gleicher Weise ließe sich sagen: "EHRENFEST hat gezeigt, dass ein rotierender starrer Körper nicht abgebremst werden kann." Eine These, der auch EINSTEIN in Briefen zugestimmt hat [353].

Eine ganz andere Frage ist, wie der Umfang und der Radius einer rotierenden Kreisscheibe im mitrotierenden, d. h. beschleunigten Bezugssystem untereinander zusammenhängen. Das ist Thema der Allgemeinen Relativitätstheorie und von C. W. BERENDA [19] untersucht worden. Darauf wird in Kap. 10.8 aus anderen Gründen eingegangen und die Überlegung von C. MØLLER [235] verwendet. Für die Ehrenfest-Paradoxie sind R' und $U' = 2\pi R'$ - Radius und Umfang einer rotierenden Kreisscheibe – im ruhenden Inertialsystem S' gemessene Größen und die Frage hieß: Wird U' gemäß der Speziellen Relativitätstheorie verkürzt gemessen und ist dann R' ebenfalls kürzer, aber das dann entgegen der relativistischen Vorhersage, oder ist R' konstant oder sogar größer als R, dann kann sich U' nicht nach Vorhersage der Speziellen Relativitätstheorie geändert haben. Andererseits lässt sich nicht länger behaupten, rotierende Scheiben und rotierende Inertialsysteme seien äquivalent. Die Rotation ideal starrer Scheiben lässt sich überhaupt nicht ändern und elastische Scheiben ändern sich materialabhängig. Beim Wechsel zwischen rotierenden Bezugssystemen gibt es diese Unterschiede nicht.

Es muss kein Zufall sein, dass die erste Lösung der Ehrenfest-Paradoxie mit Hilfe einer Lorentz-Interpretation gefunden wurde, denn sie hat didaktische Vorzüge. Für eine solche These spricht auch die katastrophale Vielfalt relativistischer Lösungsversuche. T. E. PHIPPS [263] hat sie tabellarisch zusammengefasst, in Abb. 10.7 sind sie, ergänzt um unseren Lösungsvorschlag, aufgelistet. Wie zu sehen ist, bleiben selbst die elementaren Fragen – ändern sich Umfang und/oder Radius der Scheibe relativ zum Inertialsystem S'? – insgesamt unbeantwortet, es fehlt ein Bezug zu den Grenzfällen von Abb. 9.3, für große Radien lassen sich Gerade und Kreis nicht unterscheiden und die theoretischen Lösungen müssten in normale Lorentz-Kontraktionen übergehen – alle diese Unzulänglichkeiten sprechen didaktisch für die Lorentz-Interpretation, wenn durch die Lorentzkontraktion bedingte Kraftwirkungen berücksichtigt werden müssen.

Weder liegen bislang ausführliche, materialabhängige Berechnungen für rotierende Scheiben vor, noch gibt es entsprechende Experimente. Für die Berechnungen dürfte die relativistische Version des hookeschen Gesetzes, Ø. GRØN[133], zusammen mit den Lorentz-Transformationen genügen, für die experimentelle Überprüfung eine Versuchsanordnung wie in [265], [201], [183], [383], [148], [353], [403], [385], [161], [306]. Bei der Fülle der Lösungsvorschläge erwartet der Autor keine einheitliche Zustimmung zu seinen Ausführungen. Die mathematischen und theoretisch-physikalischen Abhandlungen der Alternativen sind beeindruckend, jede für sich rechtfertigt eine experimentelle Überprüfung, in Hinblick auf das gesamte Lösungsspektrum sollten sie durchgeführt werden.

Das Ehrenfest-Paradoxon legt nahe: Lorentz-Kontraktionen können zu realen Längenverkürzungen führen, obwohl andererseits die Ruhlängen von Maßstäben unverändert bleiben und man sagen könnte, Maßstäbe von bewegten Inertialsystemen aus betrachtet erscheinen nur kürzer, sind es aber nicht. Für die Diskussion der Frage: Was ist an Lorentz-Kontraktionen real? – sie ist von großer Bedeutung für die relativistische Raum-Zeit-Theorie – ist es aber besser, wie in Kap. 9.4, den Grenzfall eines Kreisringes zu betrachten. Dort wurde das Ehrenfest-Paradoxon unter diesem Gesichtspunkt bereits diskutiert.

Das Ehrenfest-Paradox wird in relativistischen Lehrbüchern im Allgemeinen übergangen, meist stillschweigend, oft mit dem Argument Kreisbewegungen seien beschleunigte Bewegungen und deshalb Gegenstand der Allgemeinen Relativitätstheorie [allg]. Dazu ist anzumerken:

a) U' und R' sind für eine rotierende Kreisscheibe im Inertialsystem S' messbare Größen. Auch wenn U' und R' nur auf Grund allgemein-relativistischer Überlegungen vorhersagbar sein sollen, überzeugen könnte das Argument nur, wenn wenigstens das Ergebnis dieser Überlegungen (welchen Wert haben U' und R'?) genannt wird, was nicht geschieht.

b) Die Allgemeine Relativitätstheorie ist zuständig für beschleunigte Bezugssysteme, aber nicht für beschleunigte Bewegungen relativ zu Inertialsystemen. So heißt es bei FRENCH [115] : "Da EINSTEIN seine Allgemeine Relativitätstheorie ... auf der dynamischen Gleichberechtigung eines beschleunigten Labors und eines Labors unter dem Einfluss eines Schwerefeldes aufbaute, wird manchmal behauptet oder geschlossen, dass die Spezielle Relativitätstheorie nicht zur Behandlung beschleunigter Bewegungen geeignet sei. Diese Vorstellung ist jedoch falsch." So ist die Allgemeine Relativitätstheorie sogar zuständig für unbeschleunigte, geradlinige Bewegungen – vorausgesetzt, sie werden von beschleunigten Bezugssystemen aus betrachtet. [235]

c) Einerseits ist es richtig zu sagen, die Lorentz-Kontraktion sei die Folge einer Relativität der Gleichzeitigkeit und nicht Folge einer Kraft [59], andererseits gilt das aber nicht generell, wie das Ehrenfest-Paradox zeigt und die Sonderfälle in Kap. 9 gezeigt haben (s. a. die Diskussion mit W. T. HERING , Kap. 24.2).

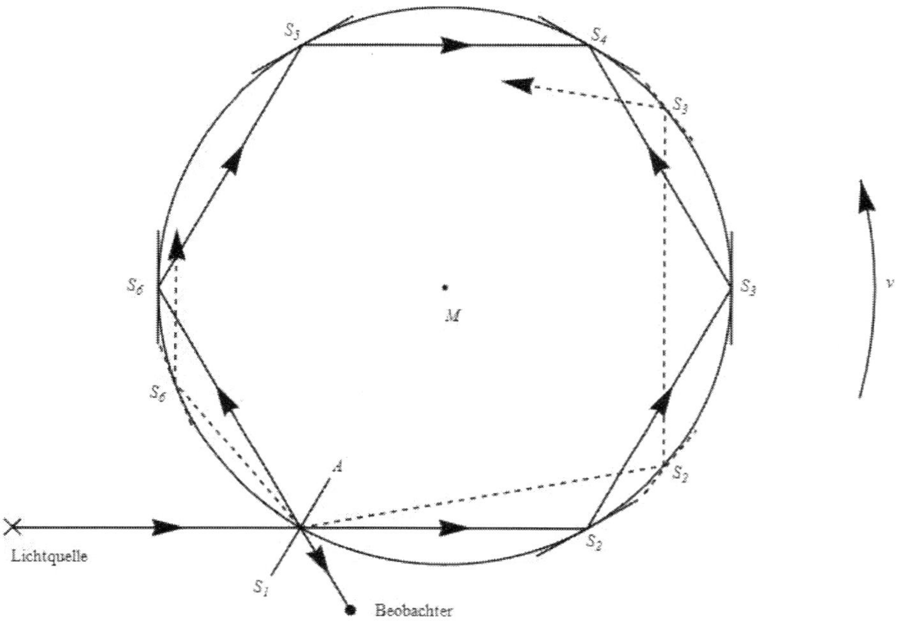

Abb. 10.7.1 Sagnac-Effekt

Licht der Quelle × wird durch den halbdurchlässigen Spiegel S_1 bei A in zwei kohärente Strahlen zerlegt und an weiteren Spiegeln S_2, S_3 ... S_6 reflektiert. Bei A treffen die Strahlen wieder aufeinander und interferieren. (Strahlengang in Ruhe: ____, in Bewegung: ......) Hier ist $n = 6$, erhöht man die Anzahl der Spiegel, nähert man sich einer Kreisbahn. Dann wird aus den Spiegeln S_i ,$i = 1,2$ ... n, ein Zylinder, dessen Innenseite verspiegelt ist und die mathematischen Formeln werden besonders einfach. Für endliche Werte von n sind dagegen die zu Grunde liegenden Inertialsysteme besonders anschaulich. Relativ zur rotierenden Scheibe ergibt sich, in Widerspruch zum Experiment, für die EI ein Nulleffekt, da Licht in allen Inertialsystemen in alle Richtungen den Wert c hat, gleichgültig wie sich die Scheibe dreht. Relativ zum Laborsystem stehen beide Interpretationen in Einklang mit der Beobachtung.

10.6 Bellsche Raumschiff-Paradoxie

s. Kap. 9.3 und 24.3

10.7 Sagnac-Effekt

Bei diesem Experiment befinden sich eine Lichtquelle $\times$, der Beobachter B, die Spiegel S_2 ... S_6 und der halbdurchlässige Spiegel S_1 auf einer rotierenden Scheibe, s. Abb. 10.7.1. Das von $\times$ ausgesandte Licht wird von S_1 in zwei Strahlen entgegengesetzter Richtung zerlegt. Nach einem Umlauf interferieren beide Strahlen bei S_1, die Interferenzen sind von B beobachtbar. Für das grundlegende Verständnis ist eine Messanordnung mit endlich vielen Spiegeln wie in Abb. 10.7.1 vorzuziehen, für die quantitative Berechnung der Grenzfall unendlich vieler Spiegel, denn dann bewegt sich das Licht in einem verspiegelten Zylinder kreisförmig längs des Scheibenrandes.

Relativ zum Laborsystem S berechnet sich die Laufzeitdifferenz für die EI und LI nach denselben Formeln. Für die LI gelten diese Formeln zunächst nur für das ausgezeichnete Inertialsystem, wegen des Relativitätsprinzips beschreiben sie aber das, was relativ zu jedem Inertialsystem gemessen wird. Lichtsignale in Drehrichtung benötigen bis zurück nach S_1 die Zeit t_+, entgegen der Drehrichtung die Zeit t_-, L ist der Umfang der mit v rotierenden Scheibe gemessen in S, d. h. L ist der lorentzkontrahierte Wert. Es gilt, s. Abb. 10.7.2+3.

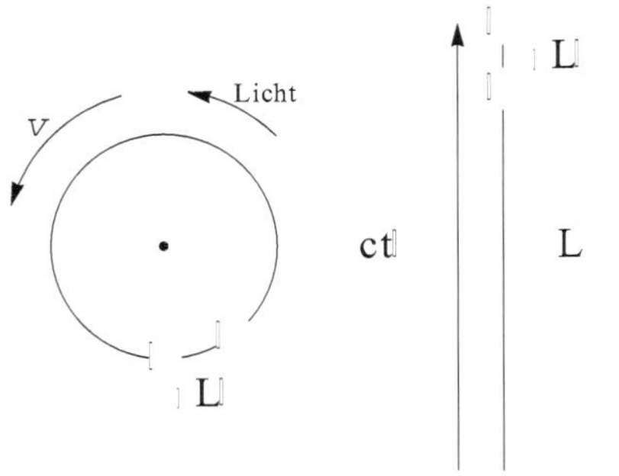

Abb. 10.7.2 Der Lichtweg in Bewegungsrichtung und abgerollt.

$$ct_+ = L + \Delta L_+ \tag{10.35}$$

$$vt_+ = \Delta L_+$$

$$t_+ = \frac{L}{c - v} \tag{10.36}$$

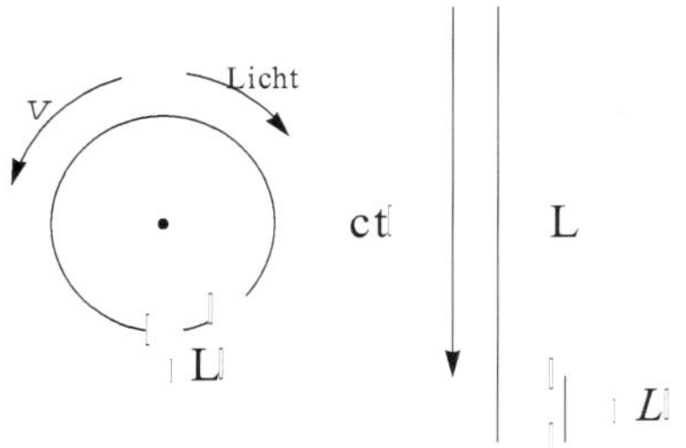

Abb. 10.7.3 Der Lichtweg entgegen der Bewegungsrichtung und abgerollt.

Entsprechend
$$ct_- = L - \Delta L_-$$
$$vt_- = \Delta L_-$$

(10.37)
$$t_- = \frac{L}{c+v}$$

(10.38)
$$t_+ - t_- = \frac{L}{c-v} - \frac{L}{c+v} = \frac{2Lv}{c^2(1-\beta^2)}$$

Formel (10.38) wird durch das Experiment vielfältig bestätigt, SELLERI [331].

Relativ zum mit der Scheibe verbundenen Koordinatensystem $S^{Scheibe}$ wird mit dort ruhenden Maßstäben und Uhren gemessen. Die Vorhersagen für die gemessenen Interferenzen dürfen sich nicht ändern. Für die LI trifft das zu, für die EI nicht.

LI:

(10.39)
$$t_+^{Scheibe} = t_+\sqrt{1-\beta^2}$$

(Uhren auf der Scheibe erfahren eine Zeitdilation)

(10.40)
$$t_-^{Scheibe} = t_-\sqrt{1-\beta^2}$$

(10.41)
$$L^{Scheibe} = \frac{L}{\sqrt{1-\beta^2}}$$

(wegen der Lorentzkontraktion)

Welche Geschwindigkeit hat Licht in Drehrichtung und entgegengesetzt – relativ zum Scheibenrand, gemessen mit dort ruhenden Uhren und Maßstäben?

(10.42) $$c_+^{Scheibe} = \frac{L^{Scheibe}}{t_+^{Scheibe}}$$

$$= \frac{L}{\sqrt{1-\beta^2}\, t_+ \sqrt{1-\beta^2}}$$ (wegen (10.39) und

(10.41)

(10.43) $$= \frac{c-v}{1-\beta^2}$$ (wegen (10.36))

Entsprechend

(10.44) $$c_-^{Scheibe} = \frac{c+v}{1-\beta^2}$$

(10.45) $$t_+^{Scheibe} - t_-^{Scheibe} = \frac{L^{Scheibe}}{c_+^{Scheibe}} - \frac{L^{Scheibe}}{c_-^{Scheibe}}$$

$$= \frac{2Lv}{c^2(1-\beta^2)}\left(1-\beta^2\right)^{1/2}$$

(10.46) $$= \left(t_+ - t_-\right)\left(1-\beta^2\right)^{1/2}$$ wie in (10.38)

Für die LI ergibt sich dasselbe Ergebnis für S und $S^{Scheibe}$. Ist S nicht das ausgezeichnete Inertialsystem, beschreiben die Formeln wegen des RP das, was gemessen wird. Für die EI sind die Formeln (10.43) und (10.44) falsch. Die Lichtgeschwindigkeit hat für die EI in jedem Punkt des Scheibenrandes (und auch in den übrigen der Scheibe) den Wert c.

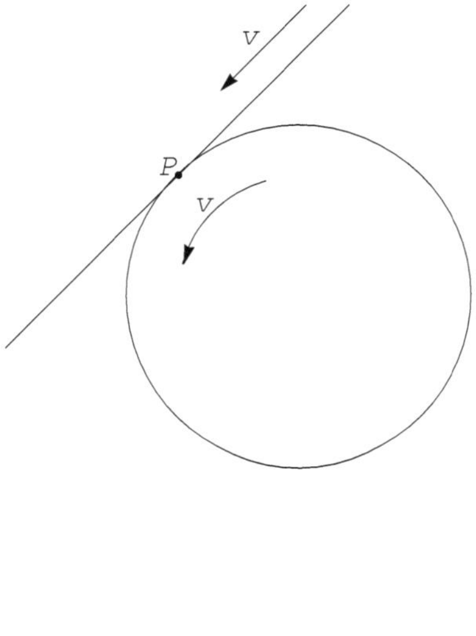

Abb. 10.7.4 Lichtgeschwindigkeit im Punkt P

Man lege an den beliebigen Punkt P der Scheibe die Tangente, s. Abb. 10.7.4. Ein sich längs der Tangente mit der Geschwindigkeit v bewegender Stab bildet ein Inertialsystem, in dem P ruht. In allen Inertialsystemen hat Licht in allen Punkten und in allen Richtungen die Geschwindigkeit c, also auch Licht in und entgegen der Drehrichtung. Da P beliebig ist, gilt: Lichtsignale längs des Umfangs der Scheibe haben überall die Geschwindigkeit c, unabhängig ob sie sich in Drehrichtung oder entgegengesetzt bewegen. Deshalb entstehen für die Lichtwellen in beide Richtungen keine Laufzeitunterschiede und der Sagnac-Effekt verschwindet – im Widerspruch zum Experiment. In Formeln, EI:

$$t_+^{Scheibe} - t_-^{Scheibe} = \frac{L^{Scheibe}}{c} - \frac{L^{Scheibe}}{c} = 0 \qquad (10.47)$$

Für die LI gilt diese Überlegung nicht, da die Inertialsystemforderung, s. Kap. 10.8.6, verletzt ist, denn es wird ein physikalischer Vorgang relativ zu sogar unendlich vielen Inertialsystemen beschrieben. Dagegen ist es erlaubt, das Sagnac-Experiment relativ zu einem beliebigen Inertialsystem zu beschreiben, z. B. das für P der Abb. 10.7.4, ohne dass sich ein Widerspruch zum Experiment ergibt. Die Rechnung muss man nicht durchführen, da das RP gilt. Gibt es ein Argument für die EI, in diesem Fall die Anwendung von unendlich vielen Inertialsystemen zu verbieten? Dem Autor ist keines bekannt. Im Gegenteil, zur Lösung der Ehrenfest-Paradoxie werden von HERING, Kap. 24.2, genau diese Inertialsysteme eingeführt.

Ein andersartiger Rettungsversuch liegt im Hinweis, dass hier rotierende (d. h. beschleunigte) Bezugssysteme vorliegen, s. CZERNIAWSKI, Kap. 8.4 und [190, §89]. Ganz aktuell: PETKOV [261]. Das führt zu den richtigen Formeln (10.44), beseitigt aber die Paradoxie durch Formel (10.47) nicht. Es ist lediglich ein zusätzlicher Ansatz, der zu einer richtigen Lösung führt. Um die Paradoxie zu beseitigen, muss die Inertialsystemforderung der LI (oder etwas Äquivalentes) angewendet werden.

Die Bedeutung des Sagnac-Effektes für die Lorentz-Interpretation (LI) hat SELLERI [328], [331] gründlich untersucht. SELLERI verwendet in seinen Berechnungen die sog. Inertialen Transformationen, die zur Lösung der relativistischen Paradoxien besonders geeignet sind. Ein weiteres, überzeugendes Anwendungsbeispiel der Inertialen Transformationen, das in diesem Buch nicht behandelt wird, ist die Aberration [331].

Übungsaufgabe: Erklären Sie die Aberration relativ zum Inertialsystem Erde.

Antwort: Es misslingt, s. SELLERI [331], die Erde ist in guter Näherung ein Inertialsystem, im Laufe eines Jahres fortlaufend ein anderes. Inertialsystemforderung erfüllt?

10.8 Uhren- oder Zwillingsparadoxie

10.8.1 Einleitung

Das Uhrenparadoxon von LANGEVIN [191] ist in zahllosen Fachartikeln [zwi] bis in die Gegenwart immer wieder abgehandelt worden. So werden in [219] über 200 Zitate zu diesem Thema aufgelistet und das ist keineswegs vollständig. Darin steckt ein psychologisches Problem; man bedenke, das sind Fachleute, die in ihrer täglichen Arbeit mit weitaus komplizierteren Themen zu tun haben, als es die Anwendung der Lorentz-Transformationen auf eine geradlinige Hin- und Rückreise eines Weltraumfahrers von verschiedenen Inertialsystemen aus sein kann. Es muss nach einigen Seiten Rechnung eine klare Antwort geben: Es geht oder geht nicht. Die Fülle der Artikel spricht für einen unerklärten Rest bei dieser Paradoxie und das soll im Folgenden herausgearbeitet werden.

Psychologisch lässt sich verstehen, warum ein innerer Widerspruch, wenn es ihn gibt, so überhaupt keine Konsequenzen in der Praxis hat: Was in der Wirklichkeit passiert, sagt die Relativitätstheorie – und ohne LI nur sie – richtig voraus. Nämlich: Bewegt sich ein Weltraumfahrer relativ zu S die Zeit $2\Delta t$ bis zu einem Ort $x = L$ hin und zurück mit der Geschwindigkeit v so ist der Weltraumfahrer wegen der Zeitdilatation um $2\Delta t/\gamma$ gealtert, d. h. weniger als der zu Hause gebliebene Zwilling. An dieser theoretischen Vorhersage der Speziellen Relativitätstheorie gibt es keinen Zweifel und genau dieser Effekt ist durch die Versuche von HÄFELE-KEATING [143] und [2] experimentell abgesichert, s. Kap. 5.2. Was ist ein Flug um die Erde anderes als eine Weltraumreise, abgesehen von dem Unterschied, dass Atomuhren und Flugpersonal lediglich um 50 Mikrosekunden und nicht um 50 Jahre jünger geblieben sind?

Da Zweifel an dieser beeindruckenden Vorhersage ausscheiden, kann die Relativitätstheorie nicht falsch sein. Sie enthält – wie zu diskutieren ist – einen Widerspruch, der beseitigt werden muss. Der Widerspruch heißt: eine folgerichtige Anwendung der Lorentz-Transformationen hat die widersprüchliche Konsequenz, beide Zwillinge sind zugleich älter und auch nicht.

Ziel dieses Kapitels ist es, zunächst das Zwillingsparadoxon auf der Basis der Speziellen Relativitätstheorie schrittweise zu analysieren. Es gibt eine klare Position bis zu der die Paradoxie klassisch auflösbar ist.

Diese Position muss man nicht als Lösung akzeptieren. Deshalb wird im zweiten Schritt die Allgemeine Relativitätstheorie herangezogen (in allgemeinverständlicher Form, ohne mathematische Beweise, aber mit präzisen Hinweisen auf die Literatur). Alternativ zu beiden, als ultima ratio, steht ein Vergleich der Paradoxie mit der Situation in der Lorentz-Interpretation. Letztere hat den eindeutigen Vorzug, ein Inertialsystem auszuzeichnen, und im Zweifelsfall gelten die Überlegungen relativ zu diesem System.

Ziel des Autors ist es, jede der drei Positionen verständlich und überzeugend darzulegen, die eigentliche Entscheidung liegt beim Leser.

Es soll noch darauf hingewiesen werden, dass die in [328] behandelte Paradoxie der Thomaspräzession mit denselben Prinzipien lösbar sind wie das Zwillingsparadoxon (Inertialsystemforderung, Ausschluss von Synchronisationseffekten).

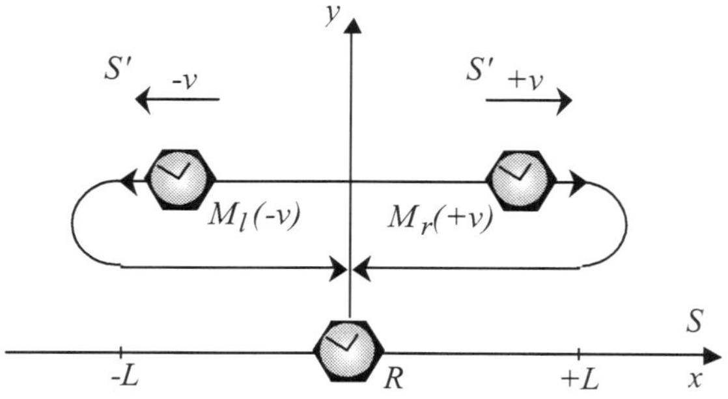

Abb. 10.8 Gedankenexperiment zum Uhrenparadoxon.

In S ruhe die Uhr R bei $x = 0$, die Uhr $M_l(-v)$ bewegt sich nach links relativ zu S mit $-v$ bis $x = -L$ und von dort zurück mit $+v$ nach $x = 0$. Die Uhr $M_r(+v)$ bewegt sich nach rechts mit $+v$ bis $x = +L$ und von dort zurück mit $-v$ nach $x = 0$. Alle Uhren befinden sich zur Zeit $t = 0$ an der Stelle $x = 0$

10.8.2 Vorbemerkung zur Eigenzeit

Grundlage dieser Diskussion ist die Arbeit von McCrea [225] mit einer Ergänzung von Ives [168], bei der Fülle der Literatur zu diesem Thema sind frühere Arbeiten mit gleichem Lösungsansatz nicht auszuschließen. Im folgenden geht es stets darum, die Eigenzeiten von Uhren mit den von irgendwelchen Beobachtern vorhergesagten Zeiten zu vergleichen. Eigenzeiten sind die Zeiten, die eine bewegte Uhr selbst anzeigt, also misst.

Zunächst die Bezeichnungen: Es werden Uhren in den Inertialsystemen *S*, *S'*. *S''* untersucht, *S'* bewegt sich relativ zu *S* mit *v* in positive *x*-Richtung, *S''* hat die Geschwindigkeit $-v$ und bewegt sich in die negative *x*-Richtung. Ruhende Uhren werden mit *R* bezeichnet, $R(x), R'(x'), R''(x'')$ sind Uhren, die in *S*, *S'*, *S''* an den Positionen x, x', x'' ruhen. Bewegte Uhren werden mit *M* bezeichnet.

Die Uhrenparadoxie geht von folgendem Bewegungsablauf aus, s. Abb. 10.8: In *S* ruht die Uhr *R* an der Stelle $x = 0$, relativ zu *S* bewegt sich eine Uhr $M_l(-v)$ nach links mit der Geschwindigkeit $-v$ bis zur Position $x = -L$, kehrt um, und bewegt sich von $x = -L$ zurück nach $x = 0$ mit der Geschwindigkeit $+v$. Entsprechend bewegt sich eine Uhr $M_r(+v)$ in *S* nach rechts mit der Geschwindigkeit $+v$ bis zur Position $x = +L$, kehrt um, und erreicht mit der Geschwindigkeit $-v$ wieder $x = 0$ (Statt Uhren kann man sich Zwillinge oder Weltraumfahrer vorstellen). Die paradoxen Zustände ergeben sich, wenn man die Bewegungszeiten (Reisezeiten) der Uhren (Zwillinge) relativ zueinander betrachtet: *R* sieht die Uhren $M_l(-v)$, $M_r(+v)$ ständig in Bewegung und umgekehrt sehen $M_l(-v)$, $M_r(+v)$ die Uhr *R* sich vor und zurück bewegen. Jede sagt von der anderen eine Zeitdilatation voraus, jede Uhr erwartet ein Nachgehen (jung bleiben) der anderen Uhr.

Beschleunigungseinwand:

Die Uhren $M_l(-v)$, $M_r(+v)$ werden an der Stelle $x = -L$, $x = +L$ beschleunigt, die Vorhersagen der beschleunigten Uhren lassen sich nicht aus den Lorentz-Transformationen entnehmen, die Allgemeine Relativitätstheorie ist zuständig. Dieser Einwand besteht zu Recht, wenn man die Beschleunigungsphasen bei $x = -L$, $x = +L$ explizit berücksichtigen will. Man kann aber sagen: Die Beschleunigungsphasen sind beliebig klein relativ zur Gesamtzeit und können vernachlässigt werden. Aber dieser Einwand wird nicht generell akzeptiert und deshalb hier genauer untersucht. Die Diskussion der Beschleunigungsphasen wird auf Kap. 10.7 verschoben, wo die Allgemeine Relativitätstheorie zu Wort kommt.

Eliminierung des Beschleunigungseinwandes:

Die Bewegung von Uhr $M_l(-v)$ wird aufgelöst in die Bewegung von zwei Uhren R_l' und R_l''. Die Uhr R_l' bewege sich bis $x = -L$ wie die Uhr $M_l(-v)$, d. h. sie ruht in *S'*. An der Stelle $x = -L$ kommt ihr die Uhr R_l'' entgegen, übernimmt die Uhrzeit von R_l' und fliegt weiter nach $x = 0$. Entsprechend wird die Reise von Uhr $M_r(+v)$ in zwei sich bei $x = +L$ begegnende Uhren R_r'' und R_r' zerlegt.

Jetzt sind alle Beschleunigungsphasen eliminiert und die Lorentz-Transformationen sind ohne Einschränkung anwendbar. Es kann miteinander verglichen werden: Die von R_l'', R_r' und *R* angezeigten Zeiten an der Position $x = 0$ und die gegenseitig vorhergesagten Zeiten. Alle Zeiten werden relativ zu *S*, *S'*, *S''* vollständig berechnet, wobei für *S'* und *S''* aus Symmetriegründen diese Rechnungen nur ein

Vertauschen von Indizes bedeutet. *Um eine komplizierte Schreibweise zu vermeiden, wird weiterhin von den Uhren* $M_l(-v)$ *und* $M_r(+v)$ *gesprochen. Es sind nunmehr gedachte Uhren, die in Wirklichkeit aus zwei sich bei* $x=-L$*, bzw.* $x=+L$ *treffenden realen Uhren bestehen.*

S	***S'***	***S''***
$x=0$ $t=0$	$x'=0$ $t'=0$	$x''=0$ $t''=0$
$x=-L$ $t=\frac{L}{v}$	$x'=-2\gamma L$ $t'=\frac{\gamma L}{v}\left(1+v^2/c^2\right)$	$x''=0$ $t''=\frac{\gamma L}{v}\left(1-v^2/c^2\right)$
$x=+L$ $t=\frac{L}{v}$	$x'=0$ $t'=\frac{\gamma L}{v}\left(1-v^2/c^2\right)$	$x''=+2\gamma L$ $t''=\frac{\gamma L}{v}\left(1+v^2/c^2\right)$
$x=0$ $t=\frac{2L}{v}$	$x'=-2\gamma L$ $t'=\frac{2\gamma L}{v}$	$x''=+2\gamma L$ $t''=\frac{2\gamma L}{v}$
$x=-L$ $t=\frac{2L}{v}$	$x'=-3\gamma L$ $t'=\frac{\gamma L}{v}\left(2+v^2/c^2\right)$	$x''=+\gamma L$ $t''=\frac{\gamma L}{v}\left(2-v^2/c^2\right)$
$x=+L$ $t=\frac{2L}{v}$	$x'=-\gamma L$ $t'=\frac{\gamma L}{v}\left(2-v^2/c^2\right)$	$x''=+3\gamma L$ $t''=\frac{\gamma L}{v}\left(2+v^2/c^2\right)$

Abb. 10.9 Tabelle: Koordinaten verschiedener Positionen in *S*, *S'*, *S''*

Lesebeispiel: Zeigt in *S* an der Stelle $x=0$ die Uhr die Zeit $t=2L/v$, hat sie in *S'* die Position $x'=-2\gamma L$ und eine an diesem Ort in *S'* ruhende Uhr zeigt die Zeit $t'=2\gamma L/v$

In der Tabelle Abb. 10.9 sind die wesentlichen Positionen in *S* mit Hilfe der Lorentz-Transformationen in die entsprechenden Koordinaten von *S'* und *S''* umgerechnet worden. So hat beispielsweise die Koordinate $x=0$ zur Zeit $t=2L/v$ in *S''* den Wert $x''=2\gamma L$. Man erhält diese Werte durch Einsetzen der *x*-, *t*-Werte in die Formeln (4.1) der Lorentz-Transformationen durch elementare Rechnung.

Übungsaufgabe: Man überprüfe die Tabelle durch eigene Rechnung

10.8.3 Eigenzeiten relativ zu *S*, *S'*, *S''*

Wir berechnen jetzt die Eigenzeiten der Uhren *R*, $M_l(-v)$, $M_r(+v)$ relativ zu allen drei Inertialsystemen *S*, *S'*, *S''* unter Verwendung der Lorentz-Transformationen. Die Lorentz-Transformationen gelten relativ zu beliebigen Inertialsystemen. Gleichgültig, welches man auswählt, die an den Uhren ablesbaren Zeiten bei ihrer Rückkehr in $x = 0$ müssen bei jeder Auswahl übereinstimmen. Unter Eigenzeit einer Uhr versteht man die Zeit, die eine Uhr fortlaufend anzeigt. Sie werde, wie in der Literatur üblich, mit τ bezeichnet, so dass man folgende Größen hat:

$\tau(R)$	sei die Eigenzeit der Uhr *R* zur Zeit $t = 2L/v$
$\tau(M_l(-v))$	sei die Eigenzeit der Uhr $M_l(-v)$ zur Zeit $t = 2L/v$
$\tau(M_r(+v))$	sei die Eigenzeit der Uhr $M_r(+v)$ zur Zeit $t = 2L/v$

relativ zu *S*.

$\tau'(R)$, $\tau'(M_l(-v))$, $\tau'(M_r(+v))$ sind die entsprechenden Eigenzeiten relativ zu *S'* und analog für τ''. Mit anderen Worten, wir berechnen die Eigenzeiten von *R*, $M_l(-v)$, $M_r(+v)$ relativ zu verschiedenen Inertialsystemen. Stets muss für jede Uhr derselbe Wert vorhergesagt werden, andernfalls bestünde ein Widerspruch zum Experiment.

Das Inertialsystem *S* hat bei diesem Gedankenexperiment eine Sonderstellung, da alle Vorgänge mit bestimmten Koordinaten in *S* beginnen und enden sollen, was aus der Aufgabenstellung folgt.

Betrachten wir zuerst alle Vorgänge relativ zu *S*.

(10.50) $$\tau(R) = \frac{2L}{v}$$

Wenn *R* diese Zeit anzeigt, sind alle Uhren wieder bei $x = 0$.

(10.51) $$\tau(M_l(-v)) = \frac{2L}{\gamma v}$$

(10.52) $$\tau(M_r(+v)) = \frac{2L}{\gamma v}$$

$M_l(-v)$ bewegt sich die Zeitdauer $2L/v$ mit der Geschwindigkeit vom Betrag *v*, sie erleidet eine Zeitdilatation um den Faktor $1/\gamma$. Für $M_r(+v)$ gilt dasselbe, das Vorzeichen von *v* spielt keine Rolle, da *v* quadratisch in γ eingeht.

Genau dieselben Vorhersagen müssen sich relativ zu *S'* ergeben:

Relativ zu *S'* bewegt sich die Uhr *R* für die Dauer $t' = 0$ bis $t' = 2\gamma L/v$ von $x' = 0$ bis $x' = -2\gamma L$ (dies entspricht $x = 0$, $t = 2L/v$) mit der Geschwindigkeit $+v$. Mit *v* bewegte Uhren gehen um den Faktor $1/\gamma$ langsamer. Uhr R zeigt von S' aus betrachtet die Zeit:

(10.53) $$\tau(R) = \frac{2\gamma L}{v}\frac{1}{\gamma} = \frac{2L}{v}$$

Die Uhr $M_l(-v)$ bewegt sich in S' mit der Geschwindigkeit

(10.54) $$w' = \frac{-2v}{1+v^2/c^2}$$

für die Zeit $t_1' = 0$

(10.55) $$t_2' = \frac{\gamma L}{v}\left(1+v^2/c^2\right)$$

und ruht danach in S' bis

(10.56) $$t_3' = \frac{2\gamma L}{v}$$

an der Stelle $x' = -2\gamma L$

(Formel (10.54) entspricht Formel (4.13), relativ zu S' bewegt sich S mit $-v$ und in S bewegt sich $M_l(-v)$ mit $-v$.)

$M_l(-v)$ zeigt die Zeit:

(10.57) $$\begin{aligned}\tau'(M_l(-v)) &= \frac{t_2' - t_1'}{\gamma(w')} + (t_3' - t_2')\\ &= \frac{\gamma L}{v}\left(1+v^2/c^2\right)\sqrt{1-w'^2/c^2} + \frac{2\gamma L}{v} - \frac{\gamma L}{v}\left(1+v^2/c^2\right)\end{aligned}$$

(im ersten Summanden wird die Zeitdilatation für die Geschwindigkeit w', danach Formel (10.54) berücksichtigt)

(10.58) $$\begin{aligned}\tau'(M_l(-v)) &= \frac{2\gamma L}{v}\left(1-v^2/c^2\right)\\ &= \frac{2L}{\gamma v}\end{aligned}$$

Die Uhr $M_r(+v)$ ruht in S' für die Zeit von $t_1' = 0$ bis

(10.59) $$t_2' = \frac{\gamma L}{v}\left(1-v^2/c^2\right)$$

und hat die Geschwindigkeit

(10.60)
$$w' = \frac{-2v}{1+v^2/c^2}$$

von

(10.61)
$$t_2' = \frac{\gamma L}{v}\left(1-v^2/c^2\right)$$

bis

(10.62)
$$t_3' = \frac{2\gamma L}{v}$$

$M_r(+v)$ zeigt die Zeit:

(10.63)
$$\tau'(M_r(+v)) = \frac{\gamma L}{v}\left(1-v^2/c^2\right)+\left[\frac{2\gamma L}{v}-\frac{\gamma L}{v}\left(1+v^2/c^2\right)\right]\sqrt{1-w'^2/c^2}$$

wegen $\Delta t'/\gamma(w')$

$$\tau'(M_r(+v)) = \frac{2\gamma L\left(1-\left(v^2/c^2\right)^2\right)}{v\left(1+v^2/c^2\right)}$$

(im zweiten Summanden wird die Zeitdilatation für die Geschwindigkeit w', danach Formel (10.60) berücksichtigt)

(10.64)
$$\tau'(M_r(+v)) = \frac{2L}{\gamma v}$$

Relativ zu S'' ergibt sich analog:

(10.65)
$$\tau''(R) = \frac{2L}{v}$$

(10.66)
$$\tau''(M_l(-v)) = \frac{2L}{\gamma v}$$

(10.67)
$$\tau''(M_r(+v)) = \frac{2L}{\gamma v}$$

Relativ zu S, S', S'' wird für jede der Uhren dasselbe vorausgesagt

Dieser Lösung von McCREA stimmt der Autor zu, man kann aber kontrovers fortfahren:

10.8.4 Eigenzeiten mit Wechsel von *S'* und *S''*

Es gibt eine weitere Methode, die Eigenzeiten der Uhren $M_l(-v)$, $M_r(+v)$ zu berechnen, die zu korrekten Ergebnissen führt.

Dazu berechnet man die Eigenzeiten der Uhren bei ihrer Rückkehr an $x = 0$ nach der Zeit $t = 2L/v$ so, als ob sie ein mit ihnen mitbewegter Beobachter fortlaufend abgelesen hätte. Ein solcher Beobachter wechselt das Inertialsystem bei Umkehr der Bewegung:

Eigenzeit von Uhr *R*:

(10.70) $$\tau(R) = \frac{2L}{v}$$

Eigenzeit von $M_l(-v)$:

Sie ruht in *S''* von $t_1'' = 0$ bis sie in *S* an der Stelle $x = -L$ zur Zeit $t = L/v$ ankommt. Dann hat sie lt. Tabelle in *S''* die Zeit

(10.71) $$t_2'' = \frac{\gamma L}{v}\left(1 - v^2/c^2\right)$$

Anschließend ruht sie in *S'* von

(10.72) $$t_1' = \frac{\gamma L}{v}\left(1 + v^2/c^2\right)$$

bis $$t_2' = \frac{2\gamma L}{v}$$

denn dies entspricht den Werten $x = -L$, $t = L/v$ und $x = 0$, $t = 2L/v$. Die Eigenzeit von Uhr $M_l(-v)$ ist das Intervall

(10.74)
$$\begin{aligned}\tau(M_l(-v)) &= \left(t_2'' - t_1''\right) - \left(t_2' - t_1'\right)\\ &= \frac{\gamma L}{v}\left[\left(1 - v^2/c^2\right) + 2 - \left(1 + v^2/c^2\right)\right]\\ &= \frac{2\gamma L}{v}\left(1 - v^2/c^2\right)\\ &= \frac{2L}{\gamma v}\end{aligned}$$

Eigenzeit der Uhr $M_r(+v)$:

$M_r(+v)$ ruht in *S'* genauso lange wie $M_l(-v)$ in *S''* und in *S''* genauso lange wie $M_l(-v)$ in *S'*, sie hat also die gleiche Eigenzeit

(10.75) $$\tau(M_r(+v)) = \frac{2L}{\gamma v}$$

(10.74) und (10.75) stimmen mit (10.64) überein. Beide Vorhersagen sind korrekt. Das besondere an dieser Methode besteht im folgenden: Zur Berechnung der Eigenzeiten wird das Inertialsystem gewechselt, bei der ersten Methode, Kap. 10.8.3, bleibt es dasselbe. Aber in *S'* und *S"* wird nur die Information verwendet, die die Uhr anzeigt, die sich unmittelbar neben der Uhr $M_l(-v)$ bzw. $M_r(+v)$ befindet. Mit anderen Worten, es spielt keine Rolle, ob die Uhren in *S'* und *S"* richtig synchronisiert sind, es genügt, dass sie keine technischen Defekte haben, da man nur die an einer Uhr ablaufende Zeit abliest.

Nach dieser Methode kann die Eigenzeit einer Uhr auch experimentell bestimmt werden. Man bewegt die Uhr nach $x = L$ und zurück nach $x = 0$ und erhält den Wert von (10.64). Zur Kontrolle schaut man jeweils nach, wie lange die Uhr sich in *S'* und *S"* aufhält. Es müssten die Werte (10.71) und (10.72)–(10.73) ablesbar sein. Diese Methode entspricht sehr gut der Situation eines Raumfahrers, der bei seiner Umkehr vom Inertialsystem *S'* in das Inertialsystem *S"* wechselt, und stets die Zeit einer mitgeführten Uhr abliest. Auch dieses Vorgehen liefert keinen Widerspruch.

10.8.5 Widersprüchliche Folgerungen beim Uhrenparadoxon und ihre Eliminierung

Wir betrachten nun folgendes Verhalten, das zu einer widersprüchlichen Aussage führt:

In *S'* sieht die Uhr $M_r(+v)$ die Uhr $M_l(-v)$ für die Dauer $t' = 0$ bis

(10.80) $$t' = \frac{\gamma L}{v}\left(1 - v^2/c^2\right)$$

sich mit der Geschwindigkeit

(10.81) $$w' = \frac{-2v}{1 + v^2/c^2}$$

bewegen, danach wechselt die Uhr $M_r(+v)$ nach *S"* und die Uhr $M_l(-v)$ nach *S'*. In *S"* sieht jetzt $M_r(+v)$ die Uhr $M_l(-v)$ für die Dauer

(10.82) $$t'' = \frac{\gamma L}{v}\left(1 + v^2/c^2\right)$$

bis

(10.83) $$t'' = \frac{2\gamma L}{v}$$

sich mit der Geschwindigkeit

(10.84) $$w'' = \frac{+2v}{1+v^2/c^2}$$

bewegen. Während ihrer ganzen Eigenzeit von $2L/(\gamma v)$ sieht sie $M_l(-v)$ sich mit dem Betrag $w = -w' = w''$ bewegen. Uhr $M_r(+v)$ sagt also für $M_l(-v)$ eine Zeitdilatation voraus mit dem Wert:

(10.85) $$\frac{2L}{\gamma v}\sqrt{1-w^2/c^2} = \frac{2L\left(1-v^2/c^2\right)^{3/2}}{1+v^2/c^2}$$

$M_r(+v)$ sagt von $M_l(-v)$, sie gehe um den Faktor $\sqrt{1-w^2/c^2}$ langsamer als sie selber.

Wie die ganz analoge Rechnung zeigt, sagt umgekehrt $M_l(-v)$ von $M_r(+v)$, sie gehe um diesen Faktor langsamer.

Man kann dieses Spiel noch fortsetzen, schließlich sehen sowohl $M_l(-v)$ als auch $M_r(+v)$ die Uhr R ständig in Bewegung und errechnen für R eine Zeitdilatation. $M_l(-v)$ sieht R sich mit v entfernen und wieder zurückkehren. Dies gilt wieder für die Dauer der Eigenzeit von $M_l(-v)$. Die Eigenzeit multipliziert mit dem Faktor $1/\gamma$ für die Zeitdilatation und es wird das kontradiktorische Zeitintervall von $M_l(-v)$ für R vorausgesagt:

(10.86) $$\frac{2L}{v}\left(1-v^2/c^2\right)$$

$M_r(+v)$ macht dieselbe Vorhersage, denn seine Eigenzeit ist dieselbe wie die von $M_l(-v)$ und auch $M_r(+v)$ sieht R sich stets mit v bewegen.

Der – nicht korrekte – Einwand für diese Beispiele lautet in der Regel, beide Vorgänge seien unsymmetrisch, denn bezüglich $M_l(-v)$, $M_r(+v)$, Formel (10.85), ist der Vorgang symmetrisch.

Zahlenbeispiel zur speziell-relativistischen Lösung des Uhrenparadoxons und zu Formeln (10.85) und (10.86):

Es sei $$v = 0.866\ c = 2.6\ 10^5 \text{ km/s}$$

$$L = 0.866 \text{ Lichtjahre} = 2.6\ 10^5 \text{ km}$$

Dann ist, Formeln (10.50) bis (10.75):

$$\tau(R) = \tau'(R) = \tau''(R) = 2L/v = 2\text{Jahre}$$

$$\gamma = 2$$

$$\tau(M_r(+v)) = \tau'(M_r(+v)) = \tau''(M_r(+v))$$
$$= \tau(M_l(-v)) = \tau'(M_l(-v)) = \tau''(M_l(-v))$$
$$2L/(\gamma v) = 1 \text{ Jahr}$$

Die Uhr $M_l(-v)$ befindet sich in *S*", Formel (10.71): 0.5 Jahre und in *S'*, Formel (10.73)–(10.72): 0.5 Jahre. Sie sieht $M_r(+v)$ sich bewegen mit w'' = 0.9897 c, Formel (10.84), und sagt für $M_r(+v)$ die falsche Zeit von 0.1429 Jahren, Formel (10.85), sowie für *R* die falsche Zeit von 0.5 Jahren, Formel (10.86), voraus. (In (10.85) kann man w'' explizit einsetzten und erhält denselben Zahlenwert.)

Wie ist der Widerspruch lösbar? Die folgenden Einwände a) bis d) scheiden zunächst einmal aus:

a) Sind Rechenfehler die Ursache für die antinomischen Vorhersagen? Man vergleiche mit den Formeln für die Berechnung der Eigenzeit nach Methode Kap. 10.8.4, die ein richtiges Ergebnis liefert. Dies wird nur noch mit dem Faktor $1/\gamma$ multipliziert. Darüber hinaus tritt das Ergebnis (10.86) in der allgemein-relativistischen Lösung, Formel (10.94), auf.

b) Man sagt, die Uhr $M_r(+v)$ wird ständig als ruhend angesehen, aber beim Wechsel von *S'* nach *S*" wird sie beschleunigt. Die Uhr $M_r(+v)$ befindet sich somit nicht in einem Inertialsystem, sondern in einem beschleunigten Bezugssystem, deshalb ist die Allgemeine Relativitätstheorie zuständig. Dies ist natürlich richtig, die Uhr $M_r(+v)$ als reale Uhr betrachtet ruht in einem beschleunigten Bezugssystem, es ist falsch, in einem solchen Bezugssystem ungeprüft die Formeln für die Zeitdilatation, die aus den Lorentz-Transformationen abgeleitet sind, anzuwenden. Siehe Kap. 10.8.7 für die Anwendung der Allgemeinen Relativitätstheorie. Es hilft aber nicht wegen c).

c) Wie muss man argumentieren, wenn die Uhr $M_r(+v)$ wieder durch zwei Uhren R_r' und R_r'' realisiert wird, wobei R_r'' die Zeit von R_r' bei ihrer Begegnung übernimmt? Die Allgemeine Relativitätstheorie ist dann nicht zuständig. Es hilft auch nichts, dass mit (10.85) eine Vorhersage gemacht wird, von der man weiß, dass sie falsch ist, dass man die richtige Vorhersage kennt und dies sogar experimentell bestätigt ist. Daraus folgt nur, dass die Antinomie keine praktische Bedeutung hat, da man den richtigen Wert auf andere, sogar einfachere Weise gewinnt und man sich dessen auch bewusst ist.

d) Könnten die antinomischen Formeln (10.85) ihre Ursache in einer Nichtbeachtung der Relativität der Gleichzeitigkeit haben? $M_l(-v)$ und $M_r(+v)$ wechseln ihr Inertialsystem *S'* und *S*" gleichzeitig relativ zu *S*, aber nicht relativ zu *S'* oder *S*". Wenn $M_l(-v)$ an der Stelle $x = -L$ wechselt, sagt $M_l(-v)$, $M_r(+v)$ hat noch nicht gewechselt, sobald $M_l(-v)$ gewechselt hat und sich in *S'* befindet, sagt

$M_l(-v)$, $M_r(+v)$ hat längst vor mir gewechselt. Genau diesen Sachverhalt drückt die obige Herleitung quantitativ aus und die Rechnung ergibt unvermeidlich Formel (10.85).

Ernsthafte Einwände gegen die Herleitung von (10.85) sind nicht in Sicht, man muss sie als richtig ansehen; ein falsches Resultat ergibt sich, wenn ein physikalischer Vorgang – die Bewegung von $M_r(+v)$ – nicht von einem frei gewählten, dann aber unveränderten Inertialsystem aus beschrieben wird, sondern im Wechsel zu zwei oder mehreren Inertialsystemen. Das Relativitätsprinzip und damit die Lorentz-Transformationen gelten für beliebige Inertialsysteme, aber ein *beliebiger Wechsel ist nicht erlaubt.* Man kann es auch so ausdrücken: Die Lorentz-Transformationen gelten relativ zu einem Inertialsystem. Ein schneller Wechsel zwischen Inertialsystemen ist selbst kein Inertialsystem mehr. Das Bezugssystem, relativ zu dem man den Vorgang beschreibt, ist dann für kurze Momente beschleunigt.

Diese Einschränkung sei die **"Inertialsystemforderung"** genannt. In Kap. 10.8.6 wird weiter diskutiert, warum sie als Lösung tauglich ist und ob sie selbstverständlich oder eine plausible Zusatzforderung für die Spezielle Relativitätstheorie ist. Es wird auch zu klären sein, warum ein solcher Wechsel der Inertialsysteme bei der Erklärung der Uhrenparadoxie verboten sein soll, aber im übrigen in der Praxis ständig problemlos durchgeführt wird.

Hinweise auf diese antinomischen Formeln (10.85) und (10.86), abgesehen von der Tatsache, dass Formel (10.86) in [235] in anderem Zusammenhang auftritt, und Versuche sie in der hier angedeuteten Weise zu lösen, sind dem Autor aus der Literatur nicht bekannt. Dem Ergebnis zustimmend wird in dem bekannten Lehrbuch von G. FALK, W. RUPPEL [109] die Kinematik des Zwillingsparadoxons als widersprüchlich bezeichnet.

Fassen wir zusammen: *Uhrenbewegungen, auch beschleunigte, werden relativ zu einem beliebigen Inertialsystem widerspruchsfrei beschrieben. Dabei ist jedes Inertialsystem gleichberechtigt. Die Beschreibung wird antinomisch, wenn sie von wechselnden Inertialsystemen aus erfolgt. Wechselnde Inertialsysteme sind insgesamt kein Inertialsystem mehr.*

10.8.6 Die Inertialsystemforderung

Die Diskussion der Uhrenparadoxie auf der Basis der Speziellen Relativitätstheorie führte zur sog. Inertialsystemforderung. Jeder physikalische Vorgang, insbesondere bei beschleunigt bewegten Uhren, darf nicht relativ zu nacheinander wechselnden Inertialsystemen beschrieben werden. Andernfalls entstehen antinomische Vorhersagen für die Uhren $M_l(-v)$ und $M_r(+v)$ in Formel (10.85). Welches Inertialsystem man auswählt, unterliegt natürlich keinen Beschränkungen. Formal richtig ist es zu sagen: wechselnde Bezugsysteme stellen insgesamt kein Inertialsystem dar und nur für Inertialsysteme gelten die Lorentz-Transformationen.

Aber auf der Basis der Einstein-Interpretation ist nicht einzusehen, die Zeiten von Uhren nicht in nacheinander wechselnden Inertialsystemen zu beschreiben. Für die Uhr $M_l(-v)$ gibt es real, unmittelbar messbar, nur die Zeit relativ zum augenblicklichen Inertialsystem, in dem die Uhr ruht. Die Vorhersagen relativ zu diesem Inertialsystem für andere, bewegte Uhren sind Vorhersagen für ebenso reale Zeitintervalle. Stellt man sich die Uhren $M_l(-v)$, $M_r(+v)$ als Raumfahrer vor, so sieht und erlebt sich jeder der Raumfahrer als derjenige, der schneller alt wird.

In der Lorentz-Interpretation gibt es ein ausgezeichnetes Inertialsystem; Uhren mit Lichtsignalen zu synchronisieren, ist eine praktische Konvention, die nur für das ausgezeichnete Inertialsystem zur Realität passt, denn dort ist die Lichtgeschwindigkeit in alle Richtungen in Wirklichkeit gleich c, in den übrigen Inertialsystemen wird sie dazu erst gemacht.

Die antinomischen Formeln kann man deshalb auch als ein Gedankenexperiment zur Unterscheidung zwischen der relativistischen und Lorentz-Interpretation auffassen. Es ist kein normaler Experimentvorschlag, etwas zu messen. Es ist die zwingende Vorhersage eines Messergebnisses, das nicht sein kann. Zwingend für die relativistische nicht für die Lorentz-Interpretation.

Den Synchronisationseffekt sieht man am besten so: Man betrachte für

$$x = +L$$
$$t = L/v$$

d. h. an einer bestimmten Stelle im Raum, Uhren in *S*, *S'*, und *S''*. Sie zeigen in *S* die Zeit:

$$t = L/v$$

und in *S'* die Zeit:
$$t' = \frac{\gamma L}{v}\left(1 - v^2/c^2\right)$$

sowie in *S''* die Zeit:
$$t'' = \frac{\gamma L}{v}\left(1 + v^2/c^2\right)$$

Beim unendlich schnellen Wechsel von *S'* nach *S''* muss die Uhr in unendlich kurzer Zeit die Anzeige von t' nach t'' durchlaufen. Diese Zeitänderung kann keine wirkliche Zeit sein, sie ist ein Synchronisationseffekt, den man mit der Inertialsystemforderung ausschließen kann. Synchronisationseffekte gibt es aber nicht für eine Interpretation, in der die Lichtgeschwindigkeit in Wirklichkeit überall c ist und nicht nur zu c gemacht bzw. so gemessen wird, d. h. nicht für die Einstein-Interpretation.

Für die Lorentz-Interpretation lässt sich das Uhrenparadoxon unmittelbar lösen: Ausschlaggebend ist allein das ausgezeichnete Inertialsystem, nur die Bewegung relativ dazu verursacht eine wirkliche Zeitdilatation. Die Bewegungen relativ zu den übrigen Inertialsystemen haben wegen der nur zweckmäßigen einsteinschen Uhrensynchronisation eine Sonderstellung (s. Kap 6 und 7). Berücksichtigt man diese Sonderstellung nicht und schaut nur auf die gleichen Formeln der Lorentz-Transformation, ergibt sich die widersprüchliche Beziehung (10.85). Das Uhrenparadoxon entsteht, weil zwei (oder mehrere), in allen Punkten gleichwertige Inertialsysteme vorausgesetzt werden. In der Lorentz-Interpretation ist das unzulässig und damit erklärt sich die Inertialsystemforderung und die Unterscheidung zwischen wirklicher Zeit und Synchronisationseffekten.

Bleibt man bei der Beschreibung eines Experimentes in einem einzigen Inertialsystem, sind Synchronisationseffekte sicher ausgeschlossen. Andererseits gibt es viele Vorgänge, die beliebig in Teilen nacheinander in verschiedenen Inertialsystemen beschrieben werden können. Das lässt sich auch quantitativ formulieren: Sehen wir S als ausgezeichnetes Inertialsystem an, so bedeutet der Wechsel von $M_l(-v)$ von S'' nach S' an der Stelle $x=-L$ einen Synchronisationseffekt ΔS von

$$\begin{aligned} \Delta S &= t'' - t' \\ &= \frac{2\gamma L}{v}\left(v^2/c^2\right) \end{aligned} \tag{10.88}$$

Man bedenke, der Wechsel von S' nach S'' soll für $M_l(-v)$ unendlich schnell vor sich gehen, trotzdem gewinnt $M_l(-v)$ die Zeit ΔS. Es ist keine Zeit vergangen, aber $M_l(-v)$ hat einen Gewinn von ΔS In umgekehrte Richtung wird er negativ. Daraus lässt sich ableiten: Ein und derselbe physikalische Vorgang darf in Teilen nacheinander relativ zu verschiedenen Inertialsystemen betrachtet werden, sofern die Synchronisationseffekte vernachlässigt werden dürfen. Dies dürfte für viele Experimente erfüllt sein, auch bei hohen Geschwindigkeiten. Für $M_l(-v)$ und damit für das Zwillings- oder Uhrenparadoxon insgesamt ist die Bedingung nicht erfüllt. *Das Uhrenparadoxon verdankt seine Existenz den unzulässig vernachlässigten Synchronisationseffekten.*

Zahlenbeispiel:

Ein Weltraumfahrer bewege sich mit $v=0.99c$ bis $x=-L=25$ Lichtjahre und zurück. Dann ist

$$\Delta t = \frac{2L}{v} = \frac{2\times 25\times 3\times 10^{6}\,km/s\times 1\,Jahr}{0.99\times 3\times 10^{6}\,km/s}$$
$$= 50.5\,Jahre$$
$$\Delta t' = \frac{2L}{\gamma v} = 7.07\,Jahre$$
$$\Delta S = \frac{2\gamma L}{v}\left(c^{2}/v^{2}\right) = 353.5\,Jahre$$

Der Gewinn an Zeit von $\Delta S = 353.5$ Jahren ist nicht real, es ist ein Synchronisationseffekt. Er ist nicht vernachlässigbar; $\Delta t, \Delta t'$ gelten, der Weltraumfahrer ist 7.07 Jahre gealtert, zu Hause sind 50.5 Jahre vergangen.

Synchronisationseffekte spielen keine Rolle bei der Eigenzeitberechnung in Kap. 10.8.4. Dort wurde bereits darauf hingewiesen, dass es unwichtig ist, ob die Uhren synchronisiert sind, aber bei der Vorhersage für andere Eigenzeiten, z. B. der Uhr *R*, spielen sie eine Rolle, wie man sich leicht klarmacht, denn die Eigenzeiten anderer Uhren werden ja berechnet.

In jedem Fall können wir festhalten: *Beachtet man die Inertialsystemforderung, gibt es kein Uhrenparadoxon, es besteht auch nicht, wenn Synchronisationseffekte von Uhren vernachlässigbar klein sind.*

Die etwas andere, vom Autor später erkannte Begründung der Inertialsystemforderung [vor14]: ‚Alle Inertialsysteme sind gleichberechtigt' heißt: ‚Man darf jedes Inertialsystem als das ausgezeichnete Inertialsystem ansehen'. *Es ist aber ein logischer Widerspruch, zwei verschiedene, sich relativ zu einander bewegende Inertialsysteme während desselben physikalischen Vorgangs als das ausgezeichnete Inertialsystem zu betrachten.*

10.8.7 Die allgemein-relativistische Lösung

Durch Überlegungen auf der Basis der Allgemeinen Relativitätstheorie sind die antinomischen Gleichungen (10.85) in Kap. 10.8.5 für EI und LI lösbar. Sowohl von *S* aus als auch von den Uhren $M_l = M_l(-v)$ oder M_r aus betrachtet, laufen die bewegten Uhren langsamer als die ruhende Uhr *R*.

Wir legen im folgenden die Überlegungen von C. MØLLER [235] zu Grunde. Eine ähnliche, gut verständliche Diskussion enthält das Lehrbuch von G. FALK, W. RUPPEL [109] . Sie haben auf jeden Fall zwei Stärken:

a) Die Problemstellung entspricht unserer von Kap. 10.8.2 wie in Abb. 10.8. Dies ist nicht selbstverständlich [313.1].

b) Der mathematische Formalismus ist glanzvoll, er leistet widerspruchsfrei, was gewünscht wird.

Nicht überzeugend ist:

a) Die von C. MØLLER eingeführten Beschleunigungsfelder sollen wie Gravitationsfelder wirken, sie führen aber zu negativen Eigenzeiten, d. h. in gewissen Beschleunigungssituationen zu rückwärts gehenden Uhren.

b) Die eigentliche Zwillingsparadoxie ist unabhängig von einer Beschleunigungsphase, s. Kap. 10.8.2. Deshalb ist die Zwillingsparadoxie nicht allgemeinrelativistisch lösbar. Die Allgemeine Relativitätstheorie zeigt allenfalls einen weiteren Weg, das richtige Ergebnis vorherzusagen, die Argumente von Kap. 10.8.2 bleiben.

Betrachten wir zunächst die Einzelheiten.

Es soll versucht werden, die Ideen C. MØLLERs so zu veranschaulichen, dass man eine eigene Entscheidung über ihre Anwendbarkeit treffen kann. Kenntnisse der Allgemeinen Relativitätstheorie sollen nicht vorausgesetzt werden, was aber auch heißt, dass wir keine der Formeln von C. MØLLER herleiten. Auf die allgemein-relativistische Herleitung kann man verzichten, da sie in diesem Zusammenhang kein Problem darstellt. Das Problem liegt in der Frage, ob die richtige Anwendung der allgemein-relativistischen Herleitung, das ist Formel (10.92), als Lösung der Uhrenparadoxie anzusehen ist. Das ist der Fall, wenn man negative Eigenzeiten für bedeutungslos hält.

In Abb. 10.10 ist das Gedankenexperiment von Abb. 10.8 präzisiert für den Fall einer real beschleunigten Uhr M_r. Im Inertialsystem $S(x,y,z,t)$ ruht die Uhr R während der gesamten Reise von M_r. Längs L_a bis zum Punkt A wird M_r beschleunigt, längs L_b bis zum Punkt B hat sie die konstante Geschwindigkeit v, in B beginnt die Verzögerung längs L_c bis zum Punkt C. Hier hat M_r kurzfristig die Geschwindigkeit null in S. Die weitere Beschleunigung bringt M_r wieder nach B, von dort geht es mit konstanter Geschwindigkeit $-v$ zurück nach A, dort wird M_r bis zur Uhr R wieder verzögert und die Rundreise kann erneut beginnen.

Sämtliche Beschleunigungen sind hyperbolisch vom Betrag g. Hyperbolisch nennt man eine Beschleunigung, die im mitbewegten Inertialsystem von M_r konstant ist, relativ zu S ändert sie sich dann ständig. Eine derartige Beschleunigung empfindet M_r als konstant und bedeutet eine Rakete konstanter Schubkraft. Das ist mathematisch bequem. Eine bezüglich S konstante Beschleunigung bedeutet dagegen im jeweiligen Inertialsystem von M_r und für M_r selbst eine ständig größer werdende Schubkraft.

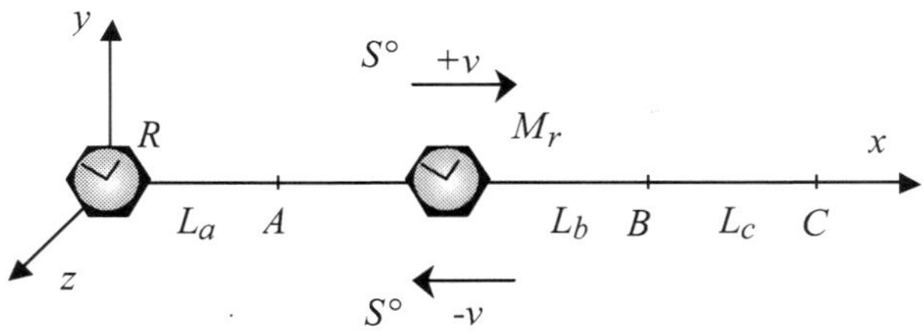

Abb. 10.10 Die Uhrenparadoxie unter Berücksichtigung der Beschleunigungsphasen. Die Uhr $M_r = M_r(+v)$ wird bis A auf $+v$ beschleunigt, zwischen A und B bleibt die Geschwindigkeit der Uhr konstant, ab B bis C wird die Uhr M_r verzögert, ab C bis B auf $-v$ beschleunigt und ab A bis zum Ursprung des Koordinatensystems wieder verzögert, bis sie bei der Uhr R ruht.

Wir führen einige Bezeichnungen ein:

Im Inertialsystem *S:*

Δt_a = Beschleunigungszeit von M_r längs L_a auf $+v$
Δt_b = Bewegungsdauer von M_r längs L_b mit der Geschwindigkeit $+v$
Δt_c = Verzögerungszeit von M_r längs L_c bis auf die Geschwindigkeit null
$\tau(\mathrm{R})$ = Eigenzeit von R vom Start von M_r bis zur Rückkehr von M_r
$\tau(\mathrm{M_r})$ = Eigenzeit von M_r vom Start bei R bis zur Rückkehr zu R

$\tau_\mathrm{a}(\mathrm{M_r})$ = Zunahme der Eigenzeit von M_r längs L_a
$\tau_\mathrm{b}(\mathrm{M_r})$ = Zunahme der Eigenzeit von M_r längs L_b
$\tau_\mathrm{c}(\mathrm{M_r})$ = Zunahme der Eigenzeit von M_r längs L_c – die entsprechenden Zunahmen der Eigenzeit von R sind die Intervalle Δt_a, Δt_b, Δt_c

Im beschleunigten System $S° = S°(x°,y°,z°,t°)$:

In dem beschleunigten Bezugsystem $S°$ ruht M_r ständig bei $x° = 0$, die Uhr R entfernt sich von M_r in negative $x°$- Richtung und kehrt dann zurück. Es gibt nur die beiden, hier gleichwertigen Bezugsysteme S und $S°$, darin liegt die Eleganz der allgemein-relativistischen Lösung.

Die in $S°$ betrachteten Größen werden mit dem °-Symbol gekennzeichnet.

Es gelten die einfachen Beziehungen:

$$\tau(\mathrm{R}) = 2(\Delta t_\mathrm{a} + \Delta t_b + \Delta t_c)$$
$$\tau(M_r) = 2(\tau_\mathrm{a}(M_r) + \tau_b(M_r) + \tau_c(M_r))$$

weil die Eigenzeiten längs der Teilabschnitte L_a, L_b, L_c für die Hin- und Rückbewegung von M_r gleiche Werte besitzen.

In S gilt wegen der Zeitdilatation:

$$\tau_b(\mathrm{M_r}) = \Delta t_b \sqrt{1 - v^2/c^2} \tag{10.90}$$

Nehmen wir an, dass die Beschleunigungskraft von M_r unendlich groß wird, aber M_r stets nur bis auf v beschleunigt werden soll, so nimmt die Beschleunigungszeit Δt_a immer mehr ab und erreicht schließlich den Wert null. Auch die Eigenzeit $\tau_a(\mathrm{M_r})$ wird null, weil die Eigenzeit einer bewegten Uhr stets kleiner ist, als die einer ruhenden. (Beschleunigungen haben keinen Einfluss auf die Eigenzeit, nur die während der Beschleunigung sich ständig ändernde Geschwindigkeit. Der Faktor $1/\gamma$ wird zunehmend kleiner und entsprechend die Zunahme der Eigenzeit. Insgesamt ist das immer weniger als die Eigenzeit der ruhenden Uhr. Man sieht das natürlich auch aus den Formeln selbst, s. MØLLER [235] , Seite 294.)

Entsprechendes gilt für Eigenzeiten während der Bewegung längs L_c.

Für diesen Grenzfall, g wird unendlich, gilt:

$$\tau(\mathrm{M_r}) = \tau(R)\sqrt{1 - v^2/c^2} \tag{10.91}$$

Das ist Formel (10.52).

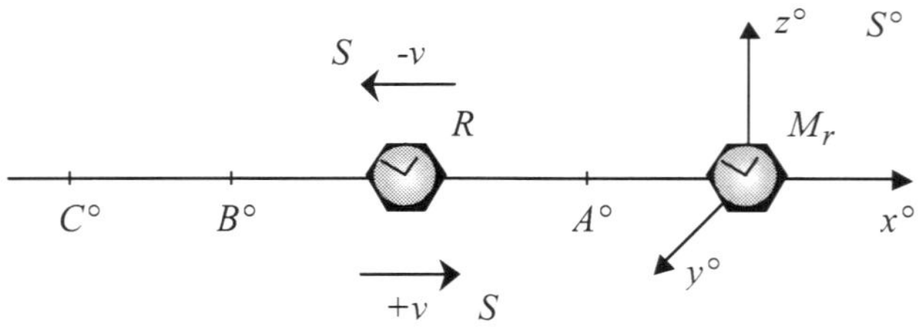

Abb. 10.11 Die Uhrenparadoxie von einer beschleunigten Uhr aus beobachtet.

Im System $S°$ ruht M_r, R bewegt sich beschleunigt von M_r weg und wieder zurück, zwischen $A°$ und $B°$ hat R eine konstante Geschwindigkeit.

Nun wenden wir dieselben Überlegungen auf das beschleunigte System $S°$ an und zeigen, warum sich nicht die antinomische Formel (10.86) ergibt.

Für Bewegungen wie in Abb. 10.11 ergibt sich, wenn sie hyperbolisch sind, aus der Allgemeinen Relativitätstheorie nach den Überlegungen von C. MØLLER [235] für die Eigenzeit $\tau°$ "frei fallender Teilchen":

(10.92)
$$\tau^\circ = \left(\frac{c}{g} + \frac{\overset{\circ}{x_0}}{c}\right)\tanh(g(t^\circ - \overset{\circ}{t_0})/c)$$
$$= \left(\frac{c}{g} + \frac{\overset{\circ}{x_0}}{c}\right)\frac{v}{c}$$

dabei ist

t°	die Koordinatenzeit, d. h. die Zeitkoordinate in S°
$t^\circ{}_0$	der Anfangswert von t°
$x^\circ{}_0$	der Anfangswert von x°
g	die Beschleunigung von M_r im jeweiligen Ruhesystem
x°	die Ortskoordinate in S°, gemessen in x-Richtung
v	die bei der hyperbolischen Beschleunigung erreichte Endgeschwindigkeit

x° ist nicht identisch mit der Koordinate eines Inertialsystems, weil sich die Längenkontraktion wegen der Beschleunigung fortlaufend ändert. Nur für den Sonderfall, dass M_r in S ruht, gilt für die Uhr R:

$$x^\circ = -\ L_a\ -\ L_b\ -\ L_c$$

Gerade dieser Sonderfall ist sehr wichtig, denn M_r ruht in S, wenn M_r in C die Bewegung umkehrt. Dann befindet sich die Uhr R in S° an der Position $x^\circ = -L$.

Die Formel (10.92) gilt nur für "frei fallende Teilchen", die Eigenzeit für andere Fälle wird nicht benötigt. Ein frei fallendes Teilchen ist für diese allgemein-relativistischen Überlegungen die Uhr R in S, weil sie relativ zu S nicht beschleunigt wird, d. h. sich in einem Inertialsystem befindet. Mit Formel (10.92) kann ein beschleunigt bewegter Raumfahrer die Uhrzeiten in einem Inertialsystem (der Uhr R) relativ zu den Koordinaten des beschleunigten Bezugsystems, in dem er selber ruht, vorhersagen.

Aus der allgemeinen Formel (10.92) erhält man durch Einsetzen:

$$\overset{\circ}{\tau}_a(R) = \frac{c}{g}\tanh(\frac{g\tau_a(M_r)}{c})$$
$$= \frac{v}{g}$$

(10.93)
$$\overset{\circ}{\tau}_b(R) = \tau_b(M_r)\sqrt{1 - v^2/c^2}$$

weil v konstant ist und die Zeitdilatation gilt. Formel (10.90) eingesetzt:

(10.94)
$$\overset{\circ}{\tau}_b(R) = \Delta t_b\left(1 - v^2/c^2\right)$$

Anwendung von (10.92) für die Phase L_c:

$$\overset{\circ}{\tau}_c(R) = \left(\frac{c}{g} + \frac{L}{c}\right) \tanh\left(\frac{g\tau_a(M_r)}{c}\right)$$
$$= \left(\frac{c}{g} + \frac{L}{c}\right)\frac{v}{c}$$

Für den Grenzfall *g* unendlich, werden Δt_a und Δt_c null, aber

$$\overset{\circ}{\tau}_c(R) = \frac{Lv}{c^2}$$

bleibt ungleich null. Für Δt_b ergibt sich wegen $L = L_b$:

(10.95) $$\Delta t_b = L/v$$

Somit hat man

$$\overset{\circ}{\tau}(R) = 2\left(\overset{\circ}{\tau}_a(R) + \overset{\circ}{\tau}_b(R) + \overset{\circ}{\tau}_c(R)\right)$$
$$= 2\left[\frac{L}{v}\left(1 - v^2/c^2\right) + \frac{Lv}{c^2}\right]$$
$$= 2\Delta t_b$$
$$= \tau(R)$$

Formel (10.94) ist die antinomische Vorhersage (10.86), sie wird in dem allgemein-relativistischen Ansatz durch den Anteil (10.95) in die richtige Lösung (10.91) überführt und das Uhrenparadoxon aus der Sicht des beschleunigt bewegten Raumfahrers ist gelöst.

Wir zeigen jetzt eine Situation mit negativen Eigenzeiten, die die Schönheit dieser Lösung schmälert.

Die Uhr M_r möge, wenn *R* sich zwischen den Punkten *A* und *B* an der Stelle *D* bei $x = -L/2$ befindet, die gleichförmige Bewegung unterbrechen und sich auf $u = 0$ verzögern, und sofort danach wieder auf *v* beschleunigen. D. h. die Uhr M_r verhält sich zunächst so, als wolle sie umkehren, setzt aber dann doch die Bewegung fort. Erst an der Stelle B kehrt sie um. Was ist zu erwarten?

a) Die Eigenzeit von M_r ändert sich nicht für den Grenzfall einer unendlich großen Verzögerung -*g* und unendlich großen Beschleunigung *g*, ganz analog zu den vorigen Überlegungen.

b) Die Eigenzeit von *R* darf sich ebenfalls nicht ändern, denn in diesem Grenzfall ist nichts geschehen, die Bewegung von M_r erscheint so, als sei sie unverändert geblieben. Das zeigt auch die Rechnung:

In der Verzögerungsphase ist die Eigenzeit von *R*:

$$\overset{\circ}{\tau}_v(R) = -\frac{L}{2c}\tanh(-g(\overset{\circ}{t} - \overset{\circ}{t}_0)/c$$
$$= -\frac{L}{c}\left(-\frac{v}{c}\right)$$
$$= +\frac{Lv}{2c^2} > 0$$

In der Beschleunigungsphase gilt die gleiche Rechnung mit positivem g:

$$\overset{\circ}{\tau}_b(R) = -\frac{Lv}{2c^2} < 0$$

Die Summe der Eigenzeiten ist null, aber nacheinander läuft R ein Stück vorwärts, dann rückwärts, denn R kann nicht "wissen", ob M_r sich weiterbewegt oder umkehrt oder etwas ganz Anderes tun wird.

In verschiedenen Lehrbüchern [313.1] wird die Phase A-B weggelassen, vielleicht aus diesem Grund, aber das Uhrenparadoxon wird dann der eigentlichen Phase, einer konstanten Bewegung, beraubt. Für den dadurch entstehenden Sonderfall ist der Einwand negativer Eigenzeiten nicht mehr unmittelbar anwendbar.

Wiederholt man diese Überlegungen für eine endliche Beschleunigung g, werden die mathematischen Verhältnisse komplizierter, qualitativ ändert sich nichts.

Fassen wir zusammen: Die allgemein-relativistische Lösung ist mathematisch glanzvoll und widerspruchsfrei, sie benötigt aber negative Eigenzeiten. Negative Eigenzeiten können nicht real sein. Außerdem bleiben die Einwände von Kap. 10.8.2 bestehen. Negative Eigenzeiten sind noch einmal Thema des folgenden Kapitels.

10.8.8 Die Zwillingsparadoxie (ZP) in WIKIPEDIA

Der Beitrag über die ZP in WIKIPEDIA [397] wurde von WIKIPEDIA in die Liste der lesenswerten Artikel aufgenommen. Er ist sehr klar formuliert und suggestiv; der vorgeschlagenen Lösung kann der Autor trotz allem nicht zustimmen. Das hat zwei Gründe:

a) In WIKIPEDIA wird behauptet, dass während der Umkehrphase die Zwillinge so stark unterschiedlich altern, dass damit die ZP gelöst werden kann. Kap. 10.8.2, Eliminierung des Beschleunigungseinwandes, hat aber gezeigt, dass die ZP unabhängig von Beschleunigungseffekten gelöst werden muss.

b) Darüber hinaus werden die Auswirkungen der Umkehrbeschleunigung nicht korrekt berücksichtigt, wie zusammen mit der folgenden Vorbemerkung leicht zu sehen ist.

Man betrachte in Abb. 10.8 einen an der Stelle $+L$ relativ zu R ruhenden Beobachter B_L. B_L beobachtet den Wechsel des Raumfahrers von S' nach S''. Welche Zeit vergeht für B_L? Die Eigenzeit τ des Raumfahrers ändere sich während der Umkehr von τ_1 nach τ_2, die Eigenzeit des Beobachters von t_1 nach t_2. Es gilt:

$$\int_{\tau_1}^{\tau_2} d\tau = \int_{t_1}^{t_2} \sqrt{1-\frac{v^2}{c^2}}\,dt \tag{10.100}$$

$$\tau_2 - \tau_1 = \int_{t_1}^{t_2} \sqrt{1-\frac{v^2}{c^2}}\,dt$$

$$> \sqrt{1-\frac{v_{\max}{}^2}{c^2}} \int_{t_1}^{t_2} dt \tag{10.101}$$

$$> \sqrt{1-\frac{v_{\max}{}^2}{c^2}} \left(t_2 - t_1\right)$$

Im Zahlenbeispiel von WIKIPEDIA ist $v_{\max} = 0.6c$. Das eingesetzt in (101), ergibt

$$t_2 - t_1 < 1.25\left(\tau_2 - \tau_1\right).$$

In Worten: Für die Umkehrphase ist die Eigenzeitänderung von B_L kleiner als 1.25 mal der Eigenzeitänderung des Weltraumfahrers. Die wichtige Konsequenz: Da B_L in demselben Inertialsystem ruht wie der Zwilling auf der Erde, ändert sich für den Zwilling auf der Erde während der Umkehrphase dessen Eigenzeit maximal ebenfalls um $1.25(\tau_2 - \tau_1)$. Ist $\tau_2 - \tau_1 \ll$ Gesamtreise, wie in WIKIPEDIA angenommen wird, gilt das auch für die Eigenzeit des Zwillings auf der Erde. Ohne Einfluss auf das Gesamtergebnis altern beide Zwillinge während der Umkehrphase (fast) nicht.

Über diesen einfachen Sachverhalt setzen sich die Autoren des WIKIPEDIA-Artikels hinweg, wenn auch sehr gut in der Argumentation und mit vielen Detailkenntnissen. Sie behaupten, während der Umkehrphase altert der Zwilling auf der Erde deutlich stärker als der Raumfahrer und damit auch deutlich stärker als der Beobachter B_L. Mit dem WIKIPEDIA-Zahlenbeispiel gilt: Reisegeschwindigkeit: 0.6c, Entfernung: 3 Lj (d. h. L = 3 Lj in Abb. 10.8), Hinreise- und Rückreisezeit: $t = s/v$ = 5 Jahre, zusammen 10 Jahre. $\sqrt{(1-v^2/c^2} = 0.8$, der Weltraumfahrer altert hin und zurück um jeweils 5 x 0.8 = 4 Jahre, zusammen 8 Jahre. Da für den Weltraumfahrer die Zeit auf der Erde langsamer vergeht, ist der Zwilling auf der Erde um 4 x 0.8 = 3.2, hin und zurück um 6.4 Jahre älter geworden. Bis zu diesem Punkt sind alle Rechnungen in WIKIPEDIA korrekt, man hat den Widerspruch, einerseits ist der Zwilling auf der Erde 10 Jahre, andererseits nur um 6.4 Jahre gealtert.

Nun folgt die nicht nachvollziehbare Behauptung: "Während der Umkehrphase verstreichen auf der Erde [nach Ansicht des Weltraumfahrers] zusätzlich 3.6 Jahre." Egal welche Argumente dafür in dem Artikel gebracht werden (man lese sie nach), die folgenden Einwände des Autors widerlegen sie:

Wegen (10.101) altern während der Umkehrphase beide Zwillinge – bis auf den Faktor 1.25 – um denselben Betrag und nicht der eine fast gar nicht und der andere um 3.6 Jahre.

Ändern sich die Eigenzeiten tatsächlich unterschiedlich, wäre *S* nach dem Wechsel kein Inertialsystem mehr, da die Uhren unterschiedlich verstellt würden. Es wird sogar noch absurder, denn ändert sich die Eigenzeit einer Uhr in *S*, dann auch die Position der Uhr relativ zu *S'* – mit Hilfe der Lorentztransformationen lässt es sich ausrechnen. Außerdem: Damit Uhrzeit und Position zusammenpassen, muss sich der Erdzwilling relativ zu *S'* schneller als mit Lichtgeschwindigkeit bewegen. Die Konsequenz: Der Wechsel von irgendjemand irgendwo in ein anderes Inertialsystem ändert nirgendwo irgendwelche Uhrzeiten. In WIKIPEDIA werden Synchronisationseffekte zu Unrecht als real interpretiert.

Der Weltraumfahrer kehre um (Zwilling auf der Erde wird 3.4 Jahre älter), der Weltraumfahrer entschließe sich, doch weiter ins Weltall zu fahren (Zwilling auf der Erde wird wieder um 3,4 Jahre jünger) und bei der späteren, erneuten Umkehr altert der Zwilling auf der Erde wieder um 3,4 Jahre. Ist der Zwilling während des ersten Alterns um 3.4 Jahre gestorben, wird er danach wieder lebendig und stirbt später noch einmal. In einer Diskussion mit einem der Autoren [397] wurde genau das als zutreffend bezeichnet.

Der WIKIPEDIA-Artikel ist – jedenfalls z. Zt. – einseitig. Solange er nicht um die Argumente zur Formel (10.101) erweitert wird, kann sich ein normaler Leser kein eigenes Urteil bilden, er wird indoktriniert.

Die ZP besteht unabhängig davon, was während der Beschleunigung beim Umkehren passiert, s. Kap. 10.8.2. Hierauf geht der WIKIPEDIA-Artikel nicht ein.

Der WIKIPEDIA-Artikel verweist unter Weblinks auf weiterführende Literatur mit Lösungsvorschlägen der ZP, die sich vom Hauptartikel unterscheiden. Offensichtlich besteht auch im Umfeld von WIKIPEDIA keine Einigkeit darüber, wie die ZP gelöst werden soll, ein wichtiger Umstand, auf den man hinweisen sollte.

11. Philosophische Beiträge zur Einstein- (EI) und Lorentz-Interpretation (LI)

„Dreifach ist des Raumes Maß
Rastlos fort ohn Unterlaß
strebt die Länge, fort ins Weite
Endlos gießet sich die Breite
Grundlos senkt die Tiefe sich“
Friedrich v. SCHILLER

11.1 Die Begriffe ein- und mehrdimensional

Mit Dimension oder Ausdehnung bezeichnet man die Eigenschaft des wirklichen und des vorgestellten Raumes, Länge, Breite und Höhe zu besitzen. Unser Ziel ist eine möglichst anschauliche Erweiterung dieser Vorstellungen auf vierdimensionale und später gekrümmte Räume, nicht aber eine mathematisch exakte (s. z. B. [293], [352]) oder philosophisch allgemeine Definition (s. z. B. [173]) des Dimensionsbegriffes, denn unser eigentliches Problem liegt weniger in der Einsicht, dass Raum und Zeit vereinigt vierdimensional sein müssen, als in dem Verstehen der Argumente, warum eine vierdimensionale Raum-Zeit-Struktur besser zur Wirklichkeit passen soll als die klassische Vorstellung von Raum und Zeit. In diesem Sinne werden die Begriffe ein- und mehrdimensional nicht ausführlich philosophisch-wissenschaftlich definiert, sondern nur veranschaulicht, um den Sprachgebrauch zu synchronisieren.

Ausgehend vom normalen, dreidimensionalen Raum verallgemeinert man zunächst den Begriff Raum zu (Punkt-)Mannigfaltigkeiten, die dann wieder Raum genannt werden, und sagt: Raum kann alles das sein, was sich durch Punkte veranschaulichen lässt. Geraden und Flächen sind ein- und zweidimensionale Räume und nicht nur Teil des normalen Raumes, weil sie für sich betrachtet (Punkt-) Mannigfaltigkeiten darstellen. Die Zeit, veranschaulicht als Zeitpunkte, bildet eine eindimensionale (Punkt-) Mannigfaltigkeit, also einen Raum, und Raum und Zeit gemeinsam eine – wie wir sehen werden – vierdimensionale Punktmannigfaltigkeit, wieder einen Raum, der vierdimensionales Raum-Zeit-Kontinuum genannt wird. Da sich Zahlen als Punkte darstellen lassen, spricht man auch von den durch die Zahlen gebildeten Räumen, entsprechendes gilt für Vektoren. Es ist nicht entscheidend, ob Gegenstände Punkte sind, sondern ob sie durch Punkte veranschaulicht oder als Punkte gedacht werden können.

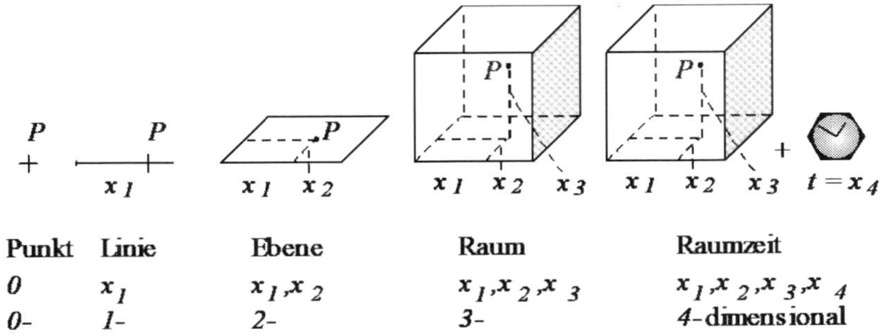

onalen

Raum, unabhängig davon wie der wirkliche Raum aussieht.

Räume haben unterschiedliche Dimensionen, s. Abb. 11.1. Die Anzahl der Dimensionen lässt sich schon recht gut beschreiben als die Anzahl der Koordinaten mit der Punkte eines Raumes festgelegt sind. Der normale Raum hat drei Dimensionen, weil ein Punkt im Raum durch seine *x,y,z*-Koordinaten festliegt. Sobald man fähig ist, in einem Raum Koordinatensysteme zu definieren, macht man Aussagen über seine Dimension und die physikalisch wichtigen Räume besitzen Koordinatensysteme z. B. in Form der Inertialsysteme. Sie und die weiteren hier behandelten Koordinatensysteme müssen folgende beiden Eigenschaften besitzen:

a) Jedem Punkt werden Koordinaten zugeordnet, die die Lage des Punktes im Raum eindeutig bestimmen.

b) Die Anzahl dieser Koordinaten ist minimal (und gibt deshalb die Dimension des Raumes an).

Die Bedingung b) soll verhindern, beispielsweise einem Punkt der Ebene die Koordinaten $(x,y,x+y)$ zuzuordnen und dann zu schließen, die Ebene habe drei Dimensionen. Eine weitere, hier aber bedeutungslose Forderung, um Verfälschungen der Dimension zu vermeiden, besteht darin zu verlangen, dass nahe beieinander liegende Punkte auch nahe beieinander liegende Koordinaten besitzen.

Als Mathematiker sieht man genauer, was gesagt wurde: Die Dimension eines affinen Raumes ist die Zahl seiner linear unabhängigen Vektoren [293].

Eine andere anschauliche Methode zur Dimension eines Raumes beschreibt POINCARÉ [173]:

"Das wichtigste von allen Theoremen über die Analysis der Lage ist die Behauptung, dass der Raum drei Dimensionen hat... Was meinen wir mit dem Satz von der Dreidimensionalität des Raumes? Wollen wir den Raum in Teile teilen, so brauchen wir Schnitte, die wir Flächen nennen; um Flächen zu trennen, brauchen wir Schnitte, die wir Linien nennen; um Linien zu trennen, brauchen wir Schnitte, die wir Punkte nennen. Weiter können wir nicht gehen mit der Teilung, weil ein Punkt, der kein Kontinuum ist, nicht mehr geteilt werden kann. Die Linien also, die sich durch Schnitte teilen lassen, die ihrerseits keine Kontinua mehr sind, sind Kontinua einer Dimension. Flächen, die sich durch eindimensionale Kontinua trennen lassen, sind selbst zweidimensionale Kontinua. Der Raum schließlich, der sich durch zweidimensionale Kontinua trennen lässt, ist selbst ein Kontinuum von drei Dimensionen."

... und Koordinaten sind jeweils die Abstände der Punkte (bzw. ihrer Projektionen) von diesen drei Schnitten. Eine ähnliche Konstruktion tritt im Kap. 13 für dreidimensionale gekrümmte Räume auf.

Der physikalische (= wirkliche) Raum hat also drei Dimensionen, weil durch drei Koordinaten, die x,y,z-Koordinaten, jeder Ort im physikalischen Raum genau festgelegt ist, wobei ein Ort im physikalischen Raum etwas ist, an dem sich materielle Teilchen (Körper) befinden können. In Sonderfällen (Berlin hat eine geographische Breite von 53° und eine geographische Länge von 13°) mögen es weniger Koordinaten sein, dann ist die fehlende implizit gegeben (... auf der Erdoberfläche). Die Zeit für sich betrachtet ist ein eindimensionaler Raum, weil jeder beliebige Zeitpunkt durch eine Zahlenangabe, die Uhrzeit, genau beschrieben wird – wobei zur Uhrzeit das Datum hinzugehört, wenn der Zeitraum über einen Tag hinausgeht. Auch hier hat man ein Koordinatensystem, nämlich eine Festlegung über den Beginn der Zeitrechnung.

Was ist vierdimensional?

Eine Mannigfaltigkeit (Raum im allgemeineren Sinn) ist vierdimensional, wenn jeder seiner Gegenstände (Punkte im allgemeineren Sinn) durch vier unabhängige Größen (Koordinaten im allgemeineren Sinn) bestimmt ist.

Beispiele:
Der Ort eines Teilchens im Raum und sein Zeitpunkt, zu dem er sich an einem bestimmten Ort befindet, ist eine vierdimensionale Mannigfaltigkeit.

Der Ort des Teilchens und seine Ruhmasse sind ebenfalls eine vierdimensionale Mannigfaltigkeit, obwohl Ort und Masse an sich nicht vergleichbare Größen sind. Dies gilt auch für Ort und Zeitpunkt, auf den ersten Blick sind auch sie nicht miteinander vergleichbar.

Natürlich kann man diesen Umstand zum Anlass nehmen, für Ort und Masse oder Ort und Zeit den Begriff vierdimensionale Mannigfaltigkeit abzulehnen, weil beides anschaulich klar erkennbar nicht zusammengehört. Das spielt aber keine Rolle, der Begriff des Raumes und der Dimension wird in dieser allgemeinsten Form verwendet – entsprechendes gilt für den Begriff des Punktes.

Zur weiteren Veranschaulichung von Dimensionalität bilde man die Mannigfaltigkeit aller Teilchen, bestimmt durch ihren Ort, die Zeitpunkte, an denen sie sich dort befinden und deren Ruhmassen. Dies ist ein fünfdimensionaler Raum. Man könnte einwenden, an einem Ort kann ein Teilchen nur eine bestimmte Masse haben und nicht beliebig viele Massen, wie es sein sollte, wenn die Ruhmasse eine Dimension darstellen soll. Um dem zu entsprechen, kann man sich alle an einem Ort möglichen Massen vorstellen oder man gibt den Ort nur grob (auf einen Kilometer genau) an und schon haben dort viele Teilchen unterschiedlicher Ruhmasse Platz. Zwei Teilchen mit gleichen Orts- und Zeitkoordinaten, aber verschiedenen Ruhmassen stellen in diesem fünfdimensionalen Raum verschiedene Punkte dar.

Mit solchen Beispielen soll gezeigt werden, etwas als vierdimensional zu bezeichnen, ist keineswegs notwendig tiefsinnig. Es heißt doch nur, Gegenstände Punkte nennen und durch vier unabhängige, in Zahlen ausdrückbare Eigenschaften zu beschreiben.

Noch einige mathematische Beispiele (Abb. 11.1): Die Gesamtheit der durch (x_1) bezeichneten Größen sind die Punkte auf einer Geraden. Sie bilden einen eindimensionalen Raum, die Gesamtheit der Punkte (x_1,x_2) sind die Punkte der Ebene, sie bilden einen zweidimensionalen Raum, entsprechend bilden die Gesamtheit der (x_1,x_2,x_3) einen dreidimensionalen Raum. Dazu genügt es auf einer Geraden, in der Ebene oder im Raum beliebig ein Koordinatensystem zu definieren und die x-Werte als die Koordinaten der Punkte anzusehen. Und was bedeutet (x_1,x_2,x_3,x_4)? Sie bilden die Gesamtheit der vierdimensionalen Punkte und somit einen vierdimensionalen Raum. Zu jedem beliebig gewählten Wert für x_4, z. B. $x_4 = 4.5$, lassen sich die übrigen x-Werte wie für einen dreidimensionalen Raum wählen. Man kann deshalb auch sagen, der vierdimensionale Raum aus den Punkten (x_1,x_2,x_3,x_4) enthält unendlich viele Räume (x_1,x_2,x_3), die sich in der x_4-Koordinate unterscheiden, so wie es im (x_1,x_2,x_3)-Raum unendlich viele Ebenen (x_1,x_2) gibt, die sich in den x_3-Koordinaten unterscheiden. So enthält der Raum $(x_1,x_2,x_3,x_4 = 0)$ alle Punkte des (x_1,x_2,x_3) denen noch die Koordinate $x_4 = 0$ hinzugefügt wurde. Dieser Raum zerlegt den vierdimensionalen Raum (x_1,x_2,x_3,x_4) in die beiden Teile $(x_1,x_2,x_3,x_4 < 0)$ und $(x_1,x_2,x_3,x_4 > 0)$. Ein Raum der sich durch ein dreidimensionales Kontinuum trennen lässt, ist selbst vierdimensional – in Fortsetzung der obigen Argumentation von POINCARÉ.

Soviel Freiheit man hat, mehrdimensionale Mannigfaltigkeiten zu konstruieren, aussagekräftiger ist ihre Zerlegung in Untermannigfaltigkeiten geringerer Dimension. So sind die Ruhmassen ein (eindimensionaler) Raum für sich und der Ortsraum ein dreidimensionaler, während die Zeit wiederum ein eindimensionaler Raum ist. Wann ist das sinnvoll möglich?

Typischerweise kann im physikalischen (=wirklichen) Raum jede x,y,z-Koordinate in einem gedrehten Koordinatensystem durch x',y',z'-Koordinaten beschrieben werden. Dreht man um die z-Achse, ist $z' = z$ und x, y liegen in derselben Ebene wie x', y'. Analog zur Abb. 16.6 oder mit einer Formelsammlung [35], gilt dann

$$\begin{aligned} x' &= x\cos(\alpha) + y\sin(\alpha) \\ y' &= -x\cos(\alpha) + y\sin(\alpha) \end{aligned} \tag{11.1}$$

Es gibt keine verbindliche Vorschrift, aus der sich ergibt, was x-, y-, oder z-Achse im Raum werden soll. Alle Richtungen im Raum sind gleichwertig. Das macht es sinnvoll, insgesamt vom wirklichen Raum zu sprechen und ihm die Eigenschaft, drei Dimensionen zu haben, zuzubilligen. Eine Zerlegung des wirklichen Raums in einen x-Raum, y-Raum und z-Raum lässt sich nicht rechtfertigen.

Gehen wir über zur vierdimensionalen Raum-Zeit-Mannigfaltigkeit. Die klassische Zerlegung heißt: Die Raum-Zeit-Mannigfaltigkeit zerfällt in den dreidimensionalen Raum und die eindimensionale Zeit. Orte bestimmt man mit Maßstäben, Zeitpunkte mit Uhren. Nach klassischer Auffassung ist es nicht möglich, durch Drehungen und Verschiebungen im Raum, die Zeitkoordinaten zu beeinflussen und umgekehrt. Die vierdimensionale Mannigfaltigkeit Raum-Zeit (Raumzeit) wird deshalb in der klassischen Vorstellung angemessener als eine drei-plus-eins-dimensionale Mannigfaltigkeit beschrieben.

Ganz entsprechend ist es angemessen, die vierdimensionale Mannigfaltigkeit Raum-Ruhmasse als drei-plus-eins-dimensionale Mannigfaltigkeit zu bezeichnen, da Änderungen in der x-, y- oder z-Koordinate keinen Einfluss auf die Ruhmasse des Teilchens haben.

Die Eigenschaft, drei-plus-eins-dimensional zu sein, drückt sich auch in den Transformationsformeln aus. In der Klassischen Physik gelten die Galilei-Transformationen, Formel (4.6). Sie gelten für Körper (Teilchen) und für den Übergang zwischen Inertialsystemen. Nur mittelbar beschreiben sie Raum und Zeit. Die für Raum und Zeit entscheidende Aussage liegt in der Beziehung $t = t'$. Gleichgültig, wo man sich im Raum befindet, es gibt unabhängig davon die Zeit t. Das rechtfertigt es physikalisch, vom Raum und der davon unabhängigen Zeit zu sprechen.

Anders liegen die Verhältnisse für die Lorentz-Transformationen. Alle Koordinaten x,y,z,t hängen voneinander ab, t besitzt keine Selbständigkeit mehr. (Die Formel (4.1) ist speziell gewählt, sie zeigt nur eine Abhängigkeit von x und t.) Interpretiert man diese Situation vorsichtig, heißt das, die Gesamtheit der gemessenen *x*-, *y*-, *z*- und *t*-Werte bilden einen vierdimensionalen Raum, denn Koordinaten sind zunächst einmal nur Messwerte. Sind die gemessenen Werte auf Grund weiterer Überlegungen als Längen und Zeiten anzusehen, so bilden auch sie einen vierdimensionalen Raum, das vierdimensionale Raum-Zeit-Kontinuum.

11.2 Ein erstes philosophisches Argument zum Raum-Zeit-Kontinuum

In diesem und in den folgenden Kapiteln soll versucht werden, mit philosophischen Überlegungen zwischen einem vierdimensionalen Raum-Zeit-Kontinuum und einer drei-plus-eins-dimensionalen Raum-Zeit zu unterscheiden.

Hier soll im wesentlichen ein von A. MÜLLER [241] vorgetragenes Argument analysiert werden. Unter den zahlreichen philosophischen Einwendungen gegen ein vierdimensionales Raum-Zeit-Kontinuum ist dieses unter vielen zweifelhaften das am meisten einleuchtende. Ob es zwingend ist, hängt vom philosophischen Standpunkt ab. Ein pragmatischer Physiker, für den nur experimentelle Befunde zählen, wird sicherlich nicht überzeugt. Er wird es sogar als anmaßend empfinden, eine experimentell hervorragend abgesicherte Theorie in den Grundlagen kritisieren zu wollen, ohne dafür ein Experiment auch nur vorzuschlagen. Aber auch für einen Pragmatiker ist diese Diskussion von Bedeutung, sie zeigt ihm, wo die vielfach intensive Ablehnung der Raum-Zeit-Konzepte der Relativitätstheorie durch Geisteswissenschaftler ihre Wurzel hat, nämlich im Nichtbeachten einfacher philosophischer Einsichten.

Mit einem Stichwort charakterisiert, heißt das Müller'sche Argument:
Psychische Vorgänge sind zeitartig, aber nicht raumartig. Sie „befinden sich nicht in einem Würfel von $1.5\,\mathrm{cm}^3$"– BAVINK [15]. Gibt es aber Zeit unabhängig vom Raum, ist die Zeit etwas Selbständiges und damit auch der Raum und es gibt nicht nur die Einheit von Raum und Zeit.

Die Überlegung von A. MÜLLER ist phänomenologischer Art und vergleichsweise einfach. Zunächst dazu einige Fakten: Seele und Bewusstsein sind keine messbaren Objekte der Physik, obwohl es beides gibt. Bekannt ist der Spruch des Chirurgen VIRCHOW : "Ich habe schon viele Leichen seziert, aber noch nie eine Seele gefunden." Psychische Vorgänge sind, obwohl es sie gibt, nicht als messbare Objekte im physikalischen Raum vorhanden.

In ähnlicher Weise ist ein Spiegelbild, das unabhängig von Gefühlen vorhanden ist, virtuell, d. h. es liegt nicht im physikalischen (= wirklichen) Raum wie z. B. das von einem Fotoapparat erzeugte Bild auf dem Film. Vom Spiegelbild gibt es nur irgendwelche Wellenfelder und die sind nicht dort, wo man das Spiegelbild sieht. Virtuell wiederum ist die Vergrößerung einer Lupe. Trotzdem kann man bei Spiegelbildern Abstände zwischen einzelnen Teilen angeben. Es genügt das Bild eines Maßstabes anzuschauen.

Alle diese Vorgänge und Zustände laufen aber in einer wirklichen Zeit ab, sie kann mit physikalischen Uhren gemessen werden. Der Zeitpunkt, zu dem man einen Gegenstand und gleichzeitig sein Spiegelbild sieht, ist ein und derselbe, die Zeit im Bewusstsein ist nicht außerhalb oder vorher oder später als die wirkliche Zeit, die man mit Uhren messen kann.

Auch Gefühle laufen in der Zeit ab. Ist die Zeit, in der sie erlebt werden, eine andere als die Zeit, in der physikalische Vorgänge ablaufen, z. B. der Einschlag eines Blitzes bei einem Unwetter und die Angst davor? Sicherlich nicht, hier zuzustimmen fällt nicht schwer. Man sollte aber unterscheiden. Das Gefühl des Glücks ist etwas Anderes als der den Gefühlen zu Grunde liegende physikalisch chemische Vorgang im Gehirn. Warum bestimmte physikalisch chemische Prozesse zu Glücksgefühlen, andere zu der Empfindung "rotes Licht" führen, ist unbegreiflich, auch dann, wenn man unterstellt, dass solche Gefühle und Empfindungen notwendig entstehen, sobald bestimmte physikalisch chemische Prozesse ablaufen. Oder anders ausgedrückt, man wird nicht beweisen können, dass die Empfindung "rotes Licht" nicht die Empfindung "gelbes Licht" sein kann, wenn eine elektromagnetische Welle bestimmter Wellenlänge auf das Auge trifft. Den Zusammenhang zwischen Farbe und Wellenlänge kennt man nur durch die Beobachtung. Man kann überhaupt nicht aus einer physikalisch-chemischen Theorie ableiten, dass es Empfindungen gibt, denn Empfindungen sind keine Gegenstände in solchen Theorien.

Mit diesen nicht physikalischen, sondern eher wesenspsychologischen Betrachtungen soll klar gemacht werden, es gibt Prozesse, die real in der Zeit ablaufen wie physikalische Vorgänge auch, die selbst aber keine üblichen physikalischen Vorgänge sind. Was heißt das für die räumlichen Beziehungen? Haben Gefühle und Empfindungen keinen bestimmten Ort?

Zunächst: Die Person, die Gefühle hat, befindet sich im physikalischen (= wirklichen) Raum an einem bestimmten Ort. Die physikalisch-chemischen Prozesse, die den Gefühlen und Empfindungen zu Grunde liegen, haben einen bestimmten Ort, nämlich den, den die daran beteiligten Atome und Moleküle haben. Das Gefühl des Glücklichseins, die Empfindung "rotes Licht", sie sind nicht an einem bestimmten Ort im physikalischen Sinn. Dort sind nur Felder, Atome, Elementarteilchen. Die Gefühle kann man sich nicht irgendwo zwischen den Atomen sitzend vorstellen – sie haben keinen Ort im Raum der Physik.

Nun kann man sagen, die Gefühle seien im Leib des Menschen, also doch irgendwie im Raum. Diese Zuordnung erfolgt aber nur, weil man den Körper einer Person lokalisieren kann und man es so fühlt. Klarer wird das, wenn man Wahrnehmungen betrachtet. Die rote Farbe einer reifen Frucht lokalisiert man auf Grund des menschlichen Vorstellungsvermögens an die an einem Baum hängende Frucht. Tatsächlich gibt es dort nichts Rotes. An der Frucht werden Wellen unterschiedlicher Frequenz reflektiert, die Farbe Rot ist lediglich in meinem Wahrnehmungsraum. Es gibt die Empfindung nicht als eine Farbschicht im physikalischen (= wirklichen) Raum. Soweit Empfindungen und Gefühle raumartig ausgedehnt oder in einem Raum lokalisierbar sind, bezieht sich das nicht auf den physikalischen (= wirklichen) Raum.

In diesem Sinn sagt A. MÜLLER [241] : "Es gibt Vorgänge, die wohl in der Zeit, aber nicht im Raum verlaufen können, nämlich die psychischen Vorgänge, Vorstellungen, Gefühle, Willensregungen, Aufmerksamkeitsschwankungen u.a. haben zeitlichen, aber keinen räumlichen Charakter. Damit ist eine Unabhängigkeit des Raumes und der Zeit voneinander garantiert. MINKOWSKI hat das ganz übersehen und darum ist sein anderer viel zitierter Ausspruch unmittelbar falsch: "Gegenstand unserer Wahrnehmung sind immer nur Orte und Zeiten verbunden. Es hat niemand einen Ort anders bemerkt als zu einer Zeit, eine Zeit anders als an einem Orte".".

Psychische Vorgänge sind etwas Wirkliches und deshalb nicht nur irgendwann sondern auch irgendwo. Sie sind aber andersartig wirklich, ihr Ort ist nicht durch Messungen bestimmbar und deshalb sind Lorentztransformationen auf sie nicht anwendbar. Stimmen diese Überlegungen und gibt es andersartige raumzeitliche Wirklichkeiten, kann der Minkowski-Raum nicht Raum und Zeit im philosophischen Sinne sein. Es sei dahingestellt, ob die EI damit einer unlösbaren Schwierigkeit gegenübersteht, für die LI ist es unproblematisch, für sie sind Raum und Zeit mehr als eine vierdimensionale Raumzeit zur Beschreibung physikalischer Vorgänge.

11.3 Der vierdimensionale Minkowski-Raum der EI

Mit den Erläuterungen der vorangegangenen Abschnitte sind die Voraussetzungen geschaffen, die Argumentation MINKOWSKIs für ein vierdimensionales Raum-Zeit-Kontinuum zu erörtern. Zu Grunde liegen die Lorentz-Transformationen, Formel (4.1). Alle Eigenschaften des Minkowski-Raumes werden aus ihnen abgeleitet. Um die Unterschiede zu sehen, werden auch die Galilei-Transformationen, Formel (4.6), herangezogen.

In den Lorentz-Transformationen bezeichnen x, y und z die Ortskoordinaten und t die Zeitkoordinate. Die Gesamtheit dieser Werte bildet das vierdimensionale Raum-Zeit-Kontinuum (auch Minkowski-Raum genannt). Aus den Lorentz-Transformationen lässt sich kein drei-plus-eins-dimensionaler Raum ableiten, denn beim Übergang zu einem Inertialsystem S' hängt der neue Wert x' ebenso wie der neue Wert t' von x sowie von t ab. Welche Uhrzeit t' im System S' an der Stelle x' gemessen wird, hängt ab von den Orts- und Zeitkoordinaten in S und nicht nur von der Zeitkoordinate allein.

Zahlenbeispiel: $v = 0.5\ c$. Zeigt die Uhr in S überall null Uhr, ist es an der Stelle $x' = 0$ ebenfalls null Uhr, für die übrigen Positionen gilt eine andere Uhrzeit:

(11.2) $$t' = -\gamma v x / c^2$$

Mit den obigen Zahlen sind das für jeden Meter $1.9\ 10^{-9}$ Sekunden.

Raum- und Zeitmessungen hängen untrennbar miteinander zusammen, man kann sagen: So wie im dreidimensionalen Raum die räumlichen Koordinaten ineinander übergehen, wenn man das Koordinatensystem wechselt, so gilt dasselbe hier unter Einschluss der Zeitkoordinaten.

Interpretiert man die *x,y,z*- und *t*-Koordinaten relativistisch als die wirklichen Koordinaten der Punkte im physikalischen Raum, so ist die Konsequenz unausweichlich: Der physikalische Raum ist ein vierdimensionales Raum-Zeit-Kontinuum, unzerlegbar in eine drei-plus-eins-dimensionale Mannigfaltigkeit. Dies ist die gedankliche Position von MINKOWSKI, sie soll näher erörtert werden.

Für eine alternative Position bleibt folgender Ansatzpunkt: Die *x,y,z* und *t*-Koordinaten der Lorentz-Transformation sind zunächst einmal keine Koordinaten der Punkte in der Raum-Zeit, sie sind nur deren Messwerte und werden von MINKOWSKI naheliegend, aber unzutreffend eins zu eins gedeutet. Diese alternative These wird im Kap. 11.4 weiter verfolgt.

Wenn man die Zeit als das ansieht, was man selbst als Zeit erlebt und eine Uhr sichtbar anzeigt, gibt es keine universelle Zeit, denn in jedem Inertialsystem ist das etwas Anderes. Etwas Schnelleres, wenn man ruht, etwas Langsameres, wenn man sich als bewegt ansieht. Mit dieser Sicht der Zeit bleibt nur die relativistische Vorstellung, Raum und Zeit als Ganzes zu betrachten.

MINKOWSKI hat seine Erkenntnisse 1908 in einem Vortrag "Raum und Zeit" wiedergegeben [229]. Berühmt ist sein Ausspruch: "Von Stund an sollen Raum für sich und Zeit für sich völlig zu Schatten herabsinken und nur noch eine Art Union der beiden soll Selbständigkeit bewahren." A. SOMMERFELD [207] kommentiert: "Sachlich ist von dem, was MINKOWSKI hier sagt, auch heute vom physikalischen Standpunkt nichts zurückzunehmen,...; wie man sich erkenntnistheoretisch zu MINKOWSKIs Auffassung des Raum-Zeit-Problems stellen will, ist eine andere Frage, aber wie mir scheint eine Frage, die den physikalischen Sachverhalt nicht wesentlich berührt." MINKOWSKI fährt fort: "Gegenstand unserer Wahrnehmung sind immer nur Orte und Zeiten verbunden. Es hat niemand einen Ort anders bemerkt als zu einer Zeit, eine Zeit anders als zu einem Orte. ... Ich will einen Raumpunkt zu einem Zeitpunkt, d. i. ein Wertsystem *x, y, z, t* einen Weltpunkt nennen. Die Mannigfaltigkeit aller denkbaren Wertsysteme *x, y, z, t* soll die Welt heißen. "

"Die Anschauungen über Raum und Zeit ... sind auf experimentell physikalischem Boden erwachsen." Damit meint er die Lorentz-Transformationen, die er relativistisch interpretiert: x, t und x', t' beides sind wirkliche Länge und wirkliche Zeit. Eine bewegte Uhr geht nicht langsamer und zeigt deshalb eine Stunde, wenn in Wirklichkeit zwei Stunden vergangen sind. Die Zeit an der Stelle der sich bewegenden Uhr ist so, wie sie die sich bewegende Uhr anzeigt, die Zeit ist dort langsamer.

Für die Gesamtheit dieser Orte und Zeiten definiert MINKOWSKI ein mathematisches Modell, einen besonderen vierdimensionalen Raum, die "Welt", die in sich die Eigenschaften der Lorentz-Transformationen widerspiegelt. (Die Mathematiker nennen das einen vierdimensionalen pseudoeuklidischen Raum vom Index 1, d. h. es ist ein Raum ähnlich zum euklidischen, dem normalen Raum, nur in einer Dimension – Index 1 –, nämlich der Zeit, davon abweichend.)

Zu einem Raum, der die Realität darstellen soll, gehören mindestens Koordinatensysteme (um seine Punkte lokalisieren zu können) und eine Abstandsdefinition (um Entfernungen zwischen Punkten ausdrücken zu können). Der Abstand zweier Punkte ist die einfachste geometrische Eigenschaft von Figuren, z. B. die Länge einer Seite im Dreieck ist der Abstand seiner Eckpunkte, und daher ist die Abstandsdefinition grundlegend. Sie ist auch umfassend, denn jede beliebige geometrische Figur lässt sich als eine Punktmenge ansehen, deren Punkte voneinander bestimmte Abstände einhalten. So ist ein Kreis oder eine Kugel die Gesamtheit der Punkte, die von einem gegebenen Punkt, dem Mittelpunkt, in dem Abstand r liegen.

Dazu ein Zitat von RASCHEWSKI [293], aus dem sich die Bedeutung der Abstandsdefinition ergibt: "Die einzige Frage, die man noch stellen könnte, ist die, ob der gewöhnliche Raum nicht noch Eigenschaften hat, die dem dreidimensionalen eigentlich euklidischen Raum fehlen. Dies kann aber nicht sein, weil grob gesprochen, letzten Endes alle Eigenschaften des gewöhnlichen Raumes dadurch bestimmt sind, dass die Entfernung von Punkten nach der Formel

$$AB^2 = (x_1' - x_1)^2 + (x_2' - x_2)^2 + (x_3' - x_3)^2$$

berechnet wird, und weil diese Formel mit der entsprechenden ... für den dreidimensionalen eigentlich euklidischen Raum zusammenfällt."

Koordinatensysteme im Minkowski-Raum sind wie im normalen Raum durch Inertialsysteme definiert. Inertialsysteme bestehen aus räumlichen, zueinander senkrechten x-, y-, z-Achsen und aus Uhren zur Messung der Zeit. Bildet man Zeiten auf Längen ab, lässt sich ein Koordinatensystem durch vier zueinander senkrechte Achsen darstellen. Die x,y,z-Achsen unterscheiden sich nicht vom normalen Raum, deshalb genügt es, sich die x- und t-Achsen zu veranschaulichen, s. Abb. 11.2. Man sieht, kein Unterschied zur klassischen Darstellung von x und t. Der Unterschied entsteht, wenn man zu einem anderen Inertialsystem übergehen, d. h. das Koordinatensystems wechseln will.

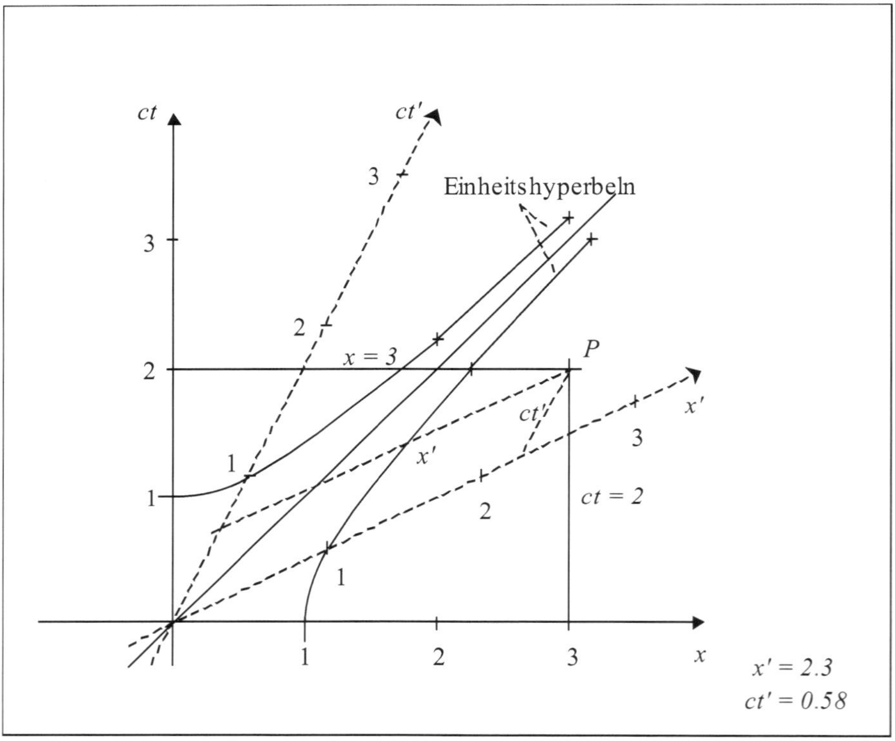

Abb. 11.2 Minkowski-Diagramm für Lorentz-Transformationen

Die Lorentz-Transformationen lassen sich geometrisch durchführen. Die x,t-Achsen repräsentieren das Inertialsystem S, die x',t'-Achsen das Inertialsystem S'. Die Hyperbeln $x^2-(ct)^2 = +1$, $x^2-(ct)^2 = -1$ sind die geometrischen Orte der Einheitspunkte auf den x,x'- und t,t'-Achsen. Sie legen die Länge 1 auf den Achsen fest. Die Steigung der x'-Achse beträgt v/c und für dieses Beispiel 0.5, die Steigung der ct'-Achse ist der Kehrwert von v/c. Für den Punkt P ergeben sich – und analog für den allgemeinen Fall – $P(x{=}3,\ ct{=}2) = P(x'{=}2.3,\ ct'{=}0.58)$ in Übereinstimmung mit der Rechnung.

Bevor weiter darauf eingegangen wird, zunächst das entscheidende Argument für die Existenz des Minkowski-Raumes: seine vierdimensionale Abstandsdefinition.

Abstände sind Größen, die von einem speziellen Koordinatensystem unabhängig sein müssen, es sind Invarianten. Im normalen Raum gelten

(11.3) $$\Delta t' = \Delta t$$

$$\begin{aligned} \Delta l'^2 &= \Delta x'^2 + \Delta y'^2 + \Delta z^2 \\ &= \Delta x^2 + \Delta y^2 + \Delta z^2 \\ &= \Delta l^2 \end{aligned} \quad (11.4)$$

Beides wegen der Galilei-Transformationen. Dabei sind Δt, Δl, Δx ... Differenzen von Zeiten, Längen, Koordinaten wie in Kap.4.4 und 6.2. So ist

$$\begin{aligned} \Delta x' &= x_2' - x_1' \\ \Delta x' &= (x_2 - vt) - (x_1 - vt) \\ &= x_2 - x_1 \\ &= \Delta x \end{aligned}$$

(11.4) ist der Satz des PYTHAGORAS im Raum.

Es sind diese voneinander unabhängigen und für alle Inertialsysteme invarianten Abstandsdefinitionen, die die Begriffe Raum und Zeit in der Klassischen Physik rechtfertigen.

Wegen der Lorentz-Transformationen gelten die Invarianzen (11.3) und (11.4) im Minkowski-Raum nicht, statt dessen aber

$$\begin{aligned} \Delta s'^2 &= c^2 \Delta t'^2 - \left(\Delta x'^2 + \Delta y'^2 + \Delta z^2\right) \\ &= c^2 \Delta t^2 - \left(\Delta x^2 + \Delta y^2 + \Delta z^2\right) \\ &= \Delta s^2 \end{aligned} \quad (11.6)$$

Formel (11.6) ist die vierdimensionale Abstandsdefinition des Minkowski-Raumes. Sie ist unabhängig vom jeweiligen Inertialsystem und rechtfertigt den Begriff eines vierdimensionalen Raum-Zeit-Kontinuums.

Man beweist Formel (11.6) mittels Einsetzen der Lorentz-Transformationen durch elementare Rechnung. Für das *Zahlenbeispiel* von Kap. 4.2 gilt:

$$\begin{aligned} x_1' &= x_1 = t_1' = t_1 = 0 \\ x_2 &= -300000 \text{ km} \\ t_2 &= 0 \\ x_2' &= -1.15 \times 300000 \text{ km} \\ t_2' &= +0.57\,s \end{aligned}$$

Damit ist $$\Delta s^2 = -x_2^2 = -(300000 \text{ km})^2 \text{ (negativ)}$$

$$\Delta s'^2 = c2t_2'^2 - x_2'^2$$
$$= (300000\ \text{km})^2 \left(0.57^2 - 1.15^2\right) = \Delta s^2$$

Ohne Frage lässt sich der Minkowski-Raum als mathematischer Raum definieren, ob er damit auch der wirkliche Raum sein kann, ist noch zu klären. Im Minkowski-Diagramm, s. Abb. 11.2, haben die Achsen t' und t, x' und x verschiedene Lagen im Raum. Der Übergang vom Inertialsystem S zum Inertialsystem S' entspricht einer Drehung der x'- und t'-Achse um den gleichen Winkel in entgegengesetzter Richtung, wie man aus der Zeichnung sieht. Für jeden beliebigen Punkt P sind dessen x,t- und x',t'- Koordinaten aus der Zeichnung ablesbar. Deshalb sind Minkowski-Diagramme zunächst einmal eine geometrische Methode, die Lorentz-Transformationen durchzuführen. Ganz entsprechend gibt es Diagramme, die Galilei-Transformationen geometrisch durchzuführen, s. Abb. 11.3. Beide Diagramme lassen sich darüber hinaus als Koordinatensysteme und deren Transformationen innerhalb mathematischer Räume auffassen. Diese mathematischen Räume werden in [197] als Minkowski- und Galilei-Geometrie bezeichnet. Es ist deshalb auf jeden Fall berechtigt, von Minkowski-Räumen im mathematischen Sinne zu sprechen.

Die Diagramme sind aber keine unmittelbare Darstellung des realen, physikalischen Raumes. Dazu eine erste Überlegung – in Kap. 11.5 und 11.6 folgen weitere: *In der realen Welt fallen für die Inertialsysteme S, S' die x- und x'-Achsen zusammen, sie bestehen aus denselben realen Punkten, sie gleiten aneinander vorbei. In den Diagrammen sind sie aber verschieden.* Vergleicht man das mit der Situation der x,y-Achsen eines Koordinatensystems der normalen Ebene, so liegt der Unterschied darin, dass hier die Koordinatenachsen unmittelbar Teil des wirklichen Raumes sind. Durch Verlängern der Achsen über den Papierrand hinaus erfasst man alle Punkte einer Ebene des wirklichen Raumes. Im Minkowski-Diagramm entsprechen verschiedene Geraden genau einer wirklichen Geraden, der wirklichen Bewegung der Inertialsysteme entsprechen um einen Winkel gedrehte Achsen. Die Minkowski-Diagramme sind kein zweidimensionaler Schnitt durch den wirklichen Raum, sie bleiben ein geometrisches Modell der Lorentztransformationen.

Die Minkowski-Diagramme scheiden als Beweis für die Existenz eines vierdimensionalen Raumes aus. Da sie den zweidimensionalen Schnitt durch den vierdimensionalen Raum darstellen, kann das vierdimensionale Raum-Zeit-Kontinuum ebenfalls nicht der wirkliche Raum und die wirkliche Zeit sein.

Hier gibt es ein Gegenargument, um den Minkowski-Raum als wirklichen Raum und wirkliche Zeit (vorerst) zu retten. Man kann im Sinne MINKOWSKIs folgendes Argument anführen: Wie LIEBSCHER [197] zeigt, gibt es in der normalen, euklidischen Ebene die normale, euklidische Geometrie, darüber hinaus die Galilei-Geometrie, die aus den Galilei-Transformationen resultiert – diese Geometrie gibt es mathematisch gesehen, aber nicht real – und die Minkowski-Geometrie, die aus den Lorentz-Transformationen resultiert und sowohl mathematische Gültigkeit als auch Realität besitzt. Die Galilei-Transformationen galten als Beweis für die Realität des normalen, euklidischen Raumes, weil ihre Geometrie dazu passt. Die Lorentz-Transformationen sind ganz genauso ein Beweis für die Realität (=Wirklichkeit) des euklidischen Raumes, wenn es eine absolute Zeit gibt. Nehmen wir an, dass es eine absolute Zeit nicht gibt. Dann verbleibt als einzige Realität der Minkowski-Raum. Durch seine Realität wird die Gültigkeit der Lorentz-Transformationen gewährleistet. Seine Existenz besteht in Einklang mit dem Experiment, denn die Lorentz-Transformationen sind experimentell bewiesen und seine Existenz folgt aus dem Experiment, denn nur ein solcher Raum enthält die Lorentz-Transformationen.

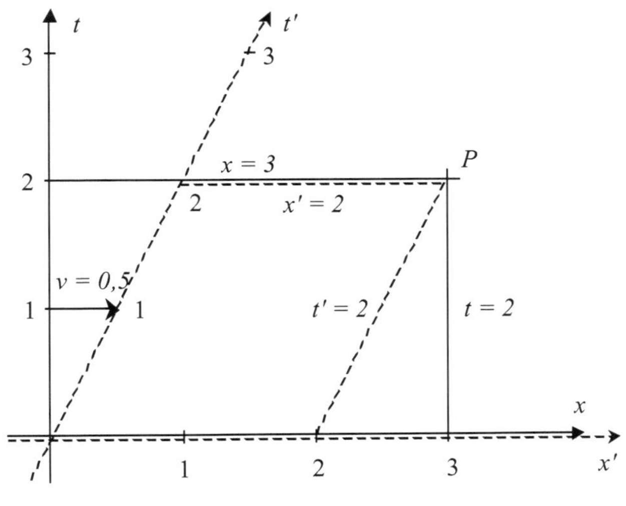

Abb. 11.3 Diagramm für Galilei-Transformationen

Auch die Galilei-Transformationen lassen sich geometrisch durchführen. x,t repräsentieren das Inertialsystem S, x',t' das Inertialsystem S'. Die Steigung der t'-Achse, sie ist $1/v$, und ihre Skalierung ergibt sich aus der Zeichnung. Für den Punkt P ergeben sich $P(x=3,\ t=2) = P(x'=2,\ t'=2)$ und entsprechend verläuft die Konstruktion im allgemeinen Fall. ($v = 0.5$, die Einheiten sind beliebig.)

Die Verkürzung bewegter Stäbe, die Verzögerung bewegter Uhren, alles ist anschaulich in den Minkowski-Diagrammen der Abb. 11.2 darstellbar, wie LIEBSCHER in [197] näher ausführt. Erstaunlich ist, dass es einen solchen mathematischen Raum gibt und die Eleganz, mit der sich vieles aus der Relativitätstheorie in ihm veranschaulichen lässt. Wenn Eleganz ein Wahrheitsbeweis ist und wenn es nur auf mathematisch identische Formeln ankommt, dann gilt die Behauptung MINKOWSKIs: Die Welt ist in Wirklichkeit vierdimensional, Raum und Zeit für sich sind Schatten.

Aus den mathematischen Eigenschaften des Minkowski-Raumes, setzt man ihn an den Anfang, folgen Transformationsformeln für den Übergang zwischen Koordinatensystemen. Sie stimmen mit den Lorentz-Transformationen überein, die somit Teil des Minkowski-Raumes sind. Er ist wirklich, weil die Lorentz-Transformationen gelten. Wir leben nicht im dreidimensionalen euklidischen Raum – in ihm gilt der Lehrsatz des PYTHAGORAS und der Abstand zweier Punkte wird durch Formel (11.4) beschrieben – wir leben in einem Minkowski-Raum und den Abstand zweier Weltpunkte beschreibt Formel (11.6).

Diese Folgerungen sind zwingend, wenn eine absolute Zeit als experimentell ausgeschlossen angesehen wird (und einiges Andere, s. Kap.11.4 – 11.8.), denn dann ist der Minkowski-Raum die noch übrigbleibende Realität. Gibt es eine absolute Zeit im philosophischen Sinne, wie die LI annimmt, ist der Minkowski-Raum nur mathematisch-physikalisch und in einen dreidimensionalen physikalischen (wirklichen) Raum zusammen mit einer unabhängigen Zeit einbettbar, wie es für den Galilei-Raum auch galt. Für die LI ist deshalb die Frage, ob Minkowski-Diagramm und (der zweidimensionale Schnitt durch den) Minkowski-Raum dasselbe sind, nicht entscheidend. Mit den Überlegungen von RASCHEWSKI [293] (euklidische und pseudoeuklidische Räume haben denselben affinen Raum) ist es zudem beweisbar. Deshalb wird zu Recht in Lehrbüchern zwischen beiden nicht unterschieden.

Für den philosophischen Überbau der Physik hat der Minkowski-Raum große Bedeutung, aber wie sieht das der Physiker selbst? A. P. FRENCH [115] formuliert das so: "Den grundlegenden Aussagen der Raum-Zeit-Transformationen (d. h. den Lorentz-Transformationen) wird durch derartige Überlegungen wenig hinzugefügt..." Andererseits bildeten sie für EINSTEIN den mathematischen Ansatz zur Allgemeinen Relativitätstheorie und haben deshalb große Bedeutung in der theoretischen Forschung.

11.4 Alternative Interpretation des Minkowski-Raumes der LI

So zwingend in der Physik die Annahme eines vierdimensionalen Raum-Zeit-Kontinuums als wirklicher Raum und wirkliche Zeit erscheint, weil damit die unkonventionelle Struktur der Lorentz-Transformationen erklärbar wird, von Seiten der Philosophie bestehen Einwände. Diese Einwände besagen, dass die Welt in der minkowskischen Form nicht vorstellbar ist und es in Wirklichkeit nur den dreidimensionalen Raum und die eindimensionale Zeit geben kann.

Lassen wir zunächst offen, ob das zu Recht behauptet wird oder nur ein Beweis ist, für die Unbeweglichkeit einiger Geisteswissenschaftler gegenüber zwingenden Erfahrungen der Physik und Mathematik, so bleibt die Frage: Was ist mindestens mit den Überlegungen MINKOWSKIs bewiesen? Da alle physikalischen Ergebnisse, die dem Minkowski-Raum zu Grunde liegen, sinnvoll nicht bezweifelt werden können – die Experimente entscheiden – ist die Existenz des Minkowski-Raumes wenigstens in der folgenden Weise bewiesen:

Die Lorentz-Transformationen beschreiben (nur) den Zusammenhang zwischen Orts- und Zeit*messungen,* nicht unmittelbar den Zusammenhang von Raum und Zeit. D. h. die gemessenen Zeitpunkte sind nicht die universelle Zeit, die Ortsmessungen sind nicht der universelle Raum, sie spiegeln diesen Zusammenhang nur wieder. Der Minkowski-Raum ist der vierdimensionale Raum der Orts- und Zeit*messungen.*

Natürlich genügt es nicht, eine solche Behauptung aufzustellen, es wird notwendig, die physikalischen Gründe anzugeben, weshalb Orts- und Zeit*messungen* nicht Raum und Zeit selbst sein sollen. Mit anderen Worten, es muss eine physikalische Theorie entwickelt werden, die zeigt, wie Zeit und Raum ihre behauptete Selbständigkeit verlieren können und in eine vierdimensionale Mannigfaltigkeit von Raum- und Zeitmessungen zerfallen bzw. zusammenfallen können. Die alternative Herleitung der Lorentz-Transformationen hat gezeigt, dass durch die Annahme eines ausgezeichneten Inertialsystems zusammen mit dem Relativitätsprinzip ein drei-plus-eins-dimensionaler Raum in Einklang mit der physikalischen Erfahrung denkbar ist. Das genügt aber nicht. Es wird notwendig, etwas darüber auszusagen, was ein ausgezeichnetes System physikalisch bedeuten soll und wie es nachweisbar ist.

Eine derartige physikalische Theorie bleibt die Philosophie natürlich schuldig, aber ebenso klar ist auch, dass es nicht Aufgabe der Philosophie ist, Physik zu betreiben. Sie hat das Recht, eine solche Theorie zu fordern, aber nicht die Pflicht, sie zu entwickeln. In jedem Fall ist es richtig, von philosophischer Seite darauf hinzuweisen, dass in den Lorentz-Transformationen nur physikalische Messergebnisse miteinander verknüpft werden und sie unmittelbar als Raum- und Zeitkoordinaten zu deuten, Hypothese ist.

Wer als Philosoph einerseits die drei-plus-eins-dimensionale Raum-Zeit fordert, andererseits aber nicht die experimentellen Befunde der Speziellen Relativitätstheorie bestreitet und einverstanden ist, den Minkowski-Raum als die Gesamtheit der Raum-Zeit-*Messungen* der Physik aufzufassen, ist nicht widerlegbar. Für Vertreter dieser Philosophie fehlt aber eine physikalische Theorie, die erklärt, warum Raum und Zeit im Experiment als vierdimensionales Raum-Zeit-Kontinuum erscheinen und was ein ausgezeichnetes Inertialsystem physikalisch sein soll. Zu einer solchen Theorie gibt es aber Ansätze; auf sie wird in Kap. 11.7 eingegangen.

11.5 Inertialsysteme mit Lichtgeschwindigkeit

Durch einfache Überlegungen lassen sich zwei einander ausschließende Sachverhalte nachweisen:

a) Im Minkowski-Raum gibt es keine mit Lichtgeschwindigkeit bewegte Inertialsysteme.

b) Im wirklichen Raum existieren dagegen mit Lichtgeschwindigkeit bewegte Inertialsysteme.

Daraus muss man folgern, dass der Minkowski-Raum nicht der Raum der Wirklichkeit sein kann. Der Minkowski-Raum umfasst nur die Gesamtheit der durch die Lorentz-Transformationen beschriebenen Inertialsysteme, zum wirklichen Raum gehören aber alle existierenden Inertialsysteme.

Zunächst einmal kann man sich davon überzeugen, dass es im Minkowski-Raum Teilchen gibt oder geben kann, die sich mit Lichtgeschwindigkeit bewegen, z. B. Photonen (Lichtteilchen), während andere Teilchen, z. B. Elektronen, der Lichtgeschwindigkeit nur beliebig nahe kommen. Mit c bewegte Teilchen erfüllen in einem Inertialsystem S die Weg-Zeit-Beziehung $x = ct$. Sie besitzen dann in Inertialsystemen S' die Koordinaten:

(11.10)+(11.11)
$$x' = \gamma x(1 - v/c) = \frac{x\sqrt{1 - v/c}}{\sqrt{1 + v/c}}$$
$$t' = \frac{t\sqrt{1 - v/c}}{\sqrt{1 + v/c}}$$

wie man durch Einsetzen von $x = c\,t$ in die Lorentz-Transformationen zeigen kann. Ihre Bahn lautet dann in S' ganz analog

$$x' = c\,t'$$

wie sich durch Division der beiden Gleichungen (11.10) und (11.11) zusammen mit der Beziehung $x = c\,t$ ergibt.

Im Minkowski-Raum besteht somit der einsichtige Sachverhalt, dass man die Bahn eines mit c bewegten Teilchens relativ zu jedem Inertialsystem S beschreiben kann. Aus $x = c\,t$ folgt $x' = c\,t'$.

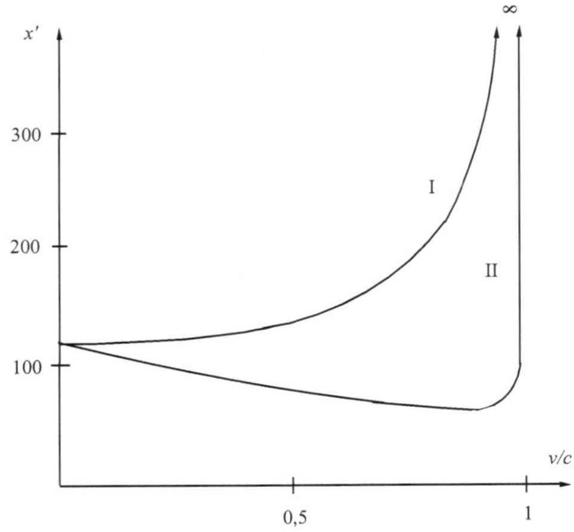

Abb. 11.4 Grenzwert $v \to c$

Für $v = c$ hat die Lorentz-Transformation $x' = \gamma(x - v\,t)$ einen Pol.

Beispiele: I: $x = 120, t = 0$
II: $x = 120, t = 100$

Als nächstes die Frage, gibt es in der Wirklichkeit mit Lichtgeschwindigkeit bewegte Inertialsysteme? Die Antwort lautet, es gibt davon sogar unendlich viele, so viele wie es Richtungen im Raum gibt. Man wähle eine beliebige Richtung im Raum aus. In diese Richtung sende man Lichtblitze in gewissen zeitlichen Intervallen. Dann bewegen sich die so entstandenen Photonen in gewissen räumlichen Abständen voneinander in die gleiche Richtung. Alle diese Teilchen bilden ein Inertialsystem, das sich mit Lichtgeschwindigkeit bewegt. In ihm gibt es zeitliche Abläufe: Die Entstehung von Lichtquanten ist als Wirkung zeitlich später als ihre Ursache, die Anregung von Atomen. Entgegenkommende Lichtquanten haben eine andere Geschwindigkeit als die ruhenden. Zusammenstöße mit Atomen erfahren nicht alle und damit nicht alle zur gleichen Zeit, etc. Es besteht ein sich geradlinig, gleichförmig bewegendes System, d. h. ein Inertialsystem.

Wenn es mit c bewegte Inertialsysteme im Minkowski-Raum geben soll, muss es eine Lorentz-Transformation geben, die den Übergang in dieses System beschreibt. Da in den Lorentz-Transformationen die Größe v die Relativgeschwindigkeit zweier Inertialsysteme angibt, setze man $v = c$ in die Lorentz-Transformationen ein. Dabei wird aber der Faktor γ unendlich groß und x' und t' sind nicht mehr definiert, d. h. dieses Inertialsystem existiert nicht im Minkowski-Raum.

In der Mathematik und Physik hilft es in solchen Fällen oft, den Grenzwert, in diesem Fall den Grenzwert v gegen c, zu untersuchen. Es zeigt sich, auch er existiert nicht, wie in Abb. 11.4 zkizziert ist. Die Rechnung ist ebenfalls nicht schwierig:

$$\lim_{v \to c} x' = \lim_{v \to c} \gamma(x - vt)$$
$$= (x - ct) \lim_{v \to c} \gamma$$
$$= \text{undefiniert}$$

weil der Grenzwert von γ undefiniert ist, solange nicht der Sonderfall $x = c\ t$ besteht. Für den Sonderfall $x = c\ t$

gilt: $x' = \gamma c\ t(1\text{-}v/c\ )$

$$x' = ct\sqrt{1\text{-}v/c}\ /\sqrt{1 + v/c}$$

und für $v = c$ ergibt sich:

(11.20) $x' = 0$

und entsprechend wegen (10.11) für alle t

(11.21) $t' = 0$

Formel (11.20) ist für x' ein vernünftiger Wert, denn $x = c\ t$ ist die Bewegung des Ursprungs $x' = 0$ des mit c bewegten Inertialsystems. Der Wert $t' = 0$ für alle t – Formel (11.21) – ist nicht plausibel, die obigen Überlegungen haben gezeigt, dass in einem mit c bewegten Inertialsystem unterschiedliche Zeitpunkte existieren. $t' = 0$ für alle t würde ein Stehenbleiben der Zeit bedeuten, was in Widerspruch zur Wirklichkeit steht. (Kein Widerspruch besteht in der Annahme, mit c bewegte Uhren bleiben stehen.)

Die bisherigen Überlegungen zeigen: Auch die Betrachtung des Grenzfalls $v \to c$ liefert kein Inertialsystem mehr, nur die x-Koordinate für Punkte $x' = 0$ lässt sich sinnvoll transformieren. Andererseits ist plausibel erklärt, dass es in Wirklichkeit nicht nur mit Lichtgeschwindigkeit c bewegte Teilchen sondern auch solche Inertialsysteme gibt. Genau diese kennt die Klassische Relativitätstheorie nicht, da sie von den Lorentz-Transformationen nicht erfasst werden. *Das heißt, das vierdimensionale Raum-Zeit-Kontinuum der Speziellen Relativitätstheorie beschreibt die Wirklichkeit nicht vollständig.* Beschrieben wird mit der Einstein-Interpretation der Speziellen Relativitätstheorie die Gesamtheit der möglichen räumlich zeitlichen Messungen, nicht der hinter ihnen stehende Raum und die hinter ihnen stehende Zeit, denn, obwohl es mit c bewegte Inertialsysteme gibt, Messungen lassen sich in ihnen natürlich nicht durchführen. Weder Maßstäbe noch Uhren lassen sich wegen $m(v) = \gamma m(0)$ auf Lichtgeschwindigkeit beschleunigen. Es ist nicht möglich, sich neben eine mit Lichtgeschwindigkeit bewegte Uhr zu stellen und unmittelbar nachzuprüfen, welche Zeit sie anzeigt.

Auch in diesem Fall haben die Überlegungen zunächst einmal keine Bedeutung für die Experimentalphysik, denn was messbar ist, wird in der Speziellen Relativitätstheorie korrekt beschrieben, und was messbar ist, liegt im Minkowski-Raum.

11.6 Räumliche Objekte und Raum, Zeitabläufe und Zeit

11.6.1 Geometrische Objekte in mathematischen Räumen, Körper im physikalischen Raum

Jeder weiß, was ein Körper im physikalischen Sinn ist, nämlich das, was er im täglichen Leben auch ist – ein Stück Materie, zusammengesetzt aus Atomen und Molekülen. Ein Körper kann beliebig im Raum verschoben werden und behält dabei seine Gestalt, sofern er starr ist.

So wie ein Körper sich im physikalischen Raum befindet, befinden sich geometrische Objekte in mathematischen Räumen – Kugel, Zylinder, Kegel z. B. im normalen dreidimensionalen Raum. Es gibt zahlreiche geometrische Eigenschaften von Objekten in den unterschiedlichen mathematischen Räumen – über sie soll hier nicht diskutiert werden. Wir stellen nur eine ganz einfache Frage: Wie sind beliebige geometrische Objekte in irgendwelchen mathematischen Räumen definiert? Darauf gibt es unterschiedliche Antworten, aber eines haben sie gemeinsam: Ein geometrisches Objekt ist oder umfasst eine Teilmenge dieses mathematischen Raumes. Das heißt, man kann von jedem Punkt des Raumes sagen, dieser Punkt gehört zu dem geometrischen Objekt und jener nicht.

Beispiel: Eine Kugel ist die Menge aller Punkte im dreidimensionalen Raum, die von einem Punkt $M = M(x,y,z)$ einen Abstand kleiner oder gleich dem Radius r haben. Von jedem Punkt des Raumes liegt fest, ob er innerhalb oder außerhalb der Kugel liegt.

Wir können demnach sagen, geometrische Objekte sind definierte Teilmengen eines mathematischen Raumes. Natürlich kommen noch weitere Eigenschaften hinzu. So kann man fragen, was Kugeln voneinander unterscheidet und was ihnen gemeinsam ist, und mögliche Antworten wären, verschieden große Radien einerseits, aber die Eigenschaft, alle gegenüberliegenden Punktepaare der Kugeloberfläche als Nord- und Südpol definieren zu können, andererseits.

Was sind physikalische Körper im normalen Raum? Ohne Frage, sie entsprechen geometrischen Objekten, d. h. sie sind Teilmengen, definierte Punktmengen darin. Damit ist noch nichts dazu gesagt, wie sich die Punktmengen ändern, wenn der Körper bewegt wird.

Betrachten wir jetzt das vierdimensionale Raum-Zeit-Kontinuum. Sind dort Körper auch definierte Teilmengen? Gehen wir in ein Inertialsystem $S(x,y,z,t)$. Ein Körper ist beschrieben durch alle Punkte, die er zu einem beliebigen, festen Zeitpunkt umfasst. Bei einer Stahlkugel sind das alle Punkte, die z. B. vom Mittelpunkt der Stahlkugel bis zu 5 cm entfernt sind. Genauer: Punkte mit solchen Koordinaten

x,y,z zur Zeit t. Messungenauigkeiten sollen dabei nicht interessieren. Wie sieht nun dieser Körper in S' aus? Die Antwort lautet, man wende die Lorentz-Transformationen an, die Punkte bleiben dabei dieselben, nur die Koordinaten ändern sich.

In S' tritt nun eine neue Situation auf: t' ist nicht mehr konstant für ein konstantes t (Relativität der Gleichzeitigkeit), t' hängt auch von der Ortskoordinate x ab. Unsere Stahlkugel hat nur dann dieselben Punkte im vierdimensionalen Raum-Zeit-Kontinuum relativ zu S', wenn man in S' zu verschiedenen Zeiten misst. Wie sieht es aber in Wirklichkeit aus? Ein Beobachter in S' zählt genau die Punkte zur Stahlkugel, die sie für ein bestimmtes t' einnimmt.

Daraus folgt: In der Klassischen Relativitätstheorie entsprechen Körpern keine geometrischen Objekte im mathematischen Sinn. Wie wir sehen, sind Körper nur relativ zu Inertialsystemen definiert.

Betrachten wir dazu ein quantitatives Beispiel:

Eine Kugel ruhe in S, ihr Mittelpunkt sei der Nullpunkt. Zur Kugel zählen alle Punkte $P(x,y,z,t)$ mit

$$x^2+y^2+z^2 \leq r^2$$

Nehmen wir den Punkt P_1 mit $x_1 = +r$, $y_1 = z_1 = 0$ und P_2 mit $x_2 = -r$, $y_2 = z_2 = 0$. Alle Punkte zwischen P_1 und P_2 gehören zur Kugel, sie bilden den Durchmesser der Kugel auf der x-Achse. Ihm entsprechen in S' zur Zeit $t = 0$ alle Punkte x'

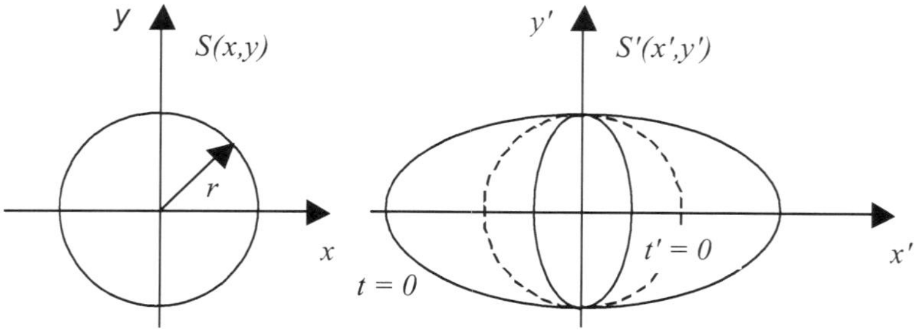

Abb. 11.5 Eine Kugel in S erscheint in S' zum Zeitpunkt $t = 0$ gedehnt, zum Zeitpunkt $t' = 0$ abgeplattet. ($\gamma = 2$)

Man erwartet: Einem realen Körper entspricht im wirklichen (drei- oder vierdimensionalen) Raum eine definierte Punktmenge. Tatsächlich erfüllen die relativ zu Inertialsystemen beobachtbaren Abmessungen diese Bedingung nicht.

$$x' = \gamma x \text{ mit } -r \leq x \leq +r$$

Dabei ist $|x'| > |x|$ weil $\gamma > 1$

($|x|$ ist der Betrag von x)

Für denselben Durchmesser gilt aber in S' zur Zeit $t' = 0$

$$x = \gamma x' \text{ mit } -r \leq x \leq +r$$

$$|x'| < |x|$$

(Dies ist die Lorentz-Kontraktion)

In Abb. 11.5 sind die Verhältnisse für $v = 0{,}866\ c$, d. h. $\gamma = 2$ veranschaulicht. Für $t = 0$ hat man in S' für eine Kugel ein gedehntes Ellipsoid, für $t' = 0$ ein abgeplattetes Ellipsoid.

Natürlich liegt darin kein Widerspruch zur Erfahrung. $t = 0$ bedeutet in S' für t' ein Intervall

(11.25) $$\frac{-vx'}{c^2} \leq t' \leq \frac{+vx'}{c^2}$$

Da sich die Kugel in S' bewegt, bedeutet das, es werden dieselben Punkte der Kugel über einen gewissen Zeitraum beobachtet.

Das ändert aber nichts daran, dass derselbe Körper in S' unterschiedliche Punktmengen besitzt, er ist kein fest umrissener Teil des vierdimensionalen Raum-Zeit-Kontinuums. Was für S die ganze Kugel bedeutet, bedeutet in S' die Beobachtung der Bewegung der Kugel über ein Zeitintervall.

Es ist nicht möglich, Körper der Relativitätstheorie als Teilmengen des vierdimensionalen Raum-Zeit-Kontinuums zu definieren. Man kann stets Punkte nennen, die einerseits dazu gehören, andererseits nicht. *Der Begriff Körper ist in der Klassischen Relativitätstheorie nur relativ zu einem Inertialsystem definiert.* Obwohl er etwas Wirkliches ist, hat er nur die Stellung eines messbaren Objektes, er ist keine für alle Inertialsysteme eindeutig definierte physikalische Größe.

„Dreifach ist der Schritt der Zeit
Zögernd kommt die Zukunft hergezogen
Pfeilschnell ist das Jetzt entflogen
Ewig still steht die Vergangenheit“
Friedrich v. SCHILLER

11.6.2 Relative und philosophische Gleichzeitigkeit

Der Minkowski-Raum umfasst gegenwärtige, zukünftige und vergangene Ereignisse, denn sein Zeitparameter t darf null, positiv oder negativ sein.

Da unsere Welt allein aus der Gesamtheit der gegenwärtigen Ereignisse besteht, ganz sicher nicht aus den zukünftigen und Vergangenheit die Gegenwart höchstens mitverursacht hat, kann der Minkowski-Raum nicht Raum und Zeit sein, in dem und in der wir leben. Nur ein Teil des Minkowski-Raumes könnte unsere Welt beschreiben. Welcher Teil soll das sein, wenn Gleichzeitigkeit nur relativ zu Inertialsystemen definiert ist?

Dazu ähnliche Fragen sind: Was ist im Minkowski-Raum ein zukünftiges, was ein vergangenes Ereignis? Fragen, die sich leicht nur relativ zu einem Inertialsystem beantworten lassen. Zu ihrer Klärung zunächst einige quantitative Zusammenhänge:

In weiter Entfernung im Weltall explodiere ein normal heller Fixstern (Sonne) weithin sichtbar als Supernova und verwandele sich dadurch in einen schwach leuchtenden Neutronenstern. Im Inertialsystem S sei

$$x_{Fixstern} = -1 \text{ Million Lichtjahre}$$
$$x_{Erde} = 0$$

Das Supernova-Ereignis finde in S jetzt statt,

$$t_{Supernova} = 0$$

S', S'' seien die Inertialsysteme wie in Kap. 7 mit $v = c/2$. Dann gilt $\gamma = 1.15$

$$x'_{Fixstern} = -1.15 \text{ Millionen Lichtjahre}$$
$$t'_{Fixstern} = 1.15\,(0\text{-}0.5c\; x_{Fixstern}/c^2)$$
$$= +577\,000 \text{ Jahre}$$
$$x''_{Fixstern} = -1.15 \text{ Millionen Lichtjahre}$$
$$t''_{Fixstern} = 1.15\,(0+0.5c\; x_{Fixstern}/c^2)$$
$$= -577\,000 \text{ Jahre}$$

Das folgt aus den Lorentz-Transformationen, Formel (4.1). Drei in den Ursprüngen von S, S', S'' ruhende Beobachter fliegen zur Zeit $t = t' = t'' = 0$ aneinander vorbei und jeder sagt über den Ausbruch der Supernova – der für sie zu dieser Zeit nicht sichtbar ist – etwas Anderes:

Für den S-Beobachter findet der Ausbruch jetzt statt, für den S''-Beobachter liegt er 577000 Jahre zurück und der S'-Beobachter sagt ihn für die Zukunft voraus. Er hat noch 577000 Jahre Zeit, den Ausbruch zu verhindern. Selbstverständlich aussichtslos für normale Raumfahrer, die in dieser Zeit nicht einmal 577000 Lichtjahre zurücklegen können, da $v < c$ gilt. In der Utopia-Welt als Navigator eines Fahrzeuges mit Überlichtgeschwindigkeit ist man dagegen rechtzeitig vor Ort, um die Katastrophe abzuwenden. Bewegen sich während der Explosion Uhren von S, S', S'' am Explosionsort vorbei, so werden die von ihnen angezeigten, voneinander verschiedenen Uhrzeiten von allen Beobachtern S, S', S'' richtig vorhergesagt, und das sind die Uhrzeiten, die ein Beobachter am Explosionsort von den Uhren ablesen könnte. Das Ereignis ist in allen Details einschließlich der Koordinaten für alle Beobachter dasselbe, allein seine Gleichzeitigkeit mit anderen Ereignissen ist umstritten.

Derartige zukünftige oder vergangene Ereignisse nennt M. CAPEK [46] in seiner Einstein-Interpretation des Minkowski-Raumes ‚nicht kausale Zukunft' oder ‚nicht kausale Vergangenheit'. Wegen der endlichen Lichtgeschwindigkeit wird im obigen Beispiel der Beobachter an der Stelle $x = 0$ zur Zeit $t = 0$ durch die Supernova weder beeinflusst noch kann er umgekehrt auf die Supernova einwirken. Sieht er die Supernova im Fernrohr – dann kann sie kausal auf ihn wirken – oder fliegt er hin, ist sie längst vorbei.

Eine andere Art von Zukunfts- oder Vergangenheitsereignissen sind solche, die in kausalem Zusammenhang mit einem Beobachter stehen können. Ursachen (Lichtwellen, Geschosse) können nur auf solche Objekte Wirkungen ausüben, die nicht zu weit entfernt liegen. Bewegt sich ein Lichtteilchen für die Zeitdauer t, kann es auf Objekte in der Entfernung x nur dann wirken, wenn $x \leq c\ t$. Derartige Ereignisse bilden mit den Worten von CAPEK die "kausale Zukunft" bzw. die "kausale Vergangenheit" und liegen im Minkowski-Diagramm im Lichtkegel, d. h. zwischen den Geraden $x = -c\ t$ und $x = +\ c\ t$ in Richtung der ct-Achse von Abb. 11.2. Die kausale Zukunft des Beobachters im Ursprung von S hat $t > 0$, die kausale Vergangenheit $t < 0$. Der Punkt P in Abb. 11.2 liegt außerhalb des Lichtkegels, ein vom Ursprung ausgehendes Lichtsignal erreicht diesen Raum-Zeit-Punkt nie, da $x > c\ t$, erreicht wird nur der spätere Raum-Zeit-Punkt $P'(x = 3,\ ct = 3)$.

Kausale Vergangenheit sind Tatsachen wie: "Die Bücher des griechischen Philosophen Plato kann jeder lesen", kausale Zukunft: "ein in fünf Jahren fertiggestelltes Buch noch niemand" [46]. Die kausale Zukunft sind zwar Punkte im Minkowski-Raum, aber sie sind noch nicht Teil des Universums. Die kausale Zukunft (und entsprechendes gilt für die kausale Vergangenheit) hat etwas Absolutes, denn: Kein anderer Beobachter im Universum kann sie früher erleben als – in unserem Beispiel – der Beobachter im Ursprung von S; Ursache und Wirkung können sich auch für andere Beobachter nicht umkehren; kausale Vergangenheit ist für andere Beobachter später Vergangenheit. Nicht kausale Vergangenheit dagegen vertauscht sich gegeneinander je nach Wahl des Bezugssystems, wie das obige Beispiel gezeigt hat.

Nach diesen Vorüberlegungen stellen sich wenigstens zwei Fragen: Wieso benötigt der Minkowski-Raum im Gegensatz zur täglichen Erfahrung zwei Arten von Vergangenheit und Zukunft? Welchem Teil des Minkowski-Raumes entspricht die Wirklichkeit, die Welt, zu der weder Zukünftiges noch Vergangenes gehört, da dieses nichts Wirkliches (nicht mehr oder noch nicht) darstellt?

Es bestehen drei Möglichkeiten, aus dem Minkowski-Raum Zukunft und Vergangenheit zu streichen. Dazu wähle man einen beliebigen Zeitpunkt t, z. B. $t = 0$, der die Gegenwart kennzeichnet.

a) Unter der Voraussetzung, dass ein ausgezeichnetes Inertialsystem existiert, darf man argumentieren: Alle Ereignisse, die im ausgezeichneten Inertialsystem gleichzeitig sind und für die $t = 0$ gilt, bilden unsere Welt; die zu den übrigen Inertialsystemen gleichzeitigen Ereignisse sind in Wirklichkeit wegen der nur zweckmäßigen Synchronisation der Uhren nicht gleichzeitig, sie gehören zur Vergangenheit oder Zukunft. Die Welt ist in diesem Fall der dreidimensionale normale (euklidische) Raum, die unterschiedlichen Begriffe kausale – nicht kausale Vergangenheit oder Zukunft beschreiben Synchronisationseffekte.

b) Es gibt kein ausgezeichnetes Inertialsystem.

b1) Alle Inertialsysteme sind gleichberechtigt, alles was gleichzeitig zu einem beliebigen Inertialsystem zum Zeitpunkt $t = 0$ ist, ist in gleicher Weise Wirklichkeit. Die Konsequenz: Der gesamte Minkowski-Raum ist unsere Welt. Zukunft, Vergangenheit (kausal oder nicht kausal) sind in irgendeiner Form stets auch Gegenwart und müssen damit zur Wirklichkeit hinzugerechnet werden.

b2) Man entfernt alle Ereignisse, die zur Zeit $t = 0$ für einen Punkt kausale oder nicht kausale Zukunft oder Vergangenheit bedeuten – es verbleibt nur dieser Punkt – oder man streicht nur dessen kausale Vergangenheit und Zukunft – dann gehören für weit entfernte Punkte deren Gegenwart und Zukunft zur Welt dazu.

Unmittelbar befriedigen können die Versionen zu b) nicht, philosophisch elegant ist Version a). Entsprechendes gilt für die unterschiedlichen Vergangenheits- und Zukunftsbegriffe. Zukunft und Vergangenheit erlebt man in großer Entfernung nicht anders als bei uns und für ein ausgezeichnetes Inertialsystems erübrigt es sich, darüber diskutieren zu müssen.

Die Relativität der Gleichzeitigkeit drückt zwei Möglichkeiten aus:
a) Es gibt keine absolute Gleichzeitigkeit und deshalb ist sie auch nicht messbar (Einstein-Interpretation).

b) Es gibt sie, sie ist aber nicht messbar, weil es wegen des Relativitätsprinzips keine Naturgesetze gibt, die sie messbar machen (Lorentz-Interpretation).

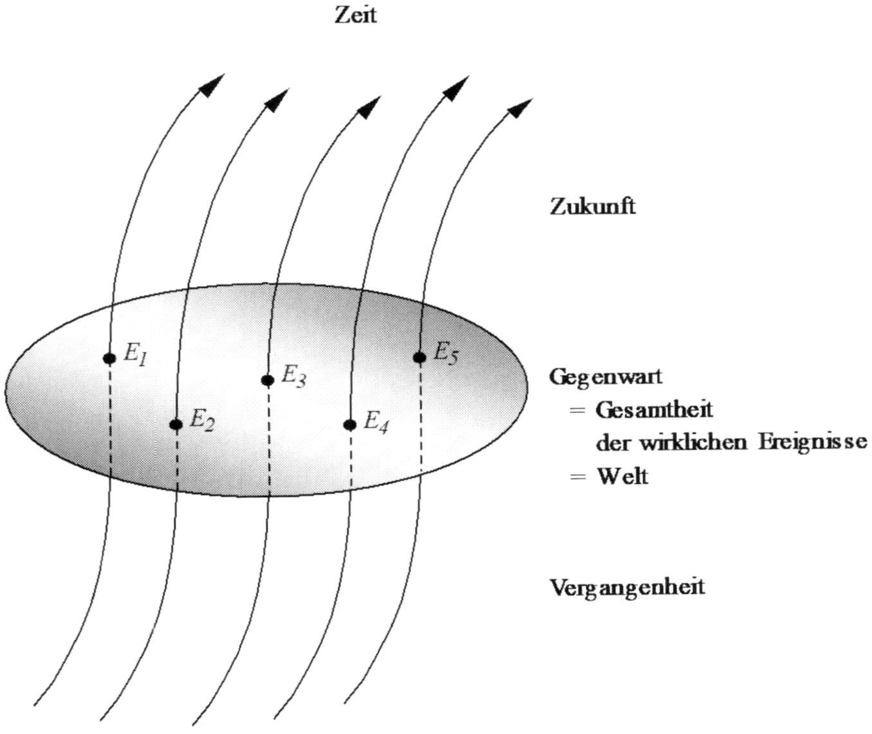

Abb. 11.6.0 Absolute und relative Gleichzeitigkeit

An jedem Ort x_i ist irgendetwas "wirklich". Bezeichnet man mit dem Ereignis E_i alles, was am Ort x_i wirklich ist, dann folgt: Alle Ereignisse E_1, E_2, ... E_i, ... sind "gemeinsam wirklich". Zu einem "wirklichen" Ereignis an einem Ort, gibt es eines und nicht mehrere "wirkliche" Ereignisse E_i an einem anderen Ort. "Gemeinsam wirklich sein" lässt sich definieren als "gleichzeitig wirklich sein" ohne dabei den Begriff der Zeit zirkulär zu verwenden. Daraus folgt: Gleichzeitigkeit besteht und ist absolut, ist aber nicht messbar (Relativität der Gleichzeitigkeit)

Ist es tatsächlich unmöglich, etwas über Gleichzeitigkeit auszusagen, obgleich sie nicht messbar ist? Schließlich gibt es physikalische Größen, die nicht messbar sind, aber dennoch bestimmte, quantitativ festliegende Werte besitzen. Dazu gehört als

Beispiel die Ein-Weg-Lichtgeschwindigkeit. Wie in Kap. 5 gezeigt wurde, ist ihr Betrag nicht messbar, das gelingt nur für die Zwei-Weg-Lichtgeschwindigkeit, aber das von der Sonne ausgesandte Licht nähert sich der Erde in genau festliegender Form, die Geschwindigkeit besteht, ohne messbar zu sein [110]. In diesem Sinne gibt es ein wissenschaftstheoretisches Argument für eine inertialsystemunabhängige Gleichzeitigkeit, das in gewisser Weise naheliegend ist, Abb. 11.6.0:

An jedem beliebigen Punkt im Weltall – das sind beispielsweise alle relativ zu einem beliebigen Inertialsystem vorhandenen Punkte – kann ich mir einen Beobachter und eine dort ruhende Uhr vorstellen, die eine beliebige Uhrzeit anzeigt. Jeder Beobachter hat eine klare Vorstellung von dem, was für ihn Gegenwart ist, denn er erlebt sie. Sie ist in jedem Augenblick durch die von der Uhr angezeigte Uhrzeit von allen übrigen Zeitpunkten unterscheidbar. Wenig später ist sie die Uhrzeit eines vergangenen Ereignisses, auch liegt es stets fest, welche Uhrzeiten zukünftige Ereignisse haben werden. Diese Definition von Gegenwart ist inertialsystemunabhängig, beispielsweise haben die Beobachter von S, S', S'' an der Stelle $x = 0$ dieselbe Auffassung von Gegenwart und deshalb sagt keiner vom anderen, er sei jetzt bereits Vergangenheit oder noch Zukunft; ihre von den eigenen Uhren angezeigten Uhrzeiten können jedoch verschieden sein. Es ist wichtig, sich die Begriffe "wirklich sein", "Gegenwart" deutlich vor Augen zu halten. Warum soll "wirklich sein" nur für einen Zeitpunkt, für "Gegenwart" gelten? Ist nicht der Kölner Dom seit mehreren hundert Jahren "Wirklichkeit" und ein Symbol für Ewigkeit? Wie soll die "Wirklichkeit" des Kölner Doms für einen Zeitpunkt, für Gegenwart stehen? Das ist kein Widerspruch, Gegenwart ist der Kölner Dom in dem Glanz einer Feierstunde und das immer wieder in einer emotionalen Variante. Die Ewigkeit ist Gegenwart in sich ändernder Einmaligkeit, "wirklich" stets etwas Anderes, stets nur ein Zeitpunkt.

Andererseits ist der Zustand "wirklich sein" völlig unabhängig von Zeit oder Gleichzeitigkeit erkennbar: Ein Vogel begreift die "wirkliche" Gefahr durch die heranschleichende Katze unmittelbar und nicht über das Wissen oder Fühlen einer gemeinsamen Zeit. Der Vogel ist "wirklich", die heranschleichende Katze ist "wirklich" und beide sind "gemeinsam wirklich" – von Gleichzeitigkeit ist noch nicht die Rede.

Durch eigenes Erleben unbezweifelbar, gehört zu jedem Raumpunkt eines beliebigen Inertialsystems eine Kette von Zeitpunkten und stets genau einer dieser Zeitpunkte ist Gegenwart. Das ist erkennbar und beobachtbar völlig unabhängig von allen übrigen Raum-Zeit-Punkten des Minkowski-Raumes und drückt aus, dass man "in Gedanken" überall hingehen kann und dort stets etwas sein muss. Die Gesamtheit dieser eindeutig definierten Gegenwartspunkte bildet unsere Welt, alle übrigen Raum-Zeit-Punkte sind Vergangenheit oder beschreiben Zukunft. Nur diese Gegenwartspunkte existieren, sie "sind", und sie sind es "gemeinsam". *Alle "gemeinsam seienden" Punkte, die Gegenwartspunkte, nennt man "gleichzeitig".* Auf diese Weise hat man Gleichzeitigkeit unabhängig von der Physik definiert und es ist Sache der Physiker sie zu messen oder auch nicht, aber es ist nicht in Ordnung, Gleichzeitigkeit zu bestreiten mit der Begründung, sie sei nicht messbar. Da es nicht messbare physikalische Größen gibt (Ein-Weg-Lichtgeschwindigkeit), genügt dieser Hinweis ohnehin nicht.

Es ist nicht möglich, die Gegenwartspunkte im Minkowski-Raum explizit anzugeben; die dort herrschende Relativität der Gleichzeitigkeit lässt sich als Ausdruck der Tatsache verstehen, Gleichzeitigkeit mit physikalischen Methoden nicht messen zu können, d. h. die Uhren aller Beobachter für alle gegenwärtigen Ereignisse, die ja eindeutig festliegen, dieselbe Uhrzeit anzeigen zu lassen. In diesem Sinne beschreibt der Minkowski-Raum genau das, was mit Hilfe der Naturgesetze von Raum und Zeit messbar ist und nicht Raum und Zeit. Oder anders formuliert: Im Minkowski-Raum drücken sich die Naturgesetze unmittelbar aus. So das Relativitätsprinzip durch die Existenz von in allem gleichwertigen Inertialsystemen und später die Gesetze der Allgemeinen Relativitätstheorie als deren Grenzfall. Nicht umsonst hat EINSTEIN die Erkenntnisse MINKOWSKIs als für ihn bedeutungsvoll bei der Entdeckung der Allgemeinen Relativitätstheorie bezeichnet.

Diese Überlegungen lassen sich fortsetzen. Auch die vergangenen Ereignisse eint oder unterscheidet, ob sie einmal gemeinsam wirklich waren oder nicht. Zu einer Vertiefung vergleiche man mit der Arbeit [46], einer konsequenten Einstein-Interpretation des Minkowski-Raumes, sowie mit den dortigen Hinweisen auf Reichenbach, GRÜNBAUM und deren Kritiker, wie z. B. Hugo DINGLER. Entsprechende neuere Arbeiten finden sich in den philosophischen Fachzeitschriften [84], [5]. Ob der Begriff "gemeinsam wirklich sein" dem Begriff "gleichzeitig sein" vorausgehen kann, wie hier behauptet wird, muss man schließlich selbst entscheiden.

Wie gezeigt wurde, ist nicht nur die unterschiedliche Uhrzeit in Inertialsystemen eine Folge der Relativität der Gleichzeitigkeit sondern auch die Unklarheit über das, was die Wirklichkeit, die Welt, im Gegensatz zu "nicht mehr wirklich" oder "noch nicht wirklich" im Minkowski-Raum sein soll, obwohl der Zustand "wirklich sein" für jeden Beobachter überall im Weltall durch eigenes Erleben eindeutig festliegt. Andererseits spiegelt diese Unklarheit innerhalb des Minkowski-Raumes physikalische Gesetze, insbesondere das Relativitätsprinzip, wieder, sie werden durch ihn geometrisch anschaulich.

„... zumal die Physiker für logisch-philosophische Argumente wenig Verständnis haben.“
EINSTEIN 1951

11.6.3 Minkowski-Raum und wirklicher Raum

Analog zum Gegenwartsargument des vorigen Kapitels gibt es ein Argument über räumliche Eigenschaften, die der Minkowski-Raum nicht besitzt [Vor26]. Man betrachte einen ruhenden Stab x, an dem ein mit der Geschwindigkeit v bewegter Stab x' vorübergleitet, s. Abb. 11.6.1 und 11.6.2. Ein Beobachter an der Stelle P sieht dabei zu jedem Zeitpunkt, d. h. immer, genau einen Punkt X' gegenüber zu sich auf dem Stab x'. Daraus folgt insbesondere, wenn O' gegenüber O liegt – das ist ja irgendein Zeitpunkt – liegt gegenüber von P genau ein Punkt P'.

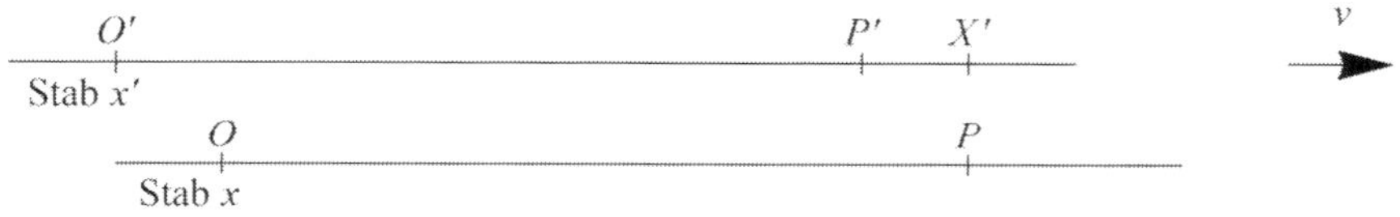

Abb. 11.6.1 Der Stab x' bewegt sich mit v am Stab x vorbei. Der Beobachter in P auf x sieht immer genau einen Punkt X' gegenüber zu sich auf x'.

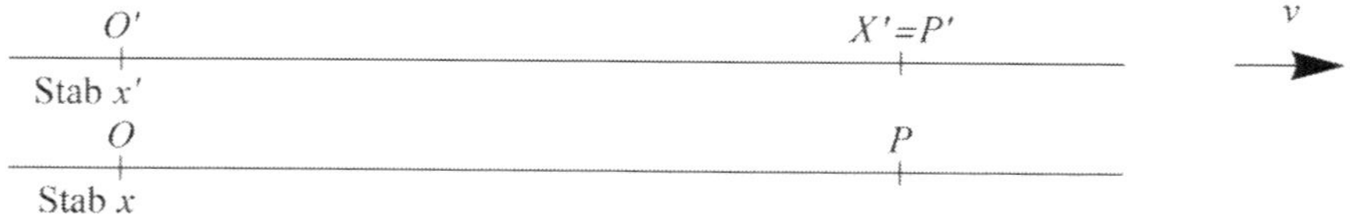

Abb. 11.6.2 Also auch dann, wenn O' gegenüber O liegt. Diesen Punkt nenne man P'.

Welche Koordinaten hat dieser Punkt P'? Weder EI noch LI wissen die Antwort, sie wissen nur auf Grund der LT: Wenn sich O und O' treffen, dann gilt

für $t = 0$:
$$x'_P(t=0) = \frac{x_P}{\sqrt{1-\frac{v^2}{c^2}}}$$

und für $t' = 0$:
$$x'_P(t'=0) = x_P\sqrt{1-\frac{v^2}{c^2}}$$

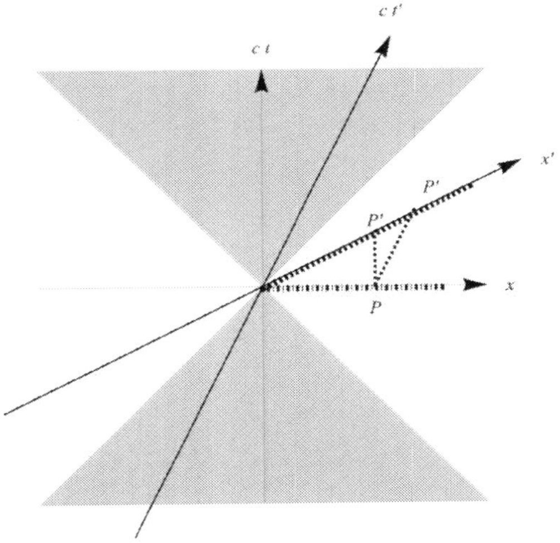

Abb. 11.6.3 Minkowski-Raum.

1.) Welcher Punkt von x liegt welchem Punkt von x' gegenüber? Außer für den Koordinatenursprung O, O' ist das nicht zu sehen. Man muss es konstruieren oder mit Hilfe der Lorentz-Transformationen berechnen. Dem Punkt P liegen die Punkte $P'(t=0)$ und $P'(t'=0)$ gegenüber.

2.) Die Stäbe x und x' haben irgendwelche Längen. Wo liegen die Stäbe im Minkowski-Raum, wenn sich die Anfangspunkte O und O' gegenüberliegen? Ein auf x ruhender Beobachter sieht x' als die gestrichelte Strecke ($t = 0$) und ein auf x' ruhender Beobachter sieht x als die gepunktete Strecke ($t' = 0$). Im Gegensatz zum wirklichen Raum haben die Stäbe keine definierte Lage. Insbesondere gilt: Was P gegenüberliegt, ist in jedem Inertialsystem etwas Anderes.

Das ist aber nicht die Antwort, höchstens einer der beiden Punkte kann x_P gegenüberliegen. Was die LT berechnet, sind die Messergebnisse zu den vorgegebenen Zeitpunkten $t = 0$ oder $t' = 0$, s. Abb. 11.6.3. Die LI hätte die richtige Antwort, wenn das ausgezeichnete Inertialsystem bekannt wäre, für die EI besteht ein Widerspruch, da beide Vorhersagen gleichwertig sind und beide gelten müssen. Etwas anders formuliert: Der Minkowski-Raum kennt den Begriff „Gegenüberliegen" nicht (von dem trivialen Fall abgesehen, dass Stab x' relativ zu Stab x ruht), er kennt nur „relativ gleichzeitig sein" (oder „relativ gegenüberliegen", s. Abb. 11.6.3) und es bleibt dabei, die folgende Frage wird nicht beantwortet: Was liegt P gegenüber, wenn O' gegenüber O liegt? Der bedeutende Philosoph E. MAY [223] drückt es so aus: "Es gibt eben keine mehr als dreidimensionale Mannigfaltigkeit, der man auch noch die Urbedeutung „neben" zuordnen könnte. Die vier- und mehrdimensionalen „Räume“ sind rein relationstheoretische Schemata ohne jede räumliche Bedeutung.“

Übungsaufgabe. Ein Einwand, stellvertretend für manchen anderen, lautet: Gemäß der Speziellen Relativitätstheorie ist relativ zu x der Stab x' verkürzt. Wechselt man das Inertialsystem und geht über zu x', ist der Stab x verkürzt. Die Aussage „P liegt genau ein Punkt P' gegenüber“ ist falsch. Man widerlege diesen Einwand.

Hinweis: Im Minkowski-Raum gibt es nur gemessene Längen. Alle *gemessenen* Längen als *wirkliche* Längen zu bezeichnen, ist Hypothese.

In Abb. 11.6.2 ist P' der P gegenüberliegende Punkt, wenn O' gegenüber O liegt. Es soll gezeigt werden, dass damit ein Bezugssystem ausgezeichnet ist, das sich gegenüber dem Stab x mit $+w$ und gegenüber Stab x' mit $-w'$ bewegt.

Gemessen auf x habe OP die Länge l_x , gemessen auf x' habe $O'P'$ die Länge l_x'. Im Gedankenexperiment der Abb. 11.6.2 sind dann OP und $O'P'$ gleich lang, also

$$l_x\sqrt{1-\frac{w^2}{c^2}} = l'_x\sqrt{1-\frac{w'^2}{c^2}} \tag{11.30}$$

$$v = \frac{w+w'}{1+\frac{ww'}{c^2}} \tag{11.31}$$

oder

$$w' = \frac{v-w}{1+\frac{v\cdot w}{c^2}} \tag{11.32}$$

Mit (11.32) eliminiert man in (11.30) w' und erhält eine Gleichung für w, die dieses Bezugssystem kennzeichnet. Diese Formeln zeigen mathematisch einwandfrei, im Minkowski-Raum wird durch Abb. 11.6.2 ein Inertialsystem ausgezeichnet; LI und EI widersprechen sich nicht, sondern die EI wird durch die LI erweitert, [vor26]. Die LI unterscheidet zwischen wirklicher und gemessener Länge eines Stabes.

Oder anders ausgedrückt: Während für die EI beim Wechsel des Inertialsystems der vorher ruhende und danach sich bewegende Stab seine Länge real ändert, sagt die LI: Die reale Länge des Stabes ändert sich nicht, aber die Messung erfolgt mit anderen (oder sich beim Wechsel ändernden) Maßstäben und Uhren.

Da es E. MAY gewesen ist, der den Autor auf das Stab-Argument gebracht hat, einige Zitate von MAY zu diesem und dem vorigen Kapitel: „Die teils als geniale Tat verherrlichte, teils als zersetzende Tätigkeit gebrandmarkte „Relativierung“ der Zeit hängt an gar nichts anderem als an der schlichten Tatsache, dass die empirische Gleichzeitigkeitsermittlung unmöglich ist. Das ist mit besonderem Nachdruck von Th. HAERING betont worden... HAERING hatte auch deutlich erkannt, dass die

Unmöglichkeit einer empirischen Gleichzeitigkeitsbestimmung unabhängig von jedem möglichen Ausgang des MICHELSON-MORLEY-Versuchs gilt, ja überhaupt unabhängig von jeder „experimentellen Bestätigung“ ihre Gültigkeit beibehält.“

„Die Zeit erkannten wir als ein Ordnungsgefüge von der Bedeutung „nacheinander“ und somit als eine der Bedingungen der Möglichkeit aller Erfahrung. Analoges gilt vom Raum, der als ein Ordnungsgefüge von der Bedeutung „nebeneinander“ bezeichnet werden muß.

Das Erfassen des Neben geschieht ganz unmittelbar; es kann mit Sicherheit als eine Ur- oder Letztbedeutung angesehen werden, die keine weitere Zerlegung zulässt und undefinierbar ist.“ [223]

Dazu ähnlich, mit konkreterem Bezug zur Relativitätstheorie: Die wissenschaftstheoretischen Untersuchungen von TETENS, [365].

„Der König ist tot, es lebe der König.“
Franz. Ritual

11.7 Äther und Quantenäther

„Aus dem MICHELSON-MORLEY-Experiment und der Speziellen Relativitätstheorie folgte, dass der Äther nicht die einfachen mechanischen Eigenschaften hatte, die man zunächst angenommen hatte. Ein wohl etwas voreiliger Schluss, den viele zogen, war, dass es den Äther gar nicht gibt.“ HERRMANN, JOB [152]. EINSTEIN in seinem Vortrag "Äther und Relativitätstheorie" [90]:"Der nächstliegende Standpunkt ... schien der folgende zu sein. Der Äther existiert überhaupt nicht. ... Indessen lehrt ein genaueres Nachdenken, dass diese Leugnung des Äthers nicht notwendig durch das spezielle Relativitätsprinzip gefordert wird." Entsprechend in [152]: „Die Existenz eines Äthers wurde zwar einige Jahrzehnte lang durchaus ernsthaft in Frage gestellt, und einige Wissenschaftler hätten ihn gern aus der Physik verbannt. Auf jeden Fall wurde er bald nach dieser teilweisen Verbannung offiziell wieder eingeführt, allerdings unter einem neuen Namen (man könnte fast denken, damit keiner die Blamage bemerkt).“ „Nach moderner Auffassung ist ein Feld ein angeregter Zustand dieses neuen Äthers.“ [152] „Der neue Äther trägt den Namen Vakuum.“ „Wer etwas Sensibilität für die Sprache hat, wird Anstoß daran nehmen, dass etwas Vorhandenes eine Bezeichnung bekommen hat, die gerade ein Nichtvorhandensein zum Ausdruck bringt.“ Deshalb wird im Folgenden vom Quantenäther oder einfach Äther gesprochen. Er ist das sog. ‚nichtleere Vakuum’ der QM und QF, auf ihn treffen die Begriffe zu wie: Polarisation des Vakuums, Nullpunktenergie des Vakuums

$$\sum_w \tfrac{1}{2}\hbar\omega_w$$

virtuelle Teilchenerzeugung, Nullpunktsschwingung oder Vakuumfluktuation. Seine enorme Energie s. Kap. 24.13. Elektromagnetische Wellen haben im Quantenäther in alle Richtungen die gleichförmige Geschwindigkeit c.

Damit ist die erste Forderung der LI erfüllt, wegen QM und QF gibt es einen Quantenäther. Die zweite Forderung lautet: Bewegung durch den Quantenäther muss die relativistischen Effekte wie Lorentzkontraktion, Zeitdilation etc. bewirken. In aller Vollständigkeit ist das nicht bewiesen (die Kontraktionstheorie von LORENTZ war ein Anfang), und bleibt ein offenes Problem, aber erfreulicherweise muss man wegen des Relativitätsprinzips die Wirkungsweise des Quantenäthers bei Anwendung der LI nicht kennen, (so wenig, dass es plausibel klingt zu sagen, es gibt ihn nicht). Die Existenz eines Quantenäthers folgt für die LI zusätzlich aus den Lösungen der Paradoxien und den absoluten Effekten der Klassischen Speziellen Relativitätstheorie, s. Abb. 9.5. *Im restlichen Kapitel wird dies ausführlicher behandelt.*

Eine fast selbstverständliche Eigenschaft ist, dass der (Quanten-)Äther die maxwellschen Gleichungen zulässt. Daraus folgt dann, dass für ein Vorzugssystem die Lichtgeschwindigkeit in alle Richtungen gleichförmig ist und den Wert c hat, bewegte Längen kontrahieren und bewegte Uhren langsamer gehen – jedenfalls ist das Inhalt einer der bekannteren Äthertheorien, wie sie von PROKHOVNIK [287] und weiteren Forschern [neu] vertreten werden. Einer von ihnen, H. R. BROWN [37], schreibt: "Rods and clocks in motion behave relativistically because the forces that are responsible for the cohesion of matter, forces which inevitably are described by quantum theory, satisfy equations that are Lorentz covariant."

Basis für diese Modelle, und auch die zum Teil ganz andersartigen Überlegungen [77], [258], [259], [111], [78], ist der klassische Raumbegriff NEWTONs. Dieser Raum entspricht dem normalen (euklidischen) Raum. Jeder Ort im Raum ist durch die drei Koordinaten x, y, z festgelegt, hinzukommt die davon unabhängige Zeit t. Gedanklich kann man sich den Raum aus kleinen Würfeln (Punkten) aufgebaut vorstellen, dann sieht man sofort, dass sie sich als Teil des Raumes nicht bewegen können. Nun gibt es zwei Vorstellungen. Die naheliegende, es gibt punktförmige Massen, die sich durch den leeren Raum bewegen, wobei unklar ist, was absolute Bewegung sein soll und die andere im Sinne der QM und QF: Im unendlichen Raum ist überall Quantenäther und materielle Teilchen sind Wellenpakete, die sich durch den Quantenäther bewegen. Mit dieser Vorstellung ist absolute Bewegung alles, was sich im Quantenäther bewegt. Die erste Vorstellung passt besser zur EI – der euklidische Raum wird zum Minkowski-Raum, die zweite besser zur LI – mit dem Quantenäther könnten relativistische Effekte wie Lorentzkontraktion physikalisch erklärbar werden.

Die absolute Ruhe im leeren Raum ist nicht experimentell nachweisbar. Körper, die man "in Ruhe lässt" und keinen Kräften unterwirft, können ruhen oder sich geradlinig, gleichförmig bewegen (newtonsches Trägheitsgesetz). Wegen des Relativitätsprinzips gibt es überhaupt keine Naturgesetze, die eine absolute Geschwindigkeit messbar machen.

Ist nun der absolute newtonsche Raum mehr als eine menschliche Vorstellung, um Erfahrungen besser einordnen zu können? Für NEWTON gibt es daran keinen Zweifel, da es außer gleichbleibenden Geschwindigkeiten noch Beschleunigungen gibt, die einen absoluten Charakter besitzen. Beispiel ist das berühmte Eimerexperiment. Dreht sich ein mit Wasser gefüllter Eimer, ist die Wasseroberfläche gekrümmt, dreht er sich nicht, ist sie glatt. Auf diese Weise wird eine Bewegung relativ zum absoluten Raum angezeigt, denn stellt man sich dieses Experiment im leeren Raum vor, so gibt es als Ursache für die gekrümmte Wasseroberfläche nur diese Erklärung: Der Eimer dreht sich relativ zum Raum, es muss ihn "geben" oder besser den ‚nichtleeren' Raum, d. h. Raum zusammen mit Quantenäther.

Eine Alternative bietet die machsche These: Für sie wäre im leeren Raum die Wasseroberfläche stets glatt, weil der Fixsternhimmel fehlt. Obwohl die machsche These etwa 100 Jahre alt ist, für Physiker sehr attraktiv klingt und deshalb in Diskussionen selten fehlt, gibt es keine halbwegs akzeptierte physikalische Theorie, die die These plausibel macht, obwohl der Fixsternhimmel auf rotierende Körper natürlich Kräfte ausübt [60]. EINSTEIN hat nicht mehr an sie geglaubt: "..von dem Machschen Prinzip sollte man eigentlich überhaupt nicht mehr reden" [139]. Auf jeden Fall genügt es in dieser Form nicht, es müsste erweitert werden und die übrigen absoluten Effekte der Abb. 9.5 miterklären. Das ausgezeichnete Inertialsystem, das relativ zum Fixsternhimmel ruhende System? Die LI könnte damit leben.

Mit dem Ätherbegriff verbinden sich die vielfältigsten Vorurteile; von DUFFY [80], [81] werden sie analysiert. Weit verbreitet und ebenso falsch ist die Behauptung, die Spezielle Relativitätstheorie habe den Äther abgeschafft (und es nicht nur versucht). Hierzu passt der emotionale Aufruf als Überschrift eines Zeitschriftenartikels "Don't bring back the ether" [71]. Eine zu späte Bitte, EINSTEIN konnte sie nicht mehr lesen und hat sich anders entschieden. Siehe obiges Zitat.

Zum newtonschen Raum und zum Äther äußert sich EINSTEIN wie folgt [90]: "Andererseits lässt sich aber zugunsten der Ätherhypothese ein wichtiges Argument anführen. Den Äther leugnen, bedeutet letzten Endes annehmen, dass dem leeren Raume keinerlei physikalische Eigenschaften zukommen. Mit dieser Auffassung stehen die fundamentalen Tatsachen der Mechanik nicht im Einklang. Das mechanische Verhalten eines im leeren Raume frei schwebenden Systems hängt nämlich ... noch von seinem Drehungszustande ab. ... Um die Drehung des Systems wenigstens formal als etwas Reales ansehen zu können, objektiviert NEWTON den

Raum. ... NEWTON hätte seinen absoluten Raum ebenso gut "Äther" nennen können.“

Ohne Zweifel einsichtig, darüber hinaus existieren physikalische Theorien [ne2], für die es ein Gewinn ist, ein ausgezeichnetes Inertialsystem voraussetzen zu dürfen. Der in [73] genannte Autor ist kein geringerer als der berühmte Physiker P. A. M. DIRAC. Er fühlt sich in seiner Arbeit über elektromagnetische Phänomene gezwungen, von einem ausgezeichneten Inertialsystem zu sprechen. Damit ist die Gültigkeit der Lorentz-Interpretation nicht bewiesen, aber es wird noch einmal plausibel, dass keine prinzipiellen Schwierigkeiten bestehen, den Begriff eines ausgezeichneten Inertialsystems physikalisch zu interpretieren.

Bei derartigen Überlegungen hat man noch einen weiteren theoretischen Freiraum: So führt JAMMER [172] zum Kraftbegriff der Speziellen Relativitätstheorie aus: "... Alle diese Einschränkungen und Einwände (Anm.: durch die Spezielle Relativitätstheorie) ... beeinträchtigen jedoch nicht den Begriff der Kraft irgendwie tiefgreifender. Ein wichtiger Punkt ist jedoch zu beachten: Aufgrund der Ablehnung einer absoluten Gleichzeitigkeit zweier voneinander weit entfernt stattfindender Ereignisse muss man in der Speziellen Relativitätstheorie zu dem Schluss kommen, dass Fernwirkungen als legitimer physikalischer Begriff unhaltbar sind."

Genau das gilt bei einem ausgezeichneten Inertialsystem nicht mehr. Der Begriff der Fernwirkung ist wieder legitim (aber damit noch nicht existent), weil es für die LI philosophische Gleichzeitigkeit und nicht nur relative Gleichzeitigkeit gibt. (Fernwirkungen, Nichtlokalität, unendlich schnelle Wechselwirkungen vielleicht Hilfsmittel, 10-dimimensionale Raumzeiten und aufgerollte Dimensionen physikalisch zu deuten?)

Nun zu der Frage, warum es von grundlegender Bedeutung ist, diesen Fragen nachzugehen: In diesem Buch stehen mit der LI und EI zwei Positionen gleichberechtigt nebeneinander. Trotzdem kann es sich kein Physiker aussuchen, welche der beiden Theorien er nehmen will, denn geben kann es entweder nur den Raum und die davon unabhängige Zeit oder ein vierdimensionales Raum-Zeit-Kontinuum (von ganz anderen Alternativen einmal abgesehen). Gilt aber die Lorentz-Interpretation, ist der prinzipielle Unterschied zwischen nichtrelativistischer und relativistischer Physik aufgehoben, weil es immer erlaubt ist, näherungsweise die Einflüsse gewisser physikalischer Größen zu vernachlässigen, nicht aber grundlegende Fakten zu Raum und Zeit. Beispielsweise ist es korrekt, für kleine Geschwindigkeiten die Galilei-Transformation zu verwenden, aber es ist nie korrekt, bei einer solchen Näherung das (oder ein) vierdimensionales Raum-Zeit-Kontinuum als dreidimensionalen Raum und unabhängige Zeit anzusehen. Genau das geschieht beim Übergang von der relativistischen zur nicht-relativistischen Physik, aber nicht beim Übergang von der Lorentz-Interpretation zur nicht-relativistischen Physik, weil dabei Raum und Zeit sich nicht ändern. Entsprechend liegen die Verhältnisse beim Vergleich von Spezieller Relativitätstheorie mit QM und QF. Die Lorentzinvarianz der Naturgesetze hat für die LI physikalische Gründe, die in den Eigenschaften der Felder und deren teilchenlosen Grundzustand, dem Äther, liegen, für die EI ist die Lorentzinvarianz eine abstrakte Folge einer vierdimensionalen Raumzeit. Bei einer Suche nach einem einheitlichen Weltbild der Physik ist das ein klarer Vorteil für die Lorentz-Interpretation der Relativitätstheorie – kein Argument für die Richtigkeit der Theorie, aber eines, ihr nachzugehen.

11.8 Physikalische Größen in der EI und LI

EI und LI unterscheiden sich in dem, was für sie die eigentlichen physikalischen Größen sind. In der EI sind die eigentlichen Größen die vierdimensionalen Vektoren und Tensoren, in der LI, das, was man davon im ausgezeichneten Inertialsystem beobachten würde. Z. B. gibt es für die EI nicht die elektrische und magnetische Feldstärke als unabhängige physikalische Größen, sondern nur den zweifachen, schiefsymmetrischen Tensor des elektromagnetischen Feldes. Die elektrische und magnetische Feldstärke gibt es nur als dessen Komponenten mit unterschiedlichen Werten in den verschiedenen Inertialsystemen. Für die LI gibt es die elektrische und magnetische Feldstärke als eigentliche physikalische Größen, ihr Wert ist der Wert dieser Größen im ausgezeichneten Inertialsystem. Für die LI ist es ein (Meta-)Naturgesetz, dass die *Messergebnisse* relativ zu beliebigen Inertialsystemen durch den zweifachen, schiefsymmetrischen Tensor des elektromagnetischen Feldes beschrieben werden. Ganz analog gibt es für die EI den Vierervektor Abstand, für die LI ‚Länge an sich' als dessen *(x,y,z)*-Komponenten im ausgezeichneten Inertialsystem.

Im restlichen Kapitel wird dies ausführlicher behandelt.

Für die EI gilt: Ein in *S'* ruhender Stab hat unendlich viele Längen

(11.28) $$L_0\sqrt{1-\beta^2}\ ,\quad L_0 = \text{Ruhelänge des Stabes},\quad \beta = v/c\ ,$$

für jedes relativ zu *S'* mit *v* bewegte Inertialsystem eine andere. Ebenso gehören zu einem Stab unendlich viele Vierervektoren (Viererlängen), nämlich wegen

(11.29) $$\left(c\Delta t' = 0, \Delta x' = L_0\sqrt{1-\beta^2}, \Delta y' = 0, \Delta z' = 0\right)$$

unendlich viele, weil *v* unendliche viele Werte annehmen kann und die lorentztransformierten Komponenten nicht mehr Gestalt (11.29) haben, z. B. wird $\Delta t'' \neq 0$. Natürlich ist der Vierervektor, dessen $\Delta x'$-Komponente gleich L_0 ist, ausgezeichnet:

$$\left(c\Delta t' = 0, \Delta x' = L_0\ \Delta y' = 0, \Delta z' = 0\right)$$

Die zu (11.29) gehörige Länge der Vierervektoren ist wie oben

$$L_0\sqrt{1-\beta^2}$$

wieder unendlich viele. Weder gibt es für ‚Länge eines Stabes' einen eindeutig bestimmten Vektor im dreidimensionalen oder vierdimensionalen Raum, noch haben die zugehörigen Längen dieser Vektoren unabhängig vom Inertialsystem denselben Betrag. Ist die Ruhelänge L_0 zweier Stäbe dieselbe, besitzen die Stäbe diese Länge im Normalfall in verschiedenen Inertialsystemen und in demselben Inertialsystem ist ihre Länge verschieden. Man kann sagen, zwei Stäbe an verschiedenen Orten haben dieselbe Länge, wenn sie in allen Inertialsystemen dieselben Komponenten haben, aber welche Länge das ist, weiß man wegen (11.28) nicht.

Für die LI haben die beiden Stäbe die Länge, die man im ausgezeichneten Inertialsystem messen würde. Bekannt ist auch die nicht, aber immerhin gibt es sie.

Übungsaufgabe: Welche Geschwindigkeit hat Licht relativ zu einem Stab, der sich mit v in S bewegt? Für welches v gilt v_{Licht}=c?

Für beide Interpretationen gelten die Lorentz-Transformationen, in beiden Interpretationen werden Uhren mit Lichtsignalen synchronisiert und damit gilt in beiden Interpretationen derselbe Umfang an Formeln und derselbe Umfang an experimentellen Beweisen. Worin liegt ihr Unterschied? Ihr wesentlicher Unterschied liegt in dem, was von den Messwerten und was von den sie verknüpfenden Formeln Aussagen über wirkliche physikalische Größen sein sollen. Wirklich bedeutet soviel wie "an sich" sein, unabhängig von, nicht nur relativ zu einem Inertialsystem bestehen.

Physikalische Größen sind Länge, Zeit, Masse, Temperatur, elektrische und magnetische Feldstärke, Impuls, Energie usw. Physikalische Größen werden an physikalischen Gegenständen gemessen. Ihre Messwerte setzen sich zusammen aus gemessenem Wert und Maßeinheit. So wird die Länge eines Stabes mit 1.5 m gemessen, die Zeit, die eine Uhr anzeigt oder die ein Vorgang dauert, mit 10 s, die Masse eines Körpers mit 20 g.

Länge ist in der Einstein-Interpretation eine physikalische Größe, die nur relativ zu einem Inertialsystem einen Sinn hat. Die gemessene Länge eines Maßstabes hat jeden Wert zwischen null und der Ruhlänge abhängig von seiner Geschwindigkeit bzw. der Geschwindigkeit des Inertialsystems, in dem er ruht. Zeit ist ganz analog eine physikalische Größe relativ zu einem Inertialsystem, weil Uhrzeiten als Messwerte der Zeit nur relativ zu einem Inertialsystem eindeutig sind. Raum ist eine physikalische Größe relativ zu einem Inertialsystem, weil die Messwerte des

Raumes, die Entfernungen, nur relativ zu einem Inertialsystem eindeutig sind. So lässt sich fortfahren für elektrische Feldstärke, magnetische Feldstärke etc.

Was sind diese Größen in der Lorentz-Interpretation? Raum, Zeit, Länge, elektrische und magnetische Feldstärke sind für sie von Inertialsystemen unabhängige physikalische Größen, die aber wegen des Relativitätsprinzips nur unvollständig gemessen werden können. Das Relativitätsprinzip besagt, alle Inertialsysteme sind gleichwertig oder – völlig äquivalent – wenn es ein ausgezeichnetes Inertialsystem in der Wirklichkeit gibt, ist dieses wegen des Relativitätsprinzips nicht lokalisierbar. Gibt es ein ausgezeichnetes Inertialsystem, liegt es nahe zu sagen, die relativ zu diesem gemessenen Entfernungen, Uhrzeiten, Längen, elektrische und magnetische Feldstärken sind die wirklichen Werte von Raum, Zeit, elektrischer und magnetischer Feldstärke. So gilt es für die LI.

Ähnlich sieht es für das Prinzip der Konstanz der Lichtgeschwindigkeit aus: Der wirkliche Wert der Lichtgeschwindigkeit ist der relativ zum ausgezeichneten Inertialsystem gemessene Wert und es ist das Relativitätsprinzip, welches dasselbe Messergebnis relativ zu jedem Inertialsystem erzwingt mit dem Unterschied, dass hier Lichtsignale eine andere wirkliche Geschwindigkeit haben. (In Bewegungsrichtung des Inertialsystems beispielsweise $c - v$).

In der Einstein-Interpretation gelten alle Messungen als gleichwertig und als wirklich schließlich das, was unabhängig von allen Inertialsystemen Bestand hat. In der Lorentz-Interpretation hat man ein ausgezeichnetes Inertialsystem und die mit diesem verbundenen wirklichen Messwerte, außerdem wegen des Relativitätsprinzips die übrigen, sich genauso verhaltenden Inertialsysteme.

Alle weiteren Diskussionen haben diesen einen Unterschied vor Augen: Alle Inertialsysteme sind in Wirklichkeit gleichwertig (Einstein-Interpretation) bzw. alle Inertialsysteme erscheinen als gleich, sind es aber in Wirklichkeit nicht, und das Relativitätsprinzip verhindert es, dies experimentell nachzuweisen (Lorentz-Interpretation).

Die Tatsache, dass auch für die Lorentz-Interpretation $E^2 - H^2$, Δs^2 usw. für alle Inertialsysteme gilt, drückt ein physikalisches Gesetz aus. Vierervektoren, Tensoren allgemein sind keine wirklichen physikalischen Größen, wie man für den Vierervektor (x,y,z,ict) am besten sieht. Nicht er ist für die LI die Realität, sondern (x,y,z) und (t), der Vierervektor beschreibt nur die Transformationseigenschaften von Messwerten.

Das einfachste Beispiel ist die Lichtgeschwindigkeit c. Sie gilt in der Einstein-Interpretation für alle Inertialsysteme und ist für sie eine wirkliche physikalische Größe. In der Lorentz-Interpretation ist c nur der Messwert der Lichtgeschwindigkeit, nicht ihr wirklicher Wert. Der Messwert ist in allen Inertialsystemen gleich, die (Ein-Weg-)Lichtgeschwindigkeit selbst *(c+v, c-v)* verschieden für verschiedene Richtungen in einem Inertialsystem. Deshalb sind Skalare, Vierervektoren, Tensoren in der Lorentz-Interpretation das, was in allen Inertialsystemen von den wirklichen Größen messbar ist. Es ist das Relativitätsprinzip, das alle Inertialsysteme zum ausgezeichneten Inertialsystem macht, mit der Konsequenz, dass in jedem Inertialsystem physikalische Größen nicht so gemessen werden können, wie sie dort sind, sie werden dort so gemessen und erscheinen dort so, als läge ein ausgezeichnetes Inertialsystem vor. Man kann das folgendermaßen ausdrücken: Wäre ein Inertialsystem das ausgezeichnete Inertialsystem, dann hätte die Zeit den Wert der Uhrzeit einer in ihm ruhenden Uhr, Länge den Wert der Längenmessung, elektrisches Feld den gemessenen Feldstärkewert in diesem System.

Innerhalb der Einstein-Interpretation gibt es zwei Arten von Messwerten:

a) Messwerte von physikalischen Größen relativ zu einem Inertialsystem, dazu gehören Längenmessungen von Körpern oder Maßstäben, Zeitmessungen (Uhrzeiten) und beispielsweise Messungen der elektrischen und der magnetischen Feldstärke.

b) Messwerte, die unabhängig von Inertialsystemen gelten, und die aus den Messwerten zu a) berechnet werden. Dazu gehören das Raum-Zeit-Intervall

(11.30) $$\Delta s^2 = (ct_1 - ct_2)_2 - (x_1 - x_2)^2 - (y_1 - y_2)^2 - (z_1 - z_2)^2$$

die Größe E^2-H^2, die Lichtgeschwindigkeit c, die unabhängig vom Inertialsystem als konstant c gemessen wird. (und die weiteren Skalare und Invarianten von Vierervektoren, Tensoren n-ter Stufe)

Zu dieser doppelten Realität gelangt die Einstein-Interpretation auf folgende Weise:

Das Relativitätsprinzip lautet: Alle Inertialsysteme sind gleichberechtigt. Daraus folgt: Physikalische Größen relativ zu einem Inertialsystem sind keine Größen an sich, keine wirklichen physikalischen Größen, da sie für jedes Inertialsystem andere Werte besitzen. Die Messung z. B. der Uhrzeiten mit ruhenden Uhren ist keine Messung der Zeit an sich, da die Messung solcher Uhrzeiten in jedem Inertialsystem anders ausfallen. Die Messung der Länge keine Messung der Länge an sich, da Längenmessungen in jedem Inertialsystem anders ausfallen und alle gleichberechtigt sind. Deshalb die These, Raum und Zeit für sich sind keine wirklichen physikalischen Größen.

Die These der Lorentz-Interpretation lautet:

Alle Inertialsysteme erscheinen als gleichberechtigt, sie sind durch Messungen nicht untereinander als verschiedenartig einstufbar. Daraus folgt: Es gibt kein Messverfahren (wofür z. B. das von MICHELSON-MORLEY geplant war), das ein

Inertialsystem auszeichnet. Daraus folgt: Mit physikalischen Methoden ist das ausgezeichnete Inertialsystem nicht erkennbar. Daraus folgt: Ähnlich wie zuvor, es gibt zwei Arten von realen physikalischen Messwerten:

a) Messwerte oder Messungen relativ zu beliebigen Inertialsystemen

b) Messwerte oder Messungen relativ zum ausgezeichneten System, bei diesen Messungen zeigen sich die wirklichen physikalischen Größen unmittelbar, d. h. so wie sie sind.

Aus a) folgt: Welche qualitativen Eigenschaften physikalische Größen haben, zeigt sich in jedem Inertialsystem, aber es ist nicht erkennbar, welcher der realen, messbaren Werte ihnen im konkreten Fall zukommt.

Beispiel: Länge ist eine physikalische Größe, weil sich Länge relativ zu jedem Inertialsystem zeigt, aber die tatsächliche Länge eines Maßstabes ist nicht bekannt, denn die tatsächliche Länge eines Stabes muss relativ zum ausgezeichneten Inertialsystem gemessen werden. Die Zeit ist eine physikalische Größe, weil sich Uhrzeiten mit ruhenden Uhren relativ zu jedem Inertialsystem messen lassen, aber der wirkliche Zeitabschnitt ist nicht bekannt. Bewegte Uhren, bewegte Stäbe gehen in Wirklichkeit langsamer bzw. werden verkürzt, weil es relativ zu jedem Inertialsystem so gemessen wird, aber ihre wirklichen Werte sind nicht bekannt, weil man das ausgezeichnete Inertialsystem nicht kennt, relativ zu dem sie ermittelt werden müssten.

Physikalische Größen relativ zu Inertialsystemen sind außer Zeit und Länge z. B. elektrische und magnetische Feldstärke, Geschwindigkeit, Impuls, Energie. Sie sind für die Einstein-Interpretation physikalische Größen, die nur relativ zu Inertialsystemen bestehen, sind also gewissermaßen keine physikalischen Größen. Physikalische Größen sind für die Einstein-Interpretation die aus ihnen zusammengesetzten Vierervektoren oder Tensoren, wie z. B.

Viererabstand: $(c\Delta t, \Delta x, \Delta y, \Delta z)$

Vierergeschwindigkeit: $(u_t, u_x, u_y, u_z) = \left(\frac{dt}{d\tau}, \frac{dx}{d\tau}, \frac{dy}{d\tau}, \frac{dz}{d\tau}\right) = \gamma(v)(c, v_x, v_y, v_z)$

Viererimpuls:
$$\left(\frac{E}{c}, p_x, p_y, p_z\right) = m_0(u_t, u_x, u_y, u_z)$$
$$= m_0\left(\frac{dt}{d\tau}, \frac{dx}{d\tau}, \frac{dy}{d\tau}, \frac{dz}{d\tau}\right)$$
$$= m_0\gamma(v)(c, v_x, v_y, v_z)$$

oder der zweifach kovariante Tensor des elektromagnetischen Feldes.

Diese Größen sind in der Einstein-Interpretation die eigentlichen physikalischen Größen, da sie das von den Inertialsystemen Unabhängige beschreiben. Für die Lorentz-Interpretation sind Vierervektoren, Tensoren usw. Zusammenhänge zwischen physikalischen Größen, die gewährleisten, dass für Gesetze wie Impuls- und Energieerhaltung oder die maxwellschen Gleichungen das Relativitätsprinzip erfüllt bleibt und Naturgesetze die gleiche Gestalt in allen Inertialsystemen behalten.

Die elektrische und magnetische Feldstärke, die Ein-Weg-Lichtgeschwindigkeit in Kap. 5, die Gleichzeitigkeit usw. kann relativ zu jedem beliebigen Inertialsystem mit der dortigen Uhrensynchronisation gemessen werden. Das richtige Inertialsystem ist darunter, das Problem nicht die Messung, sondern die Auswertung der Messergebnisse. Mit dieser Spitzfindigkeit bleibt auch für die Lorentz-Interpretation die Welt in Ordnung: Physikalische Größen sind messbare physikalische Größen.

Pragmatisch wäre es zu sagen, der Minkowski-Raum ist ein mathematisch-physikalischer Raum, der nicht Raum und Zeit oder eine vielleicht stattdessen bestehende Raum-Zeit beschreibt, sondern von Raum und Zeit nur das, was davon in den Naturgesetzen und deren physikalischer Messung zum Ausdruck kommt. Nicht alles von Raum und Zeit muss messbar sein, philosophische Überlegungen können über das Messbare hinausgehen..

Die Ausführungen dieses Kapitels lassen sich präzisieren und vielleicht auch in den Akzenten verschieben und sollten lediglich die Unterschiede beider Interpretationen in der physikalischen Begriffsbildung verständlicher werden lassen. Physikalisch betrachtet sind die Einstein- und die Lorentz-Interpretation gleichwertig, indem sie messbare Zusammenhänge in gleicher Weise vorhersagen. Für beide Interpretationen gilt ein Relativitätsprinzip und ein Prinzip der Konstanz der Lichtgeschwindigkeit, wenn auch modifiziert. Sie unterscheiden sich in der Philosophie, in der nicht allein durch Messungen verifizierbaren Theorie zu Raum und Zeit.

„Das Schlimme auf der Suche nach der Wahrheit ist,
dass man sie manchmal findet."
R. DE GOURMONT, franz. Schriftsteller

12. Vergleich der Einstein- und Lorentz-Interpretation der Speziellen Relativitätstheorie

Die LI ist eine Erweiterung der EI bei gleichen Formeln und gleichen Vorhersagen für die Messergebnisse, jedenfalls dann, wenn die Vorhersagen der EI eindeutig sind. Mit Einschränkungen, s. Kap. 24.1, ist experimentell zwischen beiden nicht zu entscheiden, sondern nur gedanklich. Es ist nicht die Frage, ob die EI das Richtige vorhersagt – das ist der Fall – sondern, ob nicht ebenso zwingend auch das Falsche. Eindeutig experimentell überprüfbare Unterschiede bestehen beim Übergang zur Allgemeinen Relativitätstheorie, s. Kap. 21.5. Die wesentlichen Unterschiede innerhalb der Speziellen Relativitätstheorie liegen im Verständnis für absolute Effekte, die mit beschleunigten Bewegungen zusammenhängen, in der Lösbarkeit der Paradoxien und in der Vereinbarkeit mit einfachen philosophischen Erkenntnissen zu Raum und Zeit. Im Einzelnen hat die EI folgende Schwierigkeiten:

1. Absolute Effekte: newtonscher Eimereffekt, auf Kreisbahnen sich bewegende Uhren (Elementarteilchen), rotierender Kreisring, rotierende Kreissegmente, s. Kap. 9 – alles einfach zu verstehende Effekte, wenn es ein ausgezeichnetes Inertialsystem gibt, noch berechenbar, aber unverständlich, wenn es das nicht gibt. Gleichgültig in welchem Inertialsystem sich der rotierende Eimer, der Kreisbeschleuniger, der rotierende Kreisring oder die rotierenden Kreissegmente befinden, sie zeigen eine absolute Abweichung vom nicht rotierenden Zustand.

Beispiel: Wenn ein rotierender Ring in allen Inertialsystemen kleiner ist als ein nichtrotierender, dann muss die Lorentzkontraktion etwas Absolutes sein und nicht einerseits bestehen und andererseits nach einem Inertialsystemwechsel des Beobachters doch wieder nicht, s. Abb. 9.5.

2. Antinomische Folgerungen aus den Paradoxien.

Bellsche Raumschiff-Paradoxie – der Faden reißt, wegen der Lorentzkontraktion (innere Kräfte) oder weil die Befestigungspunkte unterschiedlich beschleunigt werden (äußere Kräfte).

Ehrenfest-Paradoxie – die Scheibe reißt wegen der Lorentzkontraktion der Umfangselemente oder weil sie gedehnt werden.

Zwillingsparadoxie – der Weltraumfahrer bleibt jung, aber ebenso zwingend bleibt es der Zwilling auf der Erde. Mindestens: Da man sich nicht auf eine Lösung einigen kann, gibt es keine.

Sagnac-Effekt – Korrekte Vorhersage relativ zum Laborsystem, relativ zum mitrotierenden Bezugssystem wird ein Nulleffekt vorhergesagt. Die Einweg-Lichtgeschwindigkeit ist nicht überall c.

3. Philosophische Einwände – der Minkowski-Raum kennt keine absolute, philosophische Gleichzeitigkeit, er kennt nicht den Begriff „Gegenüberliegen“, s. Abb. 11.6.1. Der Minkowski-Raum kennt nicht die Begriffe „Länge an sich“ sondern nur „Länge relativ zu einem Inertialsystem“. Der Minkowski-Raum kennt nur das, was messbar ist, aber offensichtlich gibt es mehr.

Alles Gründe für den Autor, sich für die LI zu entscheiden - in dem Bewusstsein, dass die Hauptsache, die Formeln, in beiden Interpretationen dieselben sind.

13. Eine exakte Definition der Lorentz-Interpretation der Speziellen Relativitätstheorie

Der folgende Versuch einer exakten Definition der LI der Speziellen Relativitätstheorie umfasst drei Postulate. Die beiden ersten definieren die Spezielle Relativitätstheorie, soweit es um die Vorhersage von Messergebnissen geht. Hier folgt der Autor BERGMANN-SCHÄFER [21], die Varianten anderer Lehrbücher gelten analog.

1. Postulat: Relativitätsprinzip (RP) der LI

2. Postulat: Prinzip der Konstanz der Lichtgeschwindigkeit der LI.

alternativ: Die Lichtgeschwindigkeit ist unabhängig von der Geschwindigkeit der Quelle.

Das alternative 2. Postulat ist physikalischer und passt besser zur LI. Das 1. Postulat gilt für Messergebnisse, das 2. Postulat setzt einsteinsche Uhrensynchronisation voraus. Sowohl für die EI als auch für die LI sagen die relativistischen Gleichungen die Messergebnisse richtig voraus. Für die EI sind die Messergebnisse auch eine Aussage über die wirklichen Eigenschaften physikalischer Objekte, für die LI gilt das nicht, da auch die Messgeräte relativistischen Änderungen unterliegen und das Messergebnis den Gesamteffekt aus verändertem Messobjekt und verändertem Messgerät wiedergibt. Um beides zu trennen, wird ein 3. Postulat benötigt.

3. Postulat: Es gibt ein ausgezeichnetes Inertialsystem.

Alle im ausgezeichneten Inertialsystem gemessenen Eigenschaften von physikalischen Objekten und Prozessen sind wirkliche Eigenschaften von Objekten und Prozessen. Die Abweichung zu den Messergebnissen in anderen Inertialsystemen zeigt den Einfluss der durch Bewegung veränderten Messgeräte. Die Einführung eines ausgezeichneten Inertialsystems ließe sich vermeiden, wenn innerhalb der EI definierbar wäre, was wirkliche und was scheinbare Größen sein sollen. Das gelingt nicht, wie ein Beispiel zeigt: Für einen bewegten Stab gibt es unterschiedliche *gemessene* Längen, so die Eigenlänge und die Längen relativ zu S oder S'. Hier gibt es keinen Unterschied zwischen EI und LI. Die Unterschiede liegen in der Frage, was ist die *wirkliche* Länge eines Stabes? Die EI kann anbieten:

(a) Die wirkliche Länge eines Stabes ist seine Eigenlänge, Wirklichkeit ist dann der zu einem Stab gehörende Vierervektor $\left(dx^0, dx^1, dx^2, dx^3\right)$, dessen Länge $ds^2 = \eta_{\mu\nu} dx^\mu dx^\nu$ unabhängig vom jeweiligen Inertialsystem denselben Wert hat und gleich seiner Eigenlänge ist. Diese Definition ist zu eng, denn auch die relativ zu einem beliebigen Inertialsystem gemessene Länge ist etwas Reales, s. Gedankenexperiment von EINSTEIN, Kap. 9.1.

(b) Alle gemessenen Werte sind wirklich. Dann hat ein Stab unendlich viele wirkliche Längen. Diese Definition führt zu Widersprüchen bei der Lösung der Paradoxien und bei einfachen philosophischen Überlegungen, s. Kap. 10 und 11.

(c) Die EI bestreitet sogar Wirklichkeit im üblichen Sinn: „Für uns gläubige Physiker hat die Scheidung zwischen Vergangenheit, Gegenwart [= Wirklichkeit] und Zukunft nur die Bedeutung einer wenn auch hartnäckigen Illusion" EINSTEIN [121]. Das widerspricht der grundlegenden Erkenntnis von DESCARTES: „Cogito ergo sum.", s. Kap. 3.1 und 11.6.2.

Alle Aussagen der EI zu wirklichen Größen und zur Wirklichkeit sind unbefriedigend, deshalb liegt es nahe, die EI zu erweitern und das 3. Postulat einzuführen.

Folgerungen:

(a) Die Einweglichtgeschwindigkeit hat im ausgezeichneten Inertialsystem den Wert c in alle Richtungen. (Postulat 2 und Zweiweglichtgeschwindigkeit, s. Kap. 7.3.)

(b) Die wirkliche Länge eines Stabes ist die relativ zum ausgezeichneten Inertialsystem gemessene Länge

$$\Delta l = \Delta l_0 \sqrt{1-\beta^2}$$

Δl_0 = Eigenlänge, $\beta = v/c$, v = Geschwindigkeit des Stabes.

(c) Elektrische und magnetische Feldstärke sind zwei eigenständige physikalische Größen, der elektromagnetische Feldtensor beschreibt, was davon in beliebigen Inertialsystemen messbar ist. So hat eine im ausgezeichneten Inertialsystem ruhende Ladung nur ein elektrisches Feld, eine dazu bewegte zusätzlich ein magnetisches Feld, das aber für den mitbewegten Beobachter nicht messbar ist.

(d) Jedes Inertialsystem kann als das ausgezeichnete Inertialsystem angesehen werden, ohne dass das experimentell widerlegbar ist.

(e) Es gilt die Inertialsystemforderung, Kap. 10.8.6.

(f) Der Minkowski-Raum ist ein physikalischer Raum und nicht, wie für die EI, die oder eine vierdimensionale Raumzeit, in der wir leben.

(g) Wie das ausgezeichnete Inertialsystem realisiert ist, muss innerhalb der Relativitätstheorie nicht bekannt sein, seine Existenz genügt. Man darf annehmen, dass es im ‚nichtleeren Vakuum' (Quantenäther) ruht und Bewegung durch den Quantenäther absolute Effekte wie Längenkontraktion und Zeitdilation etc. hervorruft.

EI: "Warum soll ich das System K, welchem die Systeme K' physikalisch vollkommen gleichwertig sind, in der Theorie vor letzterem durch die Annahme auszeichnen, dass (es ein ausgezeichnetes Inertialsystem gibt)? Eine solche Asymmetrie des theoretischen Gebäudes, dem keine Asymmetrie des Systems der Erfahrungen entspricht, ist für den Theoretiker unerträglich. Es scheint mir die physikalische Gleichwertigkeit von K und K' mit der Annahme, dass (es ein ausgezeichnetes Inertialsystem gibt), zwar nicht vom logischen Standpunkte geradezu unrichtig, aber doch unannehmbar." EINSTEIN [90].

LI: Bewegung oder Ruhe im ‚nichtleeren Vakuum' (Quantenäther) sind, im Gegensatz zu ‚Bewegung oder Ruhe im leeren Raum', sinnvolle, K und K' unterscheidende physikalische Zustände. Auf jeden Fall kann das nicht ausgeschlossen werden.

... und das wäre hinzuzufügen: Die Ausführungen von CZERNIAWSKI, Kap. 8.5, haben gezeigt, es steht mir frei, ein ausgezeichnetes Inertialsystem auf zweierlei Weise einzuführen, über den (Quanten-)Äther oder über den Begriff „Wirklichkeit oder Gegenwart sein", Abb. 8.5. Da sich die Wirklichkeit nicht wegdiskutieren lässt, erhält man ein ausgezeichnetes Inertialsystem buchstäblich geschenkt und der Leser möge entscheiden: Ein Geschenk, das zur klassischen Raum-Zeit-Philosophie passt, manches in der Relativitätstheorie vereinfacht, aber der physikalischen Bedeutung des Minkowski-Raumes nicht widerspricht?

II. Der gekrümmte Raum der Allgemeinen Relativitätstheorie

II. Der gekrümmte Raum der Allgemeinen Relativitätstheorie

„Bergab helfen dir die Heiligen."
Theorie der Gravitationskräfte

14. Überblick

Ziel der folgenden Ausführungen ist es, die Begriffe des gekrümmten, geschlossenen und expandierenden Raumes der Allgemeinen Relativitätstheorie anschaulich und exakt zu definieren, um die grundlegenden philosophischen und physikalischen Konsequenzen verstehen zu können. Ziel ist es nicht, formale mathematische oder formale theoretisch physikalische Allgemeinheit zu gewährleisten, die sich aber mit Hilfe der Fachliteratur gut nachholen lässt, [all] .

Weiterhin handelt es sich auch nicht um eine Einführung in die gesamte Allgemeine Relativitätstheorie, wie z. B. in [95], [338], sondern um eine allgemeinverständliche Darstellung der Teilgebiete der Allgemeinen Relativitätstheorie, die für den Begriff des gekrümmten, geschlossenen und expandierenden Raumes besondere Bedeutung haben. Dies sind für den gekrümmten Raum Fragen und Ergebnisse der Schwarzschild-Metrik, mit dem Vorteil, dass hier die theoretischen Vorhersagen experimentell gut bestätigt sind. Den geschlossenen und expandierenden Raum veranschaulichen elementare Thesen zur Kosmologie, die naturgemäß spekulativer ist. Der dreidimensionale sphärische Raum ($k = 1$) ist geschlossen, die Eigenschaften einer Expansion des Raumes zeigen sich besonders deutlich beim speziell-relativistischen Grenzfall des hyperbolischen Raumes ($k = -1$) .

Für alle drei ausgewählten Bereiche wird exemplarisch die poincarésche These verifiziert, dass sowohl gekrümmter Raum als auch normaler (euklidischer) Raum zusammen mit zusätzlichen mathematisch-physikalischen Annahmen in gleicher Weise zur Beschreibung der allgemein-relativistischen Phänomene geeignet sind. Entsprechendes gilt für die Geschlossenheit und Expansion. Damit lässt sich der Begriff der Einstein- und Lorentz-Interpretation auf die Allgemeine Relativitätstheorie verallgemeinern. Der Einstein-Interpretation entspricht die Vorstellung eines gekrümmten, geschlossenen und expandierenden Raumes, der Lorentz-Interpretation die Vorstellung, die Raumkrümmung durch Maßstabsveränderungen in Gravitationsfeldern physikalisch erklären zu können (analog für die Geschlossenheit). Die Expansion des Raumes bedeutet in der Lorentz-Interpretation nichts Anderes als Bewegung im Raum – hier von Galaxien nach einer Explosion unter Beachtung des hubbleschen Gesetzes.

Mathematisch sind beide Betrachtungsweisen gleichberechtigt, in den physikalischen Details sind sie aber unterschiedlich glaubwürdig.

15. Die Bedeutung der Allgemeinen Relativitätstheorie für die speziell-relativistischen Raum-Zeit-Thesen

Als Ergebnis der Diskussion der Speziellen Relativitätstheorie haben sich zwei verschiedene Raum-Zeit-Versionen ergeben:
a) das vierdimensionale Raum-Zeit-Kontinuum, das auch als Minkowski-Raum bezeichnet wird,
b) der dreidimensionale Raum und die eindimensionale Zeit bei gleichzeitiger Gültigkeit eines Relativitätsprinzips.

Es entsteht die Frage, ob die Allgemeine Relativitätstheorie mit beiden Versionen harmoniert oder ob sie geeignet ist, zwischen ihnen eine Entscheidung herbeizuführen. Ohne Frage steht sie in Einklang zur ersten Version, sie verallgemeinert das vierdimensionale Raum-Zeit-Kontinuum zu dem sog. normalhyperbolischen pseudoriemannschen Raum, d. h. zu einem gekrümmten Raum, der für nicht zu große Abmessungen (lokal) mit einem Minkowski-Raum beschrieben werden kann. Aber sie harmoniert auch mit der zweiten Version, weil man jeden physikalisch gekrümmten Raum auffassen kann als einen normalen (euklidischen) Raum, für den sich Maßstäbe und Uhren ortsabhängig ändern.

In Abb. 16.1 ist die gekrümmte Bahn von Lichtstrahlen in Sonnennähe veranschaulicht. Dazu sagt die Allgemeine Relativitätstheorie, der Raum ist in Sonnennähe gekrümmt, wie ebenes Papier in feuchter Luft. Die Raumkrümmung ist etwas Wirkliches, Gravitationskräfte sind davon die Folge. Die kürzeste Verbindung zwischen zwei Punkten ist deshalb keine Gerade wie im normalen Raum, sondern eine gekrümmte Linie wie z. B. der Großkreis auf einer Kugelfläche. Im gekrümmten Raum bewegen sich Lichtstrahlen auf dem kürzesten Weg zwischen zwei Punkten und man kann mit dieser Eigenschaft in gekrümmten Räumen "gerade" definieren, aber da der Raum selbst krumm ist, hat "gerade" einige andere Konzequenzen als im normalen Raum. Das passt zu These a).

Ebenso lässt die Allgemeine Relativitätstheorie auch die Aussage zu, nicht der Raum selbst ist krumm, sondern die Lichtstrahlen werden durch Gravitationskräfte abgelenkt. Es gibt dann im Gravitationsfeld keine idealen Maßstäbe, sondern alle Maßstäbe verändern sich um so stärker, je größer das Gravitationsfeld wird. Diese Maßstabsveränderungen, die zu gekrümmten Lichtbahnen führen, lassen sich allerdings bequemer mathematisch in den Griff kriegen, wenn man sie durch gekrümmte Räume veranschaulicht. Entsprechendes gilt für die in Gravitationsfeldern langsamer gehenden Uhren und auf diese Weise behält These b) ihre Berechtigung.

Beide Deutungen sind Stand der Wissenschaft [338], [91], [393.1] und besagen, dass mit Hilfe der Allgemeinen Relativitätstheorie zunächst einmal keine Entscheidung zwischen den unterschiedlichen Interpretationen der Speziellen Relativitätstheorie möglich ist. Das wäre der Fall, wenn die Allgemeine Relativitätstheorie die Existenz vierdimensionaler, gekrümmter Räume zwingend nachweisen könnte, wie vielfach zu Unrecht geglaubt wird. Deshalb ist es zweckmäßig den Begriff der Einstein- und Lorentz-Interpretation auf die Allgemeine Relativitätstheorie zu verallgemeinern, wobei die Lorentz-Interpretation alle relativistischen Phänomene auf der Basis eines dreidimensionalen euklidischen Raumes erklärt. Die definitorischen Einzelheiten ergeben sich schon bei Untersuchung der Schwarzschild-Metrik. Darüber hinaus zeigt sich, dass in der Anwendung ein Teil der allgemein-relativistischen Formeln von beiden Interpretationen physikalisch unterschiedlich gedeutet wird, so dass sich mehrere experimentelle Möglichkeiten herauskristallisieren, zwischen beiden Interpretationen zu unterscheiden. Prinzipiell kann sich aber jede der Interpretationen – wenn auch mit Verlust an Glaubwürdigkeit – an das jeweilige experimentelle Ergebnis anpassen.

16. Schwarzschild-Metrik (SM)

16.1 Einleitung

Dieses Kapitel ist zentral für das Verständnis einer gekrümmten Raumzeit und erläutert die Schwarzschild-Metrik sowie mit ihr verbundene gekrümmte (gaußsche) Koordinatensysteme.

Die Bedeutung der Schwarzschild-Metrik liegt in mehreren Punkten:

a) sie ist experimentell gut abgesichert

b) sie beschreibt den gekrümmten Raum zwar nur für kugelsymmetrische Massenverteilungen, d. h. Sonnen und Planeten, und macht damit Aussagen über räumliche Bereiche in der Größenordnung unseres Sonnensystems, aber: Da die Gravitationskraft für kleine Radien gegen unendlich steigt, und die Größe der Gravitationskraft zur Raumkrümmung proportional ist, lässt sich schon hier klar erkennen, was mit dem Begriff des gekrümmten Raums gemeint ist. [99]

c) Ebenso deutlich zeigt sich am Schwarzschild-Radius auch eine mögliche Grenze der Klassischen Allgemeinen Relativitätstheorie.

16.2 Die experimentellen Beweise für die Gültigkeit der Schwarzschild-Metrik

Um mit den Phänomenen vertraut zu werden, die in der Allgemeinen Relativitätstheorie Bedeutung haben, sollen zunächst die experimentellen Beweise für die Gültigkeit der Schwarzschild-Metrik beschrieben werden. Sie beziehen sich auf eine gekrümmte Raumzeit und man hätte als erstes das dafür geänderte Koordinatensystem einzuführen. Damit befindet man sich in einer scheinbar widersprüchlichen Lage: Einerseits will man Beobachtungen der Schwarzschild-Metrik darstellen, andererseits will man dafür bereits ein nicht klassisches Koordinatensystem verwenden. Genau genommen ist dies die Situation der gesamten Physik, sie benötigt ein Koordinatensystem, um Messergebnisse zu beschreiben, will aber andererseits keine unbewiesenen Voraussetzungen über die Darstellbarkeit der Beobachtungen machen.

Diesen Schwierigkeiten kann man zunächst entgehen, da die experimentellen Vorhersagen der Schwarzschild-Metrik in großer Entfernung von den Gravitationszentren überprüft werden sollen und für große Entfernungen unterscheidet sich das Koordinatensystem der Schwarzschild-Metrik nicht von dem der Klassischen Physik. Das ist keine ungewöhnliche Situation, so ist für viele astronomische Beobachtungen der Fixsternhimmel als unveränderlich anzusehen, obwohl sich alle

Sterne relativ zu einander bewegen, In diesem Sinne heißt es in FLIESSBACH [113]:"... daher können wir den Fixsternhimmel als asymptotischen Bezugsrahmen nehmen. Insbesondere sind ... berechnete Winkeländerungen (etwa für die Lichtablenkung, Periheldrehung ...) gleich beobachtbaren Winkeländerungen gegenüber dem Fixsternhimmel".

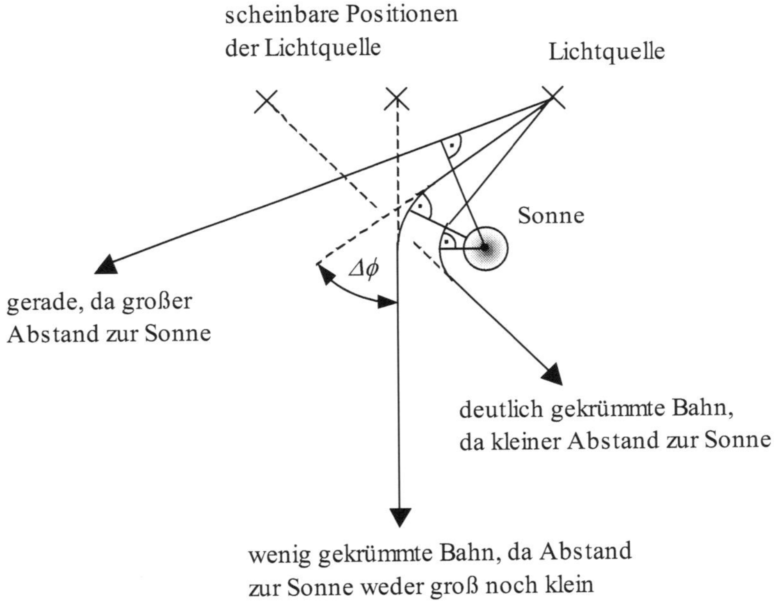

Abb. 16.1 Licht bewegt sich krumm in Sonnennähe

(Im Gegensatz zur Zeichnung werden für die Sonne Winkeländerungen von bis zu 2" beobachtet.)

Die Berechnung der zu beobachtenden Effekte selbst ist dagegen in einem gekrümmten Koordinatensystem durchzuführen.

Die vier bekanntesten experimentellen Bestätigungen der Allgemeinen Relativitätstheorie sind, s. Abb. 16.1–16.5:

a) Ablenkung von Lichtstrahlen im Gravitationsfeld der Sonne,

b) Abweichung der Planetenbahnen von einer Ellipse (Periheldrehung),

c) Verzögerung des Radarechos von der Venus, wenn sich die Sonne zwischen Erde und Planet schiebt,

d) Nachgehen von Uhren im Schwerefeld der Erde.

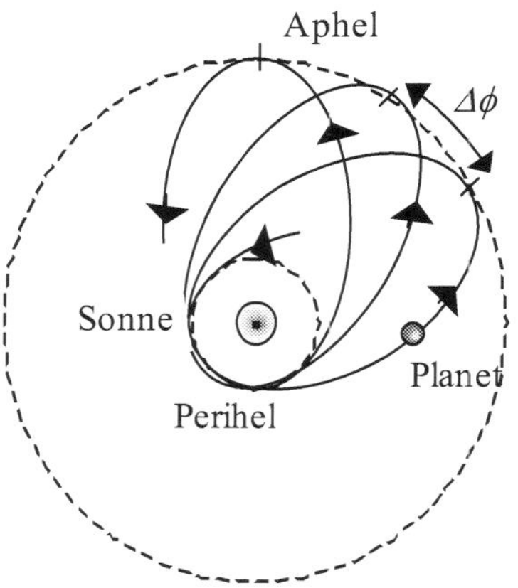

Abb. 16.2 Abweichung der Planetenbahnen von einer Ellipse.
Die wirkliche Planetenbahn erscheint als eine sich um die Sonne drehende Ellipse.

Alle vier Experimente sind quantitative Bestätigungen der theoretischen Vorhersagen für zentralsymmetrische Gravitationsfelder, wie sie mit der Schwarzschild-Metrik beschrieben werden, allerdings nur in Bereichen, in denen die Gravitationskräfte schwach sind.

Die Ablenkung von Lichtstrahlen im Gravitationsfeld der Sonne ist auch nach der newtonschen Gravitationstheorie zu erwarten. Licht besteht aus Teilchen (Photonen), sie haben eine bestimmte Energie und damit wegen der Speziellen Relativitätstheorie eine bestimmte Masse, und werden deshalb von der Sonne angezogen. Die Gravitationsbeschleunigung g ist unabhängig von der Größe der Masse und ist deshalb für Lichtteilchen dieselbe wie für Planeten. In Sonnennähe werden vorbeilaufende Lichtstrahlen senkrecht zu ihrer Bahn beschleunigt, d. h. abgelenkt. Beobachtet man den Sternenhimmel während einer Sonnenfinsternis sieht man die Sterne in Sonnennähe im Vergleich zum Nachthimmel in einer anderen Richtung und zwar nach außen hin verschoben, s. Abb. 16.1. Die Allgemeine Relativitätstheorie sagt allerdings eine gegenüber der newtonschen Theorie um den Faktor 2 größere Ablenkung voraus, die das Experiment bestätigt. (Zur klassischen Herleitung verwende man die Hyperbelgleichung, [41].)

Da auf Planeten nicht nur die Gravitationskräfte der Sonne sondern auch die der übrigen Himmelskörper wirken, ist eine Abweichung von einer elliptischen Bahn wiederum auch nach der newtonschen Theorie zu erwarten. Ergebnis ist eine nicht mehr geschlossene Bahn der Abb. 16.2, die sich so darstellt, als würden sich der sonnenfernste und der sonnennächste Punkt der Planetenbahn (Aphel und Perihel) um die Sonne drehen. Die Periheldrehung verursacht durch die übrigen Planeten – sie ist besser zu beobachten als die des Aphel – ist deutlich größer als die Abweichung der Vorhersagen von newtonscher Gravitations- und Allgemeiner Relativitätstheorie für den Fall ungestörter, elliptischer Bahnen. Die newtonschen Berechnungen und deren Beobachtung erfolgte bereits vor Entwicklung der Allgemeinen

Relativitätstheorie und es verblieb eine allgemein bekannte, unerklärbare kleine Abweichung. Für EINSTEIN war es, wie er selbst geäußert hat, eines seiner glücklichsten Erlebnisse, als es ihm gelang, genau die bekannte Abweichung aus seiner Theorie vorherzusagen.

Die Zahlenwerte sind für die verschiedensten Planetenbahnen aus [23] zu entnehmen.

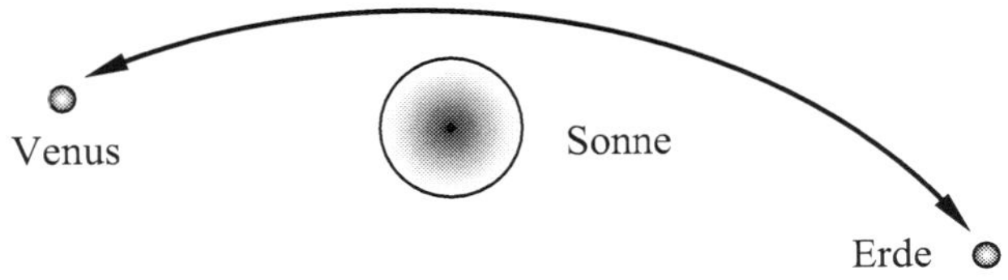

Abb. 16.3 Radarsignale von der Erde zur Venus und zurück

Von der Erde ausgesandte Radarsignale werden an der Venusoberfläche reflektiert und auf der Erde wiederempfangen. Die Laufzeit der Signale wächst, wenn sich die Sonne ihrer Bahn nähert.

Mit den heutigen technischen Geräten lassen sich von der Erde ausgesandte und am Planeten Venus reflektierte Radarsignale wiederempfangen und deren Laufzeiten mit Atomuhren messen, Abb. 16.3. Werden die Signale beeinflusst, weil sich die Sonne ihrer Bahn nähert, vergrößert sich deren Laufzeit messbar. Die Laufzeit ist täglich etwa ein Jahr lang beobachtet worden. In Abb. 16.4 ist die Zunahme der Laufzeit bei Annäherung an die Sonne dargestellt, das Maximum wird erreicht, wenn das Radarsignal die Sonnenoberfläche streift. Die Bahn des Radarstrahls ist leicht gekrümmt, wie allgemein für Licht im Versuch der Abb. 16.1; gemessen wird aber hier die Verringerung der Lichtgeschwindigkeit mit wachsenden Schwerefeldern. Der gesamte in Abb. 16.4 gezeigte Verlauf der Verzögerungskurve – nicht nur das Maximum – stimmt mit der Allgemeinen Relativitätstheorie überein.

Den Nachweis für ein Nachgehen von Uhren im Schwerefeld der Erde hat das bereits besprochene Experiment von HÄFELE und KEATING [143] erbracht. Man transportiert Uhren in große Höhen und misst die Zeitdifferenz zu den langsamer gehenden Uhren auf der Erdoberfläche, s. Abb. 16.5. Mit diesem Experiment wurde gleichzeitig die Zeitdilatation der Speziellen Relativitätstheorie nachgewiesen. Die Messgenauigkeit wurde ständig gesteigert und liegt weit unter einem Prozent [2].

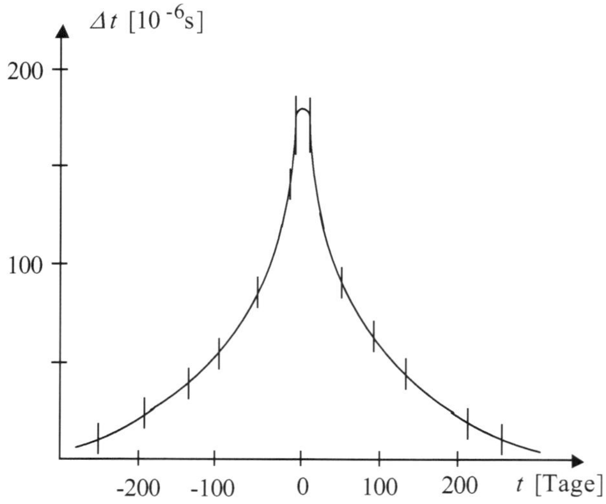

Abb. 16.4 Die Laufzeitverzögerung Δt der Radarsignale von Abb. 16.3
... als Funktion der Zeit t hat ein deutliches Maximum, wenn die Signale dicht an der Sonne vorbeilaufen.

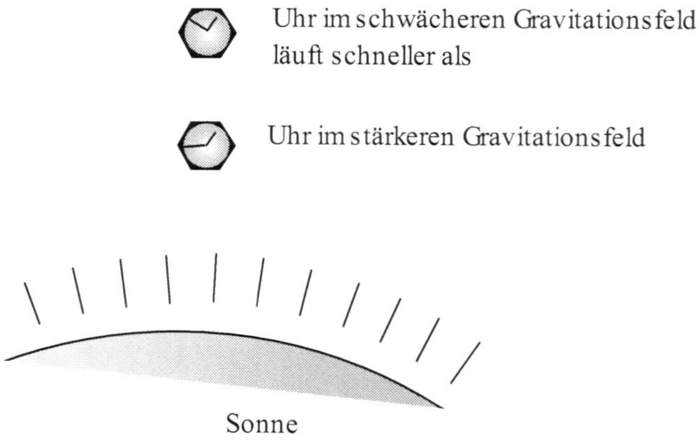

Abb. 16.5 In Gravitationsfeldern gehen Uhren langsamer

Alle beschriebenen Experimente beweisen die Gültigkeit der Schwarzschild-Metrik, wie in den nächsten Kapiteln begründet werden soll, und damit die der gesamten Allgemeinen Relativitätstheorie. Darüber hinaus sind die Vorhersage von Schwarzen Löchern [338], deren Existenz mit ständig wachsender Wahrscheinlichkeit als gesichert angesehen werden kann (sie haben aber in beiden Interpretationen unterschiedliche Eigenschaften, s. Kap. 21), und des expandierenden Universums (Kap. 22) wichtige qualitative Bestätigungen der Theorie.

16.3 Grundlagen der Schwarzschild-Metrik

Das Ergebnis der Allgemeinen Relativitätstheorie für zentralsymmetrische Felder, d. h. für kugelförmige Körper, drückt sich in der Schwarzschild-Metrik aus. Mit ihr werden Uhrzeiten und Längenmessungen miteinander verknüpft, so wie Längen für den normalen Raum durch

$$ds^2 = dx^2 + dy^2 + dz^2 \tag{16.1}$$

und Längen und Zeitintervalle für den Minkowski-Raum durch

$$ds^2 = dx^2 + dy^2 + dz^2 - c^2dt^2 \tag{16.2}$$

Beide Beziehungen werden auch Metrik dieser Räume genannt. Der Begriff Metrik steht für Maß, d. h. es wird festgelegt, wie der Abstand ds zweier räumlicher oder raumzeitlicher Punkte gemessen werden kann. (Der Abstand ds bezieht sich zunächst nur auf nahe beieinander liegende Punkte. Das ist aber keine prinzipielle Einschränkung, da man jeden beliebigen Abstand in eine Folge nahe beieinander liegender Punkte auflösen kann.)

Durch die Einführung der Schwarzschild-Metrik gelangt man ohne Umwege zu gekrümmten Räumen. Um das Verständnis der Metrik zu erleichtern, wird sie in mehreren Schritten analysiert. Als erstes wird mit ihr gerechnet, um ihre einzelnen Elemente kennenzulernen, danach wird sie geometrisch veranschaulicht. Erst dann wird ihre physikalische Bedeutung für die gekrümmte Raumzeit gezeigt. (Verschiedentlich werden in der Literatur, z. B. [230], mathematische Überlegungen über gekrümmte Räume vorangestellt. Wer das vorzieht, lese erst einmal das unabhängig geschriebene Kapitel 18 über den mathematischen Begriff gekrümmter Räume.)

Da die Schwarzschild-Metrik in sogenannten Kugelkoordinaten formuliert ist, betrachte man zunächst Abb. 16.6. Dort ist gezeigt, wie die üblichen x,y,z-Koordinaten eines Punktes P durch den räumlichen Abstand r des Punktes P vom Ursprung, sowie durch die Winkel θ und φ ersetzt werden können. θ und φ geben die Richtung an, in der der Punkt P vom Ursprung aus gesehen liegt. dr, $d\theta$, $d\varphi$ sind die Differenzen der Koordinaten von zwei dicht nebeneinander liegenden Punkten, so wie das für *dx, dy, dz* auch gilt. Seien $P_1(r1, \theta_1, \varphi_1)$, $P_2(r_2, \theta_2, \varphi_2)$ zwei derartige Punkte, so ist z. B. $d\varphi = \varphi_1 - \varphi_2$.

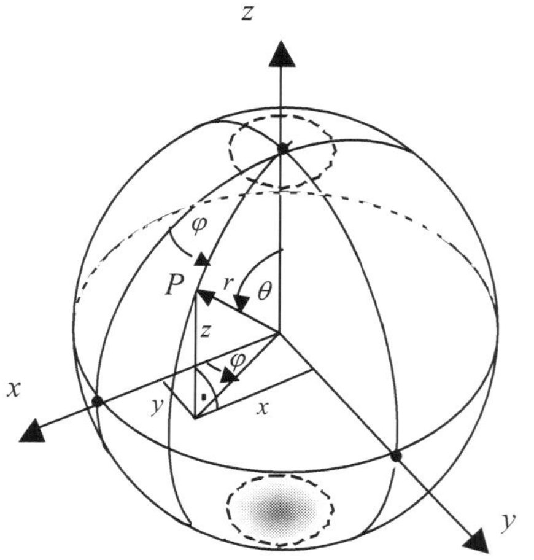

Abb. 16.6 Kugelkoordinaten im normalen Raum.

Der Punkt *P* liegt fest durch seine Koordinaten (*x*, *y*, *z*) oder (*r*, θ, φ). Konstantem θ, φ entsprechen auf der Erdkugel Breiten- und Längenkreise (sind aber wegen der anderen Zählweise $\pi/2-\theta$ nicht dasselbe).

Mit diesen Koordinaten lautet Formel (16.1)

(16.3) $$ds^2 = dr^2 + r^2(d\theta^2 + \sin^2\theta d\varphi^2)$$

sowie Formel (16.2)

(16.4) $$ds^2 = dr^2 + r^2(d\theta^2 + \sin^2\theta d\varphi^2) - c^2dt^2$$

und die Schwarzschild-Metrik hat ganz ähnlich die Gestalt:

(16.5) $$ds^2 = \frac{1}{A}dr^2 + r^2(d\theta^2 + \sin^2\theta d\varphi^2) - Ac^2dt^2$$

mit $$A = 1 - \frac{2GM}{c^2 r}$$

Man sieht, der Unterschied zu den nicht gekrümmten Räumen liegt hier in dem Faktor *A* vor *dt* und seinem Kehrwert vor *dr* und auch nur dieser Faktor hat etwas mit der Krümmung zu tun.

Es bedeuten:

r, θ, φ	die Kugelkoordinaten eines Punktes P
$dr, d\theta, d\varphi$	die Differenz dieser Koordinaten für zwei nahe Punkte
t	ist die Zeit, dt die Zeitdifferenz zweier dicht aufeinander folgender Ereignisse
G	die Gravitationskonstante
M	die Masse des kugelförmigen Körpers (Sonne)
ds	der raumzeitliche Abstand zweier naher Punkte

Setzt man in Formel (16.2) dt gleich null, so ergibt sich (16.1), der räumliche Teil von (16.2). Entsprechend führt dt gleich null in (16.6) zum gekrümmten Raum der Raumzeit von (16.5):

$$ds^2 = \frac{1}{A} dr^2 + r^2 (d\theta^2 + \sin^2 \theta d\varphi^2) \qquad (16.6)$$

dabei ist ds der räumliche Abstand zweier naher Punkte zu einem Zeitpunkt t.

Zahlenbeispiele:

Der räumliche Abstand zweier Punkte P_1, P_2 auf dem Äquator der Sonne mit $P_1(\theta = 90°, \varphi_1 = 0°, r = R_{Sonne})$ und $P_2(\theta = 90°, \varphi_2 = 1°, r = R_{Sonne})$ ergibt für den normalen Raum mit Formel (16.1)

$$ds^2 = r^2 d\varphi^2 = \left(1.2 \times 10^7 \text{ m}\right)^2$$

da $dr = 0$, $d\theta = 0$, $d\varphi = 2\pi\ 1°/360° = 0.0175$ (Bogenmaß) und $\sin(90°) = 1$ (Taschenrechner, Konstanten: s. Tabelle im Anhang.)

Dasselbe Ergebnis folgt für die Schwarzschild-Metrik, da $dr = 0$ ist und sich beide Formeln nicht weiter unterscheiden.

Für einen Punkt P_3 in der Höhe $dr = 1$ m über P_1 (oder P_2) ist $ds^2 = dr^2$ für die normale Metrik

und
$$ds^2 = \frac{1}{A} dr^2 = 1.000013\ dr^2$$

für den gekrümmten Raum der Schwarzschild-Metrik

In Worten ausgedrückt: Ein senkrecht gestellter Metermaßstab dr ist an der Sonnenoberfläche gegenüber dem normalen Raum um 6 10^{-6} m, Wurzel aus $1/A$, geschrumpft.

Eine weitere Eigenschaft der Schwarzschild-Metrik ergibt sich aus der Untersuchung großer Radien r. In diesem Fall werden sowohl A als auch $1/A$ zu eins, weil die Größe $1/r$ zu null wird und die Schwarzschild-Metrik geht über in die Metrik (16.2) des Minkowski-Raumes. Das ist ein vernünftiges Resultat, da für weit entfernte Sonnen die Gravitationskräfte verschwinden und die Spezielle Relativitätstheorie gilt. Dies veranschaulichen auch die geometrischen Betrachtungen des nächsten Kapitels.

Abschließend der Fall, dass in (16.3) der räumliche Abstand null ist und dt ungleich null. Das bedeutet dr, $d\theta$, $d\varphi$ sind null und es gilt für die Schwarzschild-Metrik

(16.10) $$ds^2 = -Ac^2 dt^2$$

Diese Situation beschreibt eine im Gravitationsfeld ruhende Uhr und wird in Kap. 16.6 noch benötigt.

Zahlenbeispiel:

Mit den obigen Werten ist A = 0.999 987. In Sonnennähe geht eine Uhr um den Faktor $\sqrt{0.999\,9871}$ langsamer. Ist auf der Erde eine Sekunde vergangen, sind es in Sonnennähe nur 0.999 994 Sekunden.

16.4 Geometrisches Modell der Schwarzschild-Metrik

Die Schwarzschild-Metrik lässt sich geometrisch als gekrümmte Fläche ähnlich wie eine Kugelfläche darstellen. Dazu muss man sich aber auf zweidimensionale Schnitte durch den dreidimensionalen gekrümmten Raum beschränken, da dreidimensionale gekrümmte Räume nur in einem vierdimensionalen Raum darstellbar wären.

Um diese Idee zu veranschaulichen, suchen wir zunächst ein geometrisches Modell für die Metrik (16.3) des normalen Raumes. Das Ergebnis ist klar, zweidimensionale Schnitte durch den dreidimensionalen (normalen) Raum führen zur normalen (euklidischen) Ebene. Um dasselbe aus der Metrik (16.3) zu gewinnen, setze man $\theta = 90°$ und betrachte nur Punkte mit diesem θ, dann wird $d\theta$ null und Formel (16.3) reduziert sich auf

(16.18) $$ds^2 = dr^2 + r^2\, d\varphi^2$$

Aus Abb. 16.7 sieht man, dass je zwei Punkte P_1 und P_2 im Abstand r_1, r_2 vom Ursprung in Richtung φ_1 und φ_2 in der x,y-Ebene die Beziehung (16.18) erfüllen. Die Ebene selbst ist somit das gesuchte geometrische Modell für die Metrik (16.3), wenn man sich auf den Schnitt $\theta = 90°$ beschränkt und ds ist dabei der räumliche Abstand zweier naher Punkte, was in einer Zeichnung anschaulich, ohne Mathematik, durch Nachmessen überprüfbar ist.

Ganz analog lässt sich ein Modell für die Schwarzschild-Metrik finden, wenn man sich zunächst auf den Schnitt $\theta = 90°$ beschränkt. Siehe Abb. 16.8. Es wird behauptet, jedes in der gekrümmten Fläche gemessene ds, d. h. jeder Abstand zweier naher Punkte, lässt sich auch aus der Schwarzschild-Metrik berechnen, die sich für $\theta = 90°$ ergibt: [393.1]

(16.19) $$ds^2 = \frac{1}{A} dr^2 + r^2\, d\varphi^2$$

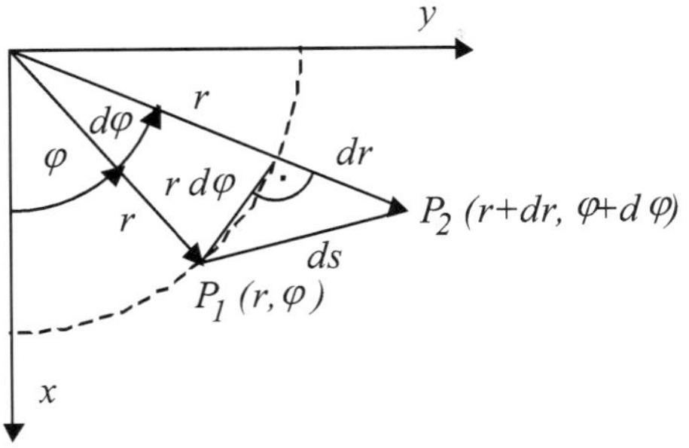

Abb. 16.7 Der Abstand *ds* in anderen Koordinaten

Für nahe Punkte P_1, P_2 der Ebene unterscheiden sich der Kreisbogen $rd\varphi$ und die Kreissehne vernachlässigbar wenig und es gilt wegen des Satzes des PYTHAGORAS: $ds^2 = dr^2 + r^2 d\varphi^2$

Als Beweis durch Probieren könnte man sich ein räumliches Gipsmodell der Abb. 16.8 erstellen, eine Reihe von Punktabständen ausmessen und mit (16.19) vergleichen. Natürlich lässt sich auch rechnen: Die Fläche ergibt sich durch Drehung der Parabel

(16.20) $$z = \sqrt{8\,M_s\,(x - 2\,M_s)} \quad , M_s = G\,M/c^2$$

um die z-Achse. Dabei wird x zu dem ebenen Abstand r für alle Punkte auf der Drehfläche. In Abb. 16. 9 ist die Parabel gezeichnet. Wie man aus der Ableitung erkennt, gilt

$$dz = \frac{4M_s}{\sqrt{8\,M_s\,(r - 2\,M_s)}}\, dr$$

Nun berechne man

$$ds^2 = dz^2 + dr^2$$
$$= \frac{1}{A} dr^2$$

Damit hat man den ersten Term der Schwarzschild-Metrik (16.6), der zweite Term in (16.6) ist für unseren Sonderfall identisch mit

$$r^2\,d\varphi^2$$

und $rd\varphi$ ist nichts Anderes als der Abstand zweier Punkte auf demselben Breitenkreis der Rotationsfläche.

Dazu ein Zitat von WEYL [393.1] : "Die Geometrie der Ebene ist also die gleiche, wie sie im Euklidischen Raum auf der Rotationsfläche mit der Parabel $z = \sqrt{8M\,(r - 2M)}$ gilt." Mit Ebene ist hier die gekrümmte Ebene (zweidimensionale Fläche) durch den Sonnenmittelpunkt gemeint.

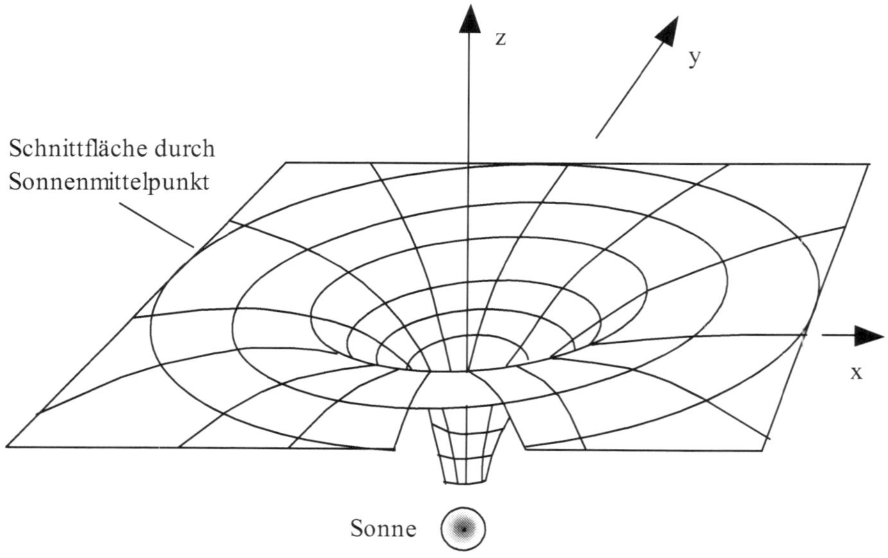

Abb. 16.8 Flächen durch Drehung der Parabel der Abb. 16.9. [23], [338]

Die Krümmung der Flächen für den Fall der Abb. 16.8 lässt sich quantitativ am Verhältnis von ds, dem räumlichen Abstand zweier naher Punkte, und den entsprechenden Koordinatendifferenzen dr im radialen Fall und $rd\varphi$ im tangentialen Fall ablesen. Ist ds tangential gerichtet, ist ds unverzerrt und stimmt mit $rd\varphi$ überein, ist ds radial gestellt, nimmt das zugehörige dr ab. Betrachtet man ds als Maßstab, ist er in einer Ebene durch den Sonnenmittelpunkt je nach Drehung verkürzt (radial) oder unverkürzt (tangential).

Nähert man sich in der Mittelpunktsebene radial dem Radius $r = 2M_s$ so wird $dr = 0$, man bewegt sich in der Fläche immer steiler nach oben und erreicht nicht das Innere der Fläche und den Mittelpunkt. Für große Abstände vom Sonnenmittelpunkt wird die Fläche immer mehr zur normalen Ebene. Daran erkennt man, dass für große Radien die Schwarzschild-Metrik in den normalen (euklidischen) Raum übergeht, bzw. im allgemeinen Fall in den Minkowski-Raum, der aber immer lorentz-interpretierbar ist.

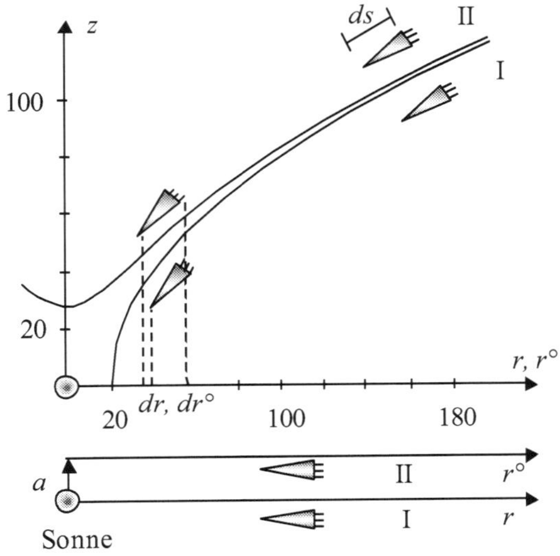

Abb. 16.9 Raumschiff im Gravitationsfeld der Schwarzschild-Metrik

Kurve I: Das Raumschiff bewegt sich radial zum Gravitationszentrum und schrumpft dabei bis auf null. (Parabel)
Kurve II: Das Raumschiff bewegt sich im Abstand a am Gravitationszentrum vorbei. Für $r° = 0$ ist $dr° = ds$, da dann das Raumschiff ein tangential gestellter Maßstab ist. Für großes $r°$ entspricht das Raumschiff einem radial gestellten Maßstab und wird verkürzt. (Dieses geometrische Modell unterscheidet sich von dem der LI, Kap. 20, für $dr°$).

ds: ursprüngliche Länge des Raumschiffes
dr, $dr°$: geschrumpfte Länge des Raumschiffes im Gravitationsfeld

Man kann sich die Schwarzschild-Metrik auch für jede andere Ebene parallel zur Mittelpunktsebene im Abstand a veranschaulichen. Dazu dreht man die Kurve

$$z = \sqrt{8M_s\sqrt{a^2 + x^2} - 2M_s}$$

um die z - Achse, s. Abb. 16. 9. Für $x = 0$ gilt für die Fläche:

$$ds = dr$$

An dieser Stelle ist ein Maßstab oder die Länge des Raumschiffes unverändert. Diese Fläche stellt aber nur noch die Maßstäbe, die in Richtung der Kurve liegen, oder die Länge eines Raumschiffes, nicht seine Breite, in wahrer Größe dar. Für die dazu senkrecht gestellten Maßstäbe benötigt man eine weitere Fläche, auf deren Darstellung wir verzichten. (Mathematisch zeigt sich hier das Isometrie-Problem, nicht jede gekrümmte zweidimensionale Fläche lässt sich im dreidimensionalen (euklidischen) Raum längentreu darstellen, s. Kap. 18.5, was aber die Vorstellung von sich verkürzenden Maßstäben nicht beeinträchtigt. Außerdem besteht ein Unterschied zum geometrischen Modell der LI, Kap. 20, für tangentiale Abstände.

16.5 Gaußsches Koordinatensystem für zentralsymmetrische Gravitationsfelder

Ein gaußsches oder gekrümmtes Koordinatensystem hat, wie andere Koordinatensysteme auch, den Zweck, Raumpunkten Lageparameter zuzuordnen. Im Modell der Schwarzschild-Metrik, Abb. 16.8, wird das anschaulich für die Mittelpunktsebene durch die grafisch dargestellten Breitenkreise und die sie schneidenden Parabeln erreicht.

Mathematisch gesehen sind die Breitenkreise des Modells Punkte mit demselben radialen Abstand r von der z-Achse, die Parabeln unterscheiden sich nur in ihrem Drehwinkel φ um die z-Achse, so dass jeder Punkt der Mittelpunktsebene durch die Koordinaten r, φ festliegt. Physikalisch entsprechen den Parabeln im Gravitationsfeld die Falllinien von Körpern mit der Anfangsgeschwindigkeit null und für einen Breitenkreis erfahren alle auf ihm ruhenden Lichtquellen die gleiche Rotverschiebung. Dadurch sind Längen- und Breitenkreise physikalisch bestimmbar; der quantitative Zusammenhang zwischen Zeitdilatation und Radius r ist uns aus Formel (16.10) bekannt.

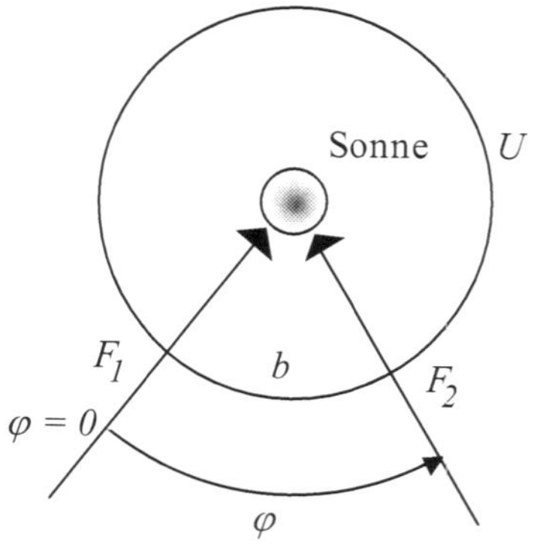

Abb. 16.10 Der Winkel φ in der Schwarzschild-Metrik

U Umfang des Breitenkreises
b Kreisbogen
F_1, F_2 Bahnen frei fallender Körper

Jetzt fehlt noch ein Verfahren, den Drehwinkel φ festzulegen. Einer beliebigen Falllinie wird als erstes der Winkel $\varphi = 0$ zugeordnet, der Drehwinkel der übrigen Falllinien berechnet sich dann aus

$$\varphi = 360° \, b/U$$

mit der Bogenlänge b und dem Umfang U eines beliebigen Breitenkreises, wie in Abb. 16.10 skizziert ist. Für große Entfernungen vom Gravitationszentrum ist der so gemessene Winkel φ identisch mit dem des normalen (euklidischen) Raumes, so dass man den Winkel φ der Falllinien in genügend großem Abstand mit jeder gewünschten Genauigkeit auch in der gewohnten Weise ermitteln kann. Weder ist es notwendig noch ist es physikalisch realisierbar, φ vom Mittelpunkt der Sonne aus zu messen.

Diese Konstruktion ist ins Räumliche übertragbar, da der Winkel θ, wie φ, in genügend großer Entfernung in jeder gewünschten Genauigkeit in der gewohnten Weise messbar ist. Will man kein Näherungsverfahren, sind zusätzliche Überlegungen analog zu denen des Kapitels 18.4 notwendig. Andeutungsweise die folgenden: Räumlich verteilte, ruhende Lichtquellen mit gleicher Rotverschiebung liegen auf einer Kugelfläche, denn zu ihnen gehört derselbe Radius r. Auf ihr stehen alle Falllinien senkrecht, so wie die Radien von Kugeln im normalen (euklidischen) Raum. Mittelpunktsebenen schneiden Kugelflächen gleicher Rotverschiebung in Großkreisen, d. h. sie zerlegen die Fläche in zwei gleiche Hälften. Eine der Mittelpunktsebenen wird ausgezeichnet und auf ihr φ festgelegt, wie beschrieben. Ordnet man ihr $\theta = 90°$ zu (Äquatorebene), haben alle senkrecht auf ihr stehenden Mittelpunktsebenen konstantes φ und θ hat alle Werte von 0 bis 180°. Es sind hier alle Konstruktionen wie auf Kugelflächen im normalen (euklidischen) Raum erlaubt, weil in tangentialer Richtung Maßstäbe nicht verändert werden und auf diese Weise sind jedem Punkt die Koordinaten r, θ, φ zuordbar. Gleichgültig, ob der Raum der Schwarzschild-Metrik in Wirklichkeit gekrümmt ist oder als euklidisch anzusehen ist, θ und φ unterscheiden sich nicht.

Mit einem Satz zusammengefasst: Die Falllinien von anfangs ruhenden Körpern haben konstante Winkel θ und φ, deren Werte sich in großer Entfernung von der Sonne wie im normalen (euklidischen) Raum messen lassen; die radiale Koordinate r kann aus der Rotverschiebung von im Gravitationsfeld ruhenden Lichtquellen berechnet werden.

16.6 Die Einstein- und Lorentz-Interpretation der Schwarzschild-Metrik

Mit der Schwarzschild-Metrik verbunden sind zwei grundsätzlich verschiedene Deutungen, die beide legitim sind, und von EINSTEIN [91] und anderen [338], [393.1] diskutiert wurden.

These I: Die Schwarzschild-Metrik beschreibt einen gekrümmten Raum bzw. eine gekrümmte Raumzeit.

These II: Die Schwarzschild-Metrik beschreibt, wie sich Maßstäbe und Uhren in Gravitationsfeldern ändern, der Raum selbst bleibt flach.

These I wird analog zu den Überlegungen der Speziellen Relativitätstheorie als Einstein- und These II als Lorentz-Interpretation der Allgemeinen Relativitätstheorie bezeichnet.

These I bedeutet:

Normale Uhren und normale Maßstäbe sind als ideal anzusehen. Die Eigenzeiten ruhender Uhren zeigen die an deren Orten wirklichen Zeiten an, ruhende Maßstäbe messen die wirklichen Abstände zwischen zwei Punkten. Beides wird in der Schwarzschild-Metrik durch ds wiedergegeben, d. h. die Wirklichkeit wird durch die Größe ds wiedergegeben, so wie für eine Kugelfläche die Größe ds den wirklichen Abstand zweier Punkte auf ihr darstellt. Die übrigen Größen dr, $d\theta$, $d\varphi$ und dt sind nur die zugehörigen Koordinatendifferenzen, sie besitzen keine unmittelbare physikalische Bedeutung.

Das Ausmaß der Raumkrümmung ist mit Abb. 16.8 anschaulich darstellbar, so wie für eine Kugelfläche auch. Da die Koordinaten r, θ, φ, t, keine unmittelbar physikalische Bedeutung haben, sind sie nicht mit Maßstäben messbar und sie können nach Belieben in andere Koordinaten transformiert werden, ohne dass sich der Raum, bzw. die Raumzeit selbst ändert. Misst man beispielsweise in Sonnennähe mit einem Bandmaß die Länge ds zwischen zwei Punkten als 1.5 m, so sind die 1.5 m die wirkliche Länge ds, der wirkliche Abstand zwischen den beiden Punkten, die Koordinatendifferenzen sind reine Rechengrößen.

Die physikalische Bedeutung von Koordinatensystemen liegt für These I darin, einen gegebenen gekrümmten Raum anwendungsgerecht und elegant zu beschreiben. So drücken Kugelkoordinaten in der Schwarzschild-Metrik die Linien konstanter Krümmung unmittelbar und anschaulich aus, im Gegensatz zu den x,y,z-Koordinaten, die auch verwendbar wären.

In großen Entfernungen vom Gravitationszentrum gilt näherungsweise die Raumzeit der Speziellen Relativitätstheorie, d. h. der Minkowski-Raum.

These II bedeutet:

Es gibt keine idealen Maßstäbe für Gravitationsfelder, alle normalen Uhren und alle normalen Maßstäbe schrumpfen mit wachsenden Gravitationsfeldern. Die Schwarzschild-Metrik beschreibt im einzelnen wie. Zeigt beispielsweise ein Bandmaß in Sonnennähe den Betrag *ds* von 1.5 m zwischen zwei Punkten an, so ist dies nur ein Messwert, der wirkliche Abstand ist *dr*, wenn das Bandmaß in radialer Richtung liegt und auch in den übrigen Fällen das, was die Koordinatendifferenzen der Schwarzschild-Metrik anzeigen. Das ist jedenfalls die nächstliegende Annahme, sie wird später modifiziert, s. Kap. 20.

Die wirklichen räumlichen Abstände, die wirklichen Zeitintervalle werden durch die Koordinaten r, θ, φ, t beschrieben. Sie sind aber nicht unmittelbar messbar, messbar sind nur *ds*-Werte, die auch die Eigenzeitintervalle $d\tau$ als Sonderfall umfassen. Die *ds*-Werte müssen in entsprechende dr-, $d\theta$-, $d\varphi$-, dt-Werte unter Verwendung der Schwarzschild-Metrik umgerechnet werden.

Die Raumzeit ist flach, wie mit der Minkowski-Metrik beschrieben, aber gemäß der LI zu deuten. Alle früheren Ausführungen zu Raum und Zeit der Speziellen Relativitätstheorie bleiben für These II von der Allgemeinen Relativitätstheorie unberührt, abgesehen von den Änderungen von Uhren und Maßstäben.

Abschließend zu den Thesen I und II einige Zitate. Sie bestätigen, beide Thesen sind widerspruchsfrei denkbar innerhalb der Allgemeinen Relativitätstheorie. So heißt es bei EINSTEIN [91]: "Der Einheitsmaßstab erscheint also mit Bezug auf das Koordinatensystem in dem gefundenen Betrage durch das Vorhandensein des Gravitationsfeldes verkürzt, wenn er radial angelegt wird. ... Bei tangentialer Stellung hat das Gravitationsfeld des Massenpunktes keinen Einfluss auf die Stablänge." WEYL [393.1] lässt sich zitieren mit: "Freilich ist es möglich, diesen Sachverhalt auch folgendermaßen darzustellen: In Wahrheit gilt die Euklidische Geometrie; das Gravitationsfeld wirkt aber auf die Maßstäbe so ein, dass ein radial gestellter Maßstab, der sich in der (wahren) Entfernung r vom Gravitationszentrum befindet, eine Kontraktion im Verhältnis

$$\sqrt{1-2m/r} : 1$$

erfährt, während an einem tangential, senkrecht zu den Radien gestellten Maßstab das Gravitationsfeld keine Längenmessung hervorruft." SEXL [338] führt aus: "Man kann dieses Resultat auf zwei Arten deuten: Wir sind davon ausgegangen, dass die Schnittfläche eine Ebene ist, in der Maßstäbe schrumpfen. Wir haben dann die Struktur des Raumes axiomatisch festgelegt und suchen im Experiment Auskunft über das Verhalten von Maßstäben zu erhalten.

"Eine andere Art, die Resultate unseres Gedankenexperimentes zu veranschaulichen, ist für viele Zwecke jedoch bequemer. Da das Schrumpfen von Maßstäben nicht direkt durch Heranbringen weiterer Maßstäbe messbar ist, können wir alternativ definieren, dass ein Maßstab immer die gleiche Länge hat, unabhängig davon, wo er sich befindet.

"In dieser Deutung gibt das Experiment nicht Auskunft über das Verhalten von Maßstäben, sondern über die Struktur des Raumes."

AUDRETSCH [12]: "Es lassen sich nämlich auch alternative Formulierungen der Allgemeinen Relativitätstheorie ohne "Krümmung" der Raum-Zeit angeben, die für die Vereinheitlichung von Quantenmechanik und Gravitation Bedeutung haben."

16.7 Experimentell überprüfbare Schlussfolgerungen aus der Schwarzschild-Metrik

Die im Kapitel 16.2 vorangestellten experimentellen Beweise der Allgemeinen Relativitätstheorie sind Schlussfolgerungen aus der Schwarzschild-Metrik. Für das Uhren-Experiment ist das quantitativ und für die übrigen ist es qualitativ unschwer einzusehen.

Als erstes die quantitative Überlegung. Für eine unendlich weit entfernte Uhr ist in der Schwarzschild-Metrik die Koordinate r unendlich, d. h. der Faktor A wird eins:

(16.25) $$ds^2 = c^2\, dt^2$$

andererseits gilt:

(16.26) $$ds^2 = c^2\, d\tau^2$$

und damit folgt:

(16.27) $$dt^2 = d\tau^2$$

Zur Erklärung von (16.26): ds soll der raumzeitliche Abstand zweier Punkte sein, ds soll ausdrücken, was an Längen und Zeiten gemessen werden kann. Dies bedeutet:

a) Ruht der Maßstab, so ist

$$dt = 0$$

denn die Längenmessung zwischen zwei Punkten geschieht gleichzeitig in einem Koordinatensystem und deshalb gibt ds die gemessene Länge an.

b) Ruht die Uhr, so sind die räumlichen Abstände für die Uhr null, da die Uhr stets an demselben Punkt bleibt. ds soll auch in diesem Fall ausdrücken, was messbar ist. Das ist aber nur das Eigenzeitintervall $d\tau$ der Uhr (multipliziert mit dem Faktor c wie im Minkowski-Raum). Diese Interpretation ist angemessen, da für große Radien r der Faktor A gegen eins strebt und nur die Messung einer normalen Uhrzeit übrig bleibt. (Der griechische Buchstabe τ wird üblicherweise anstelle von t für die Eigenzeit verwendet.)

Es ist unnötig, sich allzu viele Gedanken darüber zu machen, warum ds in dieser Form mit Längen- und Zeitmessungen verknüpft sein soll, es ist eine hypothetische Annahme, die von der Erfahrung bestätigt wird. Eine Metrik ist in dieser Form physikalisch zu interpretieren. EINSTEIN sagt dazu sinngemäß [99], es habe ihm sehr viel Zeit gekostet, bis er endlich die Idee hatte, ds als die eigentlich messbare Größe anzusehen und nicht die Koordinatendifferenzen dx, dy, dz und dt.

Formel (16.27) ist mit diesen Ausführungen verständlich, sie besagt nichts Anderes als: Die Eigenzeit einer unendlich weit entfernten ruhenden Uhr stimmt mit der Koordinatenzeit t überein. Oder anders formuliert, in großer Entfernung vom Gravitationszentrum geht die Schwarzschild-Metrik in die des Minkowski-Raumes über und wegen des Birkhoff-Theorems gilt das auch für das Innere einer Masseschale, s. Kap. 17.

Ruht die Uhr an der Stelle r_1, so gilt:

(16.28) $$ds^2 = A\, c^2\, dt^2$$

und wegen (16.26) und der Beziehung für A gilt:

(16.29) $$d\tau_1 = dt_1 \sqrt{1 - 2M_s / r_1}$$
$$M_s = GM / c^2$$

In Worten, vergeht für die weit entfernte Uhr die Zeit dt, so vergeht für die Uhr an der Stelle r_1 die kürzere Zeit $d\tau_1$. Das ist analog zu der bewegten Uhr in der Speziellen Relativitätstheorie, jetzt ist es der Faktor A, um den sie langsamer geht. Dieser Faktor nimmt ab, je kleiner r wird. Gilt

$$r_1 < r_2$$

so ist $$d\tau_1 < d\tau_2$$

Genau das ist in Abb. 16. 5 behauptet worden.

Zwei der vier Experimente wurden mit Lichtsignalen durchgeführt. In diesen Fällen ist

(16.30) $$ds^2 = 0$$

Das ist physikalisch gesehen sehr einfach einzusehen, man betrachte zunächst den Grenzfall mit unendlich großem Radius r, d. h. den Minkowski-Raum. $ds = 0$ ist nichts Anderes als eine Messung der Lichtgeschwindigkeit längs des Weges dx_1 in der Zeit dt und das muss c ergeben, denn schreibt man die Formel (16.2) für den Minkowski-Raum für diesen Fall um, so lautet sie:

$$0 = dx^2 + dy^2 + dz^2 - c^2\, dt^2$$

Setzt man *dy* und *dz* gleich null, hat man:

$$dx/dt = c$$

dx/dt ist aber eine Geschwindigkeit v, sein Wert ist c, was für Lichtsignale erfüllt ist.

Aus der Schwarzschild-Metrik ergibt sich für die Messung der Lichtgeschwindigkeit – Formel (16.30) soll gelten – in radialer Richtung:

$$\frac{dr}{dt} = \pm c\left(1 - 2M_s / r\right) = c_{Licht,radial} \tag{16.31}$$

und in tangentialer Richtung, jetzt ist $dr = 0$,

$$\frac{rd\theta}{dt} = \pm c\sqrt{1 - 2M_s / r} = c_{Licht,tangential} \tag{16.32}$$

Die Lichtgeschwindigkeit im Gravitationsfeld ist abhängig von der Richtung und abhängig vom Ort r.

Der Saphiro-Effekt misst die Laufzeitänderung von Radarsignalen, d. h. Licht, über den gesamten Weg l Erde–Venus und zurück. Denkt man sich l in n Intervalle dl zerlegt, so gehört zu jedem dl eine aus (16.31) und (16.32) bestimmbare Lichtgeschwindigkeit, über alle dl summiert ergibt sich eine mittlere, von c verschiedene Lichtgeschwindigkeit und die damit verbundene Laufzeitänderung der Radarsignale wird gemessen.

Die Berechnung der Krümmung von Lichtbahnen und der Periheldrehung von Planetenbahnen benötigt außer der Schwarzschild-Metrik noch zwei weitere Gleichungen, die sich mit Hilfe der Variationsrechnung aus der Schwarzschild-Metrik ableiten lassen [23], [357]. Das ist auch im Detail anspruchsvoll, im Gegensatz zur Zeitdehnung für in Gravitationsfeldern ruhende Uhren.

16.8 Die Schwarzschild-Metrik in anderen Koordinaten und der Einwand von WEYL

Von WEYL [393.1] stammt ein beachtenswerter Einwand gegen die These II zur Interpretation der Schwarzschild-Metrik. Um ihn zu verstehen, lässt es sich nicht vermeiden, die Schwarzschild-Metrik in anderen Koordinaten darzustellen.

Dazu wird r durch ein r'' ersetzt, das durch den folgenden Zusammenhang definiert ist:

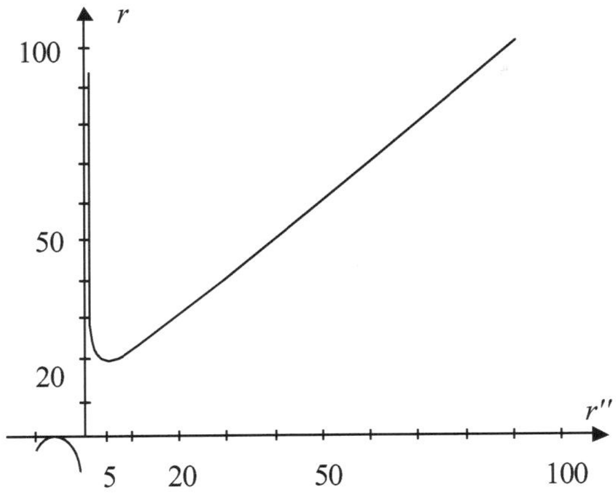

Abb. 16.11 Isotrope Koordinaten

Ersetzt man r durch r'' wie die Abbildung zeigt und übernimmt θ, φ unverändert, erhält man die isotropen Koordinaten (r'', θ, φ). Für sie wird die Größe ds richtungsunabhängig.

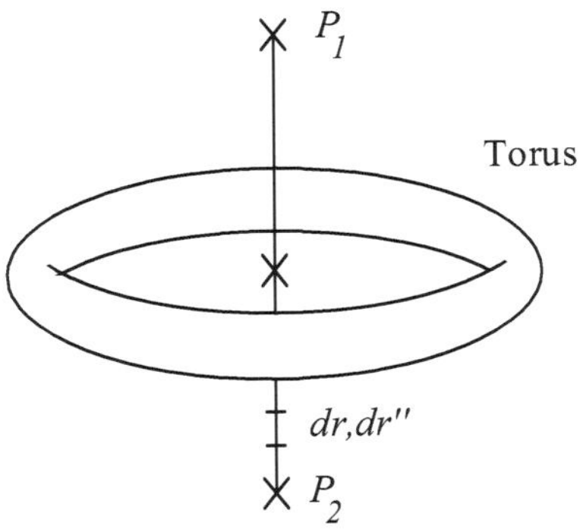

Abb. 16.12 Torus-Gedankenexperiment

Die Koordinatendifferenzen dr oder dr'', deren Summe mit dem Abstand der Punkte P_1, P_2 bei Abwesenheit des Torus übereinstimmt, "retten" den normalen (euklidischen) Raum.

(16.35) $$r = r''\left(1 + \frac{M_s}{2r''}\right)^2$$

Die Beziehung für r'' ist in Abb. 16.11 graphisch dargestellt. θ, φ werden nicht geändert. (r'', θ, φ) heißen isotrope (in alle Richtungen gleichartige) Koordinaten, weil sie ds unabhängig von seiner Richtung beschreiben, wie gezeigt wird. Mit ihnen lautet die Schwarzschild-Metrik:

(16.36) $$ds^2 = B_1^2\left(dr''^2 + r''^2\left(\sin^2\theta\, d\varphi^2\right)\right) - B_2 c^2 dt^2$$

mit

$$B_1 = \left(1 + {M_s}/{2r''}\right)^2$$

$$B_2 = \left(\frac{1 - {M_s}/{2r''}}{1 + {M_s}/{2r''}}\right)^2$$

Von Bedeutung ist zunächst nur der Fall $dt = 0$:

(16.37) $$ds^2 = B_1^2\left(dr''^2 + r''^2\left(\sin^2\theta\, d\varphi^2\right)\right)$$

Man erkennt die enge Verwandtschaft zur Kugelgeometrie, Formel (16.3) lautete:

(16.38) $$ds^2 = dr''^2 + r''^2\left(\sin^2\theta\, d\varphi^2\right)$$

und man sieht leicht, was sich aus These II für diese Darstellung der Schwarzschild-Metrik folgern lässt: Maßstäbe der Länge ds verkürzen sich stets – radial oder tangential gestellt – um den gleichen Faktor B_1. Im Gegensatz dazu gilt für die ursprüngliche Form der Schwarzschild-Metrik, dass nur ein radial gestellter Maßstab ds sich ändert und darüber hinaus um einen anderen Faktor. Der Einwand von WEYL [393.1] lautet: Es ist nicht entscheidbar, welche Länge – r oder r'' – die wahre Länge sein soll. Existiert die gekrümmte Fläche als wirklicher Raum, hat das keine Konsequenz, wohl aber für die Behauptung, die Fläche sei in den normalen Raum eingebettet.

So sagt WEYL [393.1]: "Im Gravitationsfeld können wir, unserer zweiten Normierung (=Formel (16.37)) entsprechend, die Euklidische Geometrie auch dadurch retten, dass wir annehmen, alle Maßstäbe, die tangential wie die radial gestellten, erfahren in der Entfernung r vom Gravitationszentrum die Kontraktion $(1+M/2r)^2$. So gibt es hier offenbar unendlich viele gleichmögliche und gleichberechtigte Vorschriften zur Korrektur der an den Maßstäben direkt abgelesenen Längen, deren jede zur Euklidischen als der wahren Geometrie führt; kein Anhaltspunkt ist da, um eine von ihnen im Gegensatz zu allen anderen als die allein richtige auszuwählen."

Als Gegeneinwand zu [393.1] nehmen wir einmal an, die These "*ds* verkürzt sich real" sei korrekt. Nehmen wir weiter an, die ursprüngliche Form der Schwarzschild-Metrik beschreibe die Verkürzung in Einklang mit der Wirklichkeit. Dann gibt es auch in diesem Fall die Möglichkeit, r in r'' zu transformieren. r'' ist dann nicht das wirkliche r, aber es ist eine reale physikalische Größe, die sich aus r berechnen lässt. Für dieses r'' gilt dann, dass es sich in Gravitationsfeldern in gleicher Weise ändert, unabhängig davon, ob der Maßstab *ds* radial oder tangential gestellt wird. Ursache dafür ist letztlich der in Abb. 16.11 dargestellte, nichtlineare Zusammenhang zwischen r und r''. Auch wenn r real ist, gibt es die Transformation zu r''. Dem Einwand von WEYL kann man deshalb nicht zustimmen, denn die unendlich vielen Transformationen von r gibt es immer. Aus dem weylschen Argument folgt lediglich, dass der wirkliche Zusammenhang zwischen *ds* und r nicht bekannt ist und das beweist nicht, dass es ihn nicht gibt.

Weiterhin muss man bedenken: Es gibt unendlich viele Koordinatentransformationen ähnlich zu (16.35), die mathematisch möglich sind, aus physikalischen Gründen aber bereits heute ausscheiden, nämlich alle Transformationen, die für unendlich große Entfernungen nicht zu $ds = dr$ führen. Diese Bedingung erfüllt r''. Wie Abb. 16. 11 zeigt, unterscheidet sich r'' für große Werte nicht von r. Wie kann man ausschließen, dass aus einer weiter entwickelten Theorie weitere Einschränkungen folgen? Stimmt man nämlich der These II zu, wird es auch eine Theorie geben, die etwas zu den Ursachen der Längenverkürzungen sagen kann. Für eine solche Theorie veranschaulicht die Raumkrümmung nur die Auswirkungen auf Maßstäbe und erklärt auch, warum trotz Maßstabsveränderungen ein verallgemeinerten Relativitätsprinzip (Kovarianz) gilt, wie es bei der Herleitung der hilbert-einsteinschen Feldgleichungen (Hilbert-Einstein-Gleichung [346]) vorausgesetzt wird.

Physikalisch theoretisch lässt sich somit zwischen beiden Transformationsformeln nicht entscheiden, es bleibt aber noch das Experiment: Man bringe analog zu Abb. 16.12 zwischen zwei weit entfernte Punkte P_1 und P_2 einen massereichen Ring (Torus). P_1 und P_2 bilden dann die Achse des Ringes und der Abstand $P_1 P_2$ ändert sich euklidisch betrachtet nicht. Wird er allerdings mit Maßstäben *ds* ausgemessen, ergibt sich wegen der Maßstabsverkürzungen in Gravitationsfeldern ein größerer Wert. Die Summe der zugehörigen *dr* muss den euklidischen Abstand ergeben und das kann nur für eine der beiden Formeln (16.5) oder (16.36) gelten. (Formeln (16.5) und (16.36) müssen für einen Torus umgerechnet werden, was nicht trivial ist. Ein Torus wurde gewählt, damit man bei der Messung nicht in Bereiche innerhalb des Schwarzschild-Radius gelangt.)

(Ein weiterer Einwand sei angedeutet: Man stelle sich das räumliche Modell der Abb. 16.8 in der Wirklichkeit und aus massiven Stabelementen aufgebaut vor mit der Sonne in seinem Mittelpunkt. Das (Draht-)Modell ist eben, von einer Krümmung ist nichts zu sehen. Entfernt man aber die Sonne, wird der Raum flach, das Drahtmodell kann nicht mehr als Ebene existieren und es entsteht das gebogene Modell der Abb. 16.8. Die Frage lautet: Verändern sich dabei nur die radialen sondern auch die tangentialen Elemente? In der LI ist die Frage beantwortbar, wenn man eine Annahme über das "richtige" Koordinatensystem macht. Gilt das r,t-Koordinatensystem der Schwarzschild-Metrik, ändern sich nur radial gestellte Maßstäbe, gilt das isotrope Koordinatensystem ändern sich radial und tangential gestellte. Lässt man Lücken, schließen sie sich unterschiedlich, analog zu Abb. 9.3. Für WEYL dagegen behalten Maßstabselemente in gekrümmten Räumen ihre ursprüngliche Länge, deshalb ist überhaupt nicht erklärbar, woher die Kräfte kommen, die die Fläche wölben. Erweitert man das ebene in ein räumliches, kugelförmiges Modell und entfernt die Sonne, müssen einige Stäbe knicken oder reißen, auf jeden Fall entstehen Spannungen – das Argument gegen den euklidischen Raum kehrt zurück. Man kann es anders formulieren: Wird aus einem gekrümmten Raum die Materie entfernt, entsteht der flache Minkowski-Raum, aber wie lautet der punktweise Übergang? Betrachtet man lose aufeinanderliegende radiale Stäbe und tangentiale Kreisringe, verschieben sich deren Schnittpunkte beim Entfernen der Sonne. Liegen die Punkte des entstehenden flachen Raums fest auf den radialen oder den tangentialen Elementen oder irgendwo dazwischen? Siehe dazu Kap. 10.5 und die Idee zum inflationären Kosmos, Kap. 19.6. Hier sieht man die – bislang vernachlässigte – physikalische Konsequenz der abschließenden mathematischen Überlegung:)

Von allen bisherigen Argumenten abgesehen, besteht ein prinzipieller Einwand: Die Schwarzschild-Metrik beschreibt nur innere Eigenschaften einer Fläche, der Zusammenhang zwischen ds und dr ist aber eine äußere Eigenschaft einer Fläche. Soll es den die Schwarzschild-Metrik einbettenden wirklichen Raum nicht geben, wie die Einstein-Interpretation behauptet, ist das nicht mit der Schwarzschild-Metrik allein, sondern nur durch zusätzliche Überlegungen nachweisbar (s. Kap. 18), ganz analog zu der Tatsache, dass die Lorentz-Interpretation das "richtige" Koordinatensystem nicht aus der Schwarzschild-Metrik entnehmen kann, sondern durch zusätzliche Überlegungen herausfinden muss.

16.9 Die Singularität der Schwarzschild-Metrik

Zum Abschluss ein Blick auf die möglichen Grenzen der Klassischen Allgemeinen Relativitätstheorie, wie sie sich in der Schwarzschild-Metrik zeigen.

Die Schwarzschild-Metrik besitzt für $r = 0$ und für $r = 2M_s$ Singularitäten, d. h. einzelne herausfallende Punkte. An der Stelle $r = 0$ wird der Faktor A minus unendlich und $1/A$ minus null, an der Stelle $r = 2M_s$ wird der Faktor A null und $1/A$ unendlich.

Da es unendlich große Werte in der Natur nicht gibt, liegt es nahe, hier die Gültigkeit der Schwarzschild-Metrik zu bezweifeln, zumal sich alle experimentellen Bestätigungen auf Radien beziehen, die groß gegen $r = 2M_s$ sind.

Nach herrschender Meinung beseitigt die Allgemeine Relativitätstheorie nicht die Ausnahmesituation für $r = 0$, wie sie schon in der Klassischen Gravitationstheorie besteht. Für $r = 0$ kann die SM nicht mehr gültig sein. Für $r = 2M_s$, dem Schwarzschild-Radius, ist die häufigste Ansicht in der Literatur und dies entspricht der EI, dass es sich hierbei um eine Koordinatensingularität handelt. In anderen Koordinaten – z. B. den isotropen Koordinaten, [357] – gibt es diese Singularität nicht. Es ist hier noch nicht möglich, diese These zu beweisen oder zu widerlegen, das geschieht in Kap. 21, es lassen sich aber die Besonderheiten für $r = 2M_s$ aufzählen:

Einem endlichen ds an der Stelle $r = 2M_s$ entspricht $dr = 0$, d. h. für die These II, an dieser Stelle verschwindet der Maßstab ds. Es bedeutet weiterhin, dass die Eigenzeit $d\tau$ einer dort ruhenden Uhr null wird.

Weitere Konsequenzen sind: Man betrachte einen im Gravitationsfeld frei fallenden Beobachter. Wie groß ist für ihn der räumliche Abstand s vom Start bis zu $r = 2M_s$ und wie lange dauert es bis dahin? Der räumliche Abstand s ist berechenbar, wie die übrigen Größen auch, und hat einen endlichen Wert, ebenfalls endlich ist die bis dahin vergangene Eigenzeit τ des frei fallenden Beobachters, dagegen ergibt sich für die Koordinatenzeit t ein unendlich großer Wert - s. Abb. 21.1. Es sind die physikalisch sinnvollen Werte für s und τ, die die These der EI stützen, nur die Koordinaten t und r seien ungünstig gewählt und durch andere zu ersetzen.

Durch die unendlich große Koordinatenzeit t entsteht eine paradoxe Situation: "Für ein Testteilchen (frei fallender Beobachter) sagen die Gleichungen .... dass es die unendlich lange Zeit t braucht, um den endlichen Abstand s zurückzulegen, aber schon in endlicher Eigenzeit τ an sein Ziel gelangt" [357]. Mögliche Folgerung: "... die Koordinatenzeit t ist physikalisch nicht brauchbar zur Beschreibung des Vorgangs" [357]. Die Schwarzschild-Metrik in der Gestalt (16.5) versagt.

Die Koordinatenzeit t ist deshalb nicht zur Beschreibung des Vorgangs geeignet, weil man annehmen muss, dass das Testteilchen nicht bei $r = 2M_s$ stehen bleibt, sondern wirklich bis nach $r = 0$ herabstürzt. Unter dieser Voraussetzung ist t in der Nähe von $r = 2M_s$ nicht mehr die Zeit eines weit entfernten Beobachters. Andererseits kann man sich nicht nur auf die Eigenzeit τ stützen, da es nicht verwunderlich ist, dass sie endlich bleibt, denn an der entscheidenden Stelle $r = 2M_s$ ist sie null, dort bleibt die Uhr stehen – so sieht es die LI. Darüber hinaus haben t und τ von der Theorie her die gleiche Berechtigung. Die Einführung der isotropen Koordinaten löst zwar formal das Problem im Sinne der EI, denn sie haben für $r = 2M_s$ endliche Werte, aber sie sind konstruiert, um die Singularität zu vermeiden, sie sind keine zwingende Folgerung der hilbert-einsteinschen Feldgleichungen (Hilbert-

Einstein-Gleichung [346]). Es sind viele andere Koordinaten konstruierbar, die dasselbe leisten. Das muss genauer untersucht werden, denn für die LI nicht nachvollziehbar ist die These, der frei fallende Beobachter trete in eine andere Zeit τ ein, die von unserer Zeit t entkoppelt ist. Es wäre zu beweisen: Nicht nur die Zeitmessung ändert sich sondern auch die Zeit. Wie Kap. 21 zeigt, führen LI und EI hier zu experimentell entscheidbaren Unterschieden.

Dagegen ist für $r < 2M_s$ die Schwarzschild-Metrik wieder regulär und geeignet, plausible Aussagen über den Gravitationskollaps und die Entstehung Schwarzer Löcher zu machen – dem Ende massereicher Sterne, wenn ihr Kernbrennstoff verbraucht ist [357]. Aber auch hier unterscheiden sich die EI und LI, die unterschiedlichen Deutungen von $r < 2M_s$ werden ebenfalls in Kap. 21 behandelt.

17. Die poincarésche These und der leere, materiefreie Raum der Allgemeinen Relativitätstheorie

Die Krümmung des Raumes ist nach der Allgemeinen Relativitätstheorie abhängig von der Anwesenheit von Materie; je geringer die Massenanhäufung, desto geringer wird die Raumkrümmung und im Grenzfall verschwindender Massen, so wird in der Regel und in Übereinstimmung mit den Folgerungen aus der Schwarzschild-Metrik angenommen, entsteht der flache Minkowski-Raum der Speziellen Relativitätstheorie. Aber solange Materie vorhanden ist, sind die nachweislich gekrümmten Bahnen von Lichtteilchen oder anderen Objekten stets als die Wirkung von Gravitationsfeldern deutbar und nicht als Folge eines in sich gekrümmten Raumes. Eine Raumkrümmung ist streng genommen im Experiment nicht beweisbar.

Dies ist die These POINCARÉs und JAMMER [173] beschreibt sie wie folgt: "Über die Struktur des Raumes als solchen kann uns das Experiment nichts berichten. Es kann uns nur über Beziehungen zwischen materiellen Gegenständen belehren. Angenommen, so sagt POINCARÉ, bei der von GAUSS durchgeführten Triangulation hätte sich eine Abweichung gegenüber der Summe von zwei Rechten ergeben, würde das wirklich eine Widerlegung euklidischer Geometrie gewesen sein? Nichts würde uns daran hindern, weiterhin die euklidische Geometrie zu benützen unter der Voraussetzung, dass Lichtstrahlen gekrümmt sind."

Die Triangulation von K. F. GAUSS war die um 1810 durchgeführte Winkelvermessung eines von ca. 100 km voneinander entfernten Bergspitzen gebildeten Dreiecks, die, obwohl sehr genau durchgeführt, nicht genau genug sein konnte, um Erfolg zu haben. Ziel war es, festzustellen, ob die Winkelsumme des Dreiecks gleich 180° (euklidische Geometrie), kleiner als (hyperbolische Geometrie) oder größer als 180° (sphärische Geometrie) ist, wobei eine Abweichung von 180° eine Raumkrümmung bedeutet.

Die poincarésche These ist sicherlich korrekt und am Beispiel der Schwarzschild-Metrik bewiesen. Deshalb steht es einem grundsätzlich frei, sich für eine der beiden Raum-Zeit-Theorien zu entscheiden. Möglich wäre es allerdings, dass beide Thesen unterschiedlich plausibel sind und nicht für jede Beobachtung in gleicher Weise gleich elegant anwendbar sind. Eine solche Situation wäre insbesondere dann nicht überraschend, wenn der Raum tatsächlich nichteuklidisch ist. Mit anderen Worten, eine elegante, einfache Erklärung einer Beobachtung mit Hilfe einer nichteuklidischen Geometrie hat eine Beweiskraft für sich, und dies vor allem dann, wenn zur Rettung der euklidischen Interpretation komplizierte Thesen entwickelt werden müssen. Die von GAUSS gewählte Methode, Dreiecke zu vermessen, hatte die Chance zu einer derartigen Beobachtung, denn wenn sich in alle Richtungen des Raumes, ohne Zusammenhang mit Massen der Umgebung, eine Abweichung ergeben hätte, wäre das ein überzeugendes Ergebnis zur Bestätigung eines gekrümmten Raumes gewesen. Der experimentelle Nachweis der Lichtkrümmung in der Nähe großer Massen hat diese Beweiskraft nicht, hier gilt der poincarésche Einwand in vollem Umfang, wie auch in den weiteren Kapiteln noch bewiesen wird.

Wie sieht die Raumkrümmung im materiefreien, im leeren Raum aus? Denkbar wäre es doch, dass die Vermessung von Dreiecken mit Lichtstrahlen in kosmischen Dimensionen nach Abzug der Gravitationseinflüsse noch immer eine Abweichung von der euklidischen Geometrie anzeigen würde. Ein solches Experiment existiert natürlich nicht, im Gegenteil, die Allgemeine Relativitätstheorie rechtfertigt sich gerade dadurch, dass sie die Krümmung von Lichtstrahlen korrekt in Abhängigkeit der umgebenden Massen vorhersagt. Aber es verbleibt eine andere Möglichkeit: Welche theoretische Vorhersage macht die Allgemeine Relativitätstheorie für den Grenzfall verschwindender Massen? Ist in dieser Grenzsituation auf Grund allgemein-relativistischer Überlegungen der Raum gekrümmt oder nicht?

Für die LI sind, wie in Kap. 22 gezeigt wird, expandierende geschlossene und offene Räume der RWM (k=0,+1,-1) eine Beschreibung für explodierende Staubsterne, für die der zu Grunde liegende Raum der der SM ist. Im Grenzfall verschwindender Massen bleibt es deshalb beim Minkowski-Raum, d. h. für die LI beim dreidimensionalen euklidischen Raum – auch in kosmischen Dimensionen. Für die EI gibt es alles, den explodierenden Staubstern und das expandierende Universum und damit alle Raumformen auch für den Grenzfall verschwindender Masse.

Ändert sich die Situation durch eine Kosmologische Konstante, die EINSTEIN [94] in die hilbert-einsteinschen Feldgleichungen (Hilbert-Einstein-Gleichung [346]) eingeführt hat und die Grundlage vieler Diskussionen geworden ist? EINSTEIN hat zu späterer Zeit die von ihm eingeführte Kosmologische Konstante als Fehlgriff empfunden [95], [99], im Normalfall wurde sie von Fachleuten als null angesehen, so dass es für den leeren Raum bei der einfachsten These blieb, man sah ihn als Minkowski-Raum bzw. euklidisch an. Seit kurzem ist die Konstante wieder aktuell und positiv (s. Kap. 19.7). Das bedeutet die Annahme einer die Expansion des Weltalls beschleunigenden, weit reichenden Kraft, die somit der Gravitation entgegen wirkt. Geometrisch (relativistisch) interpretiert trägt sie zu einer negativen Raumkrümmung bei (k = -1), für die LI liegt darin wiederum nur eine Aussage, wie diese Kraft beschrieben werden kann. Da zu einer Kosmologischen Konstante eine Kraft und damit Energie gehört, ist der Raum zwar im üblichen Sinn materiefrei aber nicht leer. Deshalb beantwortet eine Kosmologische Konstante nicht die Frage nach der Krümmung des leeren Raumes.

EINSTEIN hat zu diesem Thema eine verblüffende, von diesen Möglichkeiten verschiedene Ansicht vertreten und die Existenz eines leeren Raumes als ganzes bestritten: "Einen leeren Raum, d. h. einen Raum ohne (Gravitations-) Feld gibt es nicht." [95] An anderer Stelle sagt er: "Man kann es scherzhaft so ausdrücken: Wenn ich alle Dinge aus der Welt verschwinden ließe, so bliebe nach NEWTON der Galileische Trägheitsraum, nach meiner Auffassung nichts übrig." [99]

Dazu ist zu sagen: Dies ist die eleganteste Art, ein physikalisch philosophisches Problem zu lösen, man weist nach, dass das Problem gar nicht besteht. So kann man das Problem der Willensfreiheit auch dadurch aus der Welt schaffen, indem man sagt, der Mensch habe überhaupt keinen Willen. Da es den leeren Raum nicht gibt, erübrigt es sich, nach seiner Geometrie zu fragen.

Gegen diese Auffassung des leeren Raums gibt es verschiedene Einwände. Vor allem den folgenden: Aus der Allgemeinen Relativitätstheorie selbst folgt die Existenz gravitationsfeldfreier und damit materiefreier Räume. So ist das Innere einer Hohlkugel feldfrei. "Der Raum im Innern einer Hohlkugel ist feldfrei (flach), wie in der NEWTONschen Gravitationstheorie" [357]. Wegen des viel diskutierten sog. Birkhoff-Theorems [357] ist das als bewiesen anzusehen und anschaulich in Analogie zu einer geladenen Metallkugel vorstellbar, die als faradayscher Käfig in ihrem Inneren auch kein elektrisches Feld besitzt.

Bringt man in eine Hohlkugel genügender Größe eine kugelsymmetrische Masse (Sonne), entspricht das Gravitationsfeld im Innern der Hohlkugel der Schwarzschild-Metrik unabhängig von den Gravitationsfeldern außerhalb [357]. Auch Lichtstrahlen breiten sich in der leeren Hohlkugel nicht anders aus als in Bereichen des Kosmos mit verschwindender Massendichte, so dass man sich auch aus diesen Gründen fragen muss, wieso dort kein leerer Raum, sondern "nichts" sein soll.

Obwohl es wegen des Birkhoff-Theorems in der Allgemeinen Relativitätstheorie den leeren Raum gibt, bleibt es wegen der QM aus zwei Gründen nicht bei dieser Aussage. Für die QM gibt es keine Leere, sondern nur das ‚nichtleere Vakuum' als den teilchenlosen Grundzustand der Quantenfelder. Außerdem haben für die QM die negativen Gravitationskräfte der Kosmologischen Konstante dort ihren Ursprung. Das hat zwei, der LI zustimmende Konsequenzen. Wie es der Quantenäther verlangt, gibt es einen teilchenlosen Zustand, der Wirkungen ausüben kann, wie nun auch die Kosmologische Konstante beweist und die quantenmechanischen Konsequenzen einer Kosmologischen Konstante passen überhaupt nicht zu den expandierenden Räumen der RWM, s. Kap. 24.13, aber sehr gut zu einem im Raum und in der Zeit expandierenden Staubstern.

18. Zur Definition des gekrümmten Raumes mit Hilfe der Mathematik

18.1 Einleitung

Die Schwarzschild-Metrik hat uns den Teil der Allgemeinen Relativitätstheorie gezeigt, der experimentell am besten begründet ist. Gilt sie, ließ sich zeigen, wie der gekrümmte Raum in der Umgebung von Sonnen (und anderen kugelförmigen Körpern) als flacher, nicht gekrümmter Raum zusammen mit Maßstabsveränderungen durch das Gravitationsfeld verstanden werden kann.

Spektakulärer, aber weitaus spekulativer ist in der Allgemeinen Relativitätstheorie die Vorstellung eines endlichen, geschlossenen Universums, wie sie EINSTEIN in die Diskussion gebracht hat. Der beste Weg zum Verständnis dieses physikalischen Raumes führt über die ihm entsprechenden mathematischen Räume. Dazu gehören die Kugelflächen im dreidimensionalen und im vierdimensionalen euklidischen Raum, wobei dreidimensionaler euklidischer Raum die mathematische Bezeichnung für den normalen Raum ist.

Da sich jeder Kugelflächen und andere beliebig geformte Flächen im normalen Raum vorstellen kann, hat jeder eine durchaus richtige Vorstellung von gekrümmten Räumen. Es geht nur darum, diese Vorstellung zu präzisieren, um so zu verstehen, was ein endliches und geschlossenes Universum sein soll.

18.2 Zweidimensionale Kugelflächen

Beginnen wir mit der normalen Kugelfläche. Sie ist ein zweidimensionaler gekrümmter Raum. Sie besteht aus allen Punkten des normalen Raumes, für die gilt:

(18.1) $$x^2+y^2+z^2 = r^2$$

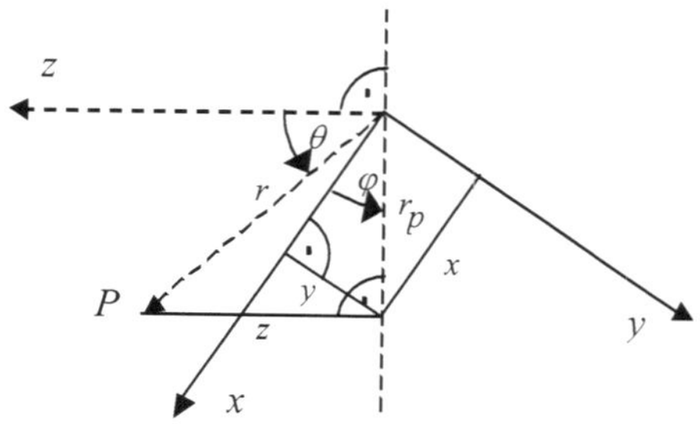

Abb. 18.1 Die Koordinaten des Punktes P aus Abb. 16.6

Die z-Achse und P sind um r_p in die x,y-Ebene geklappt

r = Radius der Kugel mit Mittelpunkt im Ursprung des Koordinatensystems. x,y,z sind die Koordinaten des Punktes $P = P(x,y,z)$ auf der Kugel. Die Formel (18.1) liest man aus dem rechtwinkligen Dreieck der Abb. 18.1 ab, in dem man den Satz des PYTHAGORAS anwendet, erst für die Projektion r_p von r, dann für r. Für ein gegebenes r liegt jeder Punkt P durch zwei Koordinaten – z. B. x und y – fest, die dritte berechnet sich aus (18.1), deshalb ist die Kugeloberfläche zweidimensional.

Die Kugelfläche lässt sich auch in Kugelkoordinaten darstellen – dies entspricht den Längen- und Breitenkreisen der Erdkugel. Sie haben beim Rechnen den Vorteil, keine Quadrate zu enthalten, aber den Nachteil Sinus- und Cosinus-Funktionen zu verwenden. Die Kugelkoordinaten lauten, s. Abb. 16.6:

$$x = r\cos(\varphi)\sin(\theta)$$

(18.2) $$y = r\sin(\varphi)\sin(\theta)$$

$$z = r\cos(\theta)$$

mit $$0° \leq \theta \leq 180°$$

$$0° \leq \varphi \leq 360°$$

Zahlenbeispiel für Taschenrechner (Umrechnung von Kugelkoordinaten):

$$\theta = 30°,\ \varphi = 60°,\ r = 1\text{m}$$

$$x = 1\times0.5\times0.5 = 0.25\ \text{m}$$

$$y = 1\times0.866\times0.5 = 0{,}433\ \text{m}$$

$$z = 1\times0.866 = 0.866\ \text{m}$$

Kontrolle: x,y,z in Formel (18.1) eingesetzt, ergibt $r = 1$ m.

Die Formeln (18.2) bedeuten anschaulich, dass die Winkel θ und φ zusammen mit dem konstanten Radius r alle Punkte einer Kugelfläche festlegen, d. h. $P = P(r,\theta,\varphi)$. Die genaue Kenntnis der Sinus- und Cosinus-Funktionen ist prinzipiell entbehrlich, denn mit gegebenen Winkeln sind x,y,z auch geometrisch konstruierbar.

Mit diesen Überlegungen ist leicht zu sehen, warum die Kugelfläche als ein zweidimensionaler Raum bezeichnet wird. Sie ist ein Raum, weil sie aus lauter Punkten besteht und zweidimensional, weil die Lage jedes Punktes durch zwei unabhängige Koordinaten θ und φ oder x und y (oder zwei andere) bestimmt ist. Die dritte Koordinate liegt fest (Radius r) oder kann berechnet werden (z mit Formel (18.1)). Weiterhin ist eine Kugelfläche anschaulich gekrümmt und damit ein gekrümmter zweidimensionaler Raum, im Gegensatz zur nicht gekrümmten, zweidimensionalen Ebene.

Wie lässt sich der Begriff gekrümmt präzisieren? Eine Möglichkeit besteht darin zu sagen, eine Fläche ist gekrümmt, wenn sie sich nicht vollständig in eine Ebene legen lässt. Man betrachte die Verbindungsstrecke $P_1 P_2$ zweier beliebiger Punkte

P_1 und P_2 der Fläche in Abb. 18.2. Liegt die Strecke $P_1 P_2$ vollständig in der Ebene für alle Punkte P_1 und P_2, ist die Fläche eben. In der Mathematik (Differentialgeometrie) geht man diesen Weg nicht, um Krümmungen zu definieren, da man damit kein Maß für die Größe der Krümmung einer Fläche hat. Die Größe der Krümmung lässt sich einfacher definieren durch die Kehrwerte der Radien von Kreisen, die die Fläche in möglichst hoher Ordnung berühren (Schmiegkreise, [192], [199], [321]. Gibt es Berührkreise mit unterschiedlichen Radien, was die Regel ist, nimmt man einen arithmetischen Mittelwert. Für die Kugelfläche sind die Berührkreise die Großkreise der Kugel selbst, für Nord- und Südpol also die Längenkreise. Die Krümmung einer Kugel ist somit um so geringer, je größer der Kugelradius ist. Eine Ebene ist anschaulich eine Kugel mit unendlich großem Radius, dessen Kehrwert null die Krümmung der Ebene darstellt.

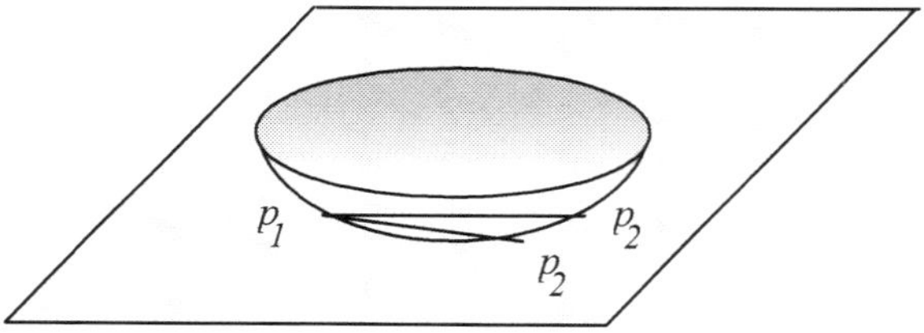

Abb. 18.2 Eine gekrümmte Fläche

lässt sich nicht vollständig in eine Ebene legen. Es gibt immer Punkte P_1, P_2, deren Verbindungsgerade teilweise außerhalb liegt.

Mit dieser anschaulichen Definition der Krümmung sind sowohl Kugel als auch ein Zylinder gekrümmt. Es gibt eine zweite wichtige und ebenfalls anschauliche Methode, die Krümmung einer Fläche zu definieren, für die das nicht mehr gilt, sondern für die eine Kugel als gekrümmt angesehen werden muss, ein Zylinder aber nicht. Diese zweite Definition wird als die innere Krümmung einer Fläche bezeichnet im Gegensatz zur obigen, äußeren Krümmung und benutzt die folgenden Überlegungen.

Versucht man eine Kugelfläche oder einen Teil von ihr, z. B. eine Kugelkappe, zu einer flachen Kreisscheibe zu verformen, so ist das nicht ohne Risse oder Verzerrungen möglich. Ein Kreiszylinder lässt sich dagegen ohne Verzerrungen in die Ebene abrollen. So sieht man einer Buchseite nicht an, ob sie im Rotationsdruck oder eben bedruckt worden ist und ein Zylinder ist ohne Faltungen aus einem Blatt Papier herstellbar, eine Kugel nicht, s. Abb. 18.3.

Das lässt sich leicht mathematisch fassen. Bekanntlich ist der Kreisumfang

$$U = 2\pi r \qquad (18.3)$$

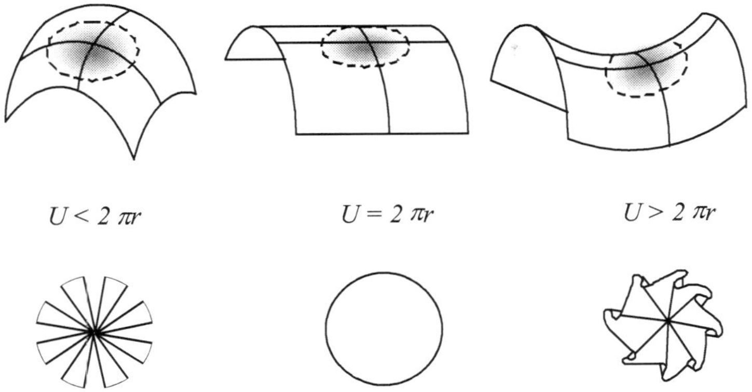

Abb. 18.3 Innere Krümmung

Die Kugelkappe in die Ebene verformt, führt zu Rissen, der kreisförmige Ausschnitt der Sattelfläche ist in der Ebene gewellt, eine Zylinderfläche lässt sich abrollen. Die innere Krümmung der Kugel ist positiv, des Zylinders null, der Sattelfläche negativ.

Zeichnet man einen Kreis auf der Kugelfläche – ist der Mittelpunkt der Nordpol, so erhält man die Breitenkreise – und misst man Umfang und Radius längs der Kugelfläche mit genügend kleinen Maßstäben, so stellt man fest:

(18.4) $$U < 2\pi r$$

Extrem wird es für den Äquator, hier ist der Umfang genau das Vierfache des Radius. Dabei ist ein Kreis auf einer Fläche die Gesamtheit der Punkte, die von einem gegebenen Punkt denselben Abstand haben, wobei sämtliche Längen auf der Fläche gemessen werden.

Entsprechend haben kleine Quadrate mit der Seitenlänge a auf Kugelflächen Diagonalen, die länger sind als $a\sqrt{2}$ Andererseits gibt es Flächen – Sattelfläche der Abb. 18.3 – für die

(18.5) $$U > 2\pi r$$

wird. Diese Flächen haben eine negative innere Krümmung, Kugeln haben eine positive innere Krümmung. Zeichnet man dagegen auf eine Zylinderfläche einen Kreis, so besteht kein Unterschied zur Ebene, es gilt Formel (18.3). Man drückt das auch so aus: Auf der Kugelfläche gilt die sphärische, in der Ebene und auf Zylindern die normale (euklidische) Geometrie.

Diese inneren Eigenschaften von Flächen lassen sich im allgemeinen Fall und damit für beliebige Figuren gültig, auf den Abstand zweier dicht nebeneinander liegender Punkte, beschrieben durch die sogenannte Metrik, zurückführen. Mit Hilfe dieses Begriffes werden wesentliche Aussagen der Allgemeinen Relativitätstheorie über gekrümmte Räume präzise nachvollziehbar.

Man betrachte zwei nahe nebeneinander liegende Punkte des normalen Raumes. Ihr Abstand ds erfüllt:

$$ds^2 = dx^2 + dy^2 + dz^2 \tag{18.6}$$

wenn dx, dy, dz die Koordinatendifferenzen der beiden Punkte sind. Diese Formel nennt man die Metrik des normalen Raumes. Sie drückt die einfache Tatsache aus, dass im normalen Raum der Satz des PYTHAGORAS insbesondere für dicht nebeneinander liegende Punkte gilt.

Für die Kugelfläche ist analog, s. Abb. 18.4,

$$ds^2 = r^2(d\theta^2 + \sin^2\theta\, d\varphi^2) \tag{18.7}$$

Zahlenbeispiel: Auf der Erdoberfläche liegen bei $\theta = 60°$, φ beliebig, zwei Orte im Abstand $d\theta = 1°$, $d\varphi = 1°$ – Wie groß ist ihr Abstand in Kilometer? 1° = 0,0175 im Bogenmaß, $r = 6370$ km, $\sin(60°) = 0.866$, $ds = 147$ km.

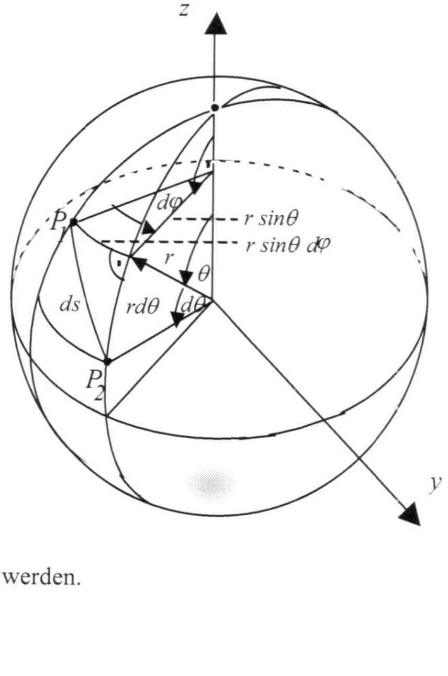

Abb. 18.4 Kugelkoordinaten zweier nahe nebeneinander liegender Punkte der Abb. 16.6

ds wird mit dem Satz des PYTHAGORAS berechnet; er gilt genügend genau, wenn $d\theta$, $d\varphi$ genügend klein gewählt werden.

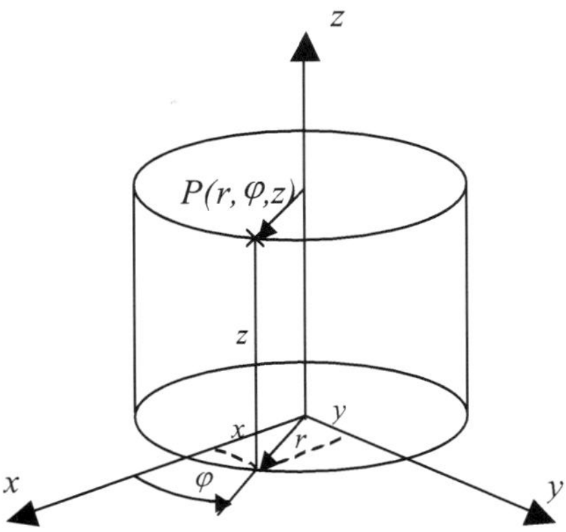

Abb. 18.5 Zylinderkoordinaten $P(r,\varphi,z)$ = $P(x,y,z)$ mit $x = r\cos(\varphi)$, $y = r\sin(\varphi)$, $z = z$.

Die Genauigkeit der Rechnung lässt sich beliebig vergrößern, indem man den Großkreis durch beide Orte mehrfach unterteilt und Formel (18.7) wiederholt anwendet, d. h. integriert. Was nahe nebeneinander liegend heißt, ist nicht absolut definiert und das ist auch nicht erforderlich, denn mit einer Metrik wie (18.7) lässt sich auch ohne eine solche Definition der Abstand irgendwelcher Punkte auf einer Fläche beliebig genau ermitteln, im Normalfall durch mehrfache Anwendung der obigen Beziehung. Alle Größen r, θ, φ kann man bestimmen, ohne die Kugelfläche zu verlassen. Den Radius aus dem Umfang der Kugel, den Winkel φ durch gleichmäßige Unterteilung der Breitenkreise, θ durch entsprechende Unterteilung der Längenkreise; die Einzelheiten des Verfahrens lassen wir zunächst noch dahingestellt. Nimmt man an, die gekrümmte Fläche sei der unbekannte Raum, in dem man lebt, hat man jedenfalls keine anderen Möglichkeiten als in der Fläche zu messen. Der Raum, in dem die gekrümmte Fläche eingebettet ist, ist nicht erreichbar, bzw. ein solcher existiert eventuell gar nicht.

Betrachten wir (18.7) noch genauer, worin unterscheidet sie sich von (18.6), bzw. von

(18.8) $$ds^2 = dx^2 + dy^2$$

der Metrik für die Ebene? Wie streng gezeigt werden kann (130), lassen sich für die Kugelfläche keine Koordinaten k_x oder k_y so finden, dass für alle Punkte Formel (18.8) gilt. Für einen bestimmten Punkt geht das natürlich immer, indem man die Maßeinheit ändert, aber bei Ausdrücken für alle Punkte befinden sich vor den quadratischen Gliedern stets irgendwelche Funktionen. Wählt man die Längeneinheiten so, dass $r = 1$ wird, lautet z. B. Formel (18.7)

(18.9) $$ds^2 = d\theta^2 + \sin^2\theta\, d\varphi^2$$

Wäre sin(θ) für alle θ gleich 1 wählbar, so wäre

(18.10) $$ds^2 = d\theta^2 + d\varphi^2$$

für alle Punkte der Kugelfläche. Dies entspräche der Metrik (18.8) der Ebene. So etwas gibt es jedoch nicht. Das ist auch plausibel, denn dies hieße, die Kugelfläche mit einem engen Netz kleiner unverzerrter Quadrate mit den Seitenlängen $d\varphi$ und $d\theta$ zu überziehen, mit anderen Worten, sie in die Ebene abzurollen. Soll dies Netz kugelförmig gekrümmt sein, müssen irgendwelche Quadrate deformiert werden. Mit derartigen Überlegungen wird die obige Behauptung plausibel, ein gültiger Beweis ist wesentlich aufwändiger [192].

Die Metrik eines Zylinders gewinnt man aus der zu Abb. 18.4 analogen Darstellung des Zylinders von Abb. 18.5:

(18.11) $$ds^2 = r^2 d\varphi^2 + dz^2$$

Wählt man hier die Längeneinheit so, dass $r = 1$ gilt, hat man sofort die Metrik der Ebene, sie gilt für alle Punkte, der Zylinder hat die innere Krümmung null.

Damit haben wir für einen zweidimensionalen Raum (einer Fläche) drei Möglichkeiten festzustellen, ob er gekrümmt ist. Die erste Möglichkeit besteht darin, ihn in den dreidimensionalen Raum einzubetten und nachzuschauen, ob er eine gekrümmte Fläche bildet. Nach diesem Verfahren sind Kugelfläche und Zylinder gekrümmt (äußere Krümmung). Die zweite Möglichkeit besteht darin, in der Fläche selbst Messungen vorzunehmen und zu prüfen, ob z. B. für Kreise die Formel (18.4) gilt. Diese innere Krümmung besitzen Kugelflächen, Zylinder nicht. Mit der dritten Möglichkeit lässt sich die innere Krümmung einer Fläche mit Hilfe ihrer Metrik untersuchen. Lässt sich die Metrik durch Koordinatentransformationen auf die Form (18.8) bringen, hat die Fläche keine innere Krümmung, sie kann aber, wie ein Zylinder, eine äußere Krümmung besitzen.

18.3 Dreidimensionale Kugelflächen

Gehen wir zu dreidimensionalen gekrümmten Räumen über. Ihre Krümmung ist nicht unmittelbar anschaulich darstellbar, dazu müssten sie in einen ebenfalls unanschaulichen vierdimensionalen ebenen Raum eingebettet werden. Eine gewisse Anschaulichkeit ermöglichen Analogieschlüsse, Schnitte sowie Projektionen, die letzten beiden Methoden, weil sie zur Verringerung der Dimension führen. Im Wesentlichen werden die Begriffe des vorigen Kapitels über zweidimensionale Kugelflächen auf dreidimensionale Kugelflächen verallgemeinert. Man gelangt zu ihnen über Kreis und Kugel durch Analogie:

(18.12) $r^2 = x^2+y^2$ (Kreis)

(18.13) $r^2 = x^2+y^2+z^2$ (Kugelfläche oder Sphäre S_2)

(18.14) $$r^2 = x_1^2 + x_2^2 + x_3^2 + x_4^2$$

(dreidimensionale Kugelfläche oder Sphäre S_3)

Wählt man in (18.13) $z = z_0$, so erhält man beliebig viele Kreise

$$r^2 - z_0^2 = x^2 + y^2$$

Diese Kreise sind punktfremd für verschiedene z_0 und liegen im normalen Raum in den Ebenen, für die $z = z_0$ ist.

Entsprechend liefert in (18.14) $x_4 = x_{4,0}$ beliebig viele punktfremde zweidimensionale Kugelflächen

(18.16) $$r^2 - x_{4,0}^2 = x_1^2 + x_2^2 + x_3^2$$

Sie liegen in dreidimensionalen Räumen $(x_1, x_2, x_3, x_4 = x_{4,0})$, die ebenfalls punktfremd sind. Im vierdimensionalen Raum hat nämlich ein Punkt $P = P(x_1, x_2, x_3, x_4)$ vier Koordinaten und $x_4 = x_{4,0}$ legt einen dreidimensionalen Raum fest, so wie $z = z_0$ einen zweidimensionalen Raum (Ebene) im normalen Raum festlegt. (Man weiß: $y = y_0$ ist in der Ebene eine Parallele zur x-Achse.) Analog gibt es im vierdimensionalen Raum unendlich viele dreidimensionale Räume (im normalen Raum unendlich viele zweidimensionale Räume), die zueinander parallel sind. "Parallel sein" heißt hier nichts Anderes als "keine gemeinsamen Punkte haben".

Der vierdimensionale Raum entsteht, s. Kap. 11 und Abb. 11.1, indem man zu den drei Koordinaten von Punkten im normalen Raum eine vierte Koordinate hinzunimmt und analog wie mit drei Koordinaten rechnet. Eine anschauliche Rechtfertigung über die Vorstellung gibt es dafür nicht, d. h. man behauptet nicht, dass es den vierdimensionalen Raum so "gibt" wie den normalen Raum. Der vierdimensionale Raum ist lediglich widerspruchsfrei denkbar. Phänomenologisch gesehen gibt es ihn als gedachten Raum, weil sein Begriff widerspruchsfrei ist, es gibt ihn nicht als Vorstellungsraum und auch nicht als wirklichen, physikalischen Raum, wenn man von der Zeit als weitere Koordinate absieht.

Die Metrik der dreidimensionalen Kugelfläche lässt sich durch zu Formel (18.7) ähnliche Überlegungen erhalten. Das Ergebnis lautet [230]:

(18.17) $$ds^2 = r^2\left[d\alpha^2 + \sin^2(\alpha)\left(d\theta^2 + \sin^2(\theta)d\varphi^2\right)\right]$$

mit $0 \leq \alpha \leq 180°$

$0 \leq \theta \leq 180°$

$0 \leq \varphi \leq 360°$

Zahlenbeispiel: Welchen Abstand haben zwei Punkte einer S_3 vom Radius der Erde mit gleicher Koordinate $\alpha = 90°$, $\theta = 60°$, $d\theta = d\varphi = 1°$, $r = 6370$ km. Wegen $\sin(90°) = 1$ und $d\alpha = 0$ ergibt sich $ds = 147$ km, wie im Zahlenbeispiel zuvor.

Viel wichtiger, als die Formel herleiten zu können, ist zu verstehen, was sie aussagt. Die Größe r ist eine Konstante, keine Koordinate. Sie wird zu einer Koordinate, wenn die Sphäre S_3 in einen vierdimensionalen Raum eingebettet wird. Auf der Sphäre S_3 gibt es als Koordinaten die drei Winkel α, θ, φ analog zu θ, φ für die S_2

Welche Eigenschaften haben die durch Formel (18.17) definierten Sphären S_3? Ein Mathematiker kann als erstes durch Rechnung nachweisen, dass sich Formel (18.17) nicht auf die Form (18.6) bringen lässt, auch nicht für andere Koordinaten und damit die von null verschiedene innere Krümmung von Sphären S_3 nachweisen. Man kann dasselbe anschaulich mit dem zweiten Verfahren des vorigen Kapitels erreichen und für Kreise auf der Sphäre S_3 Radien und Umfänge untersuchen. Sei $\alpha = 90°$ und $d\alpha = 0$, d. h. es werden nur die Punkte mit konstantem α untersucht. (18.17) reduziert sich zu (18.7):

$$ds^2 = r^2 (d\theta^2 + \sin^2 \theta \, d\varphi^2)$$

da sin(90°) den Wert 1 hat. Für zweidimensionale Kugelflächen ist die Beziehung (18.4) bereits nachgewiesen worden. Dasselbe Ergebnis folgt auch für $\theta = 90°$ und $d\theta = 0$, nur erhält man eine zweidimensionale Kugelfläche in den Koordinaten α und φ. Auf der Sphäre S_3 gibt es somit unendlich viele Kreise, deren Umfang und Radius nicht die Beziehung (18.3) erfüllen. Die Sphäre ist deshalb gekrümmt.

Der Nachweis hat allerdings noch eine Lücke. Man wende dieselben Schlüsse auf die Metrik des normalen Raumes in Kugelkoordinaten an und wähle in

$$ds^2 = r^2 (d\theta^2 + \sin^2 \theta \, d\varphi^2) + dr^2 \tag{18.18}$$

r = konstant und $dr = 0$. Auch hier erhält man die Kugelflächen (18.7) mit dem beliebigen, konstanten Radius r

$$ds^2 = r^2 (d\theta^2 + \sin^2 \theta \, d\varphi^2)$$

Selbstverständlich erfüllen auf ihnen Kreise die Beziehung (18.4), obwohl der normale Raum z. B. wegen (18.6) nicht gekrümmt ist. Diese Kreise liegen aber sämtlich auch in einer Ebene, die die Kugelfläche schneidet, und für in dieser Ebene gemessene Radien gilt der normale Zusammenhang zwischen Radius und Umfang. Eine derartige Ebene gibt es für Sphären S_2 oder S_3 nicht, es sei denn S_2 wird in den normalen oder S_3 wird in den vierdimensionalen Raum eingebettet. Dann hat man statt der Kugelfläche die gesamte Kugel und damit alle Punkte im Inneren. Zusätzlich hat man noch einmal auf andere Weise gezeigt, dass der vierdimensionale euklidische Raum eben ist.

Um die obige Überlegung genauer einzusehen, wähle man in (18.17) α ungleich 0°, beliebig, z. B. für $\alpha = 60°$ die Formel

$$ds^2 = r^2 \sin(60°)(d\theta^2 + \sin^2 \theta \, d\varphi^2)$$

Für jedes dieser α erhält man eine Kugelfläche in den Koordinaten θ, φ mit dem Radius $r \sin(\alpha)$ in einem dreidimensionalen Raum. Alle diese dreidimensionalen Räume sind aber zu einander punktfremd, im Gegensatz dazu ist für (18.18) der dreidimensionale Raum stets derselbe. Die Punktfremdheit dieser Räume liegt auf der Hand: α hat stets einen anderen Wert, das bedeutet im vierdimensionalen Raum einen anderen Punkt bzw. eine andere Punktmenge; für das 60°-Beispiel solche Punkte, deren α-Koordinate 60° beträgt. Im normalen Raum gibt es zu jedem konstanten θ in Formel (18.7) einen (Breiten-) Kreis und eine Ebene, die ihn enthält. Alle diese Ebenen sind zu einander parallel. Analog dazu gibt es im vierdimensionalen Raum zu jedem konstanten α in Formel (18.17) eine zweidimensionale Kugelfläche und einen dreidimensionalen Raum, der sie enthält. Alle diese dreidimensionalen Räume sind zueinander parallel, d. h. zueinander punktfremd.

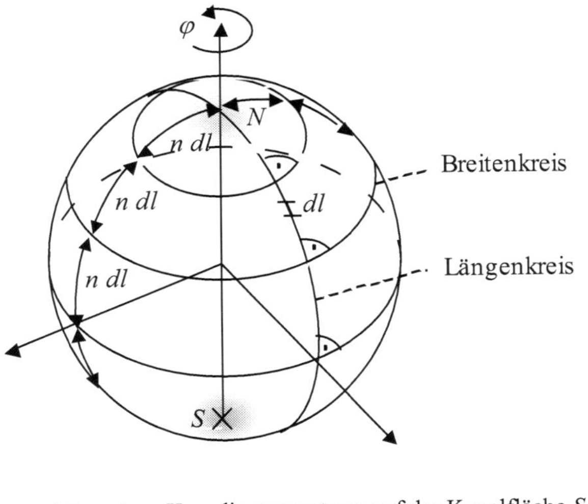

Abb. 18.6 Zur Konstruktion eines Koordinatensystems auf der Kugelfläche S_2

Kreise um N mit dem Radius $r = n\,dl$ sind Breitenkreise, Längenkreise durchschneiden sie senkrecht. dl, φ, 90°-Winkel werden auf der Kugelfläche gemessen, der umgebende Raum muss nicht bekannt sein.

18.4 Zur Konstruktion eines Koordinatensystems für die dreidimensionale Kugelfläche

Unsere nun folgenden Überlegungen zur Konstruktion eines Koordinatensystems auf einer dreidimensionalen Kugelfläche sollen nicht die Kenntnisse eines Mathematikers bereichern, dazu sind sie nicht genügend abstrakt. Sie sollen beispielhaft zeigen, wie man mit Zirkel und Lineal in einem dreidimensionalen gekrümmten Raum mit bekannten geometrischen Eigenschaften Punkte erkennt und wiedererkennt, d. h. ihnen Koordinaten zuweist. Ist das Universum eine dreidimensionale Sphäre, ist die Konstruktion prinzipiell übertragbar. Ist sie dort in dieser oder vielleicht modifizierter Form durchführbar, hat man auch einen Nachweis dafür, dass das Universum in Wirklichkeit sphärisch ist.

Obwohl die dreidimensionale Kugelfläche S_3 mit der Metrik (18.17) nicht anschaulich vorstellbar ist, kann man dennoch auf ihr die Koordinatenlinien α, θ, φ analog zur normalen Kugelfläche S_2 konstruieren, s. Abb. 18.6 und 18.8.

Gegeben sei zunächst eine Kugelfläche S_2 und ein idealer Maßstab der Länge dl. Man wähle willkürlich auf S_2 einen Punkt N als Nordpol. Breitenkreise (θ = konstant) sind alle n Kreise um N mit dem Radius $r = n\ dl$ (Der Radius hat nacheinander alle Vielfache von dl). Längenkreise sind die Senkrechten auf den Breitenkreisen durch den Nordpol N, s. Abb. 18.7. Unterteilungen eines Kreisbogens, rechte Winkel etc. erhält man durch zur normalen Geometrie analoge Konstruktionen. Die Längenkreise treffen sich bei dieser Konstruktion wegen der Kugeleigenschaften in einem Punkt, dem Südpol S. Der Bogen NS hat die Länge π (180°) und dl lässt sich in Grad eichen.

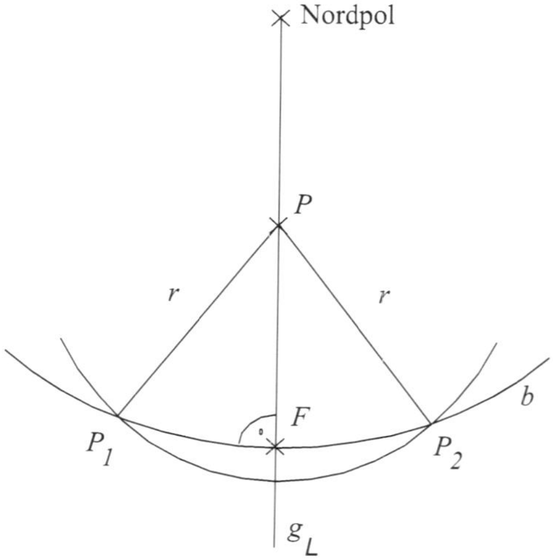

Abb. 18.7 Längenkreise auf der Kugelfläche S_2

Alle Punkte P, die von zwei gegebenen Punkten P_1 und P_2 des Breitenkreises b denselben Abstand haben, bilden einen Längenkreis g_L mit dem Fußpunkt F senkrecht auf b. (Das gilt analog zum Lot auf eine Gerade in der normalen Ebene.)

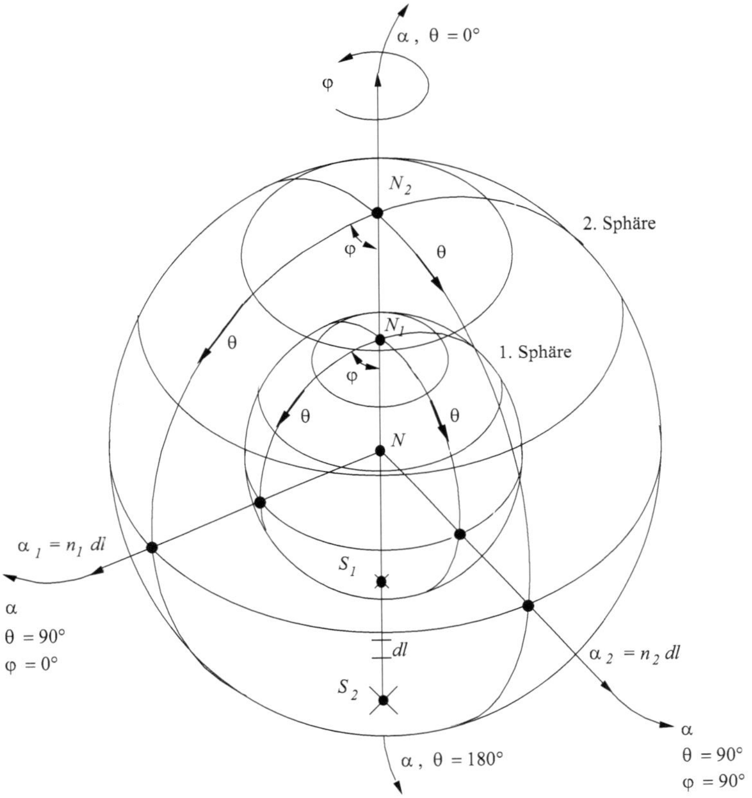

Abb. 18.8 Zur Konstruktion eines Koordinatensystems auf der dreidimensionalen Kugelfläche S_3.

α-Linien stehen senkrecht auf den S_2-Kugelflächen um N mit dem Radius $\alpha = ndl$; eine ausgezeichnete α-Linie legt auf den S_2-Kugelflächen deren Nordpole N_1 N_2 ... fest und hat dort die Koordinaten θ mit null Grad und φ beliebig.

Zahlenbeispiel: Einer Seemeile entspricht eine Meridianminute. Welche Länge bedeutet das? $dl/(2\pi 6370\text{ km}) = (1/60°)/360°$. $dl = 1.85$ km.

Mit diesen Hinweisen ist auf S_2 ein Koordinatensystem (θ, φ) konstruierbar. Treffen sich die Längenkreise nicht in einem Punkt, befindet man sich nicht im S_2

Für die Sphäre S_3 wählt man beliebig einen Punkt N und konstruiert die n Kugelflächen um N mit dem Radius $\alpha = n\ dl$. Auf jeder dieser Kugelflächen legt man Längen- und Breitenkreise wie für S_2 fest, sobald man deren Nordpole kennt. Um die Nordpole festzulegen, wird ein Kugelradius ausgezeichnet. Seine senkrechte Fortsetzung ist die α -Linie mit $\theta = 0$, φ beliebig. Sie trifft alle n Kugelflächen mit $\alpha = n\ dl$ in deren Nordpol.

Senkrechte Fortsetzung bedeutet die Konstruktion eines Lotes auf einer Kugelfläche. Wie in der Ebene hat jeder Punkt eines Lotes gleiche Abstände von allen Punkten auf einen Kreis um den Fußpunkt des Lotes.

Alle α -Linien müssen sich in einem Punkt S, den Südpol von S_3 treffen. Der Bogen NS ist gleich π und damit ist dl in Grad für α eichbar. Funktioniert diese Konstruktion nicht, befindet man sich nicht in einer S_3

Anschaulich vorstellbar ist die Konstruktion nur zu Beginn, nicht anschaulich vorstellbar ist, wie die α -Linien über den Südpol S hinweg wieder zu N führen und gleichzeitig die Kugeln α = konstant ab 90° wieder kleiner werden. Liegt ein S_3 vor, wird man aber feststellen, dass sich alle α -Linien in einem Punkt S treffen, die Länge π haben und die Radien der Kugelflächen α = konstant durch $r\ \sin(\alpha)$ gegeben sind. Anschaulich darstellbar sind die zweidimensionalen Kugelflächen, die entstehen, wenn man α oder θ konstant wählt.

Die dieser Konstruktion zu Grunde liegende Idee: Alle von einen Punkt N ausgehenden Geodäten (= kürzeste Verbindung, Großkreise auf einer Kugel) müssen sich in einem Punkt S treffen (analog zu Nord- und Südpol). Kugeln und Lote dienen dabei nur als Hilfsmittel zur Konstruktion der Geodäten.

18.5 Deutung der Metrik als Maßstabsverzerrung

Man betrachte die Metrik (18.7) und seine Kugelfläche. Diese Fläche senkrecht auf die x,y-Ebene projiziert, ergibt eine Kreisscheibe mit Radius r. Die Breitenkreise bleiben dabei unverzerrt, die Längenkreise bilden die Durchmesser der Kreisscheibe, d. h. das Element $r\ \sin(\theta)d\varphi$ behält seine Länge, da es ein Teilstück eines Breitenkreises ist und $rd\theta$ wird verkürzt zu $r\ \cos(\theta)d\theta$ da es ein schräg gestelltes Geradenstück auf einem Längenkreis ist. In der Ebene hat die Projektion einer Kugelfläche deshalb die Metrik

$$ds^2 = r^2\left(\cos^2(\theta)d\theta^2 + \sin^2(\theta)d\varphi^2\right) \tag{18.20}$$

Nimmt man nun an, in Richtung der Radien r sei der wahre Abstand ds nicht durch $r\cos(\theta)\, d\theta = dr_p$ sondern durch

$$dr_p \,/\, \cos(\theta)$$

gegeben, so gibt es keinen prinzipiellen Unterschied zur Metrik einer Kugelfläche. Dies veranschaulicht Abb. 18.9, der Vermessungsingenieur [370], der vom Mittelpunkt zum Rand der Kreisscheibe fortschreitet, wird zusammen mit seinem Meterstab ständig kleiner. Hat er den Radius r ausgemessen, ist das Ergebnis dasselbe, wie die Messung auf der Kugeloberfläche ohne schrumpfenden Maßstab.

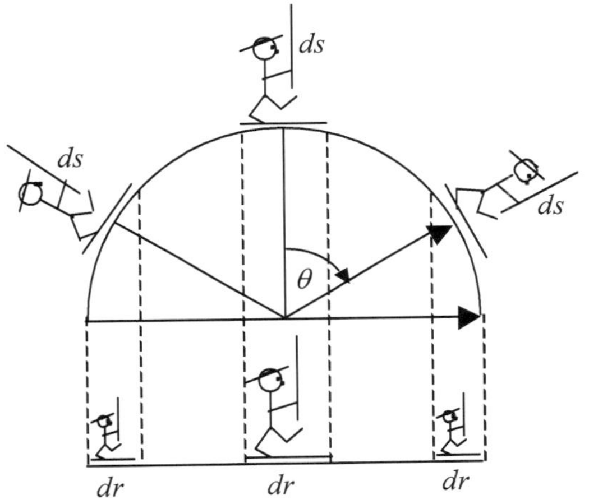

Abb. 18.9 Der Geometer misst mit seinem schrumpfenden Meterstab *dr* radial die gleiche Länge wie längs einer gekrümmten Fläche mit dem konstanten Maßstab *ds* (145).

Wie in Kap. 16.6 ausgeführt, lässt sich ein Gravitationsfeld prinzipiell als Ursache für das Schrumpfen von Maßstäben ansehen.

Zahlenbeispiel: An welcher Position in Abb. 18.9 ist der Maßstab des Geometers auf die Hälfte geschrumpft? $ds = 1/2\ ds/\cos(\alpha)$; $\cos(\alpha) = 0.5$. Für $\alpha = 60°$ hat sich der Maßstab ds in radialer Richtung um die Hälfte verkürzt.

Analog zur obigen Projektion kann man eine dreidimensionale Kugelfläche auf die Kugel im normalen Raum projizieren. Aus Formel (18.17) wird

$$(18.21) \qquad ds^2 = r^2\left[\cos^2(\alpha)d\alpha^2 + \sin^2(\alpha)\left(d\theta^2 + \sin^2(\theta)d\varphi^2\right)\right]$$

Nimmt man wieder an, in Richtung der Radien r sei der wahre Abstand ds nicht durch $r\cos(\alpha)\, d\alpha = dr_p$ sondern durch

$$dr_p \,/\, \cos(\theta)$$

gegeben, so gibt es auch hier keinen prinzipiellen Unterschied zur Metrik (18.17) einer Sphäre S_3

Das Bild 18.9 lässt sich wiederholen; der Geometer darf jetzt in alle Richtungen des Raumes fortschreiten. Zusammen mit dem sich verkürzenden Meterstab gewinnt man eine unmittelbar anschauliche Darstellung einer dreidimensionalen gekrümmten Fläche.

18.6 Andere gekrümmte Flächen

Zum Abschluss dieses Kapitels sind einige Bemerkungen unerlässlich, die aber für das Verständnis eines endlichen kosmologischen Raumes der Allgemeinen Relativitätstheorie entbehrlich sind.

Es hatte sich der Unterschied zwischen äußerer und innerer Krümmung eines Raumes ergeben. Die innere Krümmung lässt sich aus seiner Metrik herleiten. Sie ist auch das, was sich aus den Feldgleichungen der Allgemeinen Relativitätstheorie ableiten lässt. Die Allgemeine Relativitätstheorie ermöglicht deshalb im Normalfall keine Entscheidung darüber, ob ein gekrümmter Raum real in einem flachen Raum höherer Dimension eingebettet ist, mit anderen Worten, ob er zusätzlich eine äußere Krümmung besitzt.

Abb. 18.10 Eine wellenförmige Zylinderfläche hat eine äußere Krümmung ungleich null.

Die innere Krümmung ist null, wie für eine Ebene; auch global besteht zu ihr kein Unterschied.

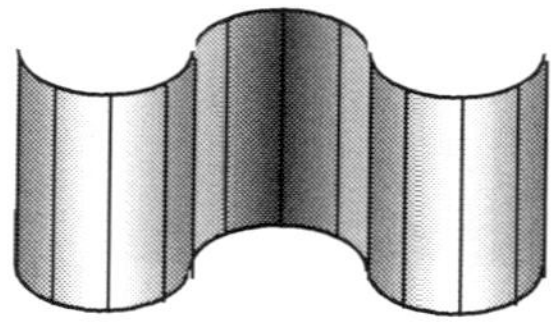

In manchen Fällen lassen sich aber aus den globalen Eigenschaften eines Raumes Aussagen über seine äußere Krümmung gewinnen. Z. B. hat ein Zylinder zwar die Metrik der normalen Ebene, durchläuft man ihn senkrecht zu seiner Höhe, kehrt man wieder zum Ausgangspunkt zurück, so dass man zwischen Zylinder und Ebene durch globale Messungen unterscheiden kann. Für eine wie Wellpappe gekrümmte Fläche, s. Abb. 18.10, lässt sich auch durch globale Untersuchungen kein Unterschied zur Ebene feststellen. In diesen Fällen benötigt man den sie einbettenden umgebenden Raum.

Ein weiterer Punkt betrifft die mit Metriken analog zu (18.17) verbundenen nichteuklidischen Geometrien [nic]. Auf der Kugelfläche gilt die sogenannte sphärische Geometrie. Fasst man auf der Kugelfläche die beiden radial gegenüberliegenden Punkte zu einem Punkt zusammen, so erhält man eine Halbkugel mit halben Äquator. Die Metrik ändert sich dabei nicht, man erhält eine zur sphärischen ähnliche

Geometrie, die elliptisch genannt wird [226]. Typisch für diese beiden Geometrien ist: Die Winkelsumme im Dreieck ist größer als 180°, zu einer gegebenen Geraden (= Großkreis) gibt es keine parallele Gerade (sondern nur dazu parallele Breitenkreise; sie sind keine "kürzeste Verbindung zweier Punkte").

Von wesentlich größerer Bedeutung ist die Metrik, in der die Sinus-Funktion für α von (18.17) durch die hyperbolische Winkelfunktion sinh(α) ersetzt ist. Die Metrik lautet:

(18.30) $$ds^2 = r^2\left[d\alpha^2 + \sinh^2(\alpha)\left(d\theta^2 + \sin^2(\theta)d\varphi^2\right)\right]$$

mit α beliebig

$$0 \leq \theta \leq 180°$$
$$0 \leq \varphi \leq 360°$$

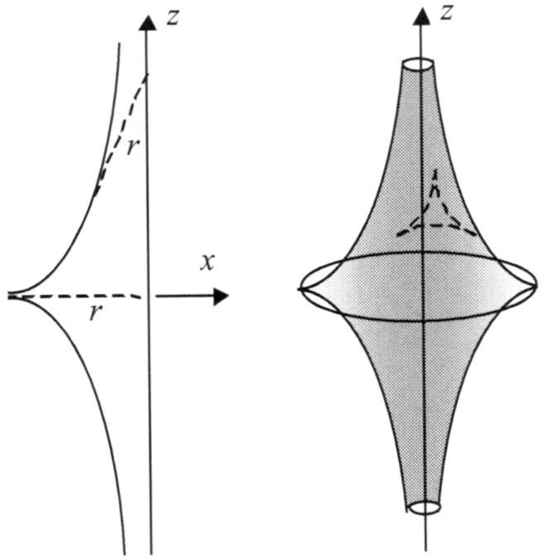

Abb. 18.11 Traktrix und Pseudosphäre

Die Pseudosphäre hat in jedem seiner Punkte dieselbe negative Krümmung und ist deshalb das Analogon zur Kugel. Auf der Pseudosphäre gilt die hyperbolische Geometrie, in ihr haben Dreiecke eine Winkelsumme kleiner als 180°. Die Pseudosphäre entsteht durch Rotation der Traktrix.

Sie definiert die hyperbolische Geometrie (von GAUSS und LOBATSCHEWSKI) [86]. Sie lässt sich im normalen Raum durch die sog. Pseudosphäre, Abb. 18.11, darstellen, allerdings nur teilweise, so wie ein Zylinder nur einen Teil der normalen Ebene darstellt. Der wirkliche Abstand zweier Punkte auf der Pseudosphäre, wie er aus (18.6) berechnet werden kann, stimmt dem aus Formel (18.30) überein. Die (sog. stereographische) Projektion auf die normale Ebene liefert eine Kreisscheibe, in der die hyperbolischen Geraden (= kürzeste Verbindung zweier Punkte im hyperbolischen Raum) zu Kreisen werden, die senkrecht auf dem Kreisrand stehen, oder zu Durchmessern (die ja auch senkrecht auf dem Kreisrand stehen und Kreise mit unendlich großem Radius sind). Dies entspricht dem berühmten poincaréschen Modell der hyperbolischen Geometrie, s. Abb. 18.12.

Wichtigste Eigenschaften sind: Die Winkelsumme im Dreieck ist kleiner als 180°, wie man unmittelbar sieht, wenn man auf die Pseudosphäre Dreiecke zeichnet. Zu jedem Punkt *P* außerhalb einer Geraden *g* gibt es unendlich viele Geraden durch *P*, die *g* nicht schneiden, d. h. parallel sind. Die hyperbolische und die normale (euklidische) Geometrie unterscheiden sich nur in einem Axiom, dem Parallelenaxiom, voneinander. Die elliptische und sphärische Geometrie unterscheiden sich von ihnen noch in anderen Axiomen.

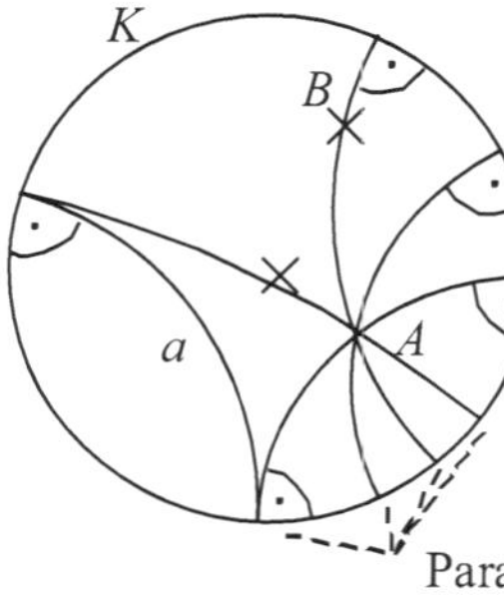

Abb. 18.12 Poincaré-Modell der hyperbolischen Geometrie im Einheitskreis

Alle Durchmesser des Kreises *K* und alle Kreislinien senkrecht auf dem Umfang von *K* sind hyperbolische Geraden. Zu der Geraden *a* gibt es unendlich viele Parallelen durch den Punkt *A*, d. h. Geraden, die die Gerade *a* nicht schneiden. Das euklidische Parallelenaxiom ist nicht mehr erfüllt, alle übrigen Axiome der euklidischen Geometrie gelten, so ist durch zwei Punkte *A* und *B* genau eine Gerade bestimmt

Die Metrik (18.30) der hyperbolischen Geometrie hat für die Kosmologie (unendlich expandierendes Universum) die gleiche Bedeutung wie die Metrik (18.17) (endliches Universum). Wie das poincarésche Modell zeigt, ist auch sie mit Maßstabsveränderungen als Teil der normalen Ebene interpretierbar. Dazu ein Zitat: *"Gelegentlich in Lehrbüchern geäußerte Ablehnung, das Poincaré-Modell so früh wie möglich zur Illustration der Sachverhalte der hyperbolischen Geometrie heranzuziehen, ist offenbar durch den Wunsch verursacht, die Vorstellung psychologisch zu stützen, dass die hyperbolische Geometrie eine mögliche Geometrie des realen physikalischen Raumes ist."* SCHREIBER [325].

Die Bedeutung dieses Kapitels hat sich seit der 3. Auflage verringert. Es dient unverändert dem Verständnis, was die EI mit einem expandierenden Universum meint. Expandierende Räume benötigen aber kosmologische Gleichzeitigkeit, die aus zwei physikalischen Gründen, s. Kap. 19.8.4 und 19.8.5, abzulehnen ist. Die Räume der RWM reduzieren sich, wie gezeigt wird, auf solche der SM. Die SM benötigt weder für die EI noch für die LI dreidimensionale Kugelflächen.

„Ohne Zweifel ist die Welt nicht in der Zeit, sondern mit der Zeit erschaffen.
... Vor der Welt konnte Zeit nicht sein.
... Vielmehr ist in Einem mit der Zeit auch die Welt erschaffen."
AUGUSTINUS, *Gottesstaat*

19. Kosmologie und Robertson-Walker-Metrik (RWM)

19.1 Einleitung

Die experimentelle Bestätigung der Allgemeinen Relativitätstheorie liegt in den Aussagen der Schwarzschild-Metrik. Die spektakulärsten, in der Öffentlichkeit am meisten beachteten Thesen zum gekrümmten Raum betreffen aber die Kosmologie, die Lehre von der Gestalt und der Entstehung des Kosmos.

Kosmologie ist Spekulation. Aber obwohl man lange Zeit nicht wusste, ob die Ausdehnung des Universums unendlich oder endlich ist, ob die beobachtete Expansion des Universums sich unendlich lange fortsetzen wird oder sich nach endlicher Zeit umkehrt, und man nur die damit verbundenen, theoretisch möglichen Raummodelle kannte, wird heute (2009) ein unendliches, sich für immer ausdehnendes Universum mit der kosmologischen Konstante $\Lambda > 0$ als bewiesen angesehen. Mit dem vorigen Kapitel über den mathematischen Begriff des gekrümmten Raumes hat man eine mathematische Vorstellung über den Zusammenhang von Metrik und Koordinatensystem für zwei- und dreidimensionale Kugelflächen (abstrakter als sphärische Räume bezeichnet). Diese mathematischen Begriffe erweisen sich, physikalisch interpretiert, als mögliche kosmologische Räume.

Im Vordergrund der folgenden Betrachtungen steht die Robertson-Walker-Metrik (RWM), angewendet auf den Fall des endlichen geschlossenen Raumes, weil das der unkonventionellen Raum-Zeit-Philosophie der EI am besten entspricht und besondere theoretische Bedeutung hat, auch obwohl inzwischen unser Universum mehrheitlich als nicht endlich und nicht geschlossen angesehen wird.

Die Kap. 19.3 – 19.7 können – außer einem Blick auf Kap. 19.5 – übersprungen werden, sofern die RWM aus Lehrbüchern bekannt ist. Kap. 19.8 zeigt, dass die RWM ebenso geeignet ist, kollabierende und explodierende Staubsterne (Supernovae) zu beschreiben, ohne deshalb Begriffe wie expandierender oder abgeschlossener Raum zu verwenden. Die folgenden Kapitel problematisieren den Begriff ‚kosmologische' Gleichzeitigkeit und expandierender Raum – Kap. 19.8.4 und 19.8.5 haben dabei besondere Bedeutung. Damit sind die Voraussetzungen erfüllt für ein eigenes Urteil zur EI und LI der Allgemeinen Relativitätstheorie. Außerdem man hat eine anschauliche Grundlage für alle weiteren Überlegungen zur RWM, insbesondere Kap. 22.

19.2 Der endliche gekrümmte kosmologische Raum aus der Sicht der Schwarzschild-Metrik

Um die These eines endlichen Universums als mögliche Konsequenz der RWM in ihrer Tragweite zu verstehen, soll zunächst auf der Basis der bisherigen Erkenntnisse auf die Frage nach der Endlichkeit des Universums eingegangen werden. Legt man einen materiefreien Raum zu Grunde, gab es drei Meinungen: Es existiert nichts, es existiert der leere Raum (s. Kap. 17) oder es existiert das nichtleere Vakuum der QM. Legt man eine kugelförmige Masse zu Grunde, ergab sich aus der Schwarzschild-Metrik

a) Ein unendlicher Raum, da der Radius r unbegrenzt wachsen darf

b) im Unendlichen ist dieser Raum ein Minkowski-Raum, d. h. er ist dort flach, nicht gekrümmt, mit anderen Worten euklidisch.

Grob betrachtet, bildet sich ein Universum, indem man zu einer kugelförmigen Masse viele kugelförmige Massen hinzufügt, so viele wie das Weltall Sonnen umfasst und man darf vermuten:

a) Der Raum wird dadurch nicht kleiner, d. h. er bleibt unendlich,

b) in der Nähe jeder kugelförmigen Masse hat er die Gestalt der Schwarzschild-Metrik,

c) in großer Entfernung zu allen von ihnen ist er flach, d. h. nicht gekrümmt.

Die Konsequenz lautet: Das Universum sollte bei diesem Vorgang nicht endlich werden, sondern unendlich bleiben. Anders formuliert, nimmt man an, das Universum bestünde aus nur einer kugelförmigen Masse, ist es unendlich, wie die Schwarzschild-Metrik aussagt, fügt man viele weitere Massen hinzu, so viele wie das Universum umfasst, sollte es insgesamt nicht schrumpfen.

Warum dennoch das Universum für möglicherweise endlich gehalten wird, zeigt die Diskussion des sog. kosmologischen Prinzips und der damit verbundenen Robertson-Walker-Metrik – neben der Schwarzschild-Metrik Grundlage der Klassischen Allgemeinen Relativitätstheorie. Erst die Diskussion des speziell relativistischen Grenzfalls, Kap. 19.8.4, zeigt weshalb die obigen Überlegungen zum unendlichen Raum bestehen bleiben können.

19.3 Das kosmologische Prinzip und das mitbewegte Koordinatensystem

Das Universum ist teilweise hierarchisch aufgebaut:

a) Planeten mit Monden kreisen um Sonnen und bilden Sonnensysteme

b) Sonnensysteme bewegen sich um ein gemeinsames Zentrum und bilden eine Galaxie
c) Galaxien bilden ein Galaxiensystem und umkreisen ihren gemeinsamen Schwerpunkt.

So bildet unser Milchstraßensystem eine Galaxie und zusammen mit Andromedanebel und weiteren Galaxien die lokale Gruppe, ein Galaxiensystem [317]. Es spricht einiges dafür, dass auch Galaxiensysteme in Superhaufen strukturiert sind und ein gemeinsames Zentrum umkreisen, aber darüber hinaus vermutet man keine weiteren Strukturen [357], [246]. Galaxien in weiter Entfernung erscheinen am Sternenhimmel als diskrete Punkte, der Sternenhimmel ist weder gleichmäßig hell oder dunkel und die Vorstellung eines homogenen Weltalls kann bestenfalls im Mittel gerechtfertigt sein.

Abb. 19.1
Kosmologisches Prinzip: "Die Welt, mein Kind, nichts als Käfige und die in einem großen."

(Staubkörner, Galaxien oder Vogelkäfige – gleichmäßig im Weltall verteilt bilden sie für die EI ein offenes oder geschlossenes expandierendes Universum.) [357]

Genau diese Annahme, im Weltall sei kein Ort vor den übrigen ausgezeichnet, alle Richtungen seien gleichwertig, in allen erscheine die Welt in gleicher Weise (Isotropie) und in allen räumlichen Bereichen, gleichgültig wo diese Teilräume liegen, habe die Welt die gleiche Gestalt (Homogenität), diese Annahme wird gemacht und als kosmologisches Prinzip bezeichnet. {Eigentlich folgt Isotropie aus Homogenität, trotzdem werden beide Begriffe stets gemeinsam genannt.}

Das kosmologische Prinzip, Abb. 19.1, kann für die Galaxienhaufen des Universums als erfüllt angesehen werden. Man stellt sie sich als Staubkörner vor, die voneinander gewisse Abstände haben. Verschiedene Staubkörner haben verschiedene Koordinaten; die Milliarden von Sonnen mit ihren Planetensystemen innerhalb eines Galaxiensystems haben in kosmologischen Betrachtungen dieselbe Position.

Gedanklich sind eine Reihe von Einwänden gegen das kosmologische Prinzip möglich. Es ist der Erfolg, der es rechtfertigt, da mit diesem einfachsten Kosmosmodell eine Reihe von Beobachtungen überraschend gut erklärt werden [357].

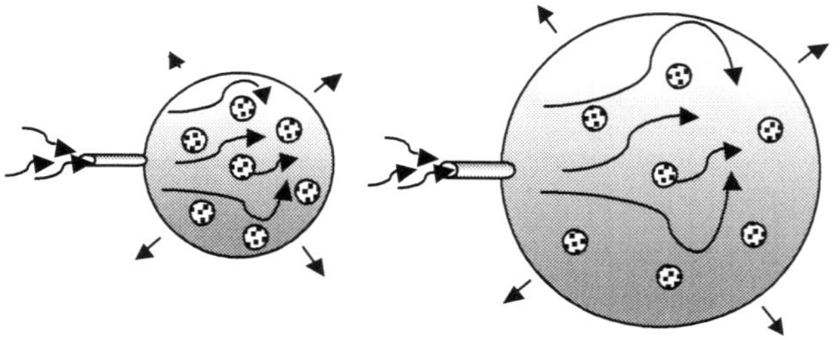

Abb. 19.2 Ein Luftballon wird aufgeblasen. Die Geldstücke auf seiner Oberfläche ...

entfernen sich um so schneller voneinander, je weiter sie voneinander entfernt sind. Jedes Geldstück kann sich als Mittelpunkt der Expansion ansehen [230]. Die Koordinaten der Geldstücke auf dem Ballon ändern sich nicht, nur sein Radius.

Weltmodelle mit Galaxienhaufen als Staubkörner lassen sich für beliebige Koordinatensysteme entwickeln. Als besonders zweckmäßig erweisen sich sog. mitbewegte Koordinaten. Man geht aus von Kugelkoordinaten α, θ, φ (Kap. 18), jeder Galaxienhaufen ist durch die drei Koordinaten im Universum lokalisierbar. θ und φ sind Winkel, im normalen Raum ist α eine Entfernung in radialer Richtung, im dreidimensionalen gekrümmten Raum ebenfalls ein Winkel, aber auch radiale Abstände kann man in Grad angeben, wenn man entsprechend eicht. So ist eine Seemeile eine Bogenminute auf der Erdoberfläche. Das Universum wird in mitbewegten Koordinaten beschrieben, wenn jede Galaxie genau die Koordinaten für alle Zeiten behält, die sie zu Beginn bekommen hat. Dazu betrachte man den Luftballon in Abb. 19.2 mit darauf befestigten Geldstücken. Deren Position ist durch θ und φ festgelegt. Der Radius ändert sich, je stärker der Ballon aufgeblasen wird, ist aber für alle Geldstücke derselbe. Wie sich zeigt, gilt die entsprechende Situation für das Universum, es verändert sich allein unter Einfluss der Gravitationskräfte. Das hat zur Folge, dass alle Galaxienhaufen untereinander unverändert ihre Lage behalten wie Geldstücke auf einem Luftballon. Was sich in der Zeit ändert, ist eine Größe, die analog als Weltradius bezeichnet wird. Auf das Luftballon-Beispiel reduziert, gibt es nur zwei Fragen:

a) Welche Art gekrümmten Raumes bildet das Universum zu einem bestimmten Zeitpunkt,
b) wie ändert sich der Radius des Weltalls als Funktion der Zeit?

Die zweite Frage wird hier nur soweit diskutiert, wie sie zum Verständnis der ersten beiträgt. Zur Kosmologischen Konstante s. Kap. 17 und 24.13.

Elegant lässt sich für dieses Modell die Gleichzeitigkeit zweier Ereignisse definieren. Die Synchronisation von Uhren mit Lichtsignalen, wie in der Speziellen Relativitätstheorie, versagt nicht nur wegen der Entfernungen sondern auch, weil Galaxien relativ zueinander beschleunigt werden und relativ zueinander ruhende Uhren wegen unterschiedlicher Gravitationskräfte unterschiedlich schnell ablaufen könnten. Aber von jeder Galaxie aus kann der augenblickliche Weltradius (so wie der Umfang des Luftballons) beobachtet werden und für alle Galaxien besteht dieselbe Uhrzeit, wenn der Weltradius für sie denselben Wert besitzt. Diese theoretisch schöne Gleichzeitigkeitsdefinition ist problematisch, wie der speziell-relativistische Grenzfall, Kap. 19.8.4, zeigt. In Einklang mit der Mehrheit akzeptieren wir sie zunächst einmal, weil sie für die relativistische Definition eines endlichen, geschlossenen Universums unverzichtbar ist.

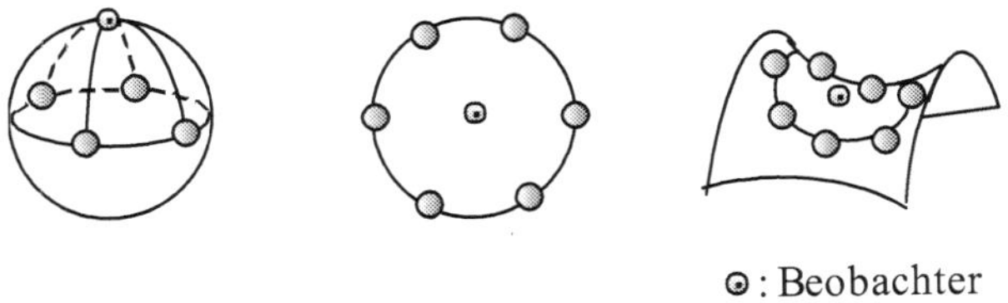

Abb. 19.3 Galaxienverteilung im Weltall

In gleichem Abstand vom Beobachter liegen bei gleicher Dichte auf einer Kugel weniger Galaxien als in der Ebene, auf einer Sattelfläche sind es mehr.

19.4 Die Robertson-Walker-Metrik (RWM)

So, wie sich aus einer zentralsymmetrischen Massenverteilung die Schwarzschild-Metrik herleiten lässt und sie den dazu gehörigen Raum beschreibt, gilt entsprechend die Robertson-Walker-Metrik, wenn man das kosmologische Prinzip voraussetzen darf. In ihrer allgemeinsten Form umfasst sie alle drei Arten konstanter Räume (sphärisch, normal, d. h. euklidisch, hyperbolisch). Beschränkt man sich auf den theoretisch wichtigsten Fall eines endlichen Raumes, gilt die sphärische Form der Robertson-Walker-Metrik:

(19.1) $$ds^2 = R^2\left[d\alpha^2 + \sin^2(\alpha)\left(d\theta^2 + \sin^2(\theta)\right)d\varphi^2\right] - c^2 dt^2$$

(Für die übrigen beiden Fälle ist $\sin(\alpha)$ durch α (normaler Raum) und $\sinh(\alpha)$ (hyperbolischer Raum) zu ersetzen, im normalen Raum wird so r durch das Produkt $R\alpha$ beschrieben.)

Es bedeuten:

α, θ, φ	die Kugelkoordinaten wie für die Sphäre S_3 in Formel (18.17)
$d\alpha, d\theta, d\varphi$	sind die Differenzen dieser Koordinaten für zwei nahe Punkte,
dt	ist die Zeitdifferenz für zwei dicht aufeinanderfolgende Ereignisse, ausgedrückt in der Koordinatenzeit t.

ds ist der raumzeitliche Abstand zweier naher Punkte, wie für die Schwarzschild-Metrik, und beschreibt das, was mit idealen Maßstäben und Uhren gemessen wird.

Da t gleichzeitig die Eigenzeit der mitbewegten Uhren darstellt, wäre es verständlicher τ statt t zu verwenden. R wird als Weltradius bezeichnet, er ist eine Funktion der Zeit und lässt sich mit der Allgemeinen Relativitätstheorie unter Zusatzannahmen berechnen (s. Abb. 19.7 und Kap. 19.7). Genauer ist $R(t)$ bzw. $R(\tau)$ eine Skalierungsfunktion und nur der relative Radius des Weltalls, denn für $k = 0, 1$ ist das Weltall unendlich, $R(\tau)$ stets endlich.

Jeder Galaxienhaufen hat während der gesamten Entwicklung des Universums die konstanten Koordinaten α, θ, φ, d. h. es besteht ein mitbewegtes Koordinatensystem. Ursprung des Koordinatensystems kann jeder beliebige Punkt des endlichen Universums sein, da wegen des kosmologischen Prinzips alle Punkte des Universums gleichwertig sein sollen.

Die nun folgende Diskussion der Robertson-Walker-Metrik ist im wesentlichen eine physikalische Interpretation der mathematischen Ausführungen über konstante gekrümmte Räume von Kap. 18 und ist in vielem ähnlich zur Untersuchung der Schwarzschild-Metrik.

Am einfachsten ist in Formel (19.1) das letzte Glied c^2dt^2 zu verstehen. t beschreibt die Koordinatenzeit. Sie stimmt im Gegensatz zur Schwarzschild-Metrik mit der Eigenzeit aller im bewegten Koordinatensystem ruhenden Uhren überein, denn für $d\alpha, d\theta, d\varphi$ gleich null gilt:

$$(19.2) \qquad ds^2 = -c^2dt^2 \quad \text{besser} \quad ds^2 = -c^2d\tau^2$$

ds ist der raumzeitliche Abstand zweier Ereignisse, in diesem Sonderfall, da die räumlichen Koordinaten sich nicht ändern, beschreibt ds das Eigenzeitintervall von im mitbewegten Koordinatensystem ruhenden Uhren. Im Vergleich dazu besitzt der entsprechende Teil der Schwarzschild-Metrik (16.5) noch einen Faktor A, der den Unterschied zwischen der Eigenzeit und Koordinatenzeit und damit das Nachgehen von Uhren in Gravitationsfeldern ausdrückt. Im mitbewegten Koordinatensystem ruhende Uhren sind in Wirklichkeit frei fallende Uhren. Um welchen

Faktor sie langsamer gehen als weit entfernte Uhren außerhalb des Feldes, wird nicht mit (19.2) beantwortet. Diese Frage passt schlecht oder gar nicht zum kosmologischen Prinzip, für das alle Punkte gleichwertig sind und ein Außerhalb nicht besteht (mehr folgt in Kap. 19.8.4 und Kap. 22).

Setzt man in Formel (19.1) *dt* gleich null, erhält man den räumlichen Teil der Robertson-Walker-Metrik:

$$ds^2 = R^2\left[d\alpha^2 + \sin^2(\alpha)\left(d\theta^2 + \sin^2(\theta)\right)d\varphi^2\right] \tag{19.3}$$

ds ist jetzt der räumliche Abstand zweier naher Punkte. Dabei ist der augenblickliche Wert des Weltradius *R* für die Diskussion der Raumkrümmung unerheblich.

Formel (19.3.) kann unmittelbar mit Formel (18.17) verglichen werden. Sie sind identisch, der räumliche Teil der Robertson-Walker-Metrik stellt eine dreidimensionale Kugelfläche dar. Dies ist die am nächsten liegende Deutung. In Frage käme auch – so wie für die normale (euklidische) Ebene die Zylinderfläche – der elliptische Raum, dem anschaulich die halbe dreidimensionale Sphäre entspricht. Alle Ausführungen über mathematische gekrümmte Räume in Kap. 18 sind auf den Kosmos übertragbar, insbesondere hat man damit eine anschauliche Vorstellung über dreidimensionale gekrümmte Räume, ihre Projektion in den normalen Raum und zur Einführung eines gekrümmtem Koordinatensystems.

Wegen der großen Bedeutung soll die mathematische Überlegung für endliche Räume noch einmal für kosmologische Zusammenhänge wiederholt werden: Von einem endlichen, abgeschlossenen Universum wird gesprochen, weil die Robertson-Walker-Metrik mit der Metrik einer dreidimensionalen Kugelfläche übereinstimmt. Andere gewichtige Argumente für diese These bietet die Allgemeine Relativitätstheorie nicht, jedenfalls nicht solche, die Bestandteil von Lehrbüchern geworden sind. Die eigentliche physikalische Leistung liegt in der Herleitung der Metrik aus den Hilbert-Einstein-Gleichungen (s. [346] wegen des Namens), die geometrische Deutung ist der leichtere Schritt.

Ist ein endliches Universum theoretisch abgeleitet, entsteht die naheliegende, aber grundlegende Frage: Welche Möglichkeiten gibt es, die Existenz eines endlichen, geschlossenen Universums zu erkennen und nachzuweisen? Darauf soll nachfolgend eingegangen werden und außerdem, analog zur Schwarzschild-Metrik, die Einstein- und Lorentz-Interpretation der RWM erörtert werden.

Um das Verständnis eines endlichen, gekrümmten Raumes zu vertiefen, zuvor einige Überlegungen zu den Fragen: Wo liegt der Rand des Universums , welches ist die Position, an der der Urknall (s.u.) stattfand, kann man das Universum verlassen? Solche Überlegungen sind sinnvoll oder sinnlos, je nach Voraussetzung.

Nimmt man an, es gäbe nur den sphärischen endlichen Raum des Universums und nichts darüber hinaus, so sind diese Fragen sinnlos. Zunächst sind alle mathematischen Räume als wirklicher Raum widerspruchsfrei denkbar, insbesondere ein dreidimensionaler sphärischer Raum. Außerhalb von ihm soll nichts sein, dann gibt es auch keinen Rand, dieser Begriff setzt ein Außen voraus. Die Position des Urknalls gibt es nicht (mehr) im heutigen Universum, das gilt ganz analog zum Luftballonbeispiel. Wo ist auf dem Luftballon der Ort, an dem mit dem Aufblasen begonnen wurde? Wo ist auf dem Luftballon der Ort, zu dem er sich wieder zusammenzieht, wenn die Luft abgelassen wird?

Man kann es nur so ausdrücken: Zu jedem Zeitpunkt besteht ein anderer, zunächst wachsender sphärischer Raum, alle Galaxien haben in ihm eine bestimmte Position, hat sich ein größerer Raum kontinuierlich gebildet, gibt es den vorigen nicht mehr. Anschaulich und deshalb als bewiesen anzusehen ist das für zweidimensionale Kugelflächen, beweisbar ist es für dreidimensionale Kugelflächen, indem man zweidimensionale Schnitte betrachtet, die zweidimensionale Kugelflächen bilden. Ein endliches Universum kann nicht verlassen werden, denn hat eine Position α, θ, φ zulässige Werte, dann liegt sie irgendwo im Universum und nicht außerhalb oder sie sind unzulässig, dann gibt es diese Position nicht. Man starte beispielsweise irgendwo mit einem Raumschiff. Man kann beliebig drei zueinander senkrechte Richtungen wählen und sich "gerade", d. h. auf dem kürzesten Weg in eine Richtung bewegen mit dem Ergebnis: Wie auf jeder Kugelfläche gelangt man schließlich zum Ausgangspunkt zurück. Bewegt man sich "nicht gerade", so geschieht dasselbe noch schneller, denn, wenn es sogar "gleichmäßig" geschieht, bewegt man sich auf einem Kreis mit noch kleinerem Radius.

Ein weiterer neuer Gesichtspunkt betrifft die Expansion des Weltalls, sie bedeutet in der Einstein-Interpretation keine radiale Geschwindigkeit von Galaxien im Raum weg von einem Anfangspunkt sondern eine Ausdehnung des Raumes zwischen den Galaxien, die Galaxien bewegen sich dabei nicht. Im Luftballonbeispiel bewegen sich die Geldstücke nicht auf der Oberfläche und die Oberfläche nur, weil die Luftballonhülle entgegen der Voraussetzung in einen Raum höherer Dimension eingebettet ist. In diesem Sinne heißt es in [20] "... daß die so definierte Fluchtgeschwindigkeit durch die Expansion des Raumes und nicht durch die eigene Bewegung der Galaxie im Raum bedingt ist." Dies gilt für alle k. Der Raum expandiert und nicht: Die Galaxien bewegen sich durch den bestehenden Raum.

Sinnvoll werden die obigen Fragen erst, wenn man sich die dreidimensionale Sphäre in einen vierdimensionalen euklidischen Raum eingebettet vorstellt. In Analogie dazu befindet sich der Luftballon irgendwo im normalen Raum. Durch das Aufblasen bildet die Oberfläche des Ballons eine kontinuierlich sich ändernde, stets neue Kugelfläche im Raum. Den Ausgangspunkt gibt es auf ihr nicht, aber an sich. Es ist im umgebenden Raum der Kugelmittelpunkt, ein bestimmter Punkt im umgebenden Raum. In gleicher Weise gibt es auch den Rand, allgemeiner: Punkte außerhalb der Kugelfläche. Ist in diesem Fall das Universum mit einem Raumschiff zu verlassen? Das hängt von den physikalischen Annahmen ab. Der umgebende Raum soll existieren, dann ist er prinzipiell auch erreichbar, aber aus der obigen Formel für die Metrik ist nicht zu entnehmen, wie das geschehen könnte. Aus der Metrik ist nicht zu entnehmen, ob der umgebende Raum existiert, sie passt zu den beiden Annahmen: es gibt den umgebenden Raum und es gibt ihn nicht.

Wenn in der Kosmologie vom endlichen Universum gesprochen wird, meint man damit ein Universum, das *nicht* in einem umfassenden Raum eingebettet ist und unter dieser Voraussetzung die vorigen Fragen zu stellen, gilt zu Recht als sinnlos. Es ist mathematisch-physikalisch legitim, die Bewegung der Galaxien relativ zu ihren Eigenzeiten zu beschreiben und das so entstehende expandierende und für $k = 1$ geschlossene Universum ist beeindruckend. Für die LI ist das aber nicht alles, s. Kap. 22.

19.5 Die Lorentz-Interpretation der Robertson-Walker-Metrik als Maßstabsveränderungen

So wie die Schwarzschild-Metrik verstanden werden konnte als der formelmäßige Ausdruck für die Änderung von Maßstäben in einem zentralsymmetrischen Gravitationsfeld, kann auch die Robertson-Walker-Metrik verstanden werden als formelmäßiger Ausdruck für die möglichen Änderungen von Maßstäben in Feldern, für die das kosmologische Prinzip erfüllt ist. Da es auf viele Arten möglich ist, die Robertson-Walker-Metrik auf den normalen Raum abzubilden, ist nicht offensichtlich, welche dieser Abbildungen als LI der RWM bezeichnet werden soll. Im einfachsten Fall wird die dreidimensionale Sphäre auf eine Kugel in den normalen Raum projiziert. Das ist in Kap.18 mit Formel (18.21) durchgeführt worden. Die Robertson-Walker-Metrik nimmt die Gestalt an:

$$ds^2 = Adr^2 + r^2\left(d\theta^2 + \sin(\theta)d\varphi^2\right) \tag{19.5}$$

mit $A = \dfrac{1}{\cos^2(\alpha)}$ oder als Funktion von r: $A = \dfrac{1}{1 - r^2 / R^2}$

Dabei gilt: $0 \le r \le R$, $r = R\sin(\alpha)$, $dr = R\cos(\alpha)d\alpha$

Das Universum ist jetzt ein normaler (euklidischer) Raum, seine Punkte haben die Kugelkoordinaten r, θ, φ. Wird der Abstand zweier Punkte mit normalen Maßstäben ds gemessen, gibt ds die wahre Länge nur dann an, wenn ds tangential gestellt ist (senkrecht auf r). Ist ds radial gestellt, so ist die wahre Länge $ds\cos(\alpha)$. In Abb. 19.4 ist das für den Fall $\theta = 90°$, der Äquatorebene, grafisch dargestellt – analog zu

Abb. 16. 8 der Schwarzschild-Metrik – und entspricht mathematisch der Abbildung 18.9.

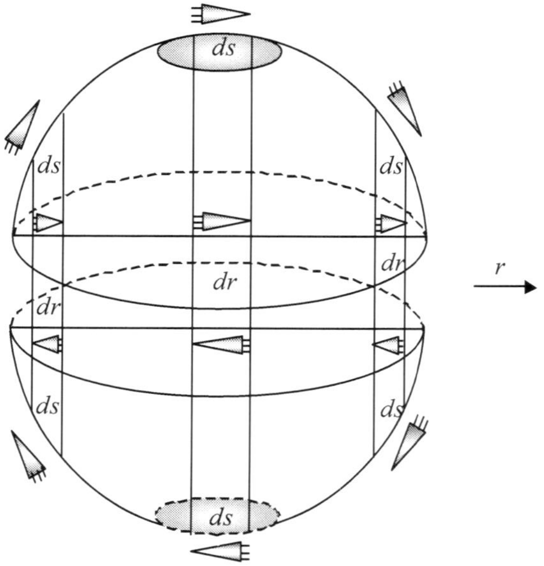

Abb. 19.4 Robertson-Walker-Metrik

Die Robertson-Walker-Metrik lässt sich als Rotationsfläche wie die Schwarzschild-Metrik veranschaulichen.

Für $\theta = 90°$ ergibt sich eine Kugelfläche. Licht oder ein Raumfahrer bewegt sich im gekrümmten Raum längs eines Großkreises (Einstein-Interpretation) oder in einer normalen (euklidischen) Ebene längs einer Geraden, wobei die Maßstäbe dr mit wachsendem Abstand vom Schwerpunkt des Weltalls schrumpfen und nicht mehr den wirklichen Abstand ds anzeigen. Das könnte zur LI passen, tatsächlich sieht sie noch einmal anders aus, s. Kap. 22.

Dieses Modell hat aber keine tiefere physikalische Bedeutung. Wie die Kap. 21 und 22 zeigen, betrachtet die LI die RWM als einen Sonderfall einer zeitabhängigen SM und damit liegt fest, welche Abbildung gelten soll. Sie ist eine Funktion von t.

Der Koordinatenursprung der SM bildet das Zentrum des Universums und ist gleichzeitig der Ort des Urknalls (s.u.). Galaxien gibt es für $k = 1$ nur innerhalb der Kugel mit dem Radius R. Die Ausdehnung des Universums reduziert sich auf die Ausdehnung einer Metagalaxie und wird auch hier durch die Zeitabhängigkeit von R beschrieben.

In diesem Modell kann ein Raumschiff den kugelförmigen Teil des Weltalls verlassen. Es hängt von der Größe der Gravitationskräfte im Abstand R ab, wieviel Energie dazu benötigt wird, aber prinzipiell ist es möglich. Licht entkommt immer, denn die gravitative Rotverschiebung kann die Frequenz beliebig klein aber nicht zu Null werden lassen.

19.6 Beobachtungen im Universum

Die Robertson-Walker-Metrik enthält sowohl in der sphärischen als auch in der nicht sphärischen Form einen Faktor $R(t)$, dessen Zeitabhängigkeit man zur Interpretation der möglichen kosmischen Räume jedoch nicht kennen muss. Das ändert sich, wenn durch Beobachtung überprüft werden soll, welcher dieser Räume real existiert.

Zunächst einmal ist das heutige Universum, wie es beobachtbar ist, unstetig, nicht homogen und anisotrop, wenn man an Materieanhäufungen in Form von Sonnen und Planeten und den großen freien Raum zwischen ihnen denkt. Für Galaxien gilt ähnliches, erst Galaxienhaufen sind näherungsweise gleichmäßig über das Universum verteilt. Keine Richtung im Universum ist dann ausgezeichnet (isotrop) und an jedem Ort ist die Dichte der Galaxienhaufen etwa gleich (homogen). Erst in diesen Größenbereichen passen Beobachtung und Robertson-Walker-Metrik zusammen.

Eine erste wesentliche Beobachtung im Universum liegt in der Entdeckung der radialen Fluchtgeschwindigkeit aller Galaxien relativ zu einem beliebigen Beobachtungspunkt (z. B. der Erde). Für diese Bewegung gilt das berühmte hubblesche Gesetz:

(19.6) $$v_{galaxie} = H(t)\, d_{galaxie}$$

v ist die Fluchtgeschwindigkeit einer Galaxie im Abstand d vom Beobachter, $H(t)$ die Hubble-Konstante. Je weiter eine Galaxie vom Beobachter entfernt ist, desto größer ist auch die Geschwindigkeit, mit der sie sich vom Beobachter entfernt [338], [317], [246], [379].

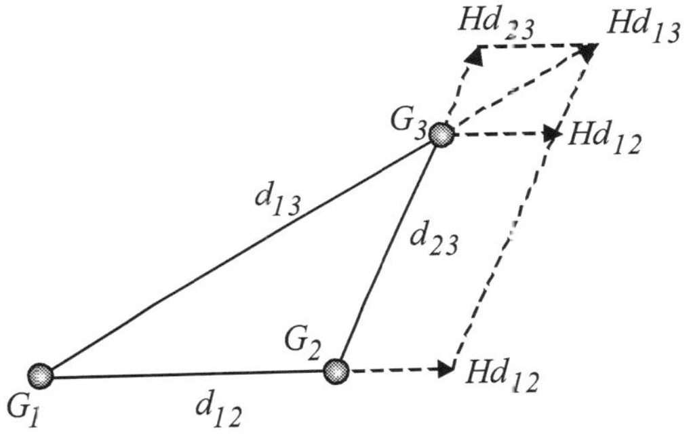

Abb. 19.5 Gilt das Hubble-Gesetz $v = H\ d$ relativ zur Galaxie G_1, dann wegen der Ähnlichkeit der Dreiecke aus den Seiten d_{12}, d_{13}, d_{23} und $H\ d_{12}$, $H\ d_{13}$, $H\ d_{23}$ auch relativ zu G_2. Es folgt: G_3 entfernt sich relativ zu G_2 mit der Geschwindigkeit $v_{23} = H\ d_{23}$.

Beobachtbar ist dieses Gesetz nur von der Erde aus, es lässt sich aber leicht zeigen, dass es dann für jeden anderen Beobachtungsort genauso lauten muss, s. Abb. 19.5. Das heißt aber, jede Galaxie im Weltraum kann sich als Mittelpunkt des Universums ansehen. Zur weiteren Erklärung betrachte man das Luftballonbeispiel, Abb. 19.2. Der Luftballon wird aufgeblasen, die Geldstücke darauf entfernen sich immer stärker voneinander und je weiter sie voneinander entfernt sind, um so schneller. Das gilt relativ zu jedem der Geldstücke. Man kann sich vorstellen, dass der Ballon sich ins Unendliche ausdehnt, aber auch, dass er, wenn eine maximale Größe erreicht ist, wieder Luft abgibt und schrumpft. Beide Vorstellungen treffen auch für die Entwicklung des Weltalls zu.

Nicht beobachtbar ist die Ausdehnung des Universums an irgendwelchen irdischen Abmessungen. Durch komplizierte Rechnungen lässt sich zeigen, dass die Galaxien selbst, wie die Geldstücke auf dem Luftballon, ihre Abmessungen nicht ändern. (Betrachtet man die Flucht der Galaxien ganz unkompliziert als das Auseinanderfliegen von Bruchstücken nach einer Explosion, so versteht es sich von selbst, dass die Bruchstücke für sich ihre Größe nicht ändern.) Die Flucht der Galaxien ist durch die Rotverschiebung des von ihnen ausgesandten Lichts nachgewiesen. Je höher die Fluchtgeschwindigkeit desto geringer wird die Frequenz von auf der Erde empfangenen Lichtsignalen, sie verfärben sich von blau nach rot.

Die radiale Fluchtgeschwindigkeit der Galaxien wird als Folge einer vor ca. 15 Milliarden Jahren erfolgten Explosion, dem Urknall, angesehen und es liegt nahe zu fragen, wo im Weltall er stattgefunden haben kann. Wegen des hubbleschen Gesetzes kann sich jede Galaxie als Mittelpunkt ansehen, höchstens eine kann es sein. Interpretiert man die Robertson-Walker-Metrik gemäß der LI, ist der Ort des Urknalls der Schwerpunkt des Weltalls, an dieser Stelle liegt der Mittelpunkt der Kugel, auf die der Raum der Robertson-Walker-Metrik projiziert wird. Betrachtet man das Weltall relativistisch als dreidimensionale Sphäre, dann gibt es keinen Mittelpunkt. Die dreidimensionale Sphäre ändert ihr Volumen, sie kann auf Null schrumpfen. Wie der Luftballon hat sie keinen ausgezeichneten Punkt und der Ausgangspunkt liegt nicht auf dem Ballon bzw. der Sphäre, oder etwas weniger präzise: alle Punkte waren Ausgangspunkt des Urknalls.

Eine weitere wichtige kosmologische Beobachtung ist die Hintergrundstrahlung (CMB). Dies sind Mikrowellen aus dem Weltall, die von allen Seiten nahezu isotrop auf die Erde treffen. Man nimmt an, dass sie aus den Anfängen des Weltalls übrig geblieben ist – nach folgenden Modell: Beim Urknall hat sich zunächst heißes Plasma in alle Richtungen ausgebreitet, aus diesem Plasma haben sich dann die Galaxien mit den Sonnen gebildet. Eine Zwischenstufe sind die ersten Atome. Die von ihnen ausgesandten Lichtwellen sind noch heute sichtbar, wenn sie von Gasresten stammen, die sich in weiter Entfernung von der Erde befanden. Da sich alle

Materie – Gasreste ebenso wie Galaxien – fast mit Lichtgeschwindigkeit wegbewegen, wenn sie nur weit genug entfernt sind (hubblesche Gesetz), wird helles Licht zur Mikrowelle auf Grund der Rotverschiebung.

Eine Eigenschaft des heutigen Universums, die dem Standardmodell nicht widerspricht, aber mit seiner Hilfe nicht erklärt werden kann, liegt in den relativ geringen Dichteschwankungen des Weltalls. Aus ihnen ergibt sich ein noch homogeneres Universum in seiner Frühzeit, da sich anfänglich geringe Dichtefluktuationen im Laufe der Entwicklung verstärken (müssten). Was dem Standardmodell fehlt, ist ein "glättender Mechanismus" [113], der die heutige Homogenität des Weltalls erklären könnte. (Das gilt für die EI, für die LI sind Dichtefluktuationen weniger gravierend, s. u.)

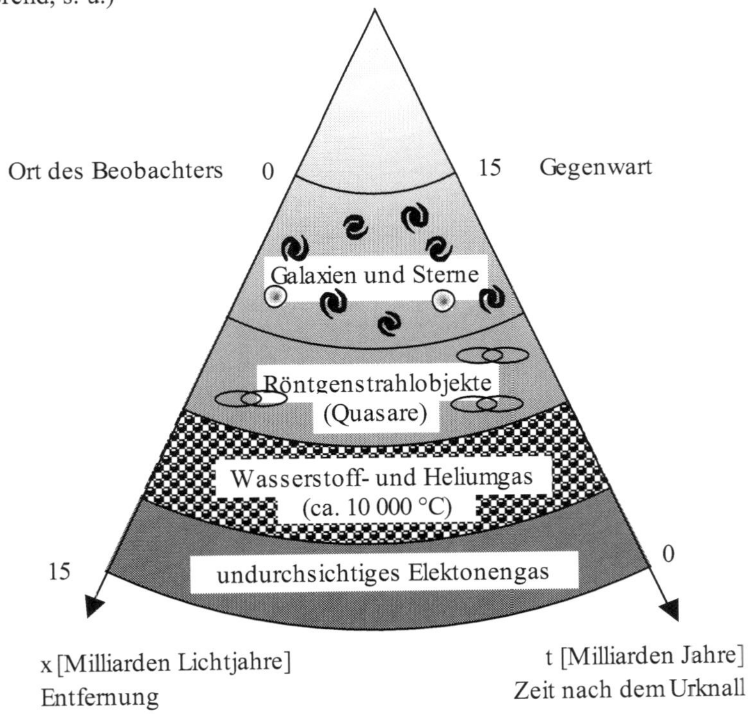

Abb. 19.6 Der Blick ins Weltall: Objekte in großer Entfernung sieht man so, wie sie vor langer Zeit aussahen. [246] Die Entfernungsangaben sind Mittelwerte.

FLIESSBACH [113] beschreibt dieses Phänomen so: "Das kosmologische Standardmodell liefert ... keine Erklärung für diese außerordentliche Flachheit (Anm.:

des Universums). Man kann auch zeitlich umgekehrt argumentieren: Kleine Krümmungen ... zu früher Zeit müssten heute zu großen Krümmungen geführt haben. Von daher gesehen ist die heutige (relative) Flachheit ein Rätsel. (Anm.: $k = 0$, s. Kap. 19.7)

"Ein verwandtes Problem ist das Dichtefluktuationsproblem : Anfangs sehr kleine Dichteschwankungen verstärken sich unter dem Einfluss der Gravitation. Die heutige relative Homogenität der Materieverteilung im Großen, insbesondere aber die Isotropie der Hintergrundstrahlung erfordert im Standardmodell ein unwahrscheinlich homogenes Universum in seiner Frühzeit."

In der Fachliteratur wird für das obige Problem das sog. Inflationäre Modell eingeführt und für die Anfangszeit des Universums eine besonders schnelle Ausdehnung (Inflation) angenommen [113], [196]. Die damit verbundenen quantenmechanischen Überlegungen können hier nicht wiedergegeben werden, da sie kein Thema für Raum-Zeit-Konzepte der Speziellen und Allgemeinen Relativitätstheorie darstellen.

(Für die LI gibt es Gravitationskräfte nicht von Anfang an, sondern erst, wenn Teilchen mit von Null verschiedener Ruhemasse entstanden sind, wie Kap. 21.3 zeigt. Ein inflationäres Modell zu Beginn liegt deshalb sehr nahe.)

Eine weitere beobachtete mögliche Zwischenstufe auf der Entwicklung zu einer heutigen Galaxie sind die Röntgenstrahlung aussendenden Quasare (wahrscheinlich aktive galaktische Kerne, AGN's). Galaxien und deren Sterne, Quasare zusammen mit weniger lichtstarken Objekten sowie die Gaswolken, von denen die Hintergrundstrahlung ausgesandt wird, befinden sich unterschiedlich weit von der Erde entfernt, so dass man das Bild 19.6 zeichnen kann [246]. Betrachtet man weit entfernte Objekte, blickt man gleichzeitig zurück in die Vergangenheit, weil die Objekte so sichtbar werden, wie sie aussahen, als das Licht ausgesandt wurde.

Insbesondere für die Hintergrundstrahlung entsteht dabei folgende Frage: Sie soll von Objekten stammen, die 15 Milliarden Lichtjahre entfernt sind. Sie wurde somit vor 15 Milliarden Jahren ausgesandt. Zu dieser Zeit hatte das Universum noch die geringe Ausdehnung von ca. 300000 Lichtjahren, das Gas kann sich gar nicht in der Entfernung von 15 Milliarden Lichtjahren befunden haben, von wo die Hintergrundstrahlung heute herkommen soll. Die Erklärung für diesen scheinbar widersprüchlichen Sachverhalt liegt im mitbewegten Koordinatensystem. Man betrachte die Hintergrundstrahlung, die ihren Ursprung in einer Gaswolke an einer bestimmten Position ($\alpha_0, \theta_0, \varphi_0$) hat. Diese Position behält die Gaswolke, solange sie besteht und wird von der Galaxie übernommen, die sich aus der Gaswolke entwickelt. Als Ursprung der Hintergrundstrahlung wird die Position ($\alpha_0, \theta_0, \varphi_0$) angesehen, die heute eine Entfernung von 15 Milliarden Lichtjahren hat. Heute befindet sich an dieser Stelle ebenfalls eine Galaxie, wie man erst in mehr als 15 Milliarden Lichtjahren sehen kann.

In der gleichen Weise kann man erklären, warum die Hintergrundstrahlung aus allen Richtungen auf die Erde trifft, obwohl das Weltall vor 15 Milliarden Jahren nur die Ausdehnung in der Größenordnung einer Galaxie hatte und man schließen könnte, die Hintergrundstrahlung dürfte nur aus dieser Richtung eintreffen. Hat sich die Hintergrundstrahlung, als sie entstand, gleichmäßig von allen Richtungen auf die Position, die heute die Erde hat, zubewegt, gilt das auch heute noch für die Strahlung, die die Erde noch nicht erreicht hat. Trotz der anfangs geringen Entfernungen gibt es solche Strahlung, weil die Lichtgeschwindigkeit wegen der hohen Gravitationskräfte zu Beginn der Expansion deutlich kleiner als c gewesen ist. (Details hängen von der vorausgesetzten Geometrie ab, d. h. von k.)

Das hubblesche Gesetz, das durch die Rotverschiebung nachgewiesen wurde, und die Entdeckung der Hintergrundstrahlung sind die Hauptstützen für die These eines Urknalls, des sog. kosmischen Standardmodells. Es wird nicht von allen Astrophysikern akzeptiert – mit den heutigen (2010) Beobachtungsergebnissen eine eher aussichtslose Position. Die Entdeckung der kosmologischen Konstante, s. nachfolgendes Kapitel, präzisiert das kosmologische Standardmodell.

19.7 Die kosmologischen Alternativen: Das unendliche euklidische und unendliche hyperbolische Weltall.

Die Robertson-Walker-Metrik ergab sich aus dem kosmologischen Prinzip. In Kap. 19.4 wurde der sphärische Teil der Robertson-Walker-Metrik behandelt, der sich auf ein endliches Universum bezieht. Die beiden anderen Alternativen beziehen sich auf ein euklidisch unendliches oder hyperbolisch unendliches Weltall. Alle drei unterscheiden sich voneinander durch einen Faktor k, wenn man für die Robertson-Walker-Metrik eine andere Darstellung wählt. [[all] außer [89], [91]]

$k = 1$, sphärischer Raum, die Bewegungsenergie des Weltalls ist gering, die heutige Expansion des Weltalls wird sich umkehren.
$k = 0$, normaler (euklidischer) Raum, die Expansion des Weltalls endet in sehr großer Entfernung, im Unendlichen; Bewegungsenergie und Gravitationsenergie halten sich die Waage.
$k = -1$, die Bewegungsenergie des Weltalls übersteigt die Gravitationskräfte, auch in beliebiger (unendlicher) Entfernung bleibt die Expansion bestehen.

Alle drei Fälle lassen sich durch die Zeitabhängigkeit des relativen Weltradius R unterscheiden. Für den physikalisch einfachsten Fall des Staubmodells – man nimmt an, die Galaxien verhalten sich wie Staubkörner, sie bilden kein Gas, das einen inneren Druck besitzt – lässt sich $R(t)$ berechnen, das Ergebnis ist in Abb.

19.7 dargestellt. Allen gemeinsam ist die These eines Urknalls. Dieses einfachste, aber aussagekräftige kosmologische Modell wird nach seinem Entdecker als eigentlicher Friedmann-Kosmos bezeichnet.

Natürlich würde es genügen, den Weltradius R als Funktion der Zeit t zu beobachten, um eine Entscheidung zwischen den drei Modellen zu ermöglichen. Dazu reichen die Beobachtungszeiträume nicht aus. Es verbleiben jedoch folgende Beobachtungsmöglichkeiten:

a) Die Fälle $k = 1, 0, -1$ unterscheiden sich in ihrer Bewegungsenergie bzw. in der Größe der bestehenden Gravitationskräfte. Diese sind von der Gesamtmasse des Weltalls abhängig und bei gegebenem Volumen von der Dichte der Materie im Weltall. Liegt sie oberhalb eines kritischen Wertes, ist das Weltall endlich und die Expansion wird sich umkehren. Die Dichte des Weltalls lässt sich durch Galaxienzählungen und weitere Beobachtungen ermitteln. Da es im Weltall sog. Dunkle Materie gibt, die nicht unmittelbar beobachtbar ist, sind Zweifel erlaubt, aber "die gegenwärtig beobachtete Massendichte liegt unterhalb der kritischen Dichte... wir müßten in einer offenen Weit leben" STEPHANI [357]. Heute (2010) gilt k=0, s. u..

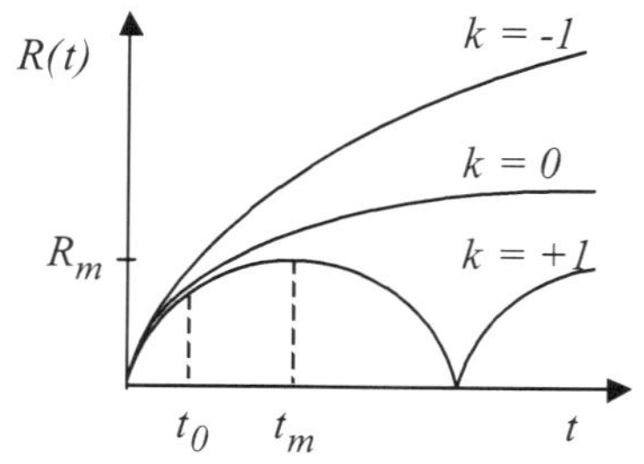

Abb. 19.7 Der relative Radius $R(t)$ des Weltalls als Funktion der Zeit für den eigentlichen Friedmann-Kosmos.

$k = -1$ unendlicher hyperbolischer Raum
$k = 0$ unendlicher normaler (euklidischer) Raum
$k = +1$ endlicher sphärischer Raum (Zahlenwerte für $k = +1$ siehe Anhang)
R_m : maximaler Radius, t_0 : heutige Zeit, t_m : Zeitpunkt größter Ausdehnung

b) Wird Licht in einem endlichen Weltall in eine beliebige Richtung ausgesandt, trifft es nach endlicher Zeit wieder am Ausgangspunkt ein. Es kann das Weltall nicht verlassen, seine stets "gerade" Bahn ist kreisförmig geschlossen. Die dazu benötigte Zeit lässt sich berechnen, sie ist genau so groß, wie das Universum besteht. Wird das Lichtsignal kurz nach dem Urknall emittiert, hat es beim Kollaps des Weltalls die Rundreise noch nicht beendet. WHEELER [230].

c) Die mathematischen Beziehungen für Kreisumfänge, Winkelsummen in Dreiecken, Volumen von Kugeln, die Tatsache, dass es keine Parallelen gibt, d. h. alle Eigenschaften der sphärischen Geometrie sind in einem endlichen Weltall erfüllt, aber wegen der erforderlichen großen Abstände nicht mit üblichen Maßstäben überprüfbar.

d) Nimmt man an, dass die Galaxien im Weltall gleichverteilt sind und zählt man die Galaxien als Funktion der Entfernung, so ist für die verschiedenen Raumformen ein unterschiedliches Ergebnis zu erwarten, s. Abb. 19.3 (vor Kap. 19.4). Für ein endliches Universum ist die Galaxienanzahl geringer als für den normalen Raum (und am größten für den hyperbolischen Fall), weil die zugehörigen Kreisumfänge bzw. Kugelflächen für endliche Räume am kleinsten sind. Entsprechende Abschätzungen sind durchgeführt worden, haben aber kein signifikantes Ergebnis [338], [357].

Abschließend einige Zitate zur Frage, ob das Weltall nachweisbar endlich ist:

"Die Frage nach der Struktur des Weltalls im großen ist ... ungelöst. Endliches oder unendliches Weltall – eine Entscheidung ist derzeit nicht möglich." SEXL [338]

"Als besten, mit allen Beobachtungsdaten verträglichen Wert haben wir (Anm.: für die mittlere Dichte den Wert) 0.1 angenommen. Demnach leben wir in einem offenen, sich fortwährend ausdehnenden Universum abnehmender Dichte." UNSÖLD, BASCHEK [379] Die – seltenere – Gegenthese vertreten BERRY [23] und, modifiziert, eine Bonn-Potsdamer Forschergruppe [20].

Heute (2010) gilt wegen umfangreicher astronomischer Beobachtungen [158], [295.1], [192.1], [62.1], [260.1] das sog. kosmologische Standardmodell: Es bleibt bei einem expandierenden, offenen Raum ($k = 0$), hinzu kommt eine positive kosmologische Konstante Λ. Zahlenwerte s. [189.1] und Kap. 25. Ein positives Λ ergibt sich, weil die Hubble-Konstante H_0 für weiter entfernte Supernova-Ereignisse (zunächst ohne Korrekturen für die Beschleunigung) einen kleineren Wert ergibt als für näher liegende Ereignisse, [192.1]. H_0 muss auch für weit entfernte Galaxien immer denselben Wert ergeben, aber ein gleiches H_0 erhält man erst mit der Annahme eines positiven Λ. Zu erwarten war das Gegenteil, da nur die Gravitationskräfte bekannt waren, die eine negative Beschleunigung bedeuten. Als Ursache eines positiven Λ kommen Eigenschaften des teilchenlosen Grundzustandes der Quantenfelder in Frage, [22]. Trifft das zu, wäre das eine weitere, die Existenz eines Äthers, Kap. 11.7, beweisende Eigenschaft.

19.8 Vertiefung der Einstein- und Lorentz-Interpretation der RWM

19.8.1 Überblick

In Kap. 18 und 19.5 wurden mit Abb. 18.9 und 19.4 ein naheliegender Ansatz der LI der RWM diskutiert. Es folgen eine Reihe von Argumenten, warum es nicht bei dieser Variante der LI bleiben kann. Die Gründe liegen nicht in der mathematischen Aussage der RWM, der Funktion $R = R(t)$ oder deren Herleitung aus der einsteinschen Feldgleichung (Hilbert-Einstein-Gleichung [346]), sondern, insbesondere für $k = 1$, in ihrer Deutung als geschlossener und expandierender Raum. Dagegen gibt es eine Reihe von Einwänden, zwei davon sind gravierend:
a) Die RWM beschreibt nicht nur die Expansion des Weltalls sondern auch die Explosion und den Kollaps von Staubsternen. Hier hat die Vorstellung eines geschlossenen Raums keinen Sinn, Kap. 19.8.3.
b) Die der RWM zu Grunde liegende kosmologische Gleichzeitigkeit passt nicht zum speziell-relativistischen Grenzfall, Kap. 19.8.4.

Legen wir zunächst die EI und LI der Kapitel 18 bis 19.7 zu Grunde: Ob das Weltall endlich oder unendlich ist, lässt sich nur durch Beobachtung entscheiden, die Allgemeine Relativitätstheorie erlaubt beide Varianten. Unabhängig davon und ebenso nur durch Beobachtung zu entscheiden, ist die Frage, ob der Raum des Universums real gekrümmt ist (Einstein-Interpretation), oder ob es keine von Gravitationsfeldern unbeeinflusste Maßstäbe und Uhren gibt, wie es der Lorentz-Interpretation entspricht. Diese alternativen Deutungen wurden für den endlichen Fall ausführlich erläutert und gelten ganz analog auch für ein hyperbolisch unendliches Weltall, worauf nicht weiter eingegangen wird.

Zu einer Unterscheidung zwischen beiden Alternativen – die wegen der These von POINCARÉ höchstens unterschiedlich plausibel ausfallen kann – lassen sich die nachfolgenden Argumente anführen. Sie beruhen weitgehend auf den Unterschieden zwischen innerer und äußerer Krümmung, und zwischen lokalen und globalen Flächeneigenschaften, die mathematisch in Kap. 18 diskutiert worden sind.

a) Zur Robertson-Walker-Metrik passen als Räume nicht nur die dreidimensionale Kugelfläche sondern auch der elliptische Raum, der ebenfalls geschlossen ist, sowie offene Modelle, nämlich Rotationsflächen elliptischer Integrale [192]. Die Entscheidung für die dreidimensionale Sphäre rechtfertigt man damit, dass sie die allgemeinste und einfachste Lösung darstellt. Das genügt aber nicht, ist der Raum gekrümmt, darf man, solange keine weiteren unterscheidende Kriterien bekannt werden, jeden dieser gekrümmten Räume auswählen.

b) Global besteht zwischen den Räumen der beiden Interpretationen ein Unterschied. Hat man beispielsweise die Metrik $ds^2 = dx^2 + dy^2$, die sowohl für die normale Ebene als auch für einen Zylinder gültig ist, kann man mit Lichtsignalen oder durch eine Raumfahrt zwischen beiden unterscheiden. In Richtung der Zylinderachse ausgesandte Lichtsignale verschwinden im Unendlichen, senkrecht dazu treffen sie nach endlicher Zeit aus der entgegengesetzten Richtung am Ausgangspunkt ein. Ähnlich liegt es mit der endlichen dreidimensionalen Sphäre: Lichtstrahlen oder Raumschiffe können sie niemals verlassen. Sämtliche α, θ, φ - Positionen sind zwar erreichbar, doch liegen diese Punkte stets auf der dreidimensionalen Sphäre. Lichtstrahlen, die vom Punkt α, θ, φ ausgesandt wurden, erreichen ihren Gegenpol 180° - α, 180°-θ, φ und fliegen dort geradeaus weiter und kehren "von hinten" zum Ausgangspunkt zurück.

Diese Vorhersagen sind mit der Maßstabsinterpretation nicht vereinbar, im globalen Bereich unterscheidet sie sich von der Einstein-Interpretation: Erreicht ein radial ausgesandtes Lichtsignal den Rand des Universums (θ, φ beliebig, $r = R(t)$), verlässt es dieses (wie Licht einen kollabierenden Stern), und bewegt sich weiter in dem nun galaxienfreien Raum, für den die Schwarzschild-Metrik gilt. D. h. der Lichtstrahl verschwindet im Unendlichen und erleidet dabei eine gravitative Rotverschiebung. Etwas Anderes gilt für ein Raumschiff. Auch dieses verlässt das Universum und bewegt sich im Raum der Schwarzschild-Metrik. Dabei verliert es wegen der Gravitationskräfte ständig an Geschwindigkeit. Wird sie im endlichen Abstand zu null, kehrt das Raumschiff um, betritt wieder das Universum, kehrt zum Ausgangspunkt zurück und kommt dabei aus derselben Richtung, in der es den Startort verlassen hat.

Selbstverständlich gibt es viele Gründe, an denen ein solches Unterfangen scheitert, aber es veranschaulicht einen prinzipiellen Unterschied in beiden Modellen. Wie zuvor erläutert, dauert aber beispielsweise eine Rundreise von Lichtteilchen viel zu lange, um als Experiment in Frage zu kommen.

c) Da die Allgemeine Relativitätstheorie den newtonschen Grenzfall enthalten muss, wenn die Gravitationskräfte klein sind, was in kosmischen Dimensionen der Fall ist, darf man entsprechendes auch für das zugehörige Raummodell erwarten: Reicht die Bewegungsenergie der Galaxien nicht aus für einen hyperbolisch- oder euklidisch unendlichen Raum, entsteht nach dem NEWTONschen Gravitationsgesetz ein wieder zusammenfallendes Universum. Aber Lichtwellen und Raumschiffe können es verlassen, das Universum hat einen Rand. Es ist im newtonschen Grenzfall nicht vorstellbar, dass ein radial sich bewegendes Objekt, wenn es am Weltrand angelangt ist, dort zur entgegengesetzten Seite des Weltalls springt, um dann radial nach innen zum Ausgangspunkt aus entgegengesetzter Richtung zurückzukehren. In einem endlichen abgeschlossenen Weltall wird das aber erwartet. Im nachfolgenden Kapitel wird gezeigt, wie gut das Friedmann-Modell auch zu den klassischen Vorstellungen passt.

d) Die entscheidende Argumente liegen in der Anwendung der Robertson-Walker-Metrik auf kollabierende Sterne und auf die Entstehung von Galaxien sowie der kosmologischen Gleichzeitigkeit. Auch für diese Fälle ist die Robertson-Walker-Metrik erfüllt, wie im abschließenden Kapitel gezeigt wird, aber von einem abgeschlossenen Raum, außerhalb dessen nichts ist, kann keine Rede sein, denn beide Vorgänge lassen sich prinzipiell mit Weltraumteleskopen beobachten.

Mit diesem Argument gewinnt die Lorentz-Interpretation, in welcher Variante auch immer, an Gewicht, und die Deutung als Maßstabsänderung tritt in den Vordergrund, aber die mit der Vorstellung eines endlichen, gekrümmten Weltmodells entwickelten mathematischen und physikalischen Methoden werden ihre Bedeutung behalten und die relativistischen Thesen zu Raum und Zeit stets eine Vertiefung der klassischen Position bleiben und umgekehrt.

19.8.2 Das newtonsche Gravitationsgesetz und der Urknall

Die wichtigsten kosmologischen Ergebnisse der Allgemeinen Relativitätstheorie sind die These der Expansion des Universums, die sich im hubbleschen Gesetz ausdrückt, die These vom Urknall und damit verbunden die Vorstellung eines sphärischen, euklidischen oder hyperbolischen Raumes. Die genau gleichen Vorhersagen ergeben sich auch unter der Anwendung der newtonschen Gravitationstheorie. Dabei werden die gekrümmte Raumzeit mit der Explosionsenergie verknüpft und wie bei jeder Explosion im Weltraum sind auch beim Urknall die drei Fälle möglich:

$k = +1$. Die Explosionsenergie ist kleiner als die Gravitationsenergie, d. h. die Explosionsstücke kommen in endlicher Entfernung zum Stillstand und bewegen sich wegen der bestehenden Gravitationskräfte zum Ausgangspunkt zurück, wo sie zusammenstürzen.

$k = 0$. Die Explosionsenergie ist genauso groß wie die Gravitationsenergie, und die Explosionsstücke haben im Unendlichen die Geschwindigkeit null.

$k = -1$. Die Explosionsenergie ist größer als die Gravitationsenergie, d. h. die Explosionsstücke entweichen ins Unendliche.

Gleiche Vorhersagen gelten auch für weitere Details. So entsprechen der von EINSTEIN eingeführten sog. Kosmologischen Konstanten in der newtonschen Kosmologie abstoßende Kräfte, die erst in großer Entfernung wirksam werden [23]. Ebenso O. HECKMANN [147]. Die Untersuchungen in [23], [147] präzisieren Kap. 19.2.

Es ist nicht verwunderlich, dass die newtonsche Gravitationstheorie in kosmischen Bereichen mit der Allgemeinen Relativitätstheorie übereinstimmt, da wegen der großen Entfernungen geringe Gravitationskräfte zwischen den Galaxien herrschen und dies in beiden Theorien zu fast identischen Bewegungsgleichungen führt.

Verwunderlich ist, dass trotzdem unterschiedliche Raummodelle gelten sollen. Einerseits der unendliche Raum der SM und andererseits der expandierende und im Falle k =+1 endliche geschlossene Raum der RWM. Für die LI besteht diese Schwierigkeit nicht, s. Kap. 21, 22.

19.8.3 Die Robertson-Walker-Metrik und der Gravitationskollaps von Sternen

Die Robertson-Walker-Metrik führt in der Kosmologie zu der Vorstellung des Universums als sphärischer, euklidischer oder hyperbolischer Raum oder alternativ zu der Vorstellung eines unendlichen normalen (euklidischen) Raumes mit Verkürzung von Maßstäben und Verzögerung von Uhren in Anwesenheit von Materie. Wichtig war der Fall eines endlichen Raumes. Wesentliches Argument für seine Existenz war die Interpretation der Robertson-Walker-Metrik mit möglichst wenigen Annahmen. Da wir uns im Inneren des expandierenden Universums befinden und zu dem Begriff Universum die Vorstellung, man betrachte es von außerhalb, schlecht passt, ist die Annahme eines endlichen sphärischen oder elliptischen Raumes ohne Zweifel elegant. Sie steht aber in Widerspruch zu der andersartigen Anwendung der Robertson-Walker-Metrik beim Gravitationskollaps von Sternen und bei der Entstehung von Galaxien und von Sternen.

Dazu folgende Zitate. LANDAU-LIFSCHITZ [190, S. 383] „Es sei darauf aufmerksam gemacht, dass diese Metrik mit der Friedmannschen Lösung für einen mit staubförmiger Materie homogen angefüllten Kosmos identisch ist.“ Bei STEPHANI [357] finden sich die zugehörigen Gleichungen (19.1) der RWM – sie heißt hier Tolman-Lösung – und die Funktion *R(t)* der Abb. 19.7.

Die RWM beschreibt also ebenso den Gravitationskollaps eines Sterns. Ist in einem Stern der Kernbrennstoff verbraucht, besteht kein Gleichgewicht mehr zwischen dem thermischen Druck durch Kernfusion und dem Gravitationsdruck. Der Stern kühlt aus und kollabiert [113]. Wie läuft ein solcher Prozess ab? Ein plausibles, in der Literatur diskutiertes Modell für den Kollaps ist: Mit Ende der Kernfusion besteht der Stern aus lauter Staubteilchen, denn die abgekühlte Sternmaterie bildet kein Gas mehr, das einen inneren Druck besitzt. In diesem Zustand wirken nur noch Gravitationskräfte, die Staubteilchen stürzen zu einem wenige Kilometer großen Neutronenstern zusammen, oder bei größerer Masse und damit größeren Gravitationskräften zu einem Schwarzen Loch (oder dem nahe kommenden Grenzfall).

Das sind, wie gesagt, die Voraussetzungen für die Anwendbarkeit der Robertson-Walker-Metrik oder der Tolman-Lösung. Die einzige bestehende Kraft ist die Gravitation, Staubteilchen sind im Stern die Atome, im expandierenden Universum die

Galaxienhaufen. Nur ein Unterschied besteht: Der Sternkollaps ist von außen beobachtbar, sein Gravitationsfeld wird außerhalb der Sternoberfläche durch die Schwarzschild-Metrik beschrieben, die Masse des Sterns ist messbar. Ganz entsprechend wird das Staubmodell bei der Entstehung von Sternen aus Nebelfeldern in Galaxien angewendet. In allen Fällen macht es keinen Sinn zu sagen, der kollabierende oder entstehende Stern bildet einen endlichen, abgeschlossenen d. h. sphärischen oder elliptischen Raum und außerhalb dieses Raumes ist nichts. Es ist nicht einzusehen, warum für den kosmischen Raum etwas Anderes gelten soll. Dazu das Zitat: "Ein expandierender "Staubstern", also ein Ausschnitt eines Friedmann-Kosmos, der nach außen von einer statischen Schwarzschild-Metrik umgeben ist (vgl. das Modell des kollabierenden Sterns ...), ist vielleicht auch ein recht gutes Weltmodell." STEPHANI [357]

„Was tat Gott, bevor er Himmel und Erde schuf?
Er bereitete die Hölle vor für alle jene, die solche Fragen stellen.“
AUGUSTINUS

19.8.4 Der expandierende Raum und die kosmologische Gleichzeitigkeit für den speziell-relativistischen Grenzfall

Der im folgenden behandelte speziell-relativistische Grenzfall eines expandierenden Universums problematisiert die Vorstellung eines expandierenden Raumes und die übliche kosmologische Gleichzeitigkeitsdefinition. Dazu wird das kosmologische Prinzip gegenüber Kap. 19.3 präzisiert und auf den Fall eines expandierenden Weltalls mit verschwindender Dichte angewandt. Für diesen Grenzfall sind nachweisbar sowohl die kosmologische Gleichzeitigkeit als auch der expandierende Raum künstliche und überflüssige Begriffsbildungen. Das rechtfertigt es, sich unser Universum, so wie es sichtbar ist, als Metagalaxie und Staubstern (mit den Galaxien als Staubkörner) vorzustellen.

1. Der speziell-relativistische Grenzfall

Abb. 19.8 veranschaulicht die Entwicklung des Weltalls für den Fall einer verschwindenden Beschleunigung, d. h. $q = 0$. Vorausgesetzt wird das kosmologische Prinzip wie in Abb. 19.9. Alle Galaxien G_i sind räumlich isotrop und homogen angeordnet und es gilt

$$v_i = r_i / t$$

in Richtung von r_i. Durch Vergleich mit dem hubbleschen Gesetz $v_i = H(t) r_i$ ergibt sich die Hubble-Konstante zu $H(t) = 1 / t$. Wir betrachten G_0 als ruhend, es

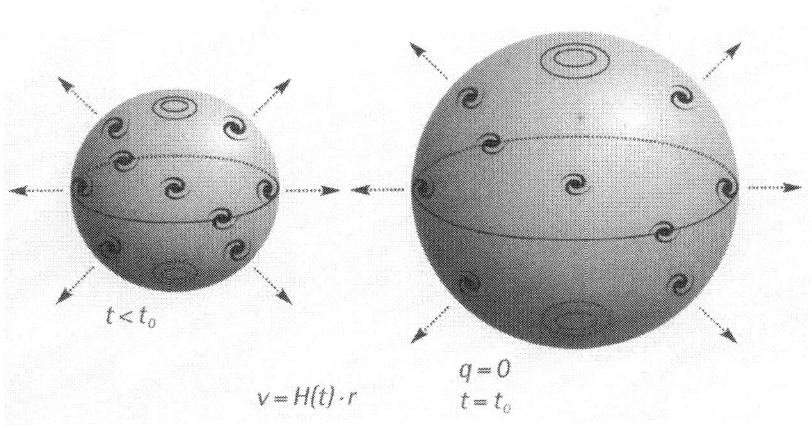

Abb. 19.8 Das expandierende Universum.
Im speziell-relativistischen Grenzfall werden Gravitationskräfte vernachlässigt ($q = 0$)

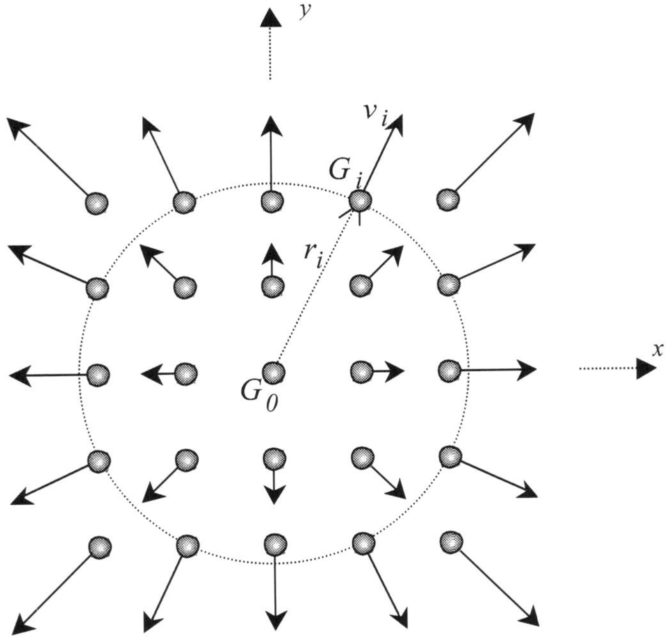

Abb. 19.9 Das kosmologische Prinzip für Galaxien

Für alle Galaxien G_i gilt $v_i = r_i/t_i$. Die Galaxien G_i sind gleichmäßig verteilt. Damit erhält man ein Modell für ein homogenes isotropes Universum mit der Hubble-Konstanten $H(t) = 1/t$ und der Beschleunigung $q = 0$, da Gravitationskräfte vernachlässigt werden sollen.

könnte aber auch jede andere Galaxie sein. Die Massen der Galaxien seien klein und ihre Abstände groß, so dass Gravitationskräfte vernachlässigt werden können.

Rechnet man zurück, dann befinden sich zur Zeit $t = 0$ alle G_i an ein und demselben Ort, nämlich G_0. Das entspricht dem Urknall, wenn man sich vorstellt, dass zu diesem Zeitpunkt alle G_i ihre Geschwindigkeit v_i erhalten haben und sie vorher ruhten. Der übliche Skalierungsfaktor $R(t)$ berechnet sich aus $R(t) = \text{const.}\ t$ und ist etwas Anderes als der Weltradius $r_{\max} = v_{\max} t_0 < ct_0$, obwohl $R(t)$ häufig so genannt wird. Die Hubble-Konstante ergibt sich auch korrekt mit der üblichen Definition: $H(t) = \dot{R}(t) / R(t) = 1/t$. Die Raumkrümmung ist euklidisch, da es sich um den Minkowski-Raum handelt.

Andererseits muss dieser Grenzfall zu einem der drei möglichen Universen $k = +1$, 0, -1 gehören. Für die entsprechenden Formeln der Fachliteratur z. B. [20], [147] hat nur der Fall $k = -1$ für $\rho_{Dichte} \to 0$ eine passende Lösung mit $q = 0$ und $H(t) = 1/t$. Dies zeigt auch das Problem 19.17 in LIGHTMAN [198]. $k = -1$ bedeutet aber einen hyperbolischen und keinen euklidischen Raum. Die Erklärung dafür ist einfacher als erwartet (und problematisch für die Einstein-Interpretation). Im speziell-relativistischen Grenzfall besteht wegen Einsteins Uhrensynchronisation Gleichzeitigkeit, wenn sie relativ zu einem Inertialsystem, z. B. G_0, angenommen wird. Davon abweichend wird hier aber kosmologische Gleichzeitigkeit zu Grunde gelegt, was heißt: Alle Galaxien G_i sind gleichberechtigt und Gleichzeitigkeit besteht, wenn alle mit den Galaxien mitbewegten Uhren dieselbe Zeit anzeigen. Diese Definition der Gleichzeitigkeit ist für unseren Grenzfall unzulässig, da die Uhren nicht relativ zu einander ruhen (Die Spezielle Relativitätstheorie wird falsch, das Prinzip der Konstanz der Lichtgeschwindigkeit ist verletzt, wenn kosmologische Gleichzeitigkeit eingeführt wird.), aber es ist die Ursache dafür, dass der Raum hyperbolisch wird.

Um das zu beweisen, messe man Radius und Umfang des Kreises der Abb. 19.9, wenn die Uhr in G_0 die Zeit t_0 anzeigt. Der Umfang bei G_i wird dann zur Zeit

$$t_i = t_0 \sqrt{1 - v_i^2 / c^2}$$

gemessen (Zeitdilatation der in G_i ruhenden Uhr), also nicht kosmologisch gleichzeitig. Letztere erlaubt Messung des Umfangs bei G_i (und bei den übrigen Galaxien auf dem Umfang) erst, wenn die Uhr in G_0

$$t_i = t_0 / \sqrt{1 - v_i^2 / c^2}$$

beträgt (Divisionszeichen beachten, denn erst dann hat die Eigenzeit von G_i den Wert t_0). Das ist speziell-relativistisch später, der Umfang wird größer gemessen: $U > 2\pi r_i$ d. h. man hat einen hyperbolischen Raum. Etwas genauer: Der Umfang des Kreises zur Zeit

$$t_i = t_0 / \sqrt{1 - v_i^2 / c^2}$$

ist
$$U = 2\pi r_i = 2\pi v_i t_0 \sqrt{1 - v_i^2 / c^2} = 2\pi r_i / \sqrt{1 - v_i^2 / c^2}$$

Das ist größer als $2\pi r_i$, also ist $k = -1$.

Es bleibt eigentlich nur, die Gleichzeitigkeitsdefinitionen der kosmologischen Modelle dem speziell-relativistischen Grenzfall anzupassen. Das zeigt auch die genauere Diskussion:

Als erstes könnte man einwenden, dass in Abb. 19.8 die Expansion des Raumes dargestellt ist. Nicht die G_i entfernen sich voneinander sondern zwischen den G_i wächst der Abstand als Funktion der Zeit, d. h. der Raum expandiert. Da die G_i ruhen, ändert sich die Ganggeschwindigkeit von Uhren der G_i nicht und es besteht die kosmologische Gleichzeitigkeit. Dies ist zumindest einmal möglich. Zum besseren Verständnis stelle man einen unabhängigen Beobachter in Abb. 19.9. Er kann durch Beobachtung entscheiden, welche Situation vorliegt. Gab es eine Explosion, weiß er, welches der G_i der Ort des Urknalls gewesen ist. Außerdem wird er sich selber nach endlicher Zeit im Inneren des Staubsterns befinden. Expandiert aber der Raum, dann auch der Raum zum Beobachter und der Beobachter wird sich immer außerhalb des expandierenden Raumes der G_i aufhalten. Das wäre prinzipiell messbar und damit ist die Expansion des Raumes ein operationaler Begriff.

Aber eine derartige oder äquivalente Beobachtung gibt es nicht. Trotz der fehlenden experimentellen Bestätigung ist der Glaube an einen expandierenden Raum ungeheuer: "Die *Doppler-Formel* darf nicht darüber hinwegtäuschen, dass die so definierte Fluchtgeschwindigkeit durch die Expansion des Raumes und nicht durch die eigene Bewegung der Galaxien bedingt ist." [20]. Weitere Zitate lassen sich anführen. Wo ist die Scheu, den Kosmos zu Unrecht hyperbolisch oder sphärisch werden zu lassen? Nicht einmal auf die lorentzsche Alternative wird hingewiesen.

Natürlich haben diese kosmologischen Räume durch ihre Einfachheit Vorzüge und bilden besondere mathematisch-physikalische Räume, aber warum soll es mehr sein? Die Expansion des Raumes ist nicht nachgewiesen und hat (bis zum Beweis des Gegenteils) nur in mathematisch-physikalischen Räumen einen Sinn. Auch auf die weiteren Fragen bleibt die Antwort offen: Wie soll die Expansion des Raumes experimentell von einer Relativgeschwindigkeit zweier Galaxien unterschieden werden? Für explodierende Staubsterne wie für ein expandierendes Weltall gilt die Robertson-Walker-Metrik. Seit Galilei ist bekannt, "dass diejenigen physikalischen Prozesse, die die irdische Materie bestimmen, grundsätzlich auch auf außerirdischen Körpern bestehen." [368]. Was soll in diesem Fall anders sein?

Berücksichtigt man die mit dem speziell-relativistischen Grenzfall verträgliche Definition der Gleichzeitigkeit, haben alle drei kosmologischen Standardmodelle den Wert $k = -1$, weil sie nur eine Variation der Schwarzschild-Metrik darstellen, wie in Kap. 22 ausführlich gezeigt wird. $k = 0$ existiert nur näherungsweise und $k = +1$ überhaupt nicht. Die einfachste Erklärung der Beobachtungen heißt: Unser Weltall, soweit es sichtbar ist, ist eine Metagalaxie, die als ein explodierender Staubstern beschrieben werden kann. Damit sind die heuristischen Überlegungen von Kap. 19.2 gerechtfertigt.

2. Der speziell-relativistische Grenzfall als Folge kosmologischer Gleichzeitigkeit und Expansion des Raumes

Es soll gezeigt werden, dass die Hypothese der kosmologischen Gleichzeitigkeit zusammen mit der Hypothese eines expandierenden Raumes äquivalente physikalische Formeln wie zuvor liefert. Zunächst liegt es nahe, die Vorstellung eines expandierenden Raumes abzulehnen, weil das Prinzip der Konstanz der Lichtgeschwindigkeit verletzt scheint. Wird von Ursprung G_0 ein Lichtsignal ausgesandt, erreicht es G_i zur Koordinatenzeit t_i und in der kosmologischen Zeit (= Eigenzeit von G_i)

$$t_i' = t_i \sqrt{1 - v^2 / c^2}$$

Berechnet man die Lichtgeschwindigkeit mit der kosmologischen Zeit t_i' gilt

$$v_{Licht} = s_i / t_i' > c\,.$$

Aber dieser Einwand geht ins Leere, gemäß der Einstein-Interpretation expandiert der Raum während der Lichtfortpflanzung. Erst bei der Ankunft des Lichts in G_i ist der Abstand von G_0 gleich r_i. Bei der Rückkehr ist es genau umgekehrt.

Genauer: Da das Eigenzeitintervall von Licht gleich null ist, ergibt sich aus der Robertson-Walker-Metrik $cdt = R(t)d\alpha = dr$, d. h. zu jedem Zeitpunkt t gehört ein räumliches Intervall dr, das in der Zeit dt von Licht mit der Geschwindigkeit c durchlaufen wird. Die Summe aller dt ergibt die Eigenzeit t'_i und die Summe aller dr ist der insgesamt zurückgelegte Weg $\neq r_i$. Die Lichtgeschwindigkeit war für jedes Intervall dt stets c, ist es also auch insgesamt. Das gilt für alle anderen Formeln entsprechend, beide Auffassungen schließen sich nicht wegen unterschiedlicher Formeln gegenseitig aus. So berechnet sich in der LI die Rotverschiebung für Licht von einer Galaxie G_i im speziell-relativistischen Grenzfall nach der Doppler-Formel (19.9) und Ursache für diesen Effekt ist die Relativgeschwindigkeit v. Für die Einstein-Interpretation verursacht der expandierende Raum die Rotverschiebung, die Galaxien ruhen und die Rotverschiebung wächst bei der Lichtausbreitung mit wachsenden 'Radius' $R(t)$ nach Formel (19.7). Beides ist dasselbe:

(19.7) $$1+z=\frac{R(t_0)}{R(t_i')}$$

$$=\frac{t_0}{t_i'}$$

(Wegen *R(t)* = const. *t*) (19.8) $$=\frac{t_0}{t_i\sqrt{1-v^2/c^2}}$$

$$c(t_0-t_i)=vt_i$$

$$=s_i$$

$$\frac{t_0}{t_i}=\frac{v}{c}+1$$

In (19.8) eingesetzt:

(19.9) $$1+z=\frac{1+v/c}{\sqrt{1-v^2/c^2}}$$ (Doppler-Formel)

$$z=\frac{\lambda_{beob}-\lambda}{\lambda}$$: Rotverschiebung

t_0: Start des Lichtsignals bei G_0
t_i: Ankunftszeit des Lichtsignals bei G_i
t_i': zu t_i gehörige Eigenzeit von G_i
Formel (19.7) und (19.9) aus [20].

Zahlenbeispiel: Der Mikrowellenhintergrund ist eine Strahlung, die bei ihrer Entstehung das Maximum bei einer Wellenlänge von $\lambda \approx 10^{-6}$ m (3000°K) hatte; beobachtet wird das Maximum heute bei $\lambda_{beob} \approx 10^{-3}$ m (2.7°K). Um welchen Faktor hat sich seither das Universum radial ausgedehnt?
(Um den Faktor $1+z \approx 1000$ bzw. $1+v/c \approx 2$ bei kosmologischer bzw. speziell-relativistischer Gleichzeitigkeit.)

Mathematisch sind beide Interpretationen gleichwertig, denn man darf jede Bewegung relativ zu t oder τ beschreiben. In ihren physikalischen Voraussetzungen sind beide Interpretationen nicht gleichwertig:
a) Sagt man, die Rotverschiebung der Galaxien beweist die Expansion des Raumes, postuliert man einen neuen physikalischen Effekt.
b) Sagt man, die Rotverschiebung ist ein Dopplereffekt auf Grund der Explosion einer Metagalaxie, bezieht man sich auf bekannte physikalische Effekte.

Woher nimmt man das Recht zu dieser neuen Hypothese? Soll mathematische Schönheit genügen? Ja? Es gibt weitere Gegenargumente. So passen Quintessenzmodelle gut zur These b.) [vor20] und die Kleinheit der Kosmologischen Konstante – „one of the most outstanding challenges in modern theoretical physics" ist mit These b.) ebenfalls gut erklärbar, s. Kap. 24.13. Also, welche Gründe gibt es, die Lorentz-Interpretation seit fast 100 Jahren nicht wenigstens zu tolerieren?

19.8.5 Die Ausdehnung des Universums als Funktion von t und τ

Für die expandierenden Räume k = 0, -1 besteht folgender physikalisch widersprüchliche Sachverhalt: Zum Zeitpunkt $\tau = 0$ ist $R(\tau) = 0$ und daraus folgt $r_{Welt} = 0$. Für $\tau = \varepsilon$, wobei ε eine beliebig kleine, positive Zahl ist, ist $R(\tau) > 0$ und damit $r_{Welt} = \rho R(\tau)$ beliebig groß, weil ρ beliebig groß sein kann, insbesondere ist $r_{Welt} >> c\tau$. Das ist physikalisch widersprüchlich, denn für einen punkförmigen Anfangszustand $r_{Welt} = 0$ bleibt die Welt endlich für endliche Zeiten, $r_{Welt} < c\tau$, da sich Materie mit $v < c$ ausbreitet.

Die EI-Erklärung: Hier bewegt sich nichts, der Raum zwischen den Galaxien dehnt sich aus. Schiebt sich zwischen unendlich vielen Teilchen ein endliches Stück Raum der Größe ε, hat man einen unendlichen Raum von jetzt auf nachher. Logisch, aber muss man das glauben? Wenn sich alle Teilchen von einem Zentrum entfernen, hat so etwas wie eine Explosion stattgefunden, diese Alternative wäre zu widerlegen und wenn das gelänge, hätte man erst einmal ein ungelöstes Problem und ohne weitere Gründe nicht das Recht, so etwas wie die Expansion des Raumes zu postulieren. Die Bedeutung der EI liegt möglicherweise in etwas Anderem: s. Ende Kap. 22.3.

Die LI-Erklärung für den speziell-relativistischen Grenzfall: Wegen

$$t = \frac{\tau}{\sqrt{1 - v^2 / c^2}}$$

ist zu jedem Zeitpunkt $\tau = \varepsilon$, ε beliebig klein, und für jedes Teilchen mit $v \approx c$ der Wert von t beliebig groß. Nun soll kosmologische Gleichzeitigkeit gelten, d. h. alles mit gleichem τ existiert gleichzeitig. Damit ist die Welt von jetzt auf nachher unendlich ausgedehnt. Der ‚Kunstgriff': Man fragt nicht nach Zukunft $t > t_0$ und Gegenwart $(t = t_0)$ sondern nach gleicher Eigenzeit $(\tau = \tau_0)$. Für die LI folgt daraus: Die Räume k= 0, -1 sind mathematische Räume mit physikalischer Bedeutung, aber nicht Raum und Zeit, in der wir leben.

Für Räume mit k = +1 passiert etwas Anderes, sogar für $r_{Welt} = r_{\max}$ befindet sich das gesamte Weltall in einem Schwarzen Loch, s. Kap. 22.3.

„Um ein tadelloses Mitglied einer Schafherde sein zu können,
muß man vor allem ein Schaf sein."
EINSTEIN 1935

20. Die Lorentz-Interpretation (LI) der Allgemeinen Relativitätstheorie

20.1 Ansatz einer exakten Definition

Die Lorentz-Transformationen (LT) lassen sich aus der exakten Definition der LI der Speziellen Relativitätstheorie in Kap. 6 herleiten. Dort wurde auch gezeigt, dass mit den Annahmen

$$\begin{aligned} \Delta x' &= \gamma \Delta x \\ \Delta y' &= \Delta y \\ \Delta z' &= \Delta z \\ \Delta t' &= \Delta t / \gamma \end{aligned} \tag{20.1}$$

ebenfalls die Herleitung der LT möglich ist und in Kap. 4.5, dass mit

$$m(v) = \gamma m(0) \tag{20.2}$$

zusätzlich die Energie- und Impulserhaltung eingeführt werden kann. Mit beidem zusammen ist der Kern der Speziellen Relativitätstheorie verfügbar. Der Vorteil dieser Vorgehensweise liegt darin, dass die Annahmen (20.1) und (20.2) experimentell bestätigt sind, was für ein allgemeines Prinzip nur bedingt gilt.

In Übereinstimmung zu dieser Vorgehensweise soll die LI der Allgemeinen Relativitätstheorie gegenüber der EI um die Annahmen (20.3) – (20.6) erweitert werden. Wie lassen sich diese Annahmen rechtfertigen? (a) Sie sind aus einem allgemeinen Prinzip herleitbar, wie im folgenden angedeutet wird. (b) Sie sind experimentell bestätigt oder dafür offen, s. u. und Kap. 20.2. (c) Sie haben einen theoretischen Gewinn, analog zur Inertialsystemforderung, Kap. 10.8.6. So besitzen sie z. B. für den Sonderfall frei fallender Objekte einen Energieerhaltungssatz, der nicht Teil der Klassischen Allgemeinen Relativitätstheorie ist, s. Kap. 21.3.

Der Ansatz für eine exakte Definition der LI der Allgemeinen Relativitätstheorie lautet: Wie in der Klassischen Allgemeinen Relativitätstheorie gelten:

Postulat 1: Äquivalenzprinzip – in lokalen Inertialsystemen gelten die Formeln der Speziellen Relativitätstheorie

Postulat 2: Kovarianzprinzip – die Gesetze in Gravitationsfeldern sind darstellbar als Vektor- und Tensorgleichungen in 4-dimensionalen pseudoriemannschen Räumen vom Index 1, die für beliebige Koordinatensysteme gültig sind, oder dazu ähnliche Konstruktionen (Pseudotensoren).

LI: Die damit hergeleiteten kovarianten Gesetze beschreiben, was von und in Gravitationsfeldern messbar ist. So ist z. B. Aussage (20.6) nicht unmittelbar messbar und deshalb kein Widerspruch zu den Postulaten 1 und 2.

EI: Die allgemein-relativistischen Vektor- und Tensorgleichungen sind darüber hinaus Naturgesetze, die unmittelbar ausdrücken, was die wirklichen physikalischen Eigenschaften der physikalischen Objekte sind. Die jeweiligen riemannschen Räume sind die wirkliche, 4-dimensionale Raumzeit, in der wir leben. Das folgende Postulat 3 (und 3') wird von der EI nicht benötigt. Die LI benötigt es, um die Abbildung des jeweiligen riemannschen Raumes auf Raum und Zeit zu beschreiben und ist die Grundlage einer physikalischen Erweiterung der EI.

Postulat 3: Es gibt ein ausgezeichnetes Inertialsystem – relativ dazu lassen sich aus den gemessenen physikalischen Größen die wirklichen physikalischen Größen ablesen.

Der Einfachheit halber wird im folgenden stets angenommen, dass das Gravitationszentrum im ausgezeichneten Inertialsystem ruht. Die Felder von bewegten Gravitationszentren unterscheiden sich davon nur durch eine zusätzliche LT. Das Postulat 3' ist die Spezialisierung von Postulat 3 auf die Schwarzschildmetrik.

Postulat 3': Das ausgezeichnete Inertialsystem der äußeren Schwarzschildmetrik (SM) ist das r, t - Koordinatensystem, Formel (16.5). In diesem Koordinatensystem soll gelten:

(20.3) $$dr_{rad} = ds(1-2M/r)^{1/2}$$

(20.4) $$dr_{\tan} = ds(1-2M/r)$$

(20.5) $$dt = d\tau(1-2M/r)^{-1/2}$$

(20.6) $$dm_r = dm(1-2M/r)^{1/2}$$

$2M$: Schwarzschildradius.

Rechts stehen die gemessenen Größen, links die damit berechneten, wirklichen Größen. Diese Annahmen sind nicht willkürlich sondern an den allgemein-relativistischen Formeln ablesbar und experimentell überprüfbar. (20.3) – (20.6) zeigen, wie das Gravitationsfeld der SM radial und tangential gestellte (Maß-)Stäbe, Uhren und Massen quantitativ verändert, s. Abb. 20.1 und 20.2. Sie gelten für die SM und RWM, für andere Metriken (Kerr-Metrik ...) werden sie nicht untersucht, sollten aber dazu ähnlich sein. Ohne diese Annahmen sind Raum und Zeit als 4-dimensional und gekrümmt anzusehen, mit ihnen als 3- und 1-dimensional und als

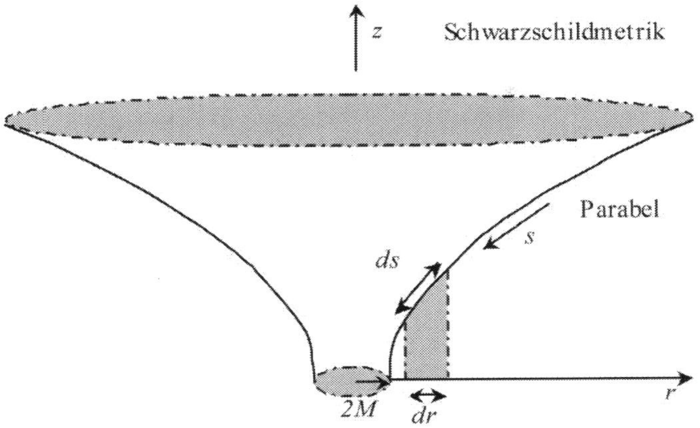

Abb. 20.1 Radiale Maßstabsveränderungen, Annahme (20.3). Sie entsprechen der Darstellung von WEYL, Abb. 16.8 und 16.9.

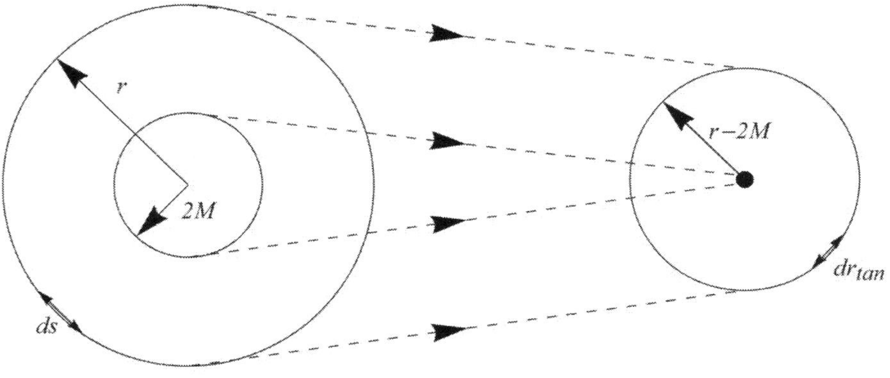

Abb. 20.2 Tangentiale Maßstabsveränderungen, Annahme (20.4).

Die tangentialen Maßstabsveränderungen treten zusätzlich zur Abb. 16.8 und 16.9 auf. Das Innere der Schwarzschildkugel wird punktförmig, Schwarze Löcher werden zu einem theoretischen Grenzfall, denn für kugelförmige Objekte gilt:

$$\frac{1}{2\pi}\int dr_{\tan} = r - 2M$$

euklidisch. Der Verlust an philosophischer Bedeutung bewirkt einen Gewinn an Physik, wobei (20.6) besondere Bedeutung hat, s. Kap. 21.

Beispiel: Die LI unterscheidet zwischen gemessenen und wirklichen Werten physikalischer Größen. Ist dr eine Größe, die Messwerte oder wirkliche Werte beschreibt? Was gilt für r? dr_{rad}, s. (20.3), und das Integral

$$\frac{1}{2\pi}\int dr_{\tan} = r - 2M$$

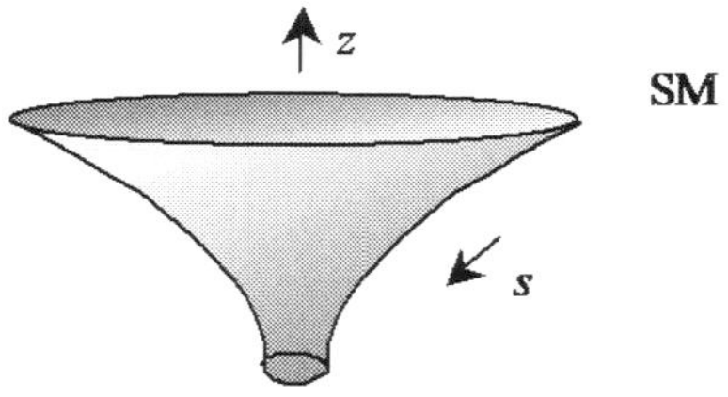

sind wirkliche physikalische Größen, nicht aber $r = U/2\pi$, U: gemessener Umfang längs eines Breitenkreises. Was auf dem Trichter der SM liegt, ist für LI und EI messbar. Eine wichtige Anwendung zeigen die Formeln (22.14) und (22.15).

20.2 Plausibilität und Verifizierbarkeit der Zusatzannahmen

Die Gleichungen (20.1) – (20.2) und (20.3) – (20.6) beziehen sich auf verschiedene Bereiche der Physik, haben aber eine ähnliche Struktur. Das ist kein Zufall, sie befolgen ein universales Prinzip, wie es auch für QM und QF gilt: Messobjekt und Messgerät zusammen gestalten das Messergebnis. Der Einfluss des Messgerätes ist nicht länger, wie in der Klassischen Physik, zu vernachlässigen. Ein weiteres grundsätzliches Argument zu Gunsten der LI: Die Allgemeine Relativitätstheorie bleibt wegen der Postulate 1 und 2 – mit geringen Änderungen – bestehen. Das ist notwendig, denn die Ann. (20.3) – (20.6)) sind nur mit der Allgemeinen Relativitätstheorie zu rechtfertigen, da die Metrik bekannt sein muss.

Ann. (20.5) ist experimentell bestätigt, [142], [143], die wichtige Beziehung (20.6) ist aus allgemein-relativistischen Gleichungen ableitbar (für den Sonderfall von im Gravitationsfeld ruhenden Teilchen, s. Kap. 21), (20.3) und (20.4) sind prinzipiell experimentell überprüfbar für Objekte, auf die die RWM anwendbar ist, s. Kap. 22.3.

Erweitert die LI die Klassische Allgemeine Relativitätstheorie oder wird sie eingeschränkt? In der Hauptsache ändert sich durch die LI nichts, denn die Formeln bleiben dieselben. Die LI ist eine Einschränkung, denn sie trifft eine Auswahl, wo die Allgemeine Relativitätstheorie mehrere Alternativen anbietet. Die RWM z. B. erlaubt beides, den explodierenden Staubstern, der sich ins Unendliche ausdehnt, und den expandierenden Raum des Universums. Die LI entscheidet sich für das Erstere, s. Kap. 19. In der SM gibt es zwei Fallzeiten, die endliche für die Eigenzeit und die unendliche für die zugehörige Koordinatenzeit. Die LI ist eine Erweiterung, denn die Klassische Allgemeine Relativitätstheorie erklärt die zweite Fallzeit für bedeutungslos, für die LI haben beide physikalische Bedeutung – mit wesentlichen Folgen, es gilt ein neuer Energieerhaltungssatz, s. Kap. 21.3, und Schwarze Löcher werden zu einem theoretischen Grenzfall, s. Kap. 21.5.

Alle folgenden Kapitel, vor allem Kap. 21 und 22, haben das Ziel nachzuweisen, dass die geänderte Sichtweise der Schwarzen Löcher zu allen Metriken der Allgemeinen Relativitätstheorie passt und experimentell überprüfbar ist. Ungewollt löst sich damit „one of the most oustanding challenges in modern theoretical physics" [22] zur Kleinheit der Kosmologischen Konstante, denn dieses Problem besteht nur für die Klassische Allgemeine Relativitätstheorie, s. Kap. 24.13. Das alles sind zusätzliche Gründe, die LI als eine Erweiterung der EI zu betrachten.

21. Schwarze Löcher und Energieerhaltung der SM

21.1 Energieerhaltung für Licht

EI: Für Physiker gehört es zum Grundlagenwissen, Licht erfährt beim Aufsteigen im Gravitationsfeld eine sog. Gravitationsrotverschiebung, weil Photonen, als Teilchen betrachtet, gegen die Gravitationskräfte ‚ankämpfen' müssen. Es gilt die von POUND und REPKA [279] experimentell auf 1% bestätigte Formel

$$\frac{\Delta\lambda}{\lambda} = \frac{gh}{c^2} \tag{21.1}$$

g = Erdbeschleunigung, h = Fallhöhe.

In diesem Sinne heißt es bei STEPHANI [357] „Bei der Ausbreitung des Lichtes in einem Gravitationsfeld ändert sich nicht nur die Richtung der Lichtstrahlen, sondern auch die Frequenz des Lichtes." Bei RINDLER [299] „... as light climbs up a gravitational gradient, its frequency decreases ..." aber auch "... standard clocks fixed in a stationary gravitational field at low potential go slower than clock fixed at higher potential." Beides gemeinsam widerspricht sich, denn man kann die abnehmende Frequenz von Licht nicht mit einer Uhr nachweisen, die um den gleichen Faktor schneller läuft. Die Effekte würden sich aufheben. Trotzdem meinen beide Aussagen etwas Richtiges.

Schließlich heißt es bei PETKOV [261] „Therefore, in the gravitational redshift, it is the velocity and wavelength of a photon that changes whereas its frequency does not change." Ein Widerspruch zu den beiden anderen Zitaten. Hat der überzeugte Relativist PETKOV Recht, ist der obige Widerspruch beseitigt, nur die Uhren laufen langsamer, aber es bedeutet, dass das Äquivalenzprinzip nicht wortwörtlich stimmen kann. Dazu müssten die Eigenzeiten frei fallender Uhren die wirkliche Zeit anzeigen. Laufen sie langsamer, ist die im lokalen Inertialsystem gemessene Lichtgeschwindigkeit zwar gleich c, nach Umrechnung auf die wirkliche Geschwindigkeit aber ungleich c. Das widerspricht dem Prinzip der Konstanz der Lichtgeschwindigkeit. Die wirkliche Uhrzeit ist bestimmbar, da die Frequenz von Licht konstant bleiben soll.

Fazit: Innerhalb der EI werden mit guten Gründen sich widersprechende Ansichten zur Gravitationsrotverschiebung vertreten, nur im Wichtigsten – dem Urteil über das Messergebnis zur Rotverschiebung – herrscht Einigkeit. Damit kann das Äquivalenzprinzip bestehen bleiben, aber nur in abgeschwächter Form, als nur gültig für die Messergebnisse. Es entsteht die Frage: Hat hier jemand nicht richtig nachgedacht und sind diese Widersprüche behebbar oder ist die EI in diesem Punkt unvollständig?

Für die LI entstehen keine Probleme: Für sie gilt (20.5), d. h. Uhren laufen langsamer in Gravitationsfeldern. Lichtwellen werden von Anfang an mit geringerer Frequenz erzeugt und behalten diese beim Auf- oder Absteigen im Gravitationsfeld, denn das die Lichtwelle erzeugende Atom ist eine Uhr und muss deshalb langsamer schwingen. Die Frequenz bleibt konstant, da die Gravitationsfelder wie optisch dichte Medien wirken. In ihnen ändert sich für Licht die Wellenlänge und ihre Geschwindigkeit, aber nicht ihre Frequenz – wegen $E = h\nu$ und Energieerhaltung muss das so sein. Wer das bestreitet, verringert nochmals den Betrag der Rotverschiebung und widerspricht dem Experiment.

Quantitativ: Für die LI gelten

(21.2) $$\nu = \nu_0 (1 - 2M/r)^{1/2}$$

und die Formeln (16.31) und (16.32) für die wirkliche Lichtgeschwindigkeit in radialer und tangentialer Richtung.

Beispiel: Die D_1-Linie von Natrium hat die Wellenlänge $\lambda_{D1} = 589{,}6\text{nm}$. Die wirkliche Frequenz ν_{real} der von der Sonnenoberfläche emittierten D_1-Linie hat den Wert $\nu_{real} = \nu_{D1}(1 - 2M_{Sonne}/R_{Sonne})^{1/2} = \nu_{D1} \times 0.9999979$. ν_{real} ist zahlenmäßig der im Unendlichen gemessene Wert, er ist experimentell auf 5% bestätigt worden. [21.3]

Das Äquivalenzprinzip ändert für die LI seine Bedeutung, es gilt für Messergebnisse, so wie die relativistischen Formeln Messergebnisse vorhersagen. Beispiel: Die gemessene Frequenz der Natrium D_1-Linie hat, egal wo sie im Gravitationsfeld erzeugt wird, ihren theoretischen Wert, wenn sie mit Uhren gemessen wird, die am Entstehungsort ruhen. Die dort *gemessene* Lichtgeschwindigkeit hat den Wert c, entsprechendes gilt für theoretische Werte der Energie z. B. von Zerfallsprozessen, insbesondere für die Ruhemasse. Alles so, wie es das Äquivalenzprinzip fordert. Aber die wirklichen Werte sind etwas Anderes als die gemessenen. Beides wird in Kap. 21.2 benötigt.

„Was EINSTEIN sagt, ist gar nicht so dumm.“
W. PAULI als Student

21.2 Fallgesetze

Für die nachfolgenden Fallgesetze bestreitet die EI die Gültigkeit für $r = f(t)$, Formel (21.9), im Gegensatz zu $r = g(\tau)$, Formel (21.10). Aber die relativistischen Bewegungsgesetze der SM sind experimentell gut bestätigt und damit ist es auch der Sonderfall des freien Falls. Für die LI ist deshalb $r = f(t)$ nicht zu beanstanden und hat, wie sich zeigt, besondere, bislang unbeachtete physikalische Eigenschaften. Diese Überlegungen und die von Kap. 21.3 vertiefen die Kap. 16.8 und 16.9 der SM.

Für die SM ergibt sich für den radialen freien Fall der Energieerhaltungssatz

(21.3) $$\left(1-\frac{2M}{r}\right)\frac{dct}{d\tau}=E_G$$

und unmittelbar aus der SM folgt

(21.4) $$1=\left(1-\frac{2M}{r}\right)\left(\frac{dct}{dc\tau}\right)^2-\left(1-\frac{2M}{r}\right)^{-1}\left(\frac{dr}{dc\tau}\right)^2$$ [357]

und zusammen mit (21.3)

(21.5) $$\left(\frac{dr}{d\tau}\right)^2=E_G{}^2-c^2\left(1-\frac{2M}{r}\right)$$

Aus (21.3)–(21.5) ergeben sich $\tau = g(r)$ und $t = f(r)$, Abb. 21.1, sowie

(21.6) $$E_G=c\left(1-\frac{2M}{r_{v=o}}\right)^{\frac{1}{2}}$$ mit $v=0$ (Umkehrpunkt)

(21.7) $$E_G=c$$ mit $v_\infty=0$

(21.8) $$E_G=\frac{\mathrm{c}}{\left(1-\frac{v_\infty{}^2}{c^2}\right)^{\frac{1}{2}}}$$ mit $v_\infty>0$

(Die etwas ungewöhnliche Einheit für die Energie, $E_G = c$, soll nicht stören.)

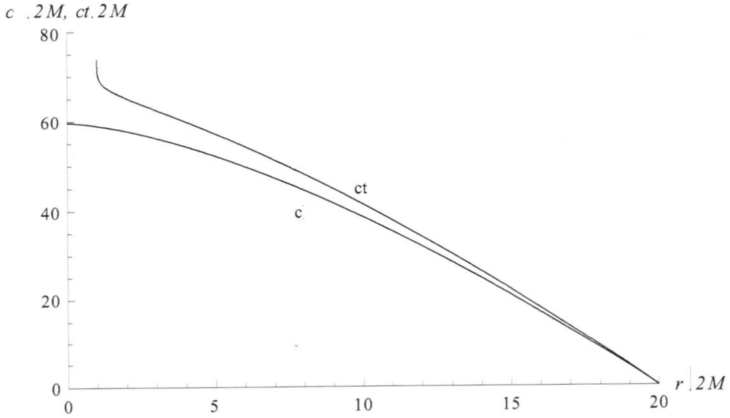

Abb. 21.1 Die Funktionen $\tau = g(r)$ und $t = f(r)$

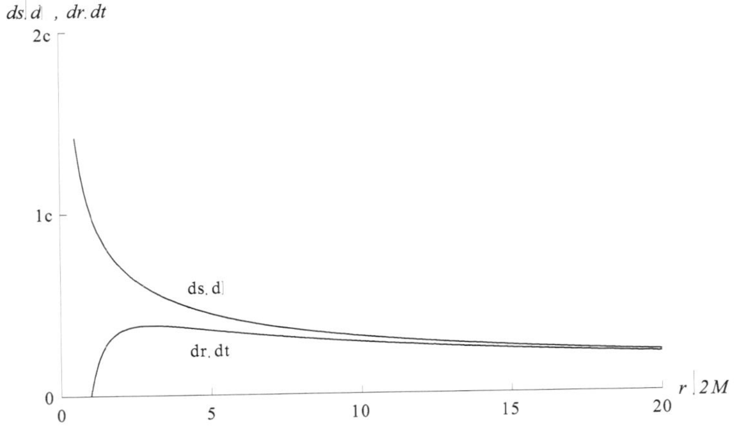

Abb. 21.2 Die Ableitungen der Funktionen $\tau = g(r)$ und $t = f(r)$

Nach D'INVERNO [60] lautet $t = f(r)$:

(21.9)
$$t - t_0 = -\frac{2}{3\sqrt{2M_s}}(r^{3/2} - r_0^{3/2} + 6M_s r^{1/2} - 6M_s r_0^{1/2}) + 2M_s \ln \frac{\left[r^{1/2} + (2M_s)^{1/2}\right]\left[r_0^{1/2} - (2M_s)^{1/2}\right]}{\left[r_0^{1/2} + (2M_s)^{1/2}\right]\left[r^{1/2} - (2M_s)^{1/2}\right]}$$

und $\tau = g(r)$ für die Eigenzeit τ

(21.10)
$$\tau - \tau_0 = \frac{2}{3\sqrt{2M_s}}(r_0^{3/2} - r^{3/2})$$

d. h. τ hat an der Stelle $r = 2M_s$ einen endlichen Wert. Obwohl es eine unendlich lange Zeit t dauert bis $2M_s$ erreicht wird, bleibt die dazu benötigte Eigenzeit τ endlich.

1.) $r = g^{-1}(\tau)$, Umkehrfunktion von (21.10): Die kinetische Energie nimmt stetig zu und erreicht bei $r = 0$ sein Maximum, so wie man es erwartet. Relativ zu einem bei r ruhenden, lokalen Inertialsystem gilt $v = \frac{ds}{d\tau} = c\sqrt{\frac{2M}{r}}$, wie aus (21.3), (21.5), Annahmen (20.3) +(20.5) folgt. (Unterschied zwischen Eigenzeit des frei fallenden Teilchens und Eigenzeit im lokalen Inertialsystem beachten, beides wird mit τ bezeichnet.) D. h. die Gesamtenergie im lokalen Inertialsystem an der Stelle $r = 2M_s$ ist unendlich, denn das Teilchen hat Lichtgeschwindigkeit erreicht.

2.) $r = f^{-1}(t)$, Umkehrfunktion von (21.9):

(21.11) $v = \frac{dr}{dt} \to 0$ *für* $t \to \infty$, $2M_s$ wird nicht überschritten.

(21.12) $b = \frac{d^2r}{dt^2}$ anfangs ist die Beschleunigung $b > 0$, dann $b < 0$

(21.13) $\lim_{r \to r_{SM}} \left(\frac{d\tau}{dt} = E_G^{-1}\left(1 - \frac{2M}{r}\right)\right) = 0$, eine frei fallende Uhr läuft immer langsamer und bleibt stehen, wenn $r = 2M_s$. (aus (21.3))

Die beiden Kurven $r = g^{-1}(\tau)$ und $r = f^{-1}(t)$ unterscheiden sich in einem wesentlichen Punkt. Für $r = g^{-1}(\tau)$ erreicht ein frei fallendes Objekt das Zentrum $r = 0$ nach endlicher Eigenzeit und befindet sich dann in einem Schwarzes Loch, gemäß $r = f^{-1}(t)$ erreicht des Objekt $r = 2M_s$ nie, es fällt nicht in ein Schwarzes Loch, denn es erreicht keinen Wert $r < 2M_s$. Die EI entscheidet sich für $r = g^{-1}(\tau)$, die LI für $r = f^{-1}(t)$ und $r = g^{-1}(\tau)$.

Die Argumente der EI: In Kap. 16.9 sind Zitate von STEPHANI [357] wiedergegeben. Weitere Zitate: "Es ist somit klar, daß die Schwarzschildsche Zeitkoordinate t für die Beschreibung dieser Bewegung ungeeignet ist." [60] „It follows that there is a great difference between the description of the motion in terms of proper time τ of a clock on the falling particle (r goes all the way from $r = R$ down to $r = 0$ ...) and a description in terms of the Schwarzschild-coordinate time t appropriate for the faraway observer (... r is only brought asymptotically down to $r \sim 2M_s$). Thus the second description of the motion leaves out, and has no alternative to leave out, the whole range of r values from $r=2M$ down to zero: perfectly good physics, and physics that the falling particle is going to see and explore, but physics that a faraway observer never will see and never can see." [230]

Argumente der LI:

(1) Zu MISNER, THORNE, WHEELER [230]: Man kann es glauben, aber man weiß es nicht, ob einem gute Physik verloren geht, wenn man $r = g^{-1}(\tau)$ favorisiert. Welche ‚good physics' hat das Innere eines Punktes? Bis zum experimentellen Nachweis der Schwarzen Löcher (SL) darf man widersprechen.

(2) Die Fallgesetze sind ein Spezialfall der experimentell gut bestätigten Bewegungsgleichungen. t ist nicht nur eine Koordinatenzeit, sie gibt die Zeit an, die außerhalb des Gravitationsfeldes abläuft.

(3) Folgendes einfach vorstellbare Experiment könnte die Behauptung widerlegen, dass das frei fallende Teilchen das Innere des SL erreicht: Man positioniere in gewissen Abständen an alle Orte r bis hin zu $2M_s$ einen Beobachter. Gilt $r = f^{-1}(t)$, gibt es nach beliebig langer Zeit t Orte, die das frei fallende Teilchen noch nicht passiert hat. Seine Eigenzeit bleibt stets kleiner als die zu $r = 2M_s$ gehörige Eigenzeit $\tau_{2M} = g^{-1}(2M_s)$. Das ist innerhalb der LI unproblematisch – eine frei fallende Uhr läuft immer langsamer und sie bliebe stehen, wenn $2M_s$ erreicht würde.

Das sind eindeutige, experimentell überprüfbare Unterschiede zwischen EI und LI.

21.3 Energieerhaltungssatz für frei fallende Teilchen

In Kap. 3.3 wurde für einen im Gravitationsfeld eines Sterns frei fallenden Stein folgender Widerspruch beschrieben: Einerseits nimmt die Gesamtenergie des Steins zu (zumindest zu Beginn), andererseits ändert sich die Gesamtenergie des Sterns nicht und scheidet als Energielieferant aus, [299].

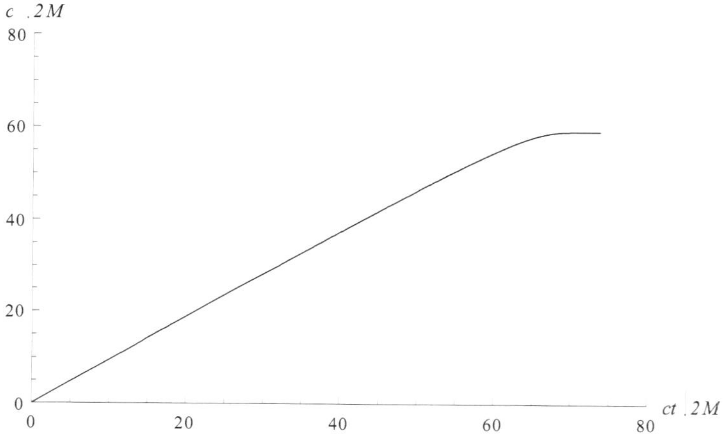

Abb. 21.3 Die Funktion $\tau = h(t)$

Im Folgenden werden die Gleichungen $r = f^{-1}(t)$ und $r = g^{-1}(\tau)$, Formeln (21.9) und (21.10), der SM als gültig vorausgesetzt. Sie sind prinzipiell experimentell überprüfbar und sie in ihrer Gültigkeit einzuschränken bedeutet, die Gültigkeit der Allgemeinen Relativitätstheorie zu bestreiten. Insbesondere ergibt sich aus beiden Formeln eine Beziehung $\tau = h(t)$ zwischen Eigenzeit des Steins und unserer Zeit t außerhalb des Sterns, die testbar wäre, wie Kap. 20.2 gezeigt hat. Aus ihr folgt: Solange t endlich ist, hat der Stein das Schwarze Loch nicht erreicht und deshalb erreicht er es nie – entweder hier stimmt man zu oder man bestreitet eine relativistische Formel und deren Vorhersage.

Für die EI gilt: Die Gesamtenergie des Steins wächst mit der Fallzeit, weil die kinetische Energie mit der Fallzeit wächst (wenigstens zu Beginn) und die Ruhemasse konstant bleibt. Also muss die Gesamtenergie des Sterns abnehmen, damit $E_{Stein} + E_{Stern} = \text{konst}$ erfüllt ist. Das erfordert die Energieerhaltung. Wie der Energietransport vom Stern zum Stein stattfindet, müsste nicht bekannt sein. Der Widerspruch für die EI entsteht, weil, wie RINDLER [299] ausführt, der Stern keinerlei

Energie auf den Stein überträgt und außerdem im Fallgesetz (21.3) die Gesamtenergie E_G eine Konstante ist.

Die LI löst das Problem mit Forderung (20.6), die Ruhemasse des Steins nimmt beim freien Fall ab. Damit kann die kinetische Energie zunehmen, ohne die Gesamtenergie des frei fallenden Steins, E_G in Gleichung (21.3), zu ändern.

Das führt für die LI zu zwei weiteren, aber lösbaren Problemen:

1.) Überschreitet der Stein den Wendepunkt von $r = f^{-1}(t)$, s. Abb. 21.2, nimmt die Geschwindigkeit und deshalb die kinetische Energie ab, ebenso die Ruhemasse, wo bleibt die jetzt überschüssige Energie?

2.) Licht erfährt nach allgemeiner Auffassung eine Rotverschiebung beim Aufstieg und eine Blauverschiebung beim Abstieg. Licht hat keine Ruhemasse, die sich ändern könnte. Wo geht die Energie hin und wo kommt sie her?

Punkt 2.) wurde in Kap. 21.1 gelöst. Punkt 1.) verlangt eine zusätzliche Hypothese. Helfen könnten Quantenmechanik (QM) und Quantenfeldtheorie (QF). Das Wellen- und Teilchenbild der QM und QF erlaubt eine qualitative Deutung des Bewegungsablaufs beim freien Fall. Anfangs gilt das Teilchenbild, man hat physikalische Körper, deren kinetische Energie zunimmt, so wie die Geschwindigkeit der Körper zunimmt, dann nimmt wider Erwarten die Geschwindigkeit ab und nähert sich null. Das gilt ebenso für Wellen in zunehmend dichterem Medium, dort können sie ihre Energie und Frequenz behalten, aber gleichzeitig kann ihre Ausbreitungsgeschwindigkeit abnehmen. Man betrachte Annahme (20.6). Was wird aus einem Teilchen, wenn es den Schwarzschildradius erreicht? Die Ruhemasse ist null, also ist es Licht? Nein, das widerspricht der Erhaltung der Baryonenzahl. Was bleibt? Das Teilchen nähert sich dem Schwarzschildradius, erreicht ihn aber nicht, die Ruhemasse bleibt endlich und die Baryonenzahl ändert sich somit nicht. Abnehmende Ruhemasse könnte eine Zunahme von Welleneigenschaften bedeuten und das wiederum eine Zunahme von Wellenenergie. Das jedenfalls passt zu der abnehmenden Geschwindigkeit, denn je dichter das optische Medium, desto geringer die Geschwindigkeit von Licht- oder anderen Wellen, ohne deren Frequenz und damit deren Energie zu ändern. Insgesamt ein Effekt der Quantengravitation? Ja, wenn die Hypothese richtig ist. Dies ist grundsätzlich experimentell überprüfbar. Nein, nicht akzeptabel? Die – vielleicht einzige - Alternative heißt dann, das relativistische Fallgesetz und damit die Allgemeine Relativitätstheorie in Frage zu stellen und das lehnt der Autor ab, bis das Gegenteil experimentell erwiesen ist. Damit hat man den folgenden hypothetischen Energieerhaltungssatz:

$$
\begin{aligned}
E_G &= E_{Ruhe} + E_{kin} + E_{Welle} \\
&= m_0 c^2 \left(1 - \frac{2M}{r}\right)^{\frac{1}{2}} + m_0 c^2 \left(1 - \frac{2M}{r}\right)^{\frac{1}{2}} \left[\frac{1}{\sqrt{1 - v^2/c^2}} - 1\right] + E_{Welle}
\end{aligned} \tag{21.15}
$$

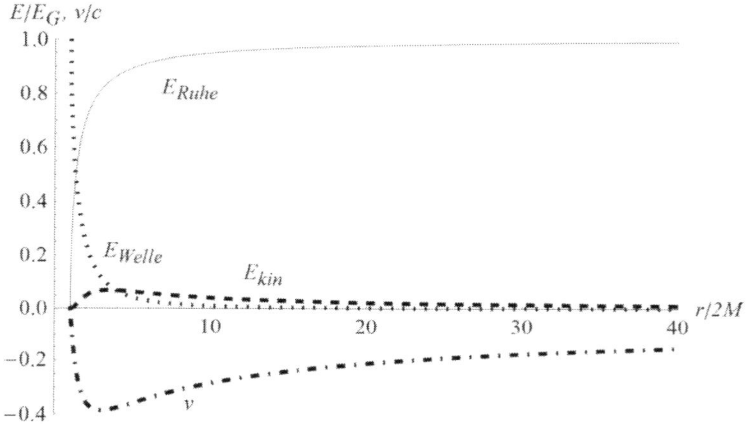

Abb. 21.4 Die Anteile der Gesamtenergie E_G und die Geschwindigkeit v für den radialen freien Fall

mit $v = \frac{dr}{dt} = \frac{dr/d\tau}{dt/d\tau}$, Quotient der Formeln (21.3) und (21.5). In Abb. 21.4 und 21.5 ist die Gesamtenergie E_G grafisch dargestellt.

Diese Formeln passen zu den Überlegungen über das newtonsche Gravitationspotential, Kap. 24.8, Formeln (24.7)–(24.9) und den einsteinschen Energieerhaltungssatz, Kap. 24.9.

Die EI hat mit den Formeln (21.3), (21.5) auch einen Energieerhaltungssatz, man versteht aber nicht, was er bedeutet, man versteht nicht, wieso $E_G = \text{konst}$ gelten soll, obwohl v wächst, man versteht den Grenzübergang $v \to 0$ für $r \to 2M$ nicht, wiederum, obwohl $E_G = \text{konst}$. Hinzu kommt der Widerspruch, dass im lokalen Inertialsystem am Schwarzschildradius die Teilchenenergie für die EI unendlich groß wird, weil ein dort ruhender Beobachter für ein frei fallendes Teilchen ($E_G = c$) die Geschwindigkeit $ds/d\tau = \text{c}$ misst.

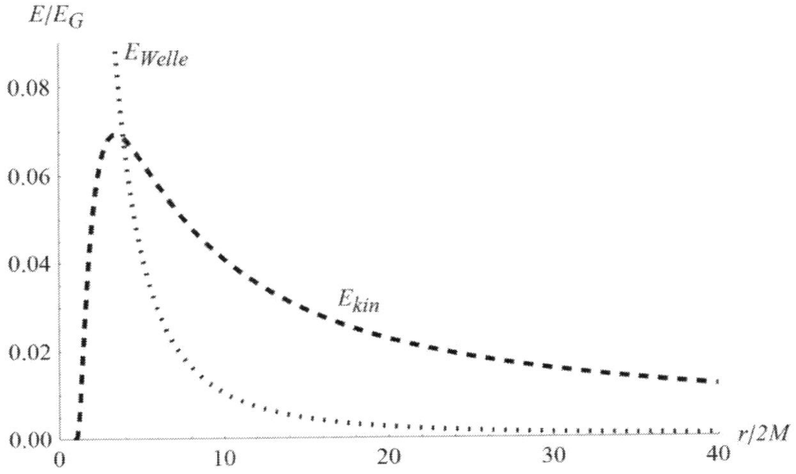

Abb. 21.5 Die Anteile der Gesamtenergie E_G für den radialen freien Fall – Ausschnitt von Abb. 21.4

Gravitationskraft lässt sich für die LI mit diesen Hypothesen verstehen als das Bestreben von Gravitationsfeldern, die Ruhemasse eines Teilchens zu verringern. Für Teilchen mit Ruhemasse null gibt es dann keine Gravitationskräfte. Für solche Teilchen sind Gravitationsfelder optisch dichte Medien, die Geschwindigkeit und Bahn der Teilchen beeinflussen. Dafür ist keine neue Theorie notwendig, es gibt sie bereits, s. LANDAU-LIFSCHITZ [190] und STEPHANI [357], s. Kap. 24.6. Eine logische Konsequenz: Sichtbare Materie besitzt Gravitationskräfte nicht schon zu Beginn des Urknalls sondern erst, wenn Teilchen Ruhemasse haben (Higgs-Mechanismus) und noch einmal weiter geht die Vermutung, dass das auch für Dunkle Materie gilt. In diesem Fall gab es zum Zeitpunkt des Urknalls keine Gravitation und eine inflationäre Phase ist nahezu selbstverständlich. Man sieht auch hier die große Bedeutung des CERN-Experiments zum Nachweis des Higgs-Teilchens [21.4], [22].

Der Autor möchte diese Hypothesen nicht überbewerten. Ihn beeindruckt, dass das Äquivalenzprinzip und die von EINSTEIN daraus abgeleiteten Formeln der Klassischen Allgemeinen Relativitätstheorie vom klassischen Teilchen bis hin zu einem Wellenmodell der Quantengravitation gültig sein könnten.

21.4 Energieerhaltung in der Inneren Schwarzschildmetrik.

Energieerhaltung in der Inneren SM ist ein weiterer Anwendungsfall der Formeln (20.3) – (20.6). Er zeigt, die neuen Formeln der LI bewirken ein tieferes Verständnis für die der EI und ersetzen sie nicht. Für die Innere SM lässt sich die Gesamtenergie eines Sterns in Form seiner gravitativen Masse berechnen. Dazu dient Gleichung [230]

(21.16) $$m_{grav} = \int_0^r 4\pi r^2 \rho dr$$

Sie folgt aus der relativistischen Theorie und wird von der LI deshalb übernommen. In der EI ist diese Formel, obwohl richtig, nicht zu verstehen. Die EI müsste verlangen

(21.17) $$m_{EI} = \int 4\pi r^2 \rho_{gemessen} ds$$

mit $$ds = \frac{dr}{\left(1 - \frac{2M(r)}{r}\right)^{\frac{1}{2}}}$$

denn dann gilt: Das Integral über gemessene Volumenelemente $4\pi r^2 ds$ mal darin gemessene Dichte $\rho_{gemessen}$ ist die für die EI vorhandene Masse. Dann ist aber $m_{EI} \neq m_{grav}$.

Für die LI ist die Formel (21.17) nachvollziehbar.

(21.18) $$m_{grav} = \int_0^r 4\pi r^2 \frac{dm_{gemessen}}{dV_{gemessen}} dr$$

$$= \int_0^r 4\pi r^2 \frac{dm_{gemessen}}{4\pi r^2 ds} dr$$

$$= \int_0^r dm_{gemessen} \left(1 - \frac{2M(r)}{r}\right)^{\frac{1}{2}}$$

$$= \int_0^r dm_{real}$$

$$= m_{real}$$

Es ist nichts weiter geschehen, als mit Hilfe der Annahmen (20.4) – (20.6) gemessene Größen in reale Größen umzuwandeln – und die eigentliche Leistung ist die von der Allgemeinen Relativitätstheorie gelieferte Formel (21.16)

„Wer andern eine Grube gräbt, fällt selbst hinein"
Sprichwort

21.5 Schwarze Löcher der SM und OVG

Schwarze Löcher (SL) sind eine Vorhersage der EI aus Eigenschaften der Äußeren Schwarzschild-Metrik (SM), und werden von der EI auch an anderen Stellen vorhergesagt, so in der Inneren Schwarzschild-Metrik (Innere SM) und in der Oppenheimer-Volkhoff-Gleichung (OVG). Für die LI sind SL nur ein theoretischer Grenzfall und im Folgenden soll gezeigt werden, mit welchen Änderungen durch die LI das für die Innere SM und die OVG genauso gilt. Die Unterschiede zwischen beiden Interpretationen sind prinzipiell durch astronomische Beobachtung überprüfbar, z. B. durch einen zweifelsfreien Nachweis der SL unter Berücksichtigung der Einwände der LI.

Die SM, sie beschreibt das äußere Gravitationsfeld eines zentralsymmetrischen Sterns, lautete (16.5)

(21.19) $$ds^2 = \frac{1}{A} dr^2 + r^2 (d\theta^2 + \sin^2 \theta d\varphi^2) - Ac^2 dt^2$$

mit $$A = 1 - \frac{2GM}{c^2 r} \quad \text{und} \quad 2M_s = \frac{2GM}{c^2}$$

Für die EI ist die Vorhersage der SL's unmittelbare Konsequenz der SM. Für $r = 2M_s$ ist diese Gleichung singulär. Diese Singularität wird als behebbar angesehen. Ein frei fallendes Teilchen überschreitet die Kugelfläche $r = 2M_s$, und fällt damit in das SL, nach endlicher Eigenzeit, s. Formel (21.10), die dabei auftretenden Zerreißkräfte (Gezeitenkräfte) sind endlich und für genügend massereiche und damit große SL auch für einen Raumfahrer ohne Folgen. Die Reise in ein SL ist aber eine Reise ohne Wiederkehr, innerhalb eines SL genügen selbst unendlich große Gegenkräfte nicht für eine Bewegungsumkehr. „Ein Beobachter kann den Horizont in endlicher Eigenzeit überwinden und sich innen (hoffentlich) von der Richtigkeit der hier dargestellten Theorie überzeugen; er kann aber nie nach außen berichten."[357]. Einige der Schwierigkeiten mit SL für die EI: unendlich lange Fallzeit, unendlich hohe Energie, s. voriges Kapitel.

Man könnte meinen, quasi als Erklärung, dass die EI den letzteren Sachverhalt nicht registriert hat. Das ist nicht der Fall, wo er hilfreich ist, wird darauf hingewiesen, so wie hier: Weil die Energien für $2M_s$ und damit die Gravitationskräfte unendlich werden, bleibt nur der Kollaps zum SL und Zweifel an den SL's werden zurückgewiesen, s. Kap. 21.2 ... und der Energieerhaltungssatz wird nicht beachtet.

Für die LI gibt es SL nur als theoretischen Grenzfall. Als Erstes muss die LI zeigen, dass dieses theoretische Ergebnis mit den relativistischen Formeln vereinbar ist, was bereits geschehen ist. So besteht der obige Verstoß gegen die Energieerhaltung für die LI nicht und auch das Äquivalenzprinzip (equivalence principle) EP ist nicht verletzt. Wegen Ann. (20.6)

$$dm_r = dm(1 - 2M_s / r)^{1/2}$$

sind die wirklichen Massen und Ruhemassen kleiner als die gemessenen. Das EP gilt aber für die im lokalen Inertialsystem *gemessenen* Massen, die beliebig hohe Werte annehmen können. Die LI darf also für die SM dabei bleiben: Der Zustand $r = 2M_s$ kann wegen der unendlichen Fallzeit in Gleichung (21.9) für $r \to 2M_s$ nicht eintreten, SL's können nicht entstehen.

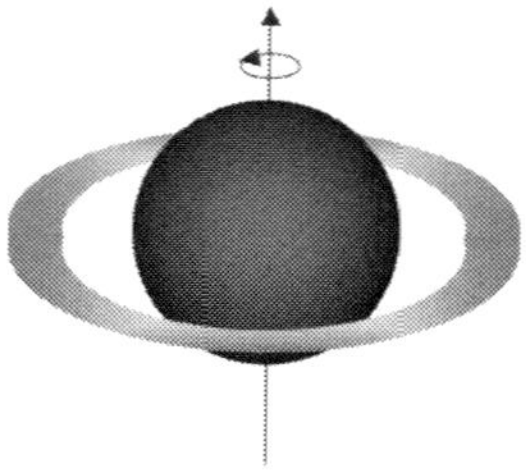

Abb. 21.6 Schwarzes Loch mit Akkretionsscheibe und Drehimpuls.

(Ist die Ladung nicht vernachlässigbar (Kerr-Metrik), hat es wegen der rotierenden Ladung auch ein Magnetfeld.)

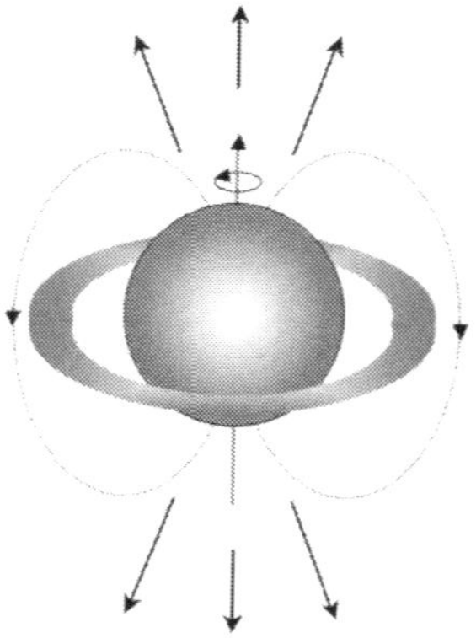

Abb. 21.7 Supermassives stellares Objekt.

Zusätzlich zu einem Schwarzen Loch der Abb. 21.6 kann es strahlen, sehr starke magnetische Felder besitzen und Jets erzeugen.

An dieser Stelle einige theoretisch beobachtbare Unterschiede für SL's in der EI und supermassive stellare Objekte der LI. Wie die beiden Abb. 21.6 und 21.7 zeigen, wird auch das (fast) punktförmige Objekt der LI als Kugel mit $r \geq 2M_s$ beobachtet. Eine Umfangsmessung für SL's der EI und den entsprechenden stellaren Objekten der LI hat in etwa gleiche Ergebnisse. Aber die fast SL's der LI sind thermisch und können strahlen. Die Strahlungsenergie kann durch Kernfusion, wie bei normalen Sternen, entstehen, durch Akkretion, aber ebenso aus Gravitationsenergie, die durch Kontraktion des supermassiven stellaren Objekts entsteht – wie die Überlegungen von RINDLER, s. Kap. 24.8, zeigen, kann fast die gesamte Ruhemasse jedes Teilchens in Energie umgewandelt werden und wegen (21.9) kann das beliebig lange dauern, so dass solche Energie fortlaufend erzeugt wird. Hat man SL's der EI bleibt nur Akkretion von Materie.

Die Unterschiede für Objekte ohne Drehimpuls, ohne Ladung (SM-Metrik), ohne Akkretion sind: EI: Keine Strahlung, keine Magnetfelder, LI: Strahlungsemission, wenn auch stark rotverschoben, Magnetfelder, Flares, Teilchenemission. Die Unterschiede für Objekte mit Drehimpuls (Spin), ohne Ladung Q (Kerr-Metrik), ohne Akkretion: EI: Keine Änderungen. LI: obige Effekte werden verstärkt. Die Unterschiede für Objekte mit Drehimpuls, mit Ladung (Kerr-Newman-Metrik), ohne Akkretion: EI: Elektrische Coulomb-Felder, magnetische Dipolfelder. LI: Die Felder der EI treten zusätzlich auf.

Hat man zusätzlich Akkretion von Materie gibt es keine grundsätzlichen Unterschiede mehr, SL's können auch für die EI leuchten und Teilchen emittieren. Trotzdem bestehen in der Effizienz dieser Erscheinungen große Unterschiede, denn Q darf man praktisch mit null annehmen (Magnetfelder entfallen für die EI), während der Spin große Werte haben kann, was Teilchenemission und Flares im Sinne der LI begünstigt (s. magnetic reconnection [mag]). Weitere Einzelheiten s. [230, §33]. Zu aktuellen Beobachtungen (bis 2010): s. Kap. 24.11.

Gibt es im Zusammenhang mit SL's andere, den relativistischen Prinzipien entsprechende und physikalisch glaubwürdige Sachverhalte, die gegen die LI sprechen? Dazu werden die Innere SM, die OVG und an späterer Stelle auch die RWM genauer untersucht. Möglich wäre z. B. eine unendliche Gravitationskraft, höher als jede andere aus der Zustandsgleichung folgende Gegenkraft, so dass bei einem Gravitationskollaps der unphysikalische Zustand $r_{real} = 0$, $\rho = \infty$ entstehen müsste. Es soll gezeigt werden, dass dieser Zustand für stellare Objekte, die durch die Innere SM und die OVG beschrieben werden, nicht eintritt, weil spätestens die Gegenkräfte bei entarteten Objekten größer als die Gravitationskräfte sind.

Für Sterne konstanter Dichte lautet die Metrik der Inneren SM [357]:

(21.20) $$ds^2 = A_1(r)dr^2 + r^2\left(d\theta^2 + \sin^2\theta d\varphi^2\right) - B_1(r)c^2dt^2$$

(21.21) mit $$A_1(r) = \left(1 - \frac{2M_s r^2}{R^3}\right)^{-1}$$

(21.22) und $$B_1(r) = \frac{1}{4}\left(3\sqrt{1 - \frac{2M_s}{R}} - \sqrt{1 - \frac{2M_s r^2}{R^3}}\right)^2$$

$$2M_s = \frac{2GM_{stern}}{c^2}$$

R : Sternradius. Hier gilt wegen des gleichen Terms $A_1(r)$, $r = R$ für SL dasselbe, wie für die SM. Annahme (20.4) lautet jetzt: $R = R_{real} + 2M_s$ und für $R_{real} = 0$ gilt $R = 2M_s$, d. h. nur für $r = R = 2M_s$ und damit $R_{real} = 0$ besteht eine Singularität. Für einen statischen Stern mit nicht konstanter Dichte gilt dasselbe, da man ihn durch einen statischen Stern mit konstanter maximaler Dichte annähern kann.

Wie wird das Eintreten dieser Singularität $R_{real} = 0$ verhindert? Aus der Oppenheimer-Volkoff-Gleichung (OVG) lassen sich Aussagen über den Gravitationsdruck herleiten und mit dem Entartungsdruck vergleichen. Die OVG gilt für das Sterninnere und lautet für konstante Dichte [248], [357]. [248]

(21.23) $$p(r) = \rho c^2 \frac{\sqrt{1 - \frac{r_{SM} r^2}{R^3}} - \sqrt{1 - \frac{r_{SM}}{R}}}{3\sqrt{1 - \frac{r_{SM}}{R}} - \sqrt{1 - \frac{r_{SM} r^2}{R^3}}}$$

Für die Ersetzung r durch $r_{St} + r_{SM}$, die wieder aus (20.4) folgt, ändert sich (21.23) zu

(21.24) $$p(r_{St}) = \rho c^2 \frac{\sqrt{1 - \frac{r_{SM}(r_{St} + r_{SM})^2}{(R_{St} + r_{SM})^3}} - \sqrt{1 - \frac{r_{SM}}{R_{St} + r_{SM}}}}{3\sqrt{1 - \frac{r_{SM}}{R_{St} + r_{SM}}} - \sqrt{1 - \frac{r_{SM}(r_{St} + r_{SM})^2}{(R_{St} + r_{SM})^3}}}$$

Nur der Bereich $r_{St} \geq 0$ hat physikalische Bedeutung.

Bei diesem Übergang zur LI wurde die einfache Beziehung $r = r_{St} + r_{SM}$ verwendet. Man kann sich allgemeinere Formen für den Übergang zwischen der äußeren und inneren SM denken, z. B.

(21.25) $$r \to r_{St} + r_{SM}(r_{St}),$$

die nur für den Grenzfall $r = R$ mit der obigen Zuordnung übereinstimmen. Für unsere Überlegungen ist der obige Grenzfall aber entscheidend und ausreichend, denn nur für $r \approx R \approx r_{SM}$ und damit $r_{St} \approx 0$ muss nachgewiesen werden, dass ein stabiler Stern bestehen kann. Formel (21.25) hat aber Bedeutung bei der Diskussion der Robertson-Walker-Metrik (RWM), s. Kap. 22.

Mit diesen Vorbemerkungen können wir die eigentliche Frage, ob und für welche Sternradien Singularitäten in der OVG auftreten, beantworten.

EI: In der üblichen Form der OVG ergibt sich für $r = 0$ eine Instabilität, sofern $R = (9/8)r_{SM}$, dann wird p unendlich, d. h. es gilt die bekannte Bedingung: Ein Stern vom Radius R ist nur dann stabil und kollabiert nicht zu einem SL, wenn

(21.26) $$R > \frac{9}{8} r_{SM}.$$

LI: Diese Bedingung besteht nicht für die LI der OVG, wie jetzt gezeigt werden soll. Dazu muss Formel (21.24) diskutiert werden. Wann wird der Nenner in (21.24) null, bzw für welche R_{St} bleibt der Nenner >0? R_{St} ist der Radius des Sterns in der LI.

Mit $a = \frac{r_{SM}}{r_{SM} + R_{St}}$ wird der Nenner von (21.24) an der Stelle $r_{St} = 0$ zu

(21.27) $$3\sqrt{1-a} - \sqrt{1-a^3} \geq 0$$ und nach Umformungen zu

(21.28) $$8 \geq a(9 - a^2)$$

Als Gleichung betrachtet hat man die Lösungen

$$a_1 = 1$$

und nach Polynomdivision $$a_{2/3} = -\frac{1}{2} \pm \sqrt{\frac{1}{4} + 8}$$ (21.29)

Die Ungleichung (21.27) ist erfüllt zwischen $a = 1$ und $a = 0$. D. h. der Nenner von (21.24) ist positiv für $0 < R_{St} < \infty$ und (21.24) ist nur dann unendlich, wenn die Dichte unendlich ist. Mit anderen Worten: Die Beziehung $R > (9/8)r_{SM}$ hat für die LI keine Bedeutung mehr.

Wie sich gezeigt hat, ist die OVG nur für $R_{St} = 0$ singulär, d. h. für endliche Sternradien kann sich ein SL nicht bilden. Nun fragt sich, ob ein Gravitationskollaps bis zu $R_{St} = 0$ fortschreiten kann oder ob der Gegendruck der Materie schließlich überwiegt. Dafür ist es notwendig, die OVG für den Fall $R_{St} \to 0$ an der Stelle $r_{St} = 0$ abzuschätzen:

(21.30)
$$p(r_{St}=0)=\rho c^2\,\frac{\sqrt{1-\dfrac{(r_{SM})^3}{(R_{St}+r_{SM})^3}}-\sqrt{1-\dfrac{r_{SM}}{R_{St}+r_{SM}}}}{3\sqrt{1-\dfrac{r_{SM}}{R_{St}+r_{SM}}}-\sqrt{1-\dfrac{r_{SM}{}^3}{(R_{St}+r_{SM})^3}}}$$

Der Faktor $(R_{St}+r_{SM})^3$ wird herausgekürzt. Auflösung der Potenzen unter der Wurzel erlaubt das Herauskürzen von R_{St}.

(21.31)
$$p(r_{St}=0)=\rho c^2\,\frac{\sqrt{R_{St}{}^2+3R_{St}r_{SM}+3r_{SM}{}^2}-\sqrt{(R_{St}+r_{SM})^2}}{3\sqrt{(R_{St}+r_{SM})^2}-\sqrt{R_{St}{}^2+3R_{St}r_{SM}+3r_{SM}{}^2}}$$

(21.32)
$$\lim_{R_{St}\to 0} p(r_{St}=0)=\lim_{R_{St}\to 0}\rho c^2\,\frac{\sqrt{R_{St}{}^2+3R_{St}r_{SM}+3r_{SM}{}^2}-\sqrt{(R_{St}+r_{SM})^2}}{3\sqrt{(R_{St}+r_{SM})^2}-\sqrt{R_{St}{}^2+3R_{St}r_{SM}+3r_{SM}{}^2}}$$
$$=\lim_{R_{St}\to 0}\rho c^2\,\frac{\sqrt{3r_{SM}{}^2}-\sqrt{(r_{SM})^2}}{3\sqrt{(r_{SM})^2}-\sqrt{3r_{SM}{}^2}}$$
$$=\lim_{R_{St}\to 0}\rho c^2\,\frac{1}{\sqrt{3}}$$

An der Stelle $r_{St}=0$ hat die OVG für den Grenzfall $R_{St}\to 0$ einen Wert proportional zur Dichte.

Nun können wir den Gravitationsdruck mit dem Entartungsdruck vergleichen. Man betrachte eine kugelförmige Masse beliebiger Masse und geringer Dichte. Durch den Gravitationsdruck kollabiere dieses Objekt. Dabei nimmt die Temperatur zu und wirkt dem Gravitationsdruck entgegen. Genügt das nicht, setzt sich der Kollaps fort und man gelangt in einen entarteten Zustand. Ergibt sich auch jetzt kein stabiler Zustand, nähert sich das supermassive Objekt dem Grenzfall $R_{St}\to 0$. Nun muss gelten

$$\lim_{R_{St}\to 0} p(r_{St}=0)\leq \lim_{R_{St}\to 0} p_F\,.$$

Beide streben gegen unendlich. Der Gravitationsdruck ist proportional zur Dichte ρ, der Entartungs- oder Fermidruck p_F ist im nichtrelativistischen Grenzfall proportional zu $\rho^{5/3}$ und im relativistischen Grenzfall zu $\rho^{4/3}$ [377] und wird, unabhängig vom Betrag des konstanten Vorfaktors des Entartungsdrucks, damit größer als der Gravitationsdruck – wenigstens für den Grenzfall $R_{St}\to 0$ wird ein stabiler Zustand erreicht, wie gezeigt werden sollte.

„Cosmologists are often in error, but never in doubt.“
SINGH ca. 1960

22. Schwarze Löcher und Energieerhaltung der RWM

22.1 Formeln

Als Erstes sollen die mathematischen Zusammenhänge von expandierendem Universum, explodierendem Staubstern und SM erläutert werden. Expandierendes Universum und explodierender Staubstern haben dieselbe Metrik (RWM), mit dem Unterschied, dass Staubsterne ein Zentrum besitzen. Den Zusammenhang von Staubsternen mit der SM veranschaulicht eine einfache Überlegung: Jedes beliebige Staubkorn eines Staubsterns befindet sich im freien Fall wie in einer SM, wobei das Gravitationszentrum alle die Staubkörner bilden, die näher am Zentrum liegen als das betrachtete Staubkorn. Die Staubkörner mit größerem Abstand haben keinen Einfluss, denn sie bilden eine Hohlkugel, die, wie in der newtonschen Gravitationstheorie, keine Gravitationskräfte auf die inneren Teilchen ausübt, mehr s. Kap. 22.2.

Aus der Literatur entnehmen wir folgende Formeln und beschränken uns in der Diskussion auf den Fall $k = 0$, wenn es auf einfache Formeln ankommt. Bis auf die Bezeichnungen besteht kein Unterschied zwischen STEPHANI [357], LANDAU-LIFSCHITZ [190], LIGHTMAN [198], MISNER, THORNE, WHEELER:[230], D'INVERNO [60]. Die RWM lautet:

(22.1) $$ds^2 = c^2 d\tau^2 - R(\tau)^2 \left(\frac{d\rho^2}{1-k\rho^2} + \rho^2 \left(d\theta^2 + \sin^2 \theta d\varphi^2 \right) \right)$$

$\tau =$ Eigenzeiten der Galaxien oder Staubkörner

$R(\tau) =$ Skalierungsfaktor (“Weltradius”)

$\rho =$ radiale Koordinate

$k = +1, 0, -1$

$r = R(\tau)\rho$: Abstand vom Zentrum im $\rho, \tau -$Koordinatensystem

$U = 2\pi R(\tau)\rho$: Gemessener Umfang eines Breitenkreises.

$R(\tau)\dfrac{d\rho}{\sqrt{1-k\rho^2}}$: Gemessener Abstand zweier naher, radialer Punkte (Staubstern, Galaxie)

Für Staubsterne ist der Explosionsort das Zentrum, für das expandierende Universum kann jede Galaxie als Zentrum angesehen werden.

Gleichzeitig gilt die SM

(22.2) $$ds^2 = \frac{1}{A}dr^2 + r^2(d\theta^2 + \sin^2\theta d\varphi^2) - Ac^2dt^2$$

mit $$A = 1 - \frac{2M_S(r)}{r}$$

$2M_S(r)$ ist der Schwarzschildradius der von der Kugel mit Radius r eingeschlossenen Masse.

Damit gelten die folgenden Bewegungsgleichungen, STEPHANI [357]. Ihre gleiche Gestalt zeigt die Verwandtschaft von SM und RWM. Die Bewegung jedes Staubkorns oder jeder Galaxie in der RWM ist als Bewegung in einer SM darstellbar.

(22.3) $$\left(\frac{dr}{d\tau}\right)^2 = -k\rho^2 + \frac{F(\rho)}{r}$$ Gravitationskollaps

(22.4) $$\left(\frac{dr}{d\tau}\right)^2 = c^2\left(E^2 - 1\right) + \frac{2Mc^2}{r}$$ Freier Fall $(E_G = cE)$

Wie in Kap. 22.2 gezeigt wird, besagen beide Formeln dasselbe, deshalb folgt:

(22.5) $$F(\rho) = 2M(\rho)$$

(22.6) $$E(\rho) = \left(1 - k\rho^2\right)^{\frac{1}{2}}$$ wegen $E^2 - 1 = -k\rho^2$

Es gelten:

$$E(\rho) = \left(1 - \frac{2M(\rho)}{r_{\max,\rho}}\right)^{\frac{1}{2}}$$ für $k = +1$ wegen $\left(\frac{dr}{d\tau}\right)^2 = 0$ für $r = r_{\max,\rho}$

$$E(\rho) = 1$$ für $k = 0$ wegen $\left(\frac{dr}{d\tau}\right)^2 = 0$ für $r \to \infty$

$$E(\rho) = \frac{1}{\sqrt{1 - v^2/c^2}}$$ für $k = -1$ wegen $\left(\frac{dr}{d\tau}\right)^2 = \frac{v^2}{1 - \frac{v^2}{c^2}}$ für $r \to \infty$

22.2 Lorentz-Interpretation für explodierende Staubsterne

Für die LI ist die RWM eine unvollständige Beschreibung einer Explosion, das liegt an der Koordinate τ. τ ist die Eigenzeit der explodierenden Teilchen, was fehlt ist die Zeitkoordinate t für einen außenstehenden Beobachter. Da sich die Teilchen unterschiedlich schnell bewegen, ist $\tau = f(t, r)$, eine Funktion von t und

Ort r der Teilchen. Die RWM muss ergänzt werden. Deshalb wird zum mitbewegten Koordinatensystem (τ, s) das Koordinatensystem (r, t), in dem der Mittelpunkt des explodierenden Sterns ruht, hinzugefügt.

Statt die entsprechenden Gleichungen zusammen mit und aus der RWM abzuleiten, ist es einfacher, sie völlig neu herzuleiten und zwar aus der SM und dessen Gleichungen für den freien Fall. Das Koordinatensystem des außenstehenden Beobachters ist also das der SM.

Es soll gezeigt werden: Die Bewegung eines Teilchens in der RWM, $R = R(\tau)$, ist dieselbe wie der freie Fall des Teilchens im Feld der von $R(\tau)$ eingeschlossenen kugelförmigen Masse gemäß der SM. Daraus ergibt sich die Funktion $\tau = f(t, r)$. Sie liegt fest durch die beiden Bewegungsgleichungen $r = g(\tau)$, Formel (21.10), und $r = f(t)$, Formel (21.9), für den freien Fall. Eine spezielle Situation zeigt den Zusammenhang. Die Oberfläche des expandierenden Staubsterns bewegt sich gemäß der RWM, aber auch wie ein frei fallendes Teilchen in der SM, wobei die gravitative Masse die Gesamtmasse des Sterns ist. (Man kann sich etwas besser das Umgekehrte vorstellen, den Kollaps eines Sterns mit einem Teilchen dicht außerhalb der Oberfläche des Sterns). Die entsprechenden Gleichungen sind die Formeln (21.10) und (21.9). Warum ist das so einfach? Warum gilt außerhalb der RWM die SM, obwohl sich alles bewegt und man kein ruhendes Zentrum hat wie bei der SM? Das folgt aus dem Birkhoff-Theorem. Zentralsymmetrische Massenverteilung vorausgesetzt gilt es für das Innere einer Hohlkugel, s. Zitat Kap. 17, auch bei radialer Bewegung der Teilchen und ebenso für radialsymmetrisch liegende und sich radial bewegende Massenschalen in den masselosen Schichten zwischen ihnen. Stets gilt die SM mit der Masse des innen liegenden kugelförmigen Bereichs. Innerhalb einer Hohlkugel hat man die SM mit $m = 0$, d. h. den Minkowski-Raum. Ein weiteres Zitat [299]: „... consider a vacuum zone between concentric spheres S_1 and S_2 with spherically symmetric but possibly radially moving matter both inside S_1 and outside S_2. In between, the Schwarzschild metric applies."

Daraus folgt: Nicht nur außerhalb des expandierenden Staubsterns, in dem ihn umgebenden Raum, gilt die SM, sondern auch innerhalb des Staubsterns – mit folgenden Einschränkungen. Man zerlege den Staubstern in Gedanken in eine Folge von kugelförmigen Schalen der Dicke dr. Dann gilt

(22.7) $$\sum dr = R_{Stern}$$

Auf Grund des Birkhoff-Theorems wirkt keine der äußeren Schalen gravitativ auf die inneren. Auf jede Schale im Abstand r wirken gravitativ nur die inneren Schalen, also

(22.8) $$\sum_{Schalen<r} dm = m(r)$$

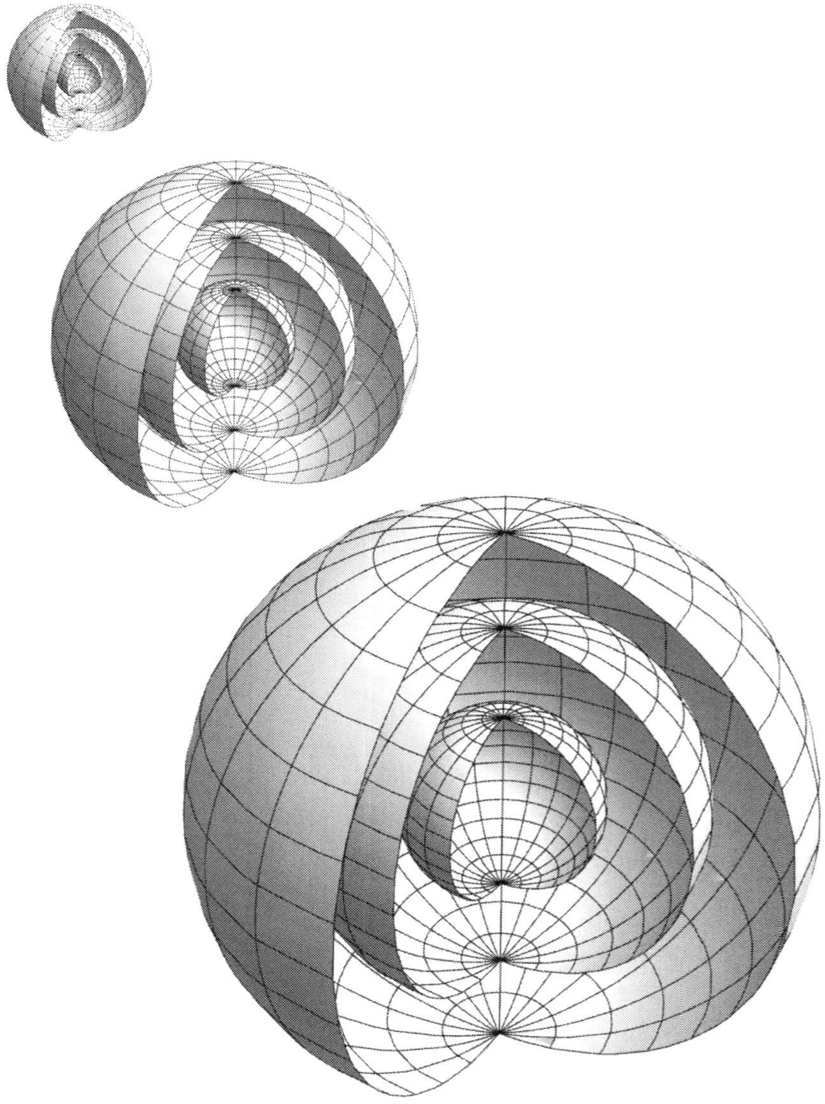

Abb. 22.1 Drei Zeitpunkte eines expandierenden Staubsterns

Die Schalen eines expandierenden Staubsterns bilden Hohlkugeln. Nur die inneren Schalen wirken gravitativ auf die äußeren.

$m(r)$ ist die Masse des von der Schale umschlossenen Reststerns. Auf die Schale r wirkt somit das Gravitationsfeld der SM mit $m = m(r)$. Die Schale r befindet sich im Feld $m(r)$ im freien Fall, so wie die Oberfläche (Schale $r = R_{Stern}$) im Feld $m_{Stern} = m(R_{Stern})$, s. Abb.22.1.

Diese Ideen muss man quantitativ hinschreiben und erhält die obigen Formeln von Kap. 21.1, insbesondere die Bewegungsgleichung $r = f(t)$, Formel (21.9), für den freien Fall, gültig für jede der einzelnen Schalen – natürlich mit jeweils anderen Parameterwerten – und gültig für die Zeit t eines außenstehenden Beobachters.

22.3 Schwarze Löcher (SL) und Energieerhaltung in der RWM

In diesem Kapitel soll nachgewiesen werden, dass die LI der SM und die LI der RWM harmonieren. Dazu werden die SL's und die Energieerhaltung der RWM näher untersucht und es bestätigt sich, dass beides für die LI unproblematisch ist, für die EI sieht das anders aus. Da für frei fallende Teilchen, Staubsterne, expandierendes Universum stets auch die SM gilt, ist die EI oder LI der RWM gut überprüfbar. Das expandierende Universum lässt sich gemäß der EI noch einmal anders – nämlich als expandierender Raum – auffassen, was zusätzlich erörtert werden muss.

In der EI sind Räume mit $k = 1$ ein SL, dürften also gar nicht existieren, wie folgende Rechnung zeigt. Dazu werden die Gleichungen für den Friedmann-Kosmos verwendet, die zur Berechnung des sog. Weltradius $R = R(\tau)$ dienten, s. Abb. 19.7. Wegen $dR/d\tau = 0$ bei maximaler Ausdehnung $R = R_{\max}$ erhält man die beiden Formeln, s. [357].

(22.9) $$R_{\max} = \frac{8\pi G M^{\sim}}{3}$$

(22.10) $$\mu_{\max} c^2 R_{\max}^3 = M^{\sim}$$

Eliminierung von $M^{\sim}$ ergibt

(22.11) $$\frac{2G}{c^2}\frac{4\pi}{3}\mu_{\max} R_{\max}^3 = R_{\max}$$

Da $\mu_{\max}$ die Dichte bei maximaler Ausdehnung ist, erhält man

(22.12) $$\frac{2GM_{Uni}}{c^2} = R_{\max}$$ und wegen (16.29)

(22.13) $$2M_s = R_{\max}$$

Zu ähnlichen Überlegungen in LANDAU-LIFSCHITZ[190] heißt es: „Zu jeden Zeitpunkt befindet sich ein bestimmter Teil der Kugel bereits innerhalb seines Ereignishorizontes."

Da $R \leq R_{\max} = 2M_s$, befindet sich für $k = 1$ alles in einen SL. Radiale Bewegung ändert daran nichts. Ihre Existenz in diesen Räumen kann man als Beweis dafür ansehen, dass es SL's nicht gibt, oder für unser Weltall nur die Variante eines expandierenden Raums zulässig ist. Letzteres verschafft nicht mehr als eine Atempause, man betrachte innere Bereiche des Universums zu früheren Zeiten, in denen die Dichte höher war.

Was in der EI für endliche Räume zutrifft, trifft entsprechend für die unendlichen Räume mit $k = 0,-1$ zu. Wegen des Birkhoff-Theorems gilt für jeden Hohlraum, dass die Massen außerhalb keine Gravitationskräfte nach innen ausüben, und die Massen innerhalb, trotz der radialen Bewegung, ein SL bilden, sofern die Gesamtmasse im Hohlraum groß genug ist. Das ist immer erreichbar, wenn der Hohlraum groß genug gewählt wird. Wir leben in einem Raum mit $k = 0$ und $\Lambda \neq 0$ – Forschungsstand 2009 – und bemerken nichts von einem SL. Für die LI gibt es hier noch keine Probleme. Radiale Bewegung nach außen, wie man sie beobachtet, schließt ein SL aus, allenfalls bei entgegengesetzter Richtung könnte man – in Widerspruch zur LI – innerhalb eines SL die Phase vor dem endgültigen Kollaps, $r = 0$, gerade erleben. Quantitative Überprüfung kann die LI bestätigen oder widerlegen.

LI, quantitativ: Nehmen wir einen kugelförmigen Staubstern mit beliebigen Radius r_{real} aus Staubteilchen oder Galaxien. Das Gravitationsfeld außerhalb wird durch eine SM beschrieben mit dem Radius $r_{real} + 2M_s$, innerhalb durch SM's mit abnehmenden Radius, weil die zugehörige Staubkugel immer kleiner wird. Den zugehörigen Schwarzschildradius gibt es für die LI nur in der Beschreibung, nicht in Wirklichkeit. Das lässt sich prinzipiell durch Messung überprüfen.

Misst man Radius und Umfang eines Staubsterns, so gilt für die

LI: (22.14) $$U_{gemessen} = 2\pi\left(r_{real} + 2M_s\right)$$

EI: (22.15) $$U_{gemessen} = 2\pi r_{real}$$

Die Messungen erfolgen längs eines Großkreises einer beliebigen inneren Staubkugel und längs des Radius. Zu gleichem, aus der radialen Messung ermitteltem Radius r_{real} gehören verschiedene Messwerte für den Umfang, wie die beiden Formeln (22.14) und (22.15) zeigen. Nur eine von ihnen kann zutreffen. r_{real} berechnet sich für beide Interpretationen nach derselben Formel:

(22.16) $$r_{real} = \sum_i ds_i \sqrt{1 - \frac{2M_i}{r_i}}$$

ds_i : Die radial gemessenen Dicken der einzelnen Schalen

$2M_i$: Schwarzschildradien der zugehörigen Kugeln mit Radius r_i

Energieerhaltung

EI: Die Gesamtenergie für Staubsterne mit $k = +1,0,-1$ wird einheitlich in Form der gravitativen Masse m_{grav} vorhergesagt:

(22.17) $$\begin{aligned} m_{grav} &= \frac{4}{3}\pi\mu\rho_0{}^3 R(c\tau)^3 \\ &= \frac{4}{3}\pi\mu r_0{}^3 \end{aligned}$$

STEPHANI [357]. Diese Gleichung darf man als richtig ansehen, da sie aus den Feldgleichungen abgeleitet wird. Erwarten sollte man gemäß der EI:

$$m_{EI} = \int\limits_{\text{alle Schalen}} dm_{gemessen} = \int\limits_{\text{alle Schalen}} \mu_{gem}(c\tau) dV_{gem} \qquad \text{wegen } \mu_{gem} = \frac{dm_{gem}}{dV_{gem}}$$

$$= \mu_{gem}(c\tau) \int\limits_{\rho=0}^{\rho=\rho_0} dV_{gem} \qquad \text{wegen } \mu(c\tau) = \text{konst}$$

$$= \mu_{gem}(c\tau) \int\limits_{\rho=0}^{\rho=\rho_0} 4\pi\rho^2 R(c\tau)^2 \frac{R(c\tau)d\rho}{\left(1 - k\rho^2\right)^{\frac{1}{2}}}$$

(22.18) $$= 4\pi\mu_{gem}(c\tau)R(c\tau)^3 \int\limits_{\rho=0}^{\rho=\rho_0} \frac{\rho^2 d\rho}{\left(1 - k\rho^2\right)^{\frac{1}{2}}}$$

Dieses Integral stimmt nur für $k = 0$ mit m_{grav} überein.

Für die LI gilt:

(22.19) $$\begin{aligned} m_{LI} &= \int\limits_{\text{alle Schalen}} dm_{LI} \\ &= \int\limits_{\text{alleSchalen}} dN m_0 \left(1 - k\rho^2\right)^{\frac{1}{2}} \qquad \text{für alle } k \end{aligned}$$

dN : Teilchenanzahl einer Schale

$m_0\left(1-k\rho^2\right)^{\frac{1}{2}}$: wirkliche Masse eines Teilchens, s. (20.6).

Wegen

$$\mu_{gem} = \frac{dm_{gem}}{dV_{gem}} = \frac{dNm_0}{4\pi\rho^2 R(c\tau)^2 \frac{R(c\tau)d\rho}{\left(1-k\rho^2\right)^{\frac{1}{2}}}} = \text{const}$$

für jede Schale $d\rho$ gilt:

(22.21)
$$m_{LI} = \int_{\text{alleSchalen}} \mu_{gem} 4\pi\rho^2 R(c\tau)^2 R(c\tau) d\rho = \frac{4}{3}\pi\mu_{gem}\rho_0^3 R(c\tau)^3 = m_{grav}$$

Das Integral stimmt für alle k mit m_{grav} überein.

Es bleibt noch die These der EI für das expandierende Universum übrig, dass der Raum zwischen den Galaxien sich ausdehnt. Die Galaxien bewegen sich deshalb nicht, obwohl der Abstand zueinander wächst. Einwände:

(a) Die EI muss gute Gründe nennen, warum hier ganz andere Gesetze gelten sollen, als für SM und Staubsterne bewiesen ist, da die Formeln dieselben sind.

(b) Obwohl die Galaxien nicht bewegt werden, sondern sich nur der Raum ausdehnt, haben die Galaxien durch die Ausdehnung Energie gewonnen. Man verbinde zwei Galaxien durch ein Seil, ein Seilende bleibt fest, das andere kann einen Generator antreiben und die Bewegungsenergie der Galaxien in Strom umwandeln. Das bedeutet Energie aus dem Nichts, denn vor Beginn der Raumausdehnung ruhten die Galaxien.

(c) Es gelten die Einwände von Kap. 19.8.3-5.

Allerdings soll nicht bestritten werden: Die Idee des expandierenden Universums bedeutet einen neuartigen mathematisch-physikalischen Raum, an dem sich kosmologische Gesetzmäßigkeiten ablesen lassen. Er illustriert das Hubble-Gesetz, verlegt die Entstehung der Mikrowellenstrahlung (CMB) auf einen anschaulichen (Eigen-)Zeitpunkt und hat zur Entdeckung einer positiven Kosmologischen Konstante geführt. Trotzdem muss man physikalische Gründe angeben, die diese Konstruktion rechtfertigen; philosophische Argumente, es sei unsere raumzeitliche Wirklichkeit, sind wenig überzeugend. Gleiches τ, sicherlich nicht gleiches t, könnte in kosmischen Dimensionen einen gleichen physikalischen Zustand (gleiche Teilchendichten, gleiche Temperatur *T*, gleiche Entropiedichte) bedeuten und so (oder auf andere Weise) ließe sich kosmologische Gleichzeitigkeit physikalisch rechtfertigen. Das wäre der Standpunkt von EINSTEIN und POINCARÉ: „Die Gleichzeitigkeit zweier Ereignisse müssen derart definiert werden, dass der Wortlaut der Naturgesetze so einfach wie möglich wird“ PAIS [254]. Das bringt neue Physik, wie die EI zeigt, aber keine neue Philosophie, wie die LI zeigt.

23. Vergleich der Einstein- und Lorentz-Interpretation der Allgemeinen Relativitätstheorie

Die Einstein- (EI) und Lorentz-Interpretation (LI) der Allgemeinen Relativitätstheorie sind experimentell unterscheidbar und damit rückwirkend auch die der Speziellen Relativitätstheorie. Trotz gleicher Formeln ergeben sich folgende Unterschiede.

Einstein-Interpretation (EI)

(a) Es gibt Schwarze Löcher.
(b) Das Fallgesetz $r = f(t)$ (21.9) verliert seine Gültigkeit für $r \to 2M$.
(c) Energieerhaltungssätze sind formelmäßig korrekt, passen aber nicht zu allen physikalischen Abläufen im Sinne der EI, s. Kap. 21.3 und 22.3.
(d) Diskrepanz zur QM und QF, s. Kap. 11.7, Kap. 24.13 Kosmologische Konstante.
(e) Die EI der SM ist unvollständig, s. Kap. 16.8.

Lorentz-Interpretation (LI)

(a) Schwarze Löcher sind ein theoretischer Grenzfall, was existiert sind supermassive, entartete stellare Objekte mit physikalischen Eigenschaften wie bei normalen und entarteten Sternen. (Emission von kosmischer Strahlung bis hin zur UHECR, Ausstrahlung elektromagnetischer Wellen etc.), s. Kap. 21.3.
(b) Das Fallgesetz $r = f(t)$ (21.9) bleibt gültig für $r \to 2M$, was experimentell überprüfbar ist, s. Kap. 21.3.
(c) Energieerhaltungssatz, Formel (20.6), bleibt gültig für Innere und Äußere SM sowie für RWM, s. Kap. 22.3.
(d) Wegen der Beziehung Quantenäther „dasselbe wie" nichtleeres Vakuum der QM und QF „dasselbe wie" teilchenloser Grundzustand der Quantenfelder besteht ein natürlicher Bezug zur QM und QF, s. Kap. 11.7. Ein weiteres Beispiel zu Kap. 11.7: Die Kleinheit der Kosmologischen Konstante, Kap. 24.13.
(e) Es gibt erste astronomische Beobachtungen, die zu Gunsten der LI auslegbar sind, s. Kap. 24.11 (Ursprung der UHECR liegt möglicherweise in AGN's).
(f) Für den Autor sehr überzeugend: Dem negativen Gravitationspotenzial der newtonschen Gravitationstheorie muss eine negative Masse entsprechen ($E = mc^2$). Negative Massen gibt es aber nicht. Dieser unverständliche Sachverhalt findet in Kap. 24.8 mit Formel (24.9) und in Kap. 24.9 mit Formel (24.18) eine natürliche Erklärung.

24. Hinweise, Ergänzungen, Anmerkungen zu I. und II.

24.1 Absolute speziell-relativistische Effekte

Zur Vertiefung des Kap. 9 folgen Auszüge aus dem Vortrag *Interpretationen der speziellen Relativitätstheorie – Born, Einstein, Lorentz,* Dresden 2000 und im nachfolgenden Kapitel der Diskussionsbeitrag von W. T. HERING, München, [151] und die Erwiderung.

Inhalt:

1. ....

2. Überblick über die drei Interpretationen

3. Rotierende Bezugssysteme

4. EINSTEINs Thesen zu rotierenden Scheiben

1. ....

In Bezug auf bestimmte, einfache Gedankenexperimente – Beschleunigung großer Längen (und nicht nur von Punktobjekten, wie Elementarteilchen) und für Rotationen – bestehen Unterschiede zu BORN einerseits und EINSTEIN und LORENTZ andererseits. Einigkeit zwischen BORN und EINSTEIN besteht dagegen in der Raumzeit-Philosophie und in der Ablehnung eines Äthers, auf den LORENTZ nie verzichtet hat.

Wegen der experimentellen Gleichwertigkeit aller drei Interpretationen wird folgender weit verbreiteten Ansicht widersprochen: Jede Art von Äthervorstellung führe zu einem beobachtbaren Widerspruch. Das vierdimensionale Raumzeit-Kontinuum sei experimentell bewiesen. Dazu verweise ich auf die Literatur [328], [29], [402] sowie Kap. 8 - 11.

2. Überblick über die drei Interpretationen

Die bornsche Interpretation ist die eleganteste und allgemein verbreitet. Es ist fast nicht vorstellbar, dass sie nicht in allen Einzelheiten mit EINSTEIN übereinstimmt, dennoch kann zwischen beiden experimentell unterschieden werden, (nicht aber zwischen EINSTEIN und LORENTZ).

Die bornsche (kinematische) Interpretation zeigt sich am besten mit folgenden Bild:

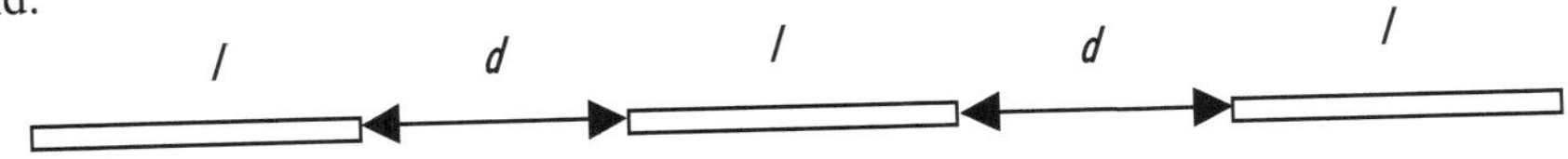

Abb. 24.1 Anwendung kinematische Interpretation

	Relativistische Effekte, physikalisch real oder nur ein Messeffekt?	Sind rel. Effekte kinematisch, d.h. nicht durch Kräfte verursacht?	Treten bei relativistischen Effekten Kräfte auf?	Sind rel. Effekte etwas Absolutes d.h. unabhängig vom Inertialsystem?
Born	real	ja	nein	nein
Einstein	real	ja	ja, z. B. bei in Rotation versetzten Scheiben.	nein
Lorentz	real	nein	ja	ja, aber das Relativitätsprinzip schränkt die Messbarkeit ein.

Abb. 24.2 Tabelle Born-Einstein-Lorentz-Interpretation

Auf der x-Achse lagern Stäbe der Länge l im Abstand d. Wechselt man das Inertialsystem, sind sowohl die Stäbe als auch deren Abstände lorentzkontrahiert, insbesondere auf die massefreien Abstände können aber keine Kräfte gewirkt haben. Daraus folgt die bornsche (kinematische) Interpretation: Alle relativistischen Effekte sind äquivalent zu einem Wechsel des Bezugssystems und nicht mit Kräften verbunden. Die Lorentz-Interpretation erklärt das Bild anders, da sich für sie beim Wechsel des Inertialsystems die mittransportierten Maßstäbe geändert haben. Diese Eigenschaften sind in der Tabelle Abb. 24.2 zusammengefasst.

3. Rotierende Bezugssysteme

Messbare Unterschiede zwischen den Interpretationen von BORN und EINSTEIN ergeben sich für die Ehrenfest-Paradoxie und deren Sonderfälle. Sie sollen quantitativ behandelt werden. Betrachten wir zunächst den Übergang von einem ruhenden Inertialsystem zu einem rotierenden Bezugssystem. Die entsprechende relativistische Formel aus LANDAU-LIFSCHITZ [190] lautet für ein rotierendes Koordinatensystem für Kreisumfang U und Radius r

(24.1) $$U = \frac{2\pi r}{\sqrt{1 - \frac{\Omega^2 r^2}{c^2}}}$$

Es herrscht eine hyperbolische Geometrie, $U > 2\pi r$, wie auch das *Zahlenbeispiel* zeigt: U = 20 m, $v = r\,\Omega = c\sqrt{3}/2 = 0.866$ c, d. h. der Wurzelfaktor ist ½,

$$r = 20 \text{ m} / 4\pi = 1.59 \text{ m}.$$

Zu 20 Umfangselementen der Ruhlänge 1 m gehört also der Radius r = 1.59 m.

Nun bremse man den Kreisring ab. Die Anzahl der Umfangselemente ändert sich nicht und auch nicht deren Ruhlänge – das ist die Born-Einstein'sche These. Jetzt gilt aber

$$U' = 2\pi r' \qquad (24.2)$$

(euklidische Geometrie)

Die 20 Umfangselemente der Ruhlänge 1 m bilden nunmehr einen Kreis vom Radius $r' = 3.18$ m und es gilt $r' > r$. D. h. bremst man einen rotierenden Kreisring ab, wächst der Radius, wie in Abb. 24.4 veranschaulicht wird.

Es gibt zwei Möglichkeiten, dieses Ergebnis zu veranschaulichen. Entweder man zeichnet die rotierenden Umfangselemente verkürzt wie in Abb. 24.4 und die Figur bleibt eben oder die Umfangselemente und der Radius sind unverkürzt, dann hat man eine gewölbte Fläche (s. Abb. 24.3). Abbremsen bedeutet das Verlassen der gewölbten Fläche. Weiter gilt: Bremst man ein Rad mit Lücken ab, ändert sich die Länge der Speichen (Radius) nicht, und die Lücken können sich schließen. In Abb. 24.5 bilden die 20 Umfangselemente der Ruhlänge 1 m im euklidischen Raum einen Kreis mit Radius 3.18 m, im hyperbolischen Raum geht das nur mit Lücken.

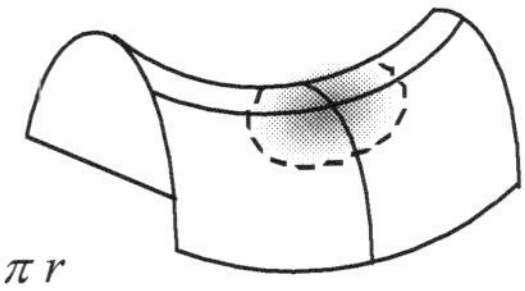

Abb. 24.3 Rotierende Scheibe als hyperbolische Fläche

Für diese beiden Beispiele gilt *experimentelle* Gleichwertigkeit der Lorentz- und Einstein-Interpretation. Ob sich Umfangselemente vergrößern oder der Raum euklidisch wird, beide Vorstellungen sind zulässig, die Messergebnisse, d. h. die Anzahl der Längenelemente, werden übereinstimmend vorhergesagt. *Was allerdings nicht stimmt, ist die These, relativistische Effekte seien rein kinematisch.* Für Abb. 24.4 ist das Größerwerden ein dynamischer, d. h. mit Kräften verbundener Effekt, weil ja die Umfangselemente vom Mittelpunkt weg verschoben werden. Diese Kräfte stehen senkrecht auf den Kräften der Rotationsbeschleunigung (und müssten nach EINSTEIN ihre Ursache in der gekrümmten Raumzeit haben). *Das ist der Widerspruch zur bornschen Interpretation* – deshalb wird immer wieder die These aufgestellt, dass beim Abbremsen rotierender Scheiben oder bei ihrer Beschleunigung keine Kräfte auf Grund der Lorentzkontraktion entstehen können, es bestehe kein Unterschied zu einem Wechsel der Bezugssysteme, bei dem auch keine Änderung der Umfangselemente eintritt. Abb. 24.4 und 24.5 werden als falsch bezeichnet. (Diese These wird von etwa der Hälfte aller relativistischen Physiker mit großer Überzeugung vertreten – jedenfalls galt das zum Zeitpunkt des Vortrags.)

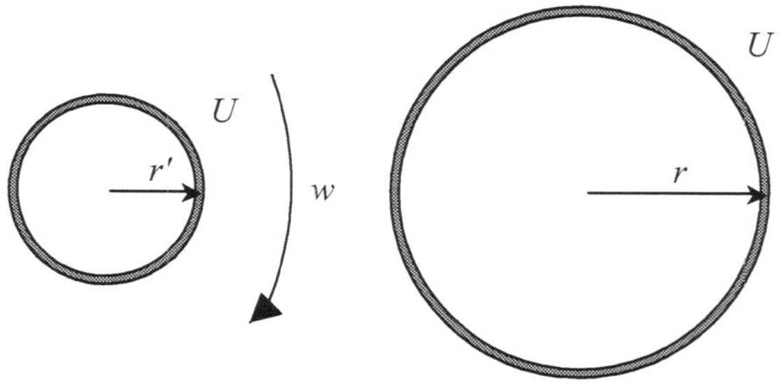

Abb. 24.4 Rotierender und ruhender Kreisring

Wird ein rotierender Kreisring abgebremst, vergrößert er sich um den Faktor γ, denn die Lorentzkontraktion wird beendet. (Zentripetalkräfte werden vernachlässigt.)

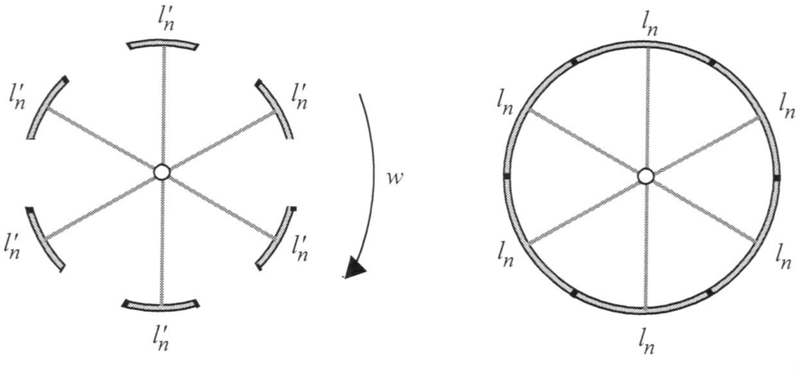

Abb. 24.5 Rotierendes Rad mit Speichen

Fügt man in Abb. 24.4 Speichen ein und vergrößert den Radius, erhält man nach Abbremsung ein geschlossenes Rad (für $\gamma = 2$).

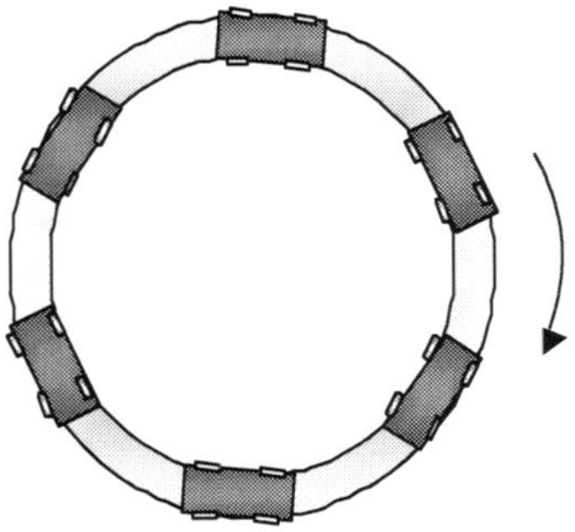

Abb. 24.6 Schienenfahrzeuge lorentzkontrahieren, ihre Abstände wachsen.
Da rotierende Räder bei hohen Geschwindigkeiten zerstört werden, stelle man sich eine Magnetschwebebahn vor.

4. EINSTEINs Thesen zu rotierenden Scheiben

Dem hat EINSTEIN widersprochen [354]:

"It is well to remark that a rigid circular disk at rest must break up if it is set into rotation, on account of the Lorentz contraction of the tangential fibers and the non-contraction of the radial ones. Similarly a rigid disk in rotation (produced by casting) must explode as a consequence of the inverse changes of length, if one puts it at rest."

Dieser Brief stammt von 1919, ein weiterer mit gleichen Inhalt von 1951. Es handelt sich nicht um eine unbedachte und deshalb unveröffentlichte Äußerung. Es versteht sich von selbst, dass diese gravierenden Unterschiede zwischen der bornschen und einsteinschen Interpretation experimentell entschieden werden könnten... bzw. bereits entschieden sind (MICHELSON-MORLEY, s.u.)

5. Scharnhorst-Effekt

Der Scharnhorst-Effekt ist geeignet, echte Überlichtgeschwindigkeiten zu postulieren. Es ist ein quantenmechanischer Effekt, aber experimentell noch nicht bestätigt und bedeutet folgendes: Wie der experimentell bestätigte Casimir-Effekt zeigt, lassen sich Vakuumeigenschaften verändern. In einem so veränderten Vakuum (Quantenäther) könnte auch Licht eine höhere Geschwindigkeit als c haben, das wird in [402] als Scharnhorst-Effekt bezeichnet. Die These der LI lautet: In einem Vakuum (Quantenäther) mit Scharnhorst-Effekt gelten die Lorentztransformationen unverändert, nur hat c in den Formeln einen anderen Wert. Die EI hätte größere Schwierigkeiten, weil das Prinzip der Konstanz der Lichtgeschwindigkeit verletzt wäre.

24.2 Wilhelm T. HERING: Diskussionsbemerkungen zum Vortrag von J. BRANDES auf der 64. DPG -Tagung in Dresden

Prof.-Berberich-Str. 34, D–85579 Neubiberg, FRG

21. April 2000

Die Messungen der Bedeckungszeitpunkte der Jupitermonde (O. RÖMER) zeigte, daß die Relativbewegung des Sonnensystems zum Äther < 100 km/s sein mußte. Heute ist diese Grenze über Radarmessungen an aktiven Satelliten auf $v < 0{,}5$ cm/s herabgesetzt (wodurch auch alle Theorien ausgeschlossen werden, in denen die Erde den Äther mitführt, da ihre Umdrehungsgeschwindigkeit bereits 0.46 km/s beträgt). Daher müßte sich die Erde mit 300 km/s (Umlaufgeschwindigkeit um die Sonne) durch den Äther bewegen. Der Nulleffekt des MM-Experiments (heute durch Lasermessungen auf $v < 0.006$ cm/s herabgesetzt) steht damit im Widerspruch. Die Kontraktionshypothese von LORENTZ war der Versuch einer dynamischen Lösung des Problems. Heutige Messungen der Variation in der Eigenfrequenz umlaufender Resonatoren, die infolge der L-Kontraktion ansteigen müßte, zeigen keinen Effekt. Also scheidet die dynamische Theorie der L-Kontraktion aus. Die Vorstellung von einem Äther, der diese Widersprüche verträgt, also unbeobachtbar ist, widerspricht dem Ökonomieprinzip (Occam's razor) und ist daher unnötig. Wenn man aber die Quantentheorie der Photonen heranzieht, ergibt sich eine saubere Lösung des Ätherproblems: Eine Lichtwelle wird aus den kohärent überlagerten Wellenfunktionsamplituden der Einzelphotonen gebildet, die sich alle im gleichen Zustand befinden (Bose – Einstein Entartung). Die Photonen mit der trägen Masse $m = h/c\lambda$ und $v=c$ führen die Lichtwelle mit sich. Diese braucht also keinen Äther, weil sie sich nicht von der klassischen Wellenbewegung herleitet. Insofern gehört die Lehre von den elektromagnetischen Wellen schon nicht mehr zur Klassischen Physik.

Im Zerreißen eines in Umdrehung versetzten Rades liegt kein Widerspruch zur kinematischen Theorie der L-Kontraktion: wegen der Relativität der Gleichzeitigkeit bedeutet die gleichmäßige Tangentialbeschleunigung aller Massenelemente dx des Radumfangs im Laborsystem, daß im Lokalsystem (in dem v, aber nicht die Beschleunigung verschwindet), jedes dx um die Zeit $dt = (\beta\gamma/c)dx$ später als das vorangehende und früher als das nachfolgende dx beschleunigt wird (s. BERGMANN-SCHÄFER Bd. 1 (11. Aufl. 1998) S. 935 ff). Die Umfangselemente dx entfernen sich also immer weiter voneinander. Im Lokalsystem liegen aber die Ursachen für das dynamische Verhalten eines Körpers, dessen Wirkungen (Stöße, Zerreißen etc.) bei einer Lorentz-Transformation unverändert bleiben. Das Rad wird also auch im Laborsystem zerrissen, wobei die *dx* nach wie vor auf dem Radumfang liegen. Eine Umschreibung dieses Sachverhalts mit euklidischer Geometrie lenkt von den wahren Ursachen ab.

Die Kräfte, die das Rad zerreißen, hängen vom Bezugssystem ab, stellen also relativistische Scheinkräfte dar, analog der Trägheitskraft, die eine Kugel auf einem beschleunigten Wagen entgegen der Bewegungsrichtung laufen läßt. Ein Faden, mit dem man die Kugel am Wagen festmacht, würde ja ebenfalls reißen, denn Scheinkräfte sind in ihrer Wirkung nicht von dynamisch verursachten Kräften zu unterscheiden.

Die beschriebene Physik des Rades läßt sich gut an der analogen gradlinigen Beschleunigung der Teilchenpakete in einem Linearbeschleuniger illustrieren (loc. cit.): dort bleibt der Abstand der Pakete im Laborsystem erhalten, während er im Lokalsystem des Teilchenstrahls für $\beta \rightarrow 1$ über alle Grenzen wächst. Das macht sich darin bemerkbar, daß die elektrische Abstoßung zwischen geladenen Teilchen in Bewegungsrichtung verschwindet, da sie ja im Lokalsystem beliebig weit voneinander entfernt sind. In der relativistischen Mechanik geladener Teilchen tritt dieser Effekt als die mit v zunehmende Konzentration der Feldlinien in Richtung der Ebene senkrecht zur Bewegungsrichtung auf.

... und eine kurze Erwiderung:

Dieser niveauvolle Beitrag von HERING hat dem Autor weitergeholfen. Trotzdem, den Ausführungen zu OCCAM's razor und zum Äther kann er nicht zustimmen, s. a. Kap. 9 und 10.5.

1. Der erste Abschnitt der Diskussionsbemerkungen betrifft die Kontraktionshypothese von Lorentz; sie ist, wie W. T. HERING zu Recht ausführt, experimentell widerlegt. Andererseits, an ihr ist nicht alles falsch, sie ist verbesserungsfähig und wird zur LI. Die LI hat von EINSTEIN gelernt, (s. frühere Kap. und [328]), wegen des Relativitätsprinzips sind auch für sie nur Relativbewegungen zwischen physikalischen Objekten messbar, absolute Bewegungen relativ zu einem Äther nicht. Ob das Ökonomieprinzip verletzt ist, ist zweifelhaft, denn EI und LI sind in Hinblick auf die Quantengravitation unvollständige Theorien. Nun passt die LI aber gut zur QM und QF und es wäre denkbar, dass sie zu einer Quantengravitation erweiterbar ist und die EI nicht – wegen Occam's razor hätte man sich jedoch für die EI und damit falsch entschieden.

2. Die Ausführungen des zweiten Abschnitts sind sehr attraktiv. Zunächst: Eine rotierende, starre Scheibe wird zerstört, im bellschen Gedankenexperiment gilt: "Das Seil zwischen den Fahrzeugen wird reißen" [313]. Das bedeutet, die Born-

Einstein'sche Interpretation unterscheidet sich nicht länger in der experimentellen Vorhersage von der Lorentz-Interpretation. Da W. T. HERING hierin von seinen Kollegen nicht nur Zustimmung erhalten wird, ein zusätzlicher Hinweis (der auch in der weiteren Diskussion gefallen ist): Das Experiment von MICHELSON-MORLEY beweist nicht nur die Lorentzkontraktion in relativ zueinander bewegten Inertialsystemen. Genauer betrachtet, befindet sich die Messapparatur in einem rotierenden Bezugssystem (Erdoberfläche) und ist deshalb der unmittelbare experimentelle Nachweis für die Lorentzkontraktion auf rotierenden Scheiben.

Der eigentlichen These, dass es Scheinkräfte sind, die eine rotierende Scheibe zerstören, ist wenigstens im Ergebnis zuzustimmen, nämlich dass die Scheibe zerstört wird. Im mitbewegten Inertialsystem *S'* gilt für das dort ruhende *dx'*-Element $dx' = \gamma dx$, analog zu Formel (9.14) oder HERING, letzter Absatz. Das Material wird gestreckt, deshalb reißt es. Das passt nicht zu Abb. 24.6 und nicht zu folgendem: Im Inertialsystem *S,* in dem der Mittelpunkt der Scheibe ruht, ist es die Lorentzkontraktion der bewegten *dx*, die die zerstörenden Kräfte verursacht. Wie für das bellsche Paradox, s. Kap. 9.3 + 24.3, ergibt sich für die EI die Frage: Was sind die wirklichen Ursachen für das Zerreißen – das Auseinandergezogenwerden relativ zu *S'* oder die Lorentzkontraktion relativ zu *S?* Wieder ist zu berücksichtigen, dass alle Inertialsysteme, also auch *S* und *S'*, gleichwertig sind, man darf sich nicht aussuchen, welches gelten soll. Die LI hat dieses Problem nicht, wie in Kap. 9 ausgeführt.

Ein zusätzliches Problem sei angedeutet: Da alle *dx'* auf dem Umfang der Scheibe größer werden als *dx*, müsste sich die Scheibe insgesamt dehnen, statt zu kontrahieren. Dieses Argument ist für die LI einfach zu lösen: Es ist unzulässig wegen der Inertialsystemforderung, s. Kap. 10.8.6 der Zwillingsparadoxie. Bei dieser Diskussion muss man wie immer für die LI bedenken: Einerseits hat man die Lorentzkontraktion als Messergebnis, andererseits als wirklichen Effekt, wenn die Messung relativ zum ausgezeichneten Inertialsystem erfolgt, s. Kap. 6.2.

Eine experimentelle Überprüfung ist u. a. wegen der zusätzlichen Zentrifugalkräfte schwierig. Abb. 24.6 könnte für große Radien aussichtsreich sein.

24.3 Bellsche Raumschiff-Paradoxie – Ergänzung

Die bellsche Raumschiff-Paradoxie wurde in Kap. 9.3 diskutiert. Eine sehr schöne, aber auf die EI beschränkte Diskussion findet sich in WIKIPEDIA [397.1]. Dort wird festgestellt, ebenso wie in Kap. 9.3, dass relativ zu dem mitbewegten Inertialsystem *S'*, in dem die Raketen stets ruhen, Kräfte auftreten, die das Seil dehnen. Dadurch reißt das Seil und der Experimentausgang ist korrekt erklärt.

Was nicht diskutiert wird: Relativ zum Ausgangsinertialsystem *S* besteht Lorentz-Kontraktion, das Seil versucht zu kontrahieren. Da der Abstand der Raketen derselbe bleibt, reißt es. Der Unterschied zwischen *S* und *S'*: In *S* treten wegen der Lorentzkontraktion innere Kräfte im Seil auf, in *S'* äußere, weil der Abstand der Raketen wächst. Beides zugleich kann nicht zutreffen, aber beide Inertialsysteme sind gleichberechtigt. Die EI löst diesen Widerspruch nicht, wohl aber die LI, s. Kap. 9.3.

24.4 Historische Anmerkung zur Lorentz-Interpretation

"Bemerkenswert bleibt, daß EINSTEIN in seinen Schriften nur in sehr geringem Maße auf andere Autoren eingeht bzw. nur wenige Kritiker des Relativitätsprinzips ausdrücklich erörterte.“ Darauf hat bereits TREDER hingewiesen [327]. Eine kleine Äußerung aus einem Schreiben EINSTEINs an KLEIN erklärt dies vielleicht. EINSTEIN schrieb: "Ich mache es wie alle; was gefällt, nehme ich schweigend hin, was mir nicht gefällt, das erwähne ich ..." (24.3.1918)" [327]. Der obige Vorwurf bezieht sich insbesondere auf die Allgemeine Relativitätstheorie, die man wegen der wenigen Literaturhinweise weithin als das alleinige Werk EINSTEINs ansieht. "Demnach muss konstatiert werden, daß EINSTEIN erheblich von der Göttinger Diskussion beeinflußt wurde. Dies hat EINSTEIN in Briefen gegenüber Dritten auch eingeräumt." [327]. "Für die weitere Entwicklung der Göttinger Diskusssionen bleibt das WIECHERTsche Bemühen bemerkenswert, einerseits die Grundlagen der einsteinschen Resultate zu akzeptieren, andererseits aber ebenso wie LORENTZ an der Existenz eines Äthers festzuhalten." [327]

E. WIECHERT ist in der Klarheit seiner Thesen H. A. LORENTZ ebenbürtig, wie sehr deutlich aus der wissenschaftshistorischen Arbeit von W. SCHRÖDER [327] hervorgeht. An dieser Stelle sei auf die Arbeit von SOMMER [346] hingewiesen. Da der Göttinger Mathematiker HILBERT die sog. einsteinschen Feldgleichungen als erster entdeckt hat, ist die Namensänderung in Hilbert-Einstein-Gleichungen historisch gerechter.

„Aberglaube, Götzendienst und Heuchelei haben großen Lohn,
aber die Wahrheit geht betteln."
Martin LUTHER

24.5 Kritiker der Lorentz-Interpretation

Im folgenden werden Einwände, mehrheitlich von Gravitationsphysikern, zur LI wiedergegeben, nicht, weil die Einwände den Autor überzeugt haben, sondern um dem Leser bei der eigenen Meinungsbildung zu unterstützen. In der Regel erschöpft sich die Kritik darin, auf die Abweichung von der Klassischen Relativitätstheorie hinzuweisen. Was abweicht, soll falsch sein. Z. B. heißt es: „Schwarze Löcher schlucken, sie spucken nicht", deshalb können sie nicht Ursprung der U-HECR sein. Oder: Ein frei fallendes Teilchen behält seine Ruhemasse bei, wie die Klassische Allgemeine Relativitätstheorie lehrt, deshalb ist der Ansatz, Formel (20.6), dass sich die Ruhemasse ändert, falsch. Hierzu ein besseres Gegenargument (diesmal ein Student): Man darf das Fallgesetz nicht ‚naiv' betrachten. Die Gesamtenergie eines frei fallenden Körpers wird fast unendlich (für lokale Inertialsysteme in der Nähe eines SL), deshalb wird aus dem Ein-Körper-Problem, wie es die SM behandelt, ein Zwei-Körper-Problem und somit tritt doch nach endlicher Koordinatenzeit t der Kollaps zum SL ein. Aber: Damit bestreitet man die Gültigkeit der Klassischen Allgemeinen Relativitätstheorie, denn man behauptet eine andere Formel für den freien Fall, während die LI die Formel beibehält.

Ein anderer Gravitationsphysiker bestreitet die LI grundlegend: „Physikalisch wichtig ist ein Abstandsmaß, das auch eine direkte physikalische Bedeutung trägt. Davon gibt es aber nur eines, nämlich das, das durch die im Allgemeinen nichteuklidische Raumzeit angegeben wird." Die LI benötigt zwei Metriken, die nichteuklidische, die beschreibt, was messbar ist und zusätzlich die euklidische des ausgezeichneten Inertialsystems, die für den Energieerhaltungssatz, Formel (21.15), benötigt wird. Das ist eine Metrik für die innere und eine für die äußere Krümmung einer Fläche. So etwas soll also verboten sein. Für diesen Kritiker ist an der LI alles falsch von Anfang an, zu den überprüfbaren Konsequenzen, z. B. zu dem Energieerhaltungssatz, musste er sich dann nicht mehr äußern und hat es auch nicht getan. Eine Kritik in vollem Widerspruch zu bimetrischen Theorien [8-6].

Keine klare Zustimmung haben die Vorträge des Autors mit philosophischen Einwänden gefunden, ohne Skrupel wird unsere Existenz geleugnet, so als könne man sagen: „Ich denke, also bin ich doch nicht." In diesen Fragen haben Nichtphysiker keine Schwierigkeiten zuzustimmen. Ebenfalls erfreulich, der Vortrag zur Kosmologischen Konstante, Kap. 24.13, ist von einem Elementarteilchenphysiker als fachlich überzeugend und diskussionswürdig eingestuft worden, theoretische Astrophysiker reagierten dennoch ablehnend, einige Argumente s. [vor23].

Eine weitere Kritik an der LI findet sich im Kap. 24.2, Ehrenfest-Paradoxie. Dort wird unangemessen mit OCCAM's razor argumentiert – die LI ist eine Erweiterung und damit naturgemäß komplexer als die Ausgangstheorie.

Die Diskussion mit einem sehr bekannten Gravitationsphysiker über das weylsche Argument fand ein abruptes Ende, als der Autor seine Gegenargumente erläutern wollte, s. Kap. 16.8.

Kein Argument, aber durchaus üblich, ist der Vorwurf, man habe die Relativitätstheorie nicht verstanden. Das kann jeden treffen. So wird sogar dem berühmten J. S. BELL wegen seiner Nähe zur LI vorgeworfen, die Relativitätstheorie nicht verstanden zu haben, s. [18]. Gegenargumente totzuschweigen ist die weitere Variante, so bleiben die Argumente des weltweit bekannten Gravitationsphysikers SEXL, Kap.7.4, vollständig unbeachtet.

24.6 Fermatsche Prinzip in der Allgemeinen Relativitätstheorie

Die EI-Erklärung für die Lichtablenkung in Gravitationsfeldern geht von der Vorstellung aus, dass Licht Masse hat und deshalb wie ein Teilchen abgelenkt wird: $m = E/c^2$ und $E = \hbar\omega$. Die Überlegungen von LANDAU-LIFSCHITZ[190] und STEPHANI[357] zeigen die ganz andere, wegen (20.6) für die LI und für Licht notwendige Variante. Die Bewegungsgleichungen für Licht in Gravitationsfeldern folgen aus einer Verallgemeinerung des fermatschen Prinzips

(24.3) $$\int dt = \frac{1}{c}\int \sqrt{...}dt = \frac{1}{c}\int \frac{dl}{\sqrt{A}} = \text{Extr.}$$

Bei der Herleitung von (24.3) ist ω konstant, LANDAU-LIFSCHITZ[190]. Das ist selbstverständlich, denn in optisch dichten Medien ändert Licht seine Frequenz nicht.

STEPHANI [357] schreibt: "Das Variationsprinzip (24.3) lässt sich auch so lesen, dass der dreidimensionale Raum einen Brechungsindex $n = \sqrt{A}$ hat, der durch die Schwerkraft hervorgerufen wird (und auch die Lichtablenkung mit bewirkt), und dass die Lichtgeschwindigkeit v entsprechend $c = nv$ vermindert ist.“ [Schreibweise der Formeln angepasst] und fährt fort ganz im Sinne der EI: „v ist die Lichtgeschwindigkeit bezüglich der Koordinatenzeit t und hat deshalb, wie t selbst, keine unmittelbare physikalische Bedeutung.“

LI: Genau deshalb kann die EI mit dem verallgemeinerten fermatschen Prinzip nichts anfangen. Erst in der LI haben t und v eine reale Bedeutung. Was soll ein Extremwert für t, wenn es t gar nicht gibt? Für die Lichtgeschwindigkeit in radialer und tangentialer Richtung ergibt sich aus (24.3) mit $d\theta = 0$, $d\varphi = 0$ bzw. $dr = 0$:

(24.4) $$c_{rad} = cA \text{ bzw. } c_{\tan} = c\sqrt{A}$$

was den früheren Formeln (16.31) und (16.32) entspricht. Für die LI liest sich Formel (24.3) wie folgt: Die ‚wirklich' vergangene Zeit, der Quotient aus ‚wirklich' zurückgelegtem Weg und ‚wirklicher' Geschwindigkeit, hat ein Extremum.

24.7 Gewichtskraft, Gravitationskraft

Ist die Gewichtskraft, allgemeiner die Gravitationskraft, zuerst da und man muss ihr entgegenwirken, oder entsteht sie erst dann, wenn die geödätische Bewegung in der gekrümmten Raumzeit, d. h. die gleichförmige Bewegung geändert wird? Es gibt die Gravitationskraft, wenn es Raum und Zeit gibt (LI), sie entsteht, wenn es die gekrümmte Raumzeit gibt und deshalb die gekrümmte Raumzeit nicht nur eine Beschreibung von Gravitationsfeldern darstellt (EI).

Angewandt auf den freien Fall in der SM sagt die EI: Solange man den Stein in der Hand hat, gibt es die Gravitationskraft, weil der Stein gehindert wird, sich in der 4-dimensionalen Raumzeit auf einer Geodäten zu bewegen, lässt man den Stein los, verschwindet die Gravitationskraft, denn jetzt bewegt sich der Stein auf einer 4-dimensionalen Geodäten, also ‚gleichförmig geradlinig'.

LI: Die Gravitationskraft gibt es immer, beim Tragen des Steins spürt man sie, lässt man ihn los, bewirkt sie die 3-dimensionale Beschleunigung.

Ohne weitergehende Überlegungen muss man beides als gleichwertig ansehen.

24.8 Das negative newtonsche Gravitationspotenzial

Das Gravitationspotenzial ϕ der SM ergibt sich aus allgemeinen Überlegungen von RINDLER [299] zu:

(24.5) $\phi = \frac{c^2}{2}\ln\left(1-\frac{r_{SM}}{r}\right)$. Reihenentwicklung zeigt die Übereinstimmung mit dem negativen newtonschen Gravitationspotenzial

$$\begin{aligned}\phi &= -\frac{c^2}{2}\frac{2M_s}{r}+\ldots \\ &= -\frac{GM_{Stern}}{r}+\ldots\end{aligned}$$

Dazu ähnlich: WOODHOUSE [408.1].

Mit einem Gedankenexperiment lässt sich Formel (20.6) bestätigen. Man bewege eine Masse $m(r)$ mit vernachlässigbarer Geschwindigkeit von $r = r_A$ bis nach $r = \infty$. Die aufgewendete Arbeit E beträgt

(24.6) $$E = \int_{r=\infty}^{r=r_A} \frac{d\phi}{dr} m(r) dr$$

denn: Energie = Kraft mal Weg, Kraft = Feldstärke mal Masse, Feldstärke = Gradient des Potenzials – ganz analog wie in Klassischer Mechanik und Spezieller Relativitätstheorie.
Wegen (24.5) erhält man

(24.7) $$\frac{d\phi}{dr} = \frac{GM_{Stern}}{r^2} \frac{1}{1 - \frac{2M_s}{r}}$$

(24.7) zusamen mit (20.6) in (24.6) eingefügt und integriert, liefert (einschließlich richtigem Faktor c^2)

(24.8) $$E = m_0 c^2 (1 - (1 - \frac{2M_s}{r_A})^{\frac{1}{2}})$$, passend zu

(24.9) $$\begin{aligned} E_{Gesamt} &= E + m(r_A)c^2 \\ &= m_0 c^2 \end{aligned}$$

Die gesamte aufgewendete Arbeit diente dazu, die Ruhemasse $m(r_A)$ auf m_0 zu vergrößern.
Wie man sieht: Das negative newtonsche Gravitationspotenzial mal m_0 ist nichts anderes als der Betrag, um den die Ruhemasse im Gravitationsfeld abnimmt.

Für den Autor ist die mit Spezieller Relativitätstheorie in Einklang stehende *Erklärung* des negativen Gravitationspotenzials besonders eindrucksvoll. Was hat die EI dem entgegenzusetzen?

In (24.7) lässt sich für den Sonderfall $M_{Stern} >> m_0$ das dem newtonschen Gravitationsgesetz entsprechende relativistische Gravitationsgesetz erkennen:

(24.10) $$K = \frac{d\phi}{dr} m(r) = \frac{GM_{Stern}\, m_0}{r^2} \frac{1}{\left(1 - \frac{2M_s}{r}\right)^{1/2}}$$

(EI s. [299], [408,1], für andere Metriken und ähnlicher Einschränkung: [190, §88]). Im newtonschen Grenzfall (große Radien) stimmen beide Gesetze überein.

Weder für den allgemeinen Fall, noch für den Virialsatz ist dem Autor die relativistische Verallgemeinerung bekannt. (Für Coulombkräfte gibt es den relativistischen Virialsatz, s. [190, §35]). Andererseits kann man nicht daran zweifeln, dass zwei Massen im Abstand r eine messbare Kraft aufeinander ausüben und solche

Gesetze existieren, aber die Formeln fehlen, weil, wie man vermuten darf, die Energiekonzepte der EI für die Herleitung nicht genügen.

24.9 Energieerhaltungssatz von EINSTEIN

Der einsteinsche Energieerhaltungssatz für Gravitationsfelder lautet [367]

(24.11) $$U = \iiint \left(\tilde{T}_4^{\ 4} + \tilde{t}_4^{\ 4} \right) dxdydz$$

Dabei ist U die Gesamtenergie, $\tilde{T}_4^{\ 4}$ die Energiedichte der Teilchen und $\tilde{t}_4^{\ 4}$ die Dichte der potentiellen Energie der Teilchen im Gravitationsfeld. Wendet man diese Formel auf ein isoliertes System an, erhält man nach umfangreicher, komplizierter Rechnung „EINSTEIN's very satisfactory result" TOLMAN [367]

(24.12) $$\frac{U}{c^2} = m$$

m = Gesamtmasse des isolierten Systems. Wendet man (24.11) auf eine kugelförmige ideale Flüssigkeit an, erhält man [367, Formel (97.7)]:

(24.13) $$U = \int \rho_{00} dV_0 + \int \rho_{00} \Psi dV_0 + 3\int p_0 dV_0 + 3\int p_0 \Psi dV_0$$

ρ_{00} = Dichte der Flüssigkeit, Ψ = Potenzial des Gravitationsfeldes.

Hieraus folgt der Spezialfall eines im Gravitationsfeld ruhenden Teilchens $(p_0 = 0)$:

(24.14) $$\frac{U}{c^2} = M_{Stern} + m_0 + m_0 \Psi(r)$$

(Teilchen mit Ruhemasse m_0 an der Position r im Gravitationsfeld eines Sterns der Masse M_{Stern}) Für die SM gilt [60]:

(24.15) $$\Psi(r) = \frac{1}{2}\left(\left(1 - \frac{2GM_{Stern}}{c^2 r} \right) - 1 \right) = -\frac{GM_{Stern}}{c^2 r}$$

d. h. Ψ ist das newtonsche Gravitationspotenzial. Eingesetzt in (24.14)

(24.16) $$\frac{U}{c^2} = M_{Stern} + m_0 \left(1 - \frac{GM_{Stern}}{c^2 r} \right)$$

Die Gesamtenergie ist die Summe aus Sternenmasse, Teilchenmasse und (negativer) potentieller Energie. Für die LI folgt dasselbe Ergebnis: Aus Hypothese (20.6) folgt für die verminderte Ruhemasse des Teilchens

(24.17)
$$m_{0,Feld} = m_0\left(1-\frac{2M}{r}\right)^{\frac{1}{2}}$$
$$\cong m_0\left(1-\frac{GM_{Stern}}{c^2 r}\right)$$

und somit für die Gesamtenergie als Summe beider Massen erneut:

(24.18)
$$\frac{U}{c^2} = M_{Stern} + m_0\left(1-\frac{GM_{Stern}}{c^2 r}\right)$$

Damit steht Hypothese (20.6) für die SM in Einklang mit EINSTEIN's Energieerhaltungssatz und rechtfertigt ihn. Mit den Grundsätzen der Speziellen Relativitätstheorie ist er nicht vereinbar. Die Gesamtenergie ist bis auf den Faktor c^2 gleich der Gesamtmasse, $E = mc^2$, und es ist nicht erlaubt, die potentielle Energie abzuziehen, da ihr keine Masse entspricht. In der LI hat dagegen das Teilchen im Feld eine geringere Masse und in Einklang mit Speziellen Relativitätstheorie bleibt es bei der Formel $E = mc^2$. *Das negative newtonsche Gravitationspotenzial mal m_0 ist nichts anderes als der Betrag, um den die Ruhemasse im Gravitationsfeld abnimmt.*

Wie in Kap. 24.8: Für den Autor ist die mit Spezieller Relativitätstheorie in Einklang stehende Erklärung des negativen Gravitationspotenzials besonders eindrucksvoll. Was hat die EI dem entgegenzusetzen?

24.10 Leben wir in einem Schwarzen Loch?

Da nach Stand der Forschung unser Universum unendlich ausgedehnt ist (*k*=0) und radiale Bewegung (Fluchtbewegung der Galaxien) der Bildung eines Schwarzen Lochs nicht entgegensteht, heißt die Frage nur, wo liegt die untere Grenze für $2M$. Wegen

(24.20)
$$2M = \frac{2GM_{Uni}}{c^2},$$

(24.21)
$$M_{Uni} \cong \frac{4}{3}\pi\rho_0(2M)^3 \quad \text{gilt:}$$

(24.22)
$$2M \cong \sqrt{\frac{3c^2}{8\pi G\rho_0}}$$

M_{Uni} = Masse des Universums innerhalb des Radius $2M$

ρ_0 = heutige, mittlere Dichte des Universums

(24.23)
$$\Omega_M = \frac{\rho_0}{\rho_{crit}^0}$$
$$\Omega_M = 0.25$$
$$\rho_{crit}^0 = 1.910^{-29} h^2 \left[\frac{g}{cm^3}\right]$$
$$h = 0.6 - 0.8$$

Alle Zahlenwerte aus [22]. Damit errechnet sich

$$\rho_0 = 0.25\,1.9\,10^{-29} 0.7kg^2 \left[\frac{g}{cm^3}\right]$$
$$= 2.3\,10^{-27}\left[\frac{kg}{m^3}\right]$$
$$2M = \sqrt{\frac{3(3\,10^8)^2}{8\pi 6.67\,10^{-11}\,2.3\,10^{-27}}}$$

(24.24)
$$= 2.6\,10^{26}\,\mathrm{m}$$
$$= 8.5\,10^3\,\mathrm{Mpc}$$

Ab $r = 8.5\,10^3\,\mathrm{Mpc}$ ist der zugehörige Schwarzschildradius größer als r, man bleibt in einem Schwarzen Loch. Es werden Objekte bis $z \cong 6$, d. h. $\sim 10^4\,\mathrm{Mpc}$, beobachtet, bereits der sichtbare Teil des Universums müsste ein Schwarzes Loch sein, wenn die EI Recht hat. Für die EI gilt $U_{SL} = 2\pi\, 2M$, für LI gilt $U_r = 2\pi(r + 2M)$, s. Kap. 22.3, die Umfangsmessung bei $z = 6$ könnte zusätzlich zwischen EI und LI unterscheiden.

Eine positive kosmologische Konstante Λ in der Größe, wie sie beobachtet wird, verringert den Schwarzschildradius geringfügig. Das zeigt die Formel (82.10) bei TOLMAN. Für unendliches r ergeben sich aus ihr weitere Probleme für die EI.

24.11 Astronomische Beobachtungen

Es gibt eine Reihe von astronomischen Beobachtungen, die sich zu einer Bestätigung der LI entwickeln könnten. Es sind Flares im galaktischen Kern der Milchstraße, UHECR und Energieprobleme bei Supernovae, bei Gammabursts sowie bei Jets aus AGN's. Andererseits, die Pionier-Anomalien sind möglicherweise sowohl für die EI als auch die LI eine Grenze. Zur Dunklen Materie kann die LI meines Wissens nichts Klärendes beitragen, zur Dunklen Energie (Kleinheit der Kosmologischen Konstante) s. Kap. 24.13.

Flares im galaktischen Kern der Milchstraße:. Man beobachtet [127] im galaktischen Kern der Milchstraße Flares mit einer Periode von 27 Tagen. Für die EI sind es mitrotierende Erscheinungen an der inneren Akkretionsscheibe um das SL des galaktischen Kerns. Für die LI befinden sich die Flares auf der Oberfläche eines supermassiven, entarteten sternähnlichen Objekts, das eine Rotationsperiode von 27 Tagen hat, die sich ändern kann (differentielle Rotation). Flares in GN's und deren Entstehung unterscheiden sich deshalb für die LI nicht prinzipiell von den entsprechenden Vorgängen auf unserer Sonne. Sie haben ihre mögliche Ursache in magnetischer Rekonnektion [mag], [vor13], [vor15]. Ganz analog gelten für Jet's aus AGN's dieselben Gesetze wie in kleinerem Maßstab bei der Sternentstehung, [108], [112]. Voraussetzung für ihre Entstehung sind danach Akkretion und Drehimpuls. Für SL's müssen Jet's modifiziert erklärt werden, was zu überprüfbar anderen Vorhersagen führen kann. Heutige Beobachtungen im Zentrum der Milchstraße passen zu der Vorstellung eines supermassiven, entarteten sternähnlichen Objekts. Dazu gehören auch die über 1000 km/s schnellen Winde *aus* dem Zentrum [85]. Lässt man die LI gelten, gibt es keine klare Beobachtung, die nur von einem SL verursacht sein kann.

Ursprung der UHECR. Er wurde von der LI bereits vor den weithin bekannten Erfolgen des Pierre-Auger-Observatoriums [266], [178] in die Zentren der GN's verlegt [29]. Es bleibt abzuwarten, wie gut die Zuordnung zu den AGN's gelingt und ob man deshalb dort SL's ausschließen kann, wie die LI vorhersagt.

Gammabursts sind inzwischen als Sternexplosionen nachgewiesen und nicht wie vom Autor einmal angenommen [3. Aufl., Anhang 15.3] Explosionen von GN's (zur Rechtfertigung: die Vorgaben von Seiten der Astronomie lauteten, dass sehr seltene Ereignisse und extreme Energien vorliegen). Ebenso ist die Kosmologische Konstante wahrscheinlich nachgewiesen (und der frühere Versuch einer alternativen Erklärung, 3. Aufl., Anhang 15.4, erübrigt sich). Wider Erwarten ist die Kosmologische Konstante ein Argument zu Gunsten der LI, s. Kap. 24.13.

Pionier-Anomalien [74], [75]. Zur EI und LI passt die Annahme, dass eine spezielle Verteilung der Dunklen Materie in unserem Sonnensystem Ursache dieser Anomalien sein kann. Erweisen sich die Einwände von DITTUS und LÄMMERZAHL als zutreffend, haben sowohl die EI als auch die LI ein Problem.

Weitere Möglichkeiten, die LI experimentell zu überprüfen, sind Simulationen. Die Simulation von Supernova, Gammabursts und Jets aus AGN's ist bis heute (2009) nicht erfolgreich, [250], obwohl sie mit hohem fachlichen Einsatz durchgeführt wird. Mit der LI ergeben sich geänderte Ansätze. Da beim Kollaps kein SL entstehen kann, dürfen bei den Simulationen Sterne mit beliebig hoher zentraler Dichte entstehen und es sind sog. weiche Zustandsfunktionen zulässig, die ein tieferes Durchschwingen und späteres Umkehren der Kompressionswelle bei weniger

Wärmeverlusten erlauben. Das könnte bedeuten, dass die Reaktion $p + e^- \rightarrow n + \nu$ insgesamt weniger energiereich ist und mehr kinetische Energie in der rücklaufenden Druckwelle steckt. Ebenso könnten sich einige der Bedingungen für die Entstehung der schweren Elemente ändern. Darüber hinaus sind für die LI wegen der höheren Kerntemperaturen Paarinstabilitäts-Supernovae, [397.2], denkbar, während für die EI Schwarze Löcher entstehen müssten, [411]. Für die LI ist es kein grundsätzliches Problem, wenn ein Stern von 40 Sonnenmassen, wie beobachtet, zu einem Magnetar kollabiert, aber die EI erwartet ein Schwarzes Loch und deshalb werden für sie neue Annahmen über die Sternentwicklung notwendig RITCHIE[296.1], [411]. Die Anwendung der Astrophysik auf beide Interpretationen dürfte eine Reihe beobachtbarer Unterschiede zur Folge haben.

Ein weiterer, ganz anderer Ansatz, [vor21], [vor22], der aber nicht auf Gegenliebe gestoßen ist, ergibt sich aus den folgenden Überlegungen. Supernovae und Gammabursts bedeuten den Kollaps eines massiven Sterns zu einem Neutronenstern, s. Abb. 24.7. Während des freien Falls wandelt sich die Ruhemasse und Bewegungsenergie eines jeden Teilchens teilweise in Wellenenergie um, wie in Kap. 21.3 diskutiert wurde und in Abb. 21.4 dargestellt ist. Nun kann man einen neuartigen Effekt der Quantengravitation postulieren und annehmen, dass diese Wellenenergie als Strahlungsenergie frei wird, wenn die Teilchen aufschlagen und einen Neutronenstern bilden. Die Strahlungsenergie ist wahrscheinlich Licht, Gravitationswellen sind nicht auszuschließen.

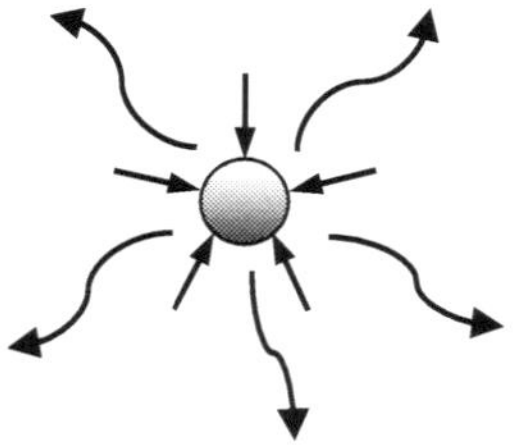

Abb. 24.7 Gammaburst. Kollaps eines massiven Sterns zu einem Neutronenstern.

Näherungsweise erfolgt der freie Fall der Teilchen in einem kugelsymmetrischen Feld, wie er durch die Schwarzschildmetrik beschrieben wird. Das erlaubt eine quantitative Abschätzung, s. Abb. 21.4.

Zahlenbeispiel:
Fällt ein Proton auf einen Neutronenstern der Masse $M = 1\mathrm{M}_{\mathrm{Sonne}}$, R =15 km = 5 x $2M_s$ dann beträgt

die kinetische Energie: 6,4%,
die Wellenenergie: 4,2%,
die gravitative Masse: 89,4 % der Gesamtenergie.

Die Gesamtenergie ist gleich der Ruheenergie des Protons (100%). Die Wellenenergie von 4,2% der Gesamtenergie wird mit dieser Hypothese beim Aufprall auf dem Stern unmittelbar als Strahlungsenergie (Licht) frei.

Bei der Entstehung eines Neutronenstern $M = 1\mathrm{M}_{\mathrm{Sonne}}$, R =15 km = 5 x $2M_s$ gelten näherungsweise dieselben Prozentanteile. Der Gammaburst GRB000301C hat eine Strahlungsabgabe, wenn sie isotrop ist, von $\sim 2\ M_{Sonne}$. Das passt in etwa zu folgenden Ausgangswerten: $M = 100\ M_{Sonne}$, Endradius R = 1500 km = 5 x $2M_s$. Dann hat man die Strahlungsenergie von 4,2 M_{Sonne} und entsprechend weniger, wenn die Explosion nicht isotrop ist.

So etwas widerspricht nicht dem Äquivalenzprinzip, ein neuartiger Effekt der Quantengravitation beim Gravitationskollaps ist immer denkbar. Mit Hilfe der Formel (21.15) ist er quantitativ berechenbar. Berechtigt könnte eine solche Annahme sein, wenn es auch mit den obigen Änderungen dabei bleibt und Supernovae, Gammabursts sowie Jets von AGN's nicht überzeugend simuliert werden können.

24.12 Kosmischer Mikrowellenhintergrund (CMB) und der sogenannte WMAP cold spot

EI: Der kosmische Mikrowellenhintergrund (CMB) ist die heutige Beobachtung der Rekombinationsstrahlung bei der Entstehung von H-Atomen aus Protonen und Elektronen zur Zeit $\tau \cong 300000$ Jahre nach dem Urknall.

LI: Die Rekombination könnte noch heute stattfinden in weit entfernten Regionen, die sich noch heute mit Geschwindigkeiten genügend nahe an der Lichtgeschwindigkeit vom Entstehungsort des Urknalls entfernen (Zeitdilation, Gravitationsrotverschiebung, Unterschiede zwischen t und τ, s. Kap. 19.8.4, kosmologische Gleichzeitigkeit).

Mit beiden Modellen ist die beobachtete Isotropie der CMB erklärbar.

EI: Der Sachs-Wolfe-Effekt, der z. B. in die bedeutenden Beobachtungen des WMAP cold spot [312] eingeht, hat seine Ursache in Frequenzänderungen von Licht, wenn es gegen ein Gravitationspotenzial ankämpfen muss.

LI: Der Sachs-Wolfe-Effekt kann nicht wie für die EI durch unterschiedliche Gravitationspotenziale erklärt werden, da Licht durch sie Wellenlänge und Geschwindigkeit aber nicht seine Frequenz ändert, s. Kap. 21.1. Der Effekt entsteht, weil zwischen Entstehungs- und Empfangsort von Anfang an eine Potenzialdifferenz besteht und die das Licht emittierenden Atome langsamer oder auch schneller schwingen. Mit den oben angedeuteten Modellen sollte es keinen Unterschied in der Vorhersage von Effekten aus dem CMB-Spektrum geben: Einerseits der expandierende Raum und kosmologische Gleichzeitigkeit der EI und ein explodierender ‚Staubstern' und unsere Lage im Weltall (näherungsweise) als das Zentrum des Urknalls für die LI andererseits. Nimmt man rein radiale Expansionsvorgänge an, hat ein heutiger ‚cold spot' auch schon bestanden, als die CMB-Strahlung emittiert wurde und der Sachs-Wolfe-Effekt ist in gewisser Weise zwangsläufig – und was dabei noch nicht berücksichtigt wurde: Da sich Laufzeit des Lichts verändert hat, wird mit Licht verglichen, das zu einem anderen Zeitpunkt emittiert wurde. Beide Modelle machen dieselben Vorhersagen, sie sind mathematisch gleichwertig oder man hat etwas vergessen. Betrachtet man Einwirkungen von außen oder transversale Bewegungen und zeitlich veränderliche Dichteschwankungen z. B. durch die Entstehung und Entwicklung von Galaxien und durch die Ausdehnung des ‚Staubsterns' insgesamt, sollen Unterschiede in Vorhersagen von EI und LI nicht ausgeschlossen werden.

24.13 Die Kleinheit der Kosmologischen Konstante

Die Robertson-Walker-Metrik (RWM) beschreibt sowohl die Explosion eines Staubsterns als auch die Expansion des Universums, siehe Kap. 18.5. Das führte zu der Frage: Warum ist der Urknall die Entstehung von Raum und Zeit und nicht, wie es nahe liegt, die Explosion eines supermassiven Objekts, d. h. die Entstehung einer Metagalaxie in Raum und Zeit? Wie sich zeigt, ist die Kleinheit der Kosmologischen Konstante mit dieser Frage eng korreliert. "To explain the smallness of the cosmological constant Λ is one of the most outstanding challenges in modern theoretical physics" because

(24.25) $\Lambda(\text{observed}) = 10^{-122}\Lambda(\text{theoretical})$

and "thus wrong by 122 orders of magnitude" Siehe BERGSTRÖM und GOOBAR [22].

Eine mögliche Lösung wird durch die zweite Variante der RWM gegeben, die Expansion eines Staubsterns zu beschreiben. In diesem Fall existiert das nichtleere Vakuum bereits vor dem Urknall und es gilt:

Λ(observed) = Λ(theoretical, changed by big bang) – Λ(theoretical, before big bang)

Eine solche Differenz kann für einen Staubstern beliebig klein sein und ist sogar null, wenn Λ(theoretical) durch den Urknall nicht verändert wird. Die übliche Lesart der RWM bedeutet aber, dass fortlaufend während der Expansion leerer Raum zusammen mit nichtleerem Vakuum aus dem Nichts erzeugt werden muss und das wiederum bedeutet, dass man Λ(theoretical) beobachten müsste und weder Λ(observed) noch die obige Differenz. Das Problem der Kleinheit von Λ – der Widerspruch zwischen Λ(theoretical) und Λ(observed) – bleibt in diesem Fall bestehen.

Man beachte, das eigentliche Problem liegt zur Zeit nicht darin, eine Theorie für Λ zu finden. Man hat auch diese Aufgabe gelöst, wenn man einen Mechanismus angeben kann, der Λ(theoretical) beim Urknall geringfügig ändert oder man nimmt an, dass sich Λ(theoretical) nicht ändert und findet etwas ganz Anderes als Ursache von Λ(observed). Der Vortrag des Autors [vor24] beschreibt – unter Verwendung von BERGSTRÖM und GOOBAR [22] – die überzeugenden quantenmechanischen Gründe für die enorme Größe von Λ(theoretical) und erklärt, warum das für die EI tatsächlich ein überragendes Problem genannt werden muss, während für die LI die Kleinheit von Λ (jedenfalls noch) keine grundsätzliche Schwierigkeit bedeutet. *Im Gegenteil, wenn die LI ein solches Problem mit der Quantenfeldtheorie hätte und die EI nicht, würde der Autor die LI als widerlegt ansehen*

25. Verzeichnisse

25.1 Nützliche und hypothetische Zahlen

Lichtgeschwindigkeit *c:*	$2.998\ 10^{8}$ m/s
Gravitationskonstante *G:*	$6.67\ 10^{-11}$ m^3 /(kg s^2)
Ein Lichtjahr:	$0.946\ 10^{16}$ m
Ein Parsec, pc:	$3.086\ 10^{16}$ m = 3.26 Lichtjahre
Ein Jahr:	$3.156\ 10^{7}$ s
Masse der Sonne:	$1.99\ 10^{30}$ kg
Radius der Sonne:	$6.96\ 10^{8}$ m
Hubble-Konstante H_0:	70.5±1.3 (km/s)/Mpc
$1/H_0$:	$1.4\ 10^{10}$ Jahre

Verzögerungsparameter $q_0 = (4\pi G\rho_0 - \Lambda)/3H_0^2$: -0.59

(negatives q_0 bedeutet: Die Ausdehnungsgeschwindigkeit des Weltalls nimmt zu)

Beschleunigte Expansion besteht seit $z \leq 1$, das sind ca. 50% des Weltalters, verzögerte Expansion bis $z \geq 1$

Das Weltall besteht bis heute die Zeit t_0 : $1.35\ 10^{10}$ Jahre

Dichte des Weltalls heute, ρ_0

Baryonendichte (normale Materie):	$4.3\ 10^{-28}$ kg/m^3
einschl. Dunkler Materie:	$2.5\ 10^{-27}$ kg/m^3

Kosmologische Konstante $\Lambda = \Omega_\Lambda 3H_0^2$: $1.14\ 10^{-35}$ s^{-2}

($\Lambda/3$ mal der Entfernung ist die Beschleunigung durch Λ , [22]. Der theoretische Wert von Λ ist 10^{122} mal größer.)

Zahlenwerte aus:[28], [357], [230], [20],[189.1]

Hypothetisch, berechnet für ein endliches Weltall mit den früheren Werten für H_0 = 1/(1.8 10^{10} Jahre) und $q_0 = 1$:

Maximale Ausdehnung des Weltalls R_m:	$3.6\ 10^{10}$ Lichtjahre
Sie wird erreicht zum Zeitpunkt t_m :	$5.7\ 10^{10}$ Jahre

(Das Weltall wird doppelt solange bestehen)

Bis heute vergangene Zeit t_0	10^{10} Jahre
Heutige Ausdehnung R_0	1.8 10^{10} Lichtjahre
Heutige Dichte:	1.2 10^{-26} kg/m^3

(40 mal größer als der Wert aus Galaxienbeobachtungen)

Heutiges Volumen $V_o = 2\ \pi^2 R_0{}^3$:	9.7 10^{79} m^3
Gesamtmasse des Weltalls:	11.6 10^{53} kg
das entspricht:	6 10^{23} Sonnenmassen

(Von den hypothetischen Werten stimmt t_0 gut mit dem aus dem Alter von Gesteinen und Sternen berechneten Wert überein, die Dichte wurde dagegen zu hoch ermittelt. Daraus resultierte die Suche nach Dunkler Materie. Nach Dunkler Materie suchen musste auch, wer ein euklidisches Weltall ($k = 0$) bevorzugte. Durch den Nachweis einer positiven Kosmologischen Konstante hat sich dieses Problem gelöst, das Weltall ist euklidisch ($k = 0$) und dehnt sich exponentiell aus. Ein nur fast euklidisches, endliches Weltall kann man nicht ausschließen.)

25.2 Glossar

1. Spezielle Relativitätstheorie:

Antinomie: Innerer, formal nicht auflösbarer Widerspruch einer Theorie. Oft durch geringfügige Einschränkungen der Theorie zu beseitigen, s. a. Paradoxie.

ausgezeichnetes Inertialsystem: Ein Inertialsystem, das sich von anderen in bestimmten Eigenschaften unterscheiden soll. So kann man theoretisch annehmen, die Lichtgeschwindigkeit habe nur in einem Inertialsystem und nicht in allen den Wert c und prüfen, wie das mit dem Relativitätsprinzip vereinbar ist.

Dimension: s. Abb. 11.1. Eigenschaft von Räumen; gibt die Anzahl der unabhängigen Koordinaten an, mit der die Lage eines Punktes im zugehörigen Raum festliegt.

Eigenzeit, Eigenzeitintervall: Die Zeit, die eine mit einem bewegten oder ruhenden Körper verbundene Uhr anzeigt. Eine elementare physikalische Messung, die von jeder Theorie richtig vorhergesagt werden muss.

Einstein-Konvention zur Definition der Gleichzeitigkeit von Uhren in Inertialsystemen: Räumlich entfernte Uhren laufen nach dieser Konvention synchron, wenn die mit ihnen gemessenen Lichtgeschwindigkeiten den Wert c ergeben.

Einstein- (EI) und Lorentz-Interpretation (LI): Die physikalischen Gleichungen der Speziellen Relativitätstheorie lassen sich in Hinblick auf Raum und Zeit unterschiedlich deuten, in der Vorhersage physikalisch messbarer Phänomene unterscheiden sich beide Interpretationen nicht. Für die Einstein-Interpretation gibt es keine absolute Gleichzeitigkeit, für die Lorentz-Interpretation gibt es sie, sie ist aber nicht messbar.

Ein-Weg-Lichtgeschwindigkeit: Messung der Lichtgeschwindigkeit in eine Richtung (und nicht hin und zurück) unter Verwendung zweier Uhren. Sie hat große theoretische Bedeutung, ist aber nicht durchführbar, da die Uhren zuvor synchronisiert sein müssen, wozu wiederum Lichtsignale oder ein äquivalentes Verfahren erforderlich sind.

Galilei-Transformation: s. Lorentz-Transformation

Inertialsystem: (inertia, lat. die Trägheit) Ein Bezugssystem, das sich wie träge, keinen Kräften unterworfenen Massen geradlinig und gleichförmig bewegt. Bezugssystem ist die Abstraktion für den Messplatz, an dem man arbeitet und eine wichtige Eigenschaft ist seine Geschwindigkeit relativ zu anderen Messplätzen.

Interpretation: s. Einstein- und Lorentz-Interpretation

Längenkontraktion: Relativ zu einem Inertialsystem bewegte Körper sind (oder erscheinen) in Bewegungsrichtung verkürzt. Der Nachweis erfolgt mit dem berühmten MICHELSON-MORLEY-Experiment. Die Längenkontraktion ist Ausgangspunkt verschiedener Paradoxien.

Lorentz-Transformation: Physikalische Formeln zur Umrechnung von Orts- und Zeitkoordinaten innerhalb von Inertialsystemen. Sie sind die Basis der Speziellen Relativitätstheorie und ersetzen die klassische Galilei-Transformation, für die eine einheitliche Zeit $t = t'$ für alle Inertialsysteme besteht.

Paradoxie, Paradoxon: Scheinbar widersprüchliche Folgerungen aus einer Theorie, keine Antinomie. In der Speziellen Relativitätstheorie entstehen sie durch die Zeitdilatation (Zwillingsparadoxie) und die Längenkontraktion (z. B. Garagenparadoxie).

Minkowski-Raum: s. vierdimensionales Raum-Zeit-Kontinuum

Phänomenologie, phänomenologisch: Teilgebiet der Philosophie, bzw. philosophische Richtung, die über Wesen und Seinsweise von Gegenständen Aussagen macht. So sind physikalische und seelische Vorgänge wirklich, sie existieren, Gedanken- und Vorstellungsinhalte sind gedacht oder vorgestellt, mathematische Gegenstände sind ideal, und real, wenn sie Teil der Wirklichkeit sein können, wie z. B. Kugelflächen im wirklichen Raum. Das philosophische Problem der Speziellen

Relativitätstheorie lautet: Ist der wirkliche Raum ein vierdimensionales Raum-Zeit-Kontinuum?

Prinzip der Konstanz der Lichtgeschwindigkeit: Die Lichtgeschwindigkeit hat in allen Inertialsystemen den Wert *c*, bzw. sie wird in allen Inertialsystemen wegen des Relativitätsprinzips so gemessen.

Raum: s. u.

Relativistische und lorentzianische Interpretation: Bezeichnung für Einstein- (EI) und Lorentz-Interpretation (LI) in den früheren Auflagen.

Relativitätsprinzip: Kein Inertialsystem ist durch physikalische Messungen vor anderen ausgezeichnet. Alle Naturgesetze haben in Inertialsystemen dieselbe Gestalt. (Die Lorentz-Interpretation ergänzt: Soweit die Gesetze sich auf messbare und nicht auf sog. verborgene Parameter beziehen.)

Ruhmasse, Ruhlänge: Betrag der Masse, der Länge eines Körpers, gemessen in dem Inertialsystem, in welchem er ruht.

Spezielle Relativitätstheorie: EINSTEINs konsequente Anwendung des Relativitätsprinzips mit revolutionären Vorhersagen über bewegte Längen und Uhren, sowie den Zusammenhang von Masse und Energie. Sie ist Grundlagenwissen der Physik.

vierdimensionales Raum-Zeit-Kontinuum: Nicht der Raum für sich und die Zeit für sich sind wirklich, sondern nur die Vereinigung beider zu einem vierdimensionalen Kontinuum oder vierdimensionalen Raum ("Kontinuum" ist ein anderer Begriff für "Raum in seiner allgemeineren Bedeutung"). Wegen der Längenkontraktion und Zeitdilatation gibt es keine von Inertialsystemen unabhängige Längen und Zeitintervalle. Es gibt nur einen vierdimensionalen räumlich zeitlichen Abstandsbegriff, der eine vom Inertialsystem unabhängige Bedeutung besitzt und den Begriff eines vierdimensionalen Raumes rechtfertigt.

Zeitdilatation, Zeitdehnung: Bewegte Uhren laufen langsamer, ein Weltraumfahrer bleibt jünger als sein Zwilling auf der Erde. Sie ist Ausgangspunkt der Uhren- oder Zwillingsparadoxie.

2. Allgemeine Relativitätstheorie:

Allgemeine Relativitätstheorie: Von EINSTEIN weiterentwickelte newtonsche Gravitationstheorie. Ein erweitertes Relativitätsprinzip, das für in Gravitationsfeldern ruhende und für beschleunigte Bezugssyteme und nicht nur für Inertialsysteme gilt, erlaubt verbesserte Vorhersagen z. B. über die Bewegung von Planeten und den Gang von Uhren in Gravitationsfeldern.

Dunkle Materie: Nicht leuchtende Gaswolken im Weltall. Soll das Weltall endlich sein, muss der Anteil an dunkler Materie deutlich höher sein als der der sichtbaren Materie z. B. in Form von Sonnen. Sein genauer Wert ist nicht bekannt.

Einstein- (EI) und Lorentz-Interpretation (LI): Die verschiedenen Metriken in der Allgemeinen Relativitätstheorie lassen sich in Hinblick auf Raum und Zeit unterschiedlich deuten, in der Vorhersage physikalisch messbarer Phänomene unterscheiden sich beide Interpretationen nicht prinzipiell aber in nachprüfbaren Details. Für die Lorentz-Interpretation beschreiben gekrümmte Räume Maßstabsveränderungen und nicht Raum und Zeit, für die Einstein-Interpretation ändern sich Maßstäbe in Gravitationsfeldern nicht, sondern Raum und Zeit sind dort gekrümmt, s. a. poincarésche These.

einsteinsche **Feldgleichungen** ... bleiben bestehen und die Schwarzschildmetrik (SM) ist Grundlage für beide Interpretationen, s. a. Hilbert-Einstein-Gleichungen.

Feld: Räumlicher Bereich, in denen Kräfte oder andere physikalische Größen auftreten. So spricht man von Gravitationsfeldern als den Bereichen, in denen Gravitationskräfte vorhanden sind und entsprechend von elektrischen oder magnetischen Feldern.

Friedmann-Kosmos: Der – endliche oder unendliche – Kosmos, wie er sich mit einfachsten physikalischen Annahmen aus dem kosmologischen Prinzip ableiten lässt. Er ist in einem Urknall entstanden und dehnt sich ständig weiter aus, entweder ins Unendliche oder nur bis zu einer maximalen Größe, um danach zu schrumpfen und schließlich wieder in sich zusammenzustürzen.

gaußsches Koordinatensystem: Krummliniges Koordinatensystem, wie es für gekrümmte Räume benötigt wird, s. Abb. 16.8. Längen- und Breitenkreise der Erdoberfläche bilden ebenfalls ein gaußsches Koordinatensystem.

Geometrie(n): Statt von gekrümmten Räumen lässt sich von nichteuklidischen Geometrien sprechen. So ist die sphärische Geometrie die Geometrie im gekrümmten Raum einer Kugelfläche.

Gravitationsfeld: s. Feld

Gravitationskollaps: Zusammenbruch eines erkalteten Sterns unter dem Einfluss der Schwerkraft. Theoretisch bildet sich dabei ein Neutronenstern oder ein schwarzes Loch.

Hilbert-Einstein-Gleichungen: HILBERT hat die sog. einsteinschen Feldgleichungen als erster entdeckt, das sollte in der Namensgebung zum Ausdruck kommen, s. SOMMER [346].

Interpretation: s. Einstein- und Lorentz-Interpretation

Kosmologie: Lehre von der Entstehung und Entwicklung des Weltalls

kosmologisches Prinzip: s. Abb. 19.1. Das Weltall ist in alle Richtungen und in allen Entfernungen gleichartig aufgebaut. Eine vereinfachte Annahme zur Entwicklung von Weltraummodellen.

Kosmologische Konstante: Von EINSTEIN eingeführt, dann von ihm totgesagt, erlebt eine Renaissance. Eine positive Kosmologische Kontante – sie ist durch Beobachtungen von Galaxienbewegungen bestätigt – bedeutet eine der Gravitation entgegengesetzte, weitreichende Kraft im Universum. Die Kleinheit der Kosmologischen Konstante ist für die EI ein großes Problem, s. Kap. 24.13.

Metrik: Maß, wichtiger Begriff in physikalischen und mathematischen gekrümmten Räumen. Die Metrik legt fest, welchen Abstand zwei (nahe beieinander liegende) Punkte voneinander besitzen. Je nach Metrik haben z. B. Punkte einer Kugelfläche als Abstand die Länge ihrer Sehnen oder ihrer Kreisbögen.

newtonsche Gravitationsgesetz: NEWTONs Annahme über die Größe und Richtung von Gravitationskräften. Es erlaubt die Berechnung von Planetenbahnen und ist als Grenzfall für die Entwicklung der Allgemeinen Relativitätstheorie von großer Bedeutung.

newtonsches Gravitationspotential: Es ist negativ, weil man Energie aufwenden muss, um einen Körper aus dem Gravitationsfeld zu entfernen. Wegen $E = mc^2$ bedeutet das negative Masse oder Massenabnahme, s. Kap. 2.3.

poincarésches Modell: s. Abb. 18.12. Darstellung der hyperbolischen Geometrie in der normalen (euklidischen) Ebene.

poincarésche These: Für sie ist ein gekrümmter physikalischer Raum stets als normaler (euklidischer) Raum interpretierbar, in dem stattdessen Maßstäbe und Objekte Veränderungen unterliegen.

Raum: Mehrfache Bedeutung: a) der normale, uns umgebende dreidimensionale Raum, unsere Wirklichkeit. b) Mathematische Räume. Oberbegriff für alles, was aus Punkten bestehend vorstellbar und für dessen Punkte ein Abstand definierbar ist. In dieser Verwendung ist die Kugelfläche ein Raum (mit zwei Dimensionen). Der Abstand zweier Punkte ist die Länge ihres Kreisbogens. c) Mathematisch-physikalische Räume: mathematische Räume mit physikalischer Bedeutung, z. B. die Erdoberfläche als Kugelfläche.

Raumzeit: Oberbegriff für Räume, die Orts- und Zeitkoordinaten besitzen. So ist das vierdimensionale Raum-Zeit-Kontinuum eine Raumzeit wie allgemein die gekrümmten Räume der Allgemeinen Relativitätstheorie unter Einschluss der Zeit.

Relativistische und lorentzianische Interpretation: Bezeichnung für Einstein- (EI) und Lorentz-Interpretation (LI) in den früheren Auflagen.

Robertson-Walker-Metrik: Die Metrik für Räume des Friedmann-Kosmos

Schwarzschild-Metrik: Die Metrik für Räume in zentralsymmetrischen Gravitationsfeldern, z. B. Sonnen.

Schwerefeld: s. Gravitationsfeld

Urknall: Die Entstehung des Universums vor ca. 15 Milliarden Jahren durch eine gewaltige Explosion, wie sie im Friedmann-Kosmos gefordert wird und durch das Hubble-Gesetz bestätigt wird (Lorentz-Interpretation). Die Einstein-Interpretation sieht darin den Beginn der Expansion des Raumes und den Beginn der Zeit und keine Explosion. Der physikalische Unterschied beider Thesen liegt in der Gleichzeitigkeitsdefinition, Kap. 19.8.4; im übrigen gilt die poincarésche These. (Unabhängig von beidem bestehen Alternativen.)

25.3 Literaturverzeichnis und Quellenhinweise

Angehängte Seitenangaben verweisen in die Quelle.

[1] Achuthan, P.; Shankara, T. S.; Venkatesan, K.: Ether – as advocated by Einstein and others. Speculations Sci. and Technol. (Schweiz) 2, 277 (1979)

[2] Alley, C.: Maryland-Experiment 1975, in: [337], Seite 23ff, (Experiment von [143] in höherer Genauigkeit)

[3] American Association of Physics Teachers: Special Relativity Theory. Selected Reprints. New York: American Institute of Physics 1962 (Literaturhinweise Uhrenparadoxie)

[4] Anderson, R. S. J.; Stedman, G. E.: Distance and the conventionality of simultaneity in special relativity. Found. of Phys. Lett. 5, 199 (1992)

[5] Anderson, R. S. J.; Stedman, G. E.: Spatial measures in special relativity do not empirically determine simultaneity relations. A reply to Coleman and Korte. Found. of Phys. Lett. 7, 273 (1994)

[6] Anderson, R., Vetharaniam, I., Stedman, G. E., Conventionality of synchronisation, gauge dependence and test theories of relativity, Physics Reports 295, 93–180 (1998) Literaturhinweise zu beiden Interpretationen.

[7] Arminjon, M.: Accelerated Expansion as Predicted by an Ether Theory of Gravitation, gr-qc/9911057v2 6 Dec 1999.

[8] Arminjon, M.: *Ether theory of gravitation: why and how?* arXiv:gr-qc/0401021 v1 7 jan 2004

[9] Arp, H. Evolution of quasars into galaxies and its implications for birth and evolution of matter in: F. Selleri, ed., Open questions in relativistic physics, (1998) Published by Apeiron 4405, rue Dominique, Montreal, Quebec H2W 2B2 Canada P. 265–273

[10] Aspden, H.; Eagles, D. M.: Aether Theory and the Fine Structure Constant. Physics Letters 41A, 423 (1972)

[11] Atkinson, R. d'E.: Acceleration and the Lorentz transformation. Am. J. Phys. 48, 581 (1980)

[12] Audretsch, J.: Gravitationstheorie in flacher Raum-Zeit. in: Audretsch, J.; Mainzer, K. (Hrsg.): *Philosophie und Physik der Raum-Zeit.* Grundlagen der Exakten Naturwissenschaften, Bd. 7. Mannheim, Wien, Zürich: BI Wissenschaftsverlag 1988 (Seite 76)

[13] Bader, F.; Dorn, F (Hrsg.): *Physik* – Hannover: Schroedel-Verlag 1986 (Als Beispiel für Baden-Württemberg. Die Spezielle Relativitätstheorie gehört zu den physikalischen Grundlagen. Ihre Einstein-Interpretation wird/wurde bereits in der Schule gut vermittelt.) (Seite 415)

[14] Bailey, J. et al.: Nature 268, 301 (1977) (sehr genaue Messung der Lebensdauer von Mesonen im Speicherring)

[15] Baving, B.: *Ergebnisse und Probleme der Naturwissenschaften – Eine Einführung in die heutige Naturphilosophie.* 10. Aufl. S. Hirzel Verlag Zürich 1954 S. 134 (Vorzugsstellung der Gegenwart)

[16] Beauregard, L. A.: The sui generis conventionality of simultaneity. Philos. Sci. 43, 469 (1976)

[17] Bell J.S.: *How to teach Special relativity.* Progress in Scientific Culture 1, No 2 (1976); repr. in: Bell J.S., Speakable and Unspeakable in Quantum Mechanics, Cambridge Univ. Press, Cambridge 1987.

[18] Bell, J. S., How to teach special relativity, repr. in: Bell, S. J., *Speakable and Unspeakable in Quantum Mechanics,* Cambridge Univ. Press, Cambridge 1987

[19] Berenda, C. W.: The Problem of the Rotating Disk. Phys. Rev. 62, 280 (1942)

[19.1] Berends, F.: *Hendrik Antoon Lorentz: his role in physics and society,* J. Phys.: Condens. Matter 21 (2009) 164223 (8pp)

[20] Bergmann; Schaefer, *Lehrbuch der Experimentalphysik,* Berlin; New York: de Gruyter, Bd. 1 – Bd. 8. Daraus: Raith, W. (Hrsg.), Blome, H. J., Feitzinger, J., Hoell, J., Priester, W., Scheffler, H., Speer, F., *Sterne und Weltraum,* Bd 8, 1997 S. 314

[21] Bergmann; Schaefer, *Lehrbuch der Experimentalphysik,* Berlin; New York: de Gruyter, Bd. 1 – Bd. 8. Daraus: T. Dorfmüller, W. T. Hering, K. Stierstadt Bd. 1. *Mechanik, Relativität, Wärme* 11. Aufl. 1998 (*Behandlung des bellschen Raketenbeispiels.*)

[21.3] Bergmann; Schaefer *Lehrbuch der Experimentalphysik,* Berlin; New York: de Gruyter, Bd. 1 – Bd. 8. Daraus: Bd.3, S.1362

[21.4] Bergmann; Schaefer, *Lehrbuch der Experimentalphysik,* Berlin; New York: de Gruyter, Bd. 1 – Bd. 8. Daraus: Bd.4, S. 922

[22] Bergström, L.: Goobar, A.: *Cosmology and Particle Astrophysics.* 2. Ed., Springer Berlin, Heidelberg, New York 2004, S. 116

[23] Berry, M.: *Kosmologie und Gravitation.* Stuttgart: B. G.. Teubner 1990, (Seite 98,107,140,142ff, 149)

[24] Berzi, V.; Gorini,V.: Reciprocity Principle and the Lorentz Transformations. J. Math. Phys. 10, 1518 (1969) (Herleitung aus Reziprozitätsprinzip)

[25] Birk, G. T., Lesch, H., Schopper, R., Wiechen, H.: Particle acceleration in AGN magnetic reconnection regions. Astroparticle physics 11, 63, (1999)

[26] Biskamp, D.: *Magnetic reconnection in plasmas*. Cambridge University Press 2000

[27] Born, Hedwig, Born, M., *Der Luxus des Gewissens – Erlebnisse und Einsichten im Atomzeitalter,* München: Nymphenburger Verlagsbuchhandlung 1969 Seiten 131,133

[28] Born, M.: *Die Relativitätstheorie Einsteins.* 4. Aufl. Berlin, Heidelberg, New York: Springer Verlag 1964 5. Aufl. 1969 (S 219, eine beeindruckend schöne Darstellung der rel. Int.)

[29] Brandes, J., *Die Einstein'sche und lorentzianische Interpretation der Relativitätstheorie am Beispiel der Ehrenfestparadoxie*, Tagungsband und CD Didaktik der Physik 1999 Ludwigsburg, S. 411

[30] Brandes, J.: *A new evaluation and restrictive interpretation of the Lorentz transformation.* Internationaler Kongress für Relativität und Gravitation, München 1988

[31] Brandes, J.: *The Test of the Second Principle in Special Relativity and the Proof of the Lorentz Theory.* Bericht – Physikalisches Staatsinstitut der Universität Hamburg 1968 (unveröffentlicht)

[32] Bridgman, P. W., *A Sophisticate's Primer of Relativity*, Introduction by A. I. Miller, Wesleyan University Press, Middletown, Connecticut, USA 1983
Vom gleichen Autor: *Reflections of a Physicist*, Philosophical Library, New York, Jahr: ?.

[33] Brinkmann, K.: *Grundfehler der Relativitätstheorie.* Tübingen, Zürich, Paris: Hohenrain-Verlag 1988 (Beispielhaft und um fair zu sein, eine – brillant geschriebene – Ablehnung der Relativitätstheorie, s. a. Theimer)

[34] Broad, C. D.: *Scientific Thought* – London: Routledge and Kegan, Paul 1923 und New York: Humanities Press 1969 (Broad hat die Gleichwertigkeit beider Interpretationen erkannt und diskutiert, die Einstein-Interpretation aber vorgezogen.)

[35] Bronstein, I. N.; Semendjajew, K. A.: *Taschenbuch der Mathematik* Thun, Frankfurt am Main: Verlag Harri Deutsch 1987 (Seite 32)

[36] Brown, G. B.: Reply by the author. Am. J. Phys. 46, 1071 (1978) (reply to Erlichson)

[37] Brown, Harvey R.: *Physical Relativity – Space-time Structure from a Dynamical Perspective.* Clarandon Press Oxford 2005, S. 121, Swann und weitere.

[38] Brown, M. R., Cothran, C. D., Landreman, M., Schlossberg, D., Matthaeus, W. H.: Experimental observation of energetic ions accelerated by three-dimensional magnetic reconnection in a laboratory plasma. Ap. J. 577, L63 (2002)

[39] Browne, P. F.: Relativity of rotation. J. Phys. A: Math. Gen. 10, 727 (1977)

[40] Büchel, W.: Die Struktur wissenschaftlicher Revolutionen und das Uhren-"Paradoxon". Z. allg. Wiss. theor. 5, 218 (1974)

[41] Budo, A., *Theoretische Mechanik*, Berlin: Deutscher Verlag der Wissenschaften 1956 (S.106)

[42] Builder, G.: Ether and Relativity. Australian J. Phys. 11, 279 (1958), sowie in [3]

[43] Buras, R, Rampp, M., Janka, H.-Th., Kifonidis, K.: *Improved models of stellar core collapse and still no explosions: What is missing?* arXiv:astro-ph/0303171 v1 7. März 2003

[44] Buth, M.: Zum Verhältnis von Protophysik und spezieller Relativitätstheorie. PN 20, 213 (1983)

[45] Cantoni, V.: Comments on: "Do Metric Standards Contract?" Found. of Phys. 10, 809 (1980) (reply to Phipps)

[46] Capek, M.: Relativity and the Status of Becoming. Found. of Phys. 5, 607 (1975)

[47] Carmeli, M.: The Dynamics of Rapidly Rotating Bodies. Found. of Phys. 15, 889 (1985)

[47.1] Carroll, S., M.: *Lecture Notes on General Relativity*, arXiv:gr-qc/9712019

[48] Cavalleri, G., Tonni, E. Nuovo Cimento B 112, 897 (1997) und G. Cavalleri, E. Tonni, Hadronic J. 20, 173 (1997)

[49] Cavalleri, G.: On Some Recent Papers Regarding the Ehrenfest's Paradox. Lettere Nuovo Cimento 3, 608 (1973)

[50] Cavalleri, G.; Bernasconi, C.: Invariance of light speed and nonconservation of simultaneity of separate events in prerelativistic physics and vice versa in special relativity. Nuovo Cimento B 1O4B, 545 (1989)

[51] Chang, T.: A Space-Time Theory with a Privileged Frame. Found. of Phys. 13, 1013 (1983)

[52] Chang, T.: A suggestion to detect the anisotropic effect of the one-way velocity of light. J. Phys. A 13, 207 (1980)

[53] Chang, T.; Torr, D. G.: A Modified Lorentz Theory as a Test Theory of Special Relativity. Found. of Phys. Lett. 1, 353 (1988)

[54] Cialdea, R.: A New Test on the Second Postulate of Special Relativity Sensitive to First-Order Effects. Lett. Nuovo Cimento 4, 821 (1972)

[55] Claybourne, J. P.: Why an ether is positively necessary and a candidate for the job. Galileian Electrodyn. (USA) 4, 38 (1993)

[56] Clifton, R. K.: Some recent controversy over the possibility of experimentally determining isotropy in the speed of light. Philos. Sei. 56, 688 (1989)

[57] Cole, G. H. A., Dunning-Davies, J. D.: Describing states of super-dense matter, in: Physical interpretations of relativity theory VI, British Society for the Philosophy of Science, London 11.–14. 9. 1998 M. C. Duffy, ed., University of Sunderland GB p. 84

[58] Craig, J., Litvinenko, Y. E.: Particle acceleration scalings based on exact analytic models for magnetic reconnection. Ap. J. 570, 387 (2002)

[59] Cremer, T.; Interpretationsprobleme der speziellen Relativitätstheorie. Thun, Frankfurt am Main: Verlag Harri Deutsch 1988

[60] d'Inverno, R. (Hrsg. G. Schäfer, Jena), *Einführung in die Relativitätstheorie.* Weinheim, New York, Basel, Cambridge, Tokio: VCH 1995 (Machsche Prinzip, S. 249, 290)

[61] Davies, P. A.; Ashworth, D. G.: Angular velocity in rotating systems. J. Phys. A: Math. Gen. 10, L147 (1977) (reply to Browne)

[62] Davies, P. A.; Jennison, R. C.: Experiments involving mirror transponders in rotating frames. J. Phys. A: Math. Gen. 8, 1390 (1975)

[62.1] Davis, T. M. et al., Scrutinizing exotic cosmological models using ESSENCE supernova data combined with other cosmological probes, arXiv:astro-ph/0701510v1, (2007)

[63] de Abreu, Rodrigo, Guerra, Vasco: *Relativity – Einstein's lost frame*. Veröffentlicht von]extra muros[2005 www.luzboa.com (Ein empfehlenswertes Buch zur Lorentz-Interpretation der Speziellen Relativitätstheorie.)

[64] de Gouveia dal Pino, Elisabete M., Lazarian, A.:Ultra-high-energy cosmic-ray acceleration by magnetic reconnection in newborn accretion-induced collapse pulsars. Ap. J. 535, L31 (2000)

[65] De Ritis, R.; Guccione, S.: Can Einstein's definition of simultaneity be considered a convention? Gen. Rel. and Grav. 17, 595 (1985) (Kritik an Reichenbach – Grünbaum)

[66] Demoulin, P., Klein, K.-L.: Structuring of the solar plasma by the magnetic field, in: J.-P. Rozelot, L. Klein, J. C. Vial (Eds), Transport and energy conversion in heliosphere, Konferenz 1998, S. 99, Springer Verlag 2000

[67] Deser, S.: *Self ineraction and gauge invariance*. Gen. Rel. & Grav. I, 9-18, 1970 (from [230], p. 425 and 436)

[68] Dessauer, F., *Naturwissenschaftliches Erkennen – Beiträge zur Naturphilosophie*. 2. Aufl. Frankfurt: Verlag Joseph Knecht 1960 S. 363

[69] Dewan, E.; Beran, M.: Note on Stress Effects due to Relativistic Contraction. Am. J. Phys. 28, 517 (1960)

[70] Dieks, D.: Time in special relativity and its philosophical significance. Eur. J. Physics (UK) 12, 253 (1991)

[71] Dingle, H.: Don't bring back the ether. Nature 14, 113 (1967) (Artikel im übrigen sachlich.)

[72] Dingle, H.: The twin paradox of the theory of relativity. Antenna (Italien) 53, 17 (1981) (H. Dingles eigene Zusammenfassung kurz vor seinem Tod)

[73] Dirac, P. A. M.: Is there an Äther? Nature 169, 906 (1951)

[74] Dittus, H., Lämmerzahl, C.: *Die Pionier-Anomalie – das größte von Menschen durchgeführte Experiment und sein Rätsel*. Physik J. 5 (2006) 25

[75] Dittus, H.: *Die Pioneer-Anomalie und andere ungeklärte Beobachtungen in unserem Sonnensystem*. Vortrag Physikalisches Kolloquium Karlsruhe 07.07.2006

[76] Dörling, J.: Did Einstein need General Relativity to solve the Problem of Absolute Space? Or had the Problem already been solved by Special Relativity? Brit. J. Philos. Sci. 29, 311 (1978)

[77] Dudley, H. C.: Is there an ether? Multidisciplinary Res. (USA) 4, 6 (1976)

[78] Dudley, H. C.: Phenomenological Model of the Fitzgerald-Lorentz Contraction Bases on Interactions with the Neutrino Sea. Lettere Nuovo Cimento 5, 641 (1972)

[79] Duffy, M. C., Levy, J., Editors: Ether space-time and cosmology Band 1-3 PS Publications (January 6, 2008), C. Roy Keys Inc (January 15, 2009) Apeiron (November 29, 2009) (Viele Beiträge mit alternativer Interpretation der Relativitätstheorie)

[80] Duffy, M. C.: Ether formulations of relativity. Indian J. of Theor. Phys. 28, 295 (1980) (Literaturhinweise) (Seite 310)

[81] Duffy, M. C.: Misconceptions about the ether. Indian J. of Theor. Phys. 28, 141 (1980) (Literaturhinweise)

[82] Duffy, M. C.: *The ether, disclosing models and objective reality.* 2005, michael.duffy9@btopenworld.com

[83] e.g. *Proceedings of Physical interpretations of relativity theory V,* British Society for the Philosophy of Science, London Sept. 1996 M. C. Duffy, ed., University of Sunderland GB

[84] Earman, J.: Space-Time, or how to solve philosophical problems and dissolve philosophical muddles without really thinking. J. Philos. 67, 259 (1970)

[85] Eckart, A.: *Super-Massive Black Holes at the Centers of Galaxies: The Case of Sagittarius A* at the Center of the Milky Way.* Hauptvortrag SYBH 1.4 DPG-Verhandlungen Bonn 2010

[86] Efimov, N. W.: *Höhere Geometrie.* Berlin: Deutscher Verlag der Wissenschaften 1960, (Seite 160, 516)

[87] Ehrenfest, P.: Gleichförmige Rotation starrer Körper und Relativitätstheorie. Phys. Z. 10, 918 (1909)

[88] Ehrenfest, P.: Gleichförmige Rotation starrer Körper und Relativitätstheorie. Phys. Z. 10, 918 (1909)

Einstein kannte die Lösung nicht, s. [92], später hat er die Thesen von Herglotz et al. akzeptiert [150].

[89] Einstein, A.: *Grundzüge der Relativitätstheorie.* 6. Aufl. Braunschweig, Wiesbaden: Friedr. Vieweg u. Sohn 1990

[90] Einstein, A.: Äther und Relativitätstheorie. Rede Mai 1920, Leiden in: *v.* Meyenn, K.: *Albert Einsteins Relativitätstheorie – Die grundlegenden Arbeiten.* Braunschweig: Friedr. Vieweg u. Sohn 1990 (Seite 116f, 119)

[91] Einstein, A.: Die Grundlage der allgemeinen Relativitätstheorie. Ann. d. Phys. 49, (1916) in: [207]. (Seite 122)

[92] Einstein, A.: Zum Ehrenfestschen Paradoxon. Phys. Z. 12, 509 (1911) (Einstein äußert sich zur Realität der Lorentz-Kontraktion in einem Kommentar zu der Arbeit [Varicak])

[93] Einstein, A.: *Dialog über Einwände gegen die Relativitätstheorie.* Die Naturwissenschaften 6 (1918) S. 102 (Versuch, die Zwillingsparadoxie mit der Allgemeinen Relativitätstheorie zu erklären.)

[94] Einstein, A.: Kosmologische Betrachtungen zur allgemeinen Relativitätstheorie. Sitzungsberichte d. Preussischen Akademie d. Wissenschaften 1919. In: [207]

[95] Einstein, A.: *Über die spezielle und die allgemeine Relativitätstheorie.* 23. Aufl. Braunschweig, Wiesbaden: Friedr. Vieweg u. Sohn 1992, (Seite 90, 107)

[96] Einstein, A.: Zur Elektrodynamik bewegter Körper. Ann. d. Phys. 17 (1905) in: [207] (Einsteins berühmte Begründung der Speziellen Relativitätstheorie)

[97] Einstein, A: Über den Äther. Verh. Schweiz. Naturforsch. Ges. 105, Teil II, 85 (1924) aus [302]

[98] Eisele, A. M.: On the behaviour of an accelerated clock. Helv. Phys. Acta 60, 1024 (1987) (Zerfallszeiten von Elementarteilchen sind unabhängig von der Beschleunigung)

[99] Eisenstaedt, J. (Hrsg.): *Studies in the history of general relativity* – (Einstein studies, Bd. 3). Basel, Berlin, Stuttgart: Birkhäuser 1992, (Bd.3 Seite 286, Bd. 1 Seite 218)

[100] Ellis, R.; Bowmann, P.: Conventionality in distant simultaneity. Philos. Sci. 34, 116 (1967)

[101] Erlichson, H.: A comment on Ruderfer's letter. Am- J. Phys. 43, 279 (1975)

[102] Erlichson, H.: Comment on "A Unidirectional Test of Special Relativity?". Am. J. Phys. 41, 1298 (1973)

[103] Erlichson, H.: Einstein synchronization. Am. J. Phys. 46, 1071 (1978)

[104] Erlichson, R.: The Lorentz-Fitzgerald Contration Hypothesis and the Combined Rod Contraction - Clock Retardation Hypothesis. Phil. Sci. 38, 605 (1971)

[105] Erlichson, R.: The Rod Contraction-Clock Retardation Ether Theory and the Special Theory of Relativity. Am. J. Phys. 41, 1068 (1973)

[106] Evett, A. A.; Wangsness, R. K.: Note on the Separation of Relativistically Moving Rockets. Am. J. Phys. 28, 566 (1960) (Kommentar zu (82))

[107] s. Selleri, F

[108] Fahr, H., J., Willerding, E., A.: *Die Entstehung von Sonnensystemen – Eine Einführung in das Problem der Planetenentstehung.* Spektrum Akademischer Verlag Heidelberg Berlin 1998

[109] Falk G.; Ruppel, W.: *Mechanik Relativität Gravitation.* Berlin, Heidelberg, New York: Springer-Verlag 1983 (Seite 319)

[110] Feenberg, E.: Conventionality in Distant Simultaneity. Found. Of Phys. 4, 121 (1974)

[111] Feinberg, E. L.: Can the relativistic change in the scales of length and time be considered the result of the action of certain forces? Sov. Phys. Usp. 18, 624 (1976)

[112] Fendt, C., Camenzind, M.: *On collimated stellar jet magnetospheres.* Astronomy & astrophysics 313, 591-604, 1996

[113] Fließbach, T.: *Allgemeine Relativitätstheorie.* Mannheim, Wien, Zürich: BI Wissenschaftsverlag 1990, (Seite 153, 191)

[114] Fock, V.: *Theorie von Raum, Zeit und Gravitation.* Berlin: Akademie-Verlag 1960. (Seite 264)

[115] French, A. P.: *Die spezielle Relativitätstheorie.* Braunschweig, Wiesbaden: Friedr. Vieweg u. Sohn 1986, (Seite 225)

[116] Frisch, D. H.; Smith, J. H.: Measurement of the Relativistic Time Dilation Using Mesons. Am. J. Phys. 31, 342 (1963)

[117] Fritsch, A.: Zur Theorie der nicht einsteinisch-poincaréschen Relativitätstheorie. ln.. Kritik und Fortbildung der Relativitätstheorie, Bd. 11, Hrsg.: K. Sapper, Akademische Druck- und Verlagsanstalt Graz, Österreich 1962

[118] Gardner, M.: Mathematical Games. Sc. Am. 232(4), 126 (1975) Längenparadoxie

[119] Genz, H.: *Die Entdeckung des Nichts. Leere und Fülle im Universum*. München, Wien: Carl Hanser Verlag 1994 (Behandelt allgemeinverständlich quantenmechanische Effekte, die nicht Gegenstand unseres Buches sind.) (Seite 256)

[120] Genz, H.: Das Zwillingsparadoxon. Physik in unserer Zeit 33, 226 (2002) sowie Das Zwillingsparadoxon (Leserbriefe) Physik in unserer Zeit 34, 48 (2003)

[121] Genz, H.: *Wie die Zeit in die Welt kam – Die Entstehung einer Illusion aus Ordnung und Chaos*. Wien: Carl Hanser Verlag 1996

[122] Genzel, R. et al.: Near-infrared flares from accreting gas around the supermassive black hole at the Galactic Centre. Nature **425**, 934 (2003). (*Periodizität von 17 Minuten)*
http://dx.doi.org/doi:10.1038/nature02065

[123] Gerthsen, Ch; Kneser, H. 0.; Vogel, H: *Physik*. 15. Aufl. – Berlin, Heidelberg, New York: Springer Verlag 1986, 1999

[124] Ghosal, S. K.; Chakraborty, P.; Mukhopadvhyay, D.: Conventionality of distant simultaneity and light speed invariance. Europhys. Lett. (Schweiz) 15, 369 (1991) (kritisch zu Reichenbach)

[125] Ghosal, S. K.; Nandi, K. K.; Chakraborty, P.: Passage from Einsteinian to Galilean Relativity and Clock Synchrony. Z. Naturforsch. 46a, 256 (1990)

[126] Giannoni, C.: Clock Retardation, Absolute Space, and Special Relativity. Found. of Phys. 9, 427 (1979)

[127] Gillessen, St.: *Eine Nacht im Zentrum der Milchstraße*. Sterne und Weltraum 2 (2009) S. 52 (Flares mit einer Periode von 27 Tagen)

[128] Golden, S., Non-Kinematicity of the Dilation-of-time Relation of Einstein for Time-intervals, Z. Naturforsch. 55 a, 563 (2000)

[129] Greenberg, M. J.: *Euclidean and Non-Euclidean Geometries*. 2. ed. San Francisco: W. H. Freeman u. Co. 1980, (Seite 327)

[130] Grieder, A.: Relativity, Causality and the 'Substratum'. Brit. J. Philos. Sci. 28, 33 (1977)

[131] Grøn, Ø.: Relativistic description of a rotating disk. Am. J. Phys. 43, 869 (1975)

[132] Grøn, Ø.: Relativistic Description of a Rotating Disk with Angular Acceleration. Found. of Phys. 9, 353 (1979) (zweite Lösung)

[133] Grøn, Ø.: Special-Relativistic Resolution of Ehrenfest's Paradox: Comments on Some Recent Statements by T. E. Phipps, Jr.. Found. of Phys.

[134] Grøn, Ø.: The Rotating Disk: Reply to Grünbaum and Janis. Found. of Phys. 10, 499 (1980)

[135] Grøn, Ø.; Nicola, M.: The Consistency of the Postulates of Special Relativity. Found. of Phys. 6, 677 (1976)

[136] Grove, D. L; Fox, J. G.: Phys. Rev. 90, 378 (1953) (Messung von *m(v)* für Protonen mit großer Genauigkeit)

[137] Grünbaum, A.: Why I am afraid of absolute space, Australian J. Philos. 49, 96 (1971)

[138] Grünbaum, A.; Janis, A. I.: The Rotating Disk: Reply to Grøn. Found. of Phys. 10, 494 (1980)

[139] Guilini, D., Straumann, N.: Das Rätsel der kosmischen Vakuumenergiedichte und die beschleunigte Expansion des Universums, Phys. Bl. 56, Heft 11, 41 (2000)

[140] Günther, H.: *Grenzgeschwindigkeiten und ihre Paradoxa – Gitter, Äther, Relativität,* Stuttgart, Leipzig: B. G. Teubner Verlagsgesellschaft 1996

[141] s. Weyl, H.

[142] Häfele, J. C.; Keating, R. E.: Around-the-World Atomic Clocks: Predicted Relativistic Time Gains. Science 177, 166 (1972)

[143] Häfele, J. C; Keating, R. E.: Around-the-World Atomic Clocks: Observed Relativistic Time Gains. Science 177, 168 (1972)

[144] Havas, P.: Simultaneity, Conventialism, General Covariance, and the Special Theory of Relativity. Gen. Rel. and Grav. 19, 435 (1987)

[145] Hawking, S. W. *Eine kurze Geschichte der Zeit – Die Suche nach der Urkraft des Universums,* Rowolth, Reinbek bei Hamburg (1991)

[146] Hayden, H. C.: Yes, moving clocks run slowly, but is time dilated? Galileian Electrodyn. (USA) 2, 63 (1991)

[147] Heckmann, O. *Theorien der Kosmologie,* berichtigter Nachdruck, Heidelberg, Berlin: Springer Verlag 1968 Das Buch hat auch während des Nationalsozialismus die einsteinsche Relativitätstheorie dargestellt.

[148] Held, A. Hrsg.: *General Relativity and Gravitation. One Hundred Years After the Birth of Albert Einstein.* Bd. 1, 2. New York, London: Plenum Press 1980

[149] Hentschel, K.: *Interpretationen und Fehlinterpretationen der speziellen und allgemeinen Relativitätstheorie durch Zeitgenossen Albert Einsteins.* Science Networks Bd. 6. Historical studies. Basel, Boston, Berlin: Birkhäuser Verlag 1990 (umfangreiche Literaturangaben vornehmlich zur Einstein-Interpretation)

[150] Herglotz, G.: Über den vom Standpunkt des Relativitätsprinzips aus als «starr" zu bezeichnenden Körper. Ann. Physik 31, 393 (1910) (Vertiefung von [88])

[151] Hering, in: Brandes, J.: *Interpretationen der speziellen Relativitätstheorie – Born, Einstein, Lorentz.* Frühjahrstagung Didaktik der Physik 2000 (Dresden), Tagungs-CD, Redaktion: V. Nordmeier, Münster

[152] Herrmann, F., Job, G. : *Altlasten der Physik.* Aulis Verlag Deubner, 2002, Seiten 152, 219ff

[153] Hermann, G., May, E., Vogel, Th.: *Die Bedeutung der modernen Physik für die Theorie der Erkenntnis – Drei mit dem Avenarius-Preis ausgezeichnete Arbeiten.* Hirzel-Verlag Leipzig 1937

[154] Herneck, F., *Einstein und sein Weltbild – Aufsätze und Vorträge,* Berlin: Buchverlag Der Morgen 1976 Seiten: 313, 197, 304, 308

[155] Herrmann, R. A.: Special relativity and a nonstandard substratum. Special Sci. Technol. (UK) 17, 2 (1994)

[155.1] HESS Collaboration: *Localising the VHE -ray source at the Galactic Centre,* (2009) http://de.arxiv.org/abs/0911.1912v2

[156] Hirayama, T.: Magnetic morphologies of solar flares in: Y. Uchida, K. Tanaka, Flare physics in solar activity maximum 22, Tokyo 1990, Springer Verlag 1991

[157] Hoffmann, B. Negative Mass and the Quasars, 1966 (M. Arminjon, this conference, private communication)

[158] Hogan, C. J., Kirshner, R. P., Suntzeff, N. B. Die Vermessung der Raumzeit mit Supernovae, Bild der Wissenschaft, p. 40- 45, März 1999

[159] Holst H.: Voortfysike Verdensbilkede oy Einsteins Relativitetsheori. Kopenhagen 1920 s. [368] (Seite 221), Z. f. Physik 1 108 (1920)

[160] Hoyer, U.: Theorie der Lorentztransformationen. Z. Allg. Wiss. Theo. 19, 28 (1988)

[161] Hrvoje Nikolic, Relativistic contraction of an accelerated rod, Am. J. Phys. 67, 1007 (1999)

[162] Hunt, B. J.: The origins of the FitzGerald contraction. B. J. Hist. Sci. (UK) 21, 67 (1980) (historisch)

[163] Huntington, E. V., A New Approach to the Theory of Relativity, Phil. Mag. 23, No. 136, 494 (1912) (Vermutlich die erste systematische Herleitung der Lorentz-Interpretation.)

In [69] wird die lineare, in [187] die Kreisbeschleunigung diskutiert.

[164] Ivert, P.-A.: Poincare's principle determines the behaviour of moving particles and clocks. Acta Phys. Acad. Sci. Hung. 48, 439 (1980)

[165] Ives, H. E.: Derivation of the Lorentz Transformations. Philosoph. Mag. 36, 392 (1945)

[166] Ives, H. E.: Impact of a Wave-Packet and a Reflecting Particle. J. Opt. Soc. Am33, 163 (1943) (Herleitung aus Energieerhaltungssatz)

[167] Ives, H. E.: Theory of the Double Fizeau Toothed Wheel. J. Opt. Soc. Am. 29, 472 (1939) (vermutl. erste Lösung d. Ehrenfest-Paradoxie nach Lorentz)

[168] Ives, H. E.: The Clock Paradox in Relativity Theory. Nature 168, 246 (1951) (Ergänzung zu ([225])

[169] Ives, H. E.; Stilwell, G. R.: An Experimental Study of the Rate of a Moving Atomic Clock. J. Opt. Soc. Am. 28, 215 (1938); (Experimentelle Verbesserung in: J. Opt. Soc. Am. 31. 369 (1941))

[170] s. Brandes, J

[171] s. Lévy, J.

[172] Jammer, M.: *Concepts of force*. Cambridge: Harvard University Press 1957. Zitiert in: [96].

[173] Jammer, M.: *Das Problem des Raumes*. Darmstadt: Wissenschaftliche Buchgesellschaft 1960. (Seite 182f, 203)

[174] Janich, P.: *Grenzen der Naturwissenschaft: Erkennen als Handeln.* München: C. H. Beck'sche Verlagsbuchhandlung 1992

[175] Janossy, L.: Theory of relativity based on physical reality. Budapest 1971

[176] Jefimenko, O. D., On the Experimental Proofs of Relativistic Length Contraction and Time Dilation, Z. Naturforsch. 53 a, 977 (1998)

[177] Jefimenko, O. D., Comment on the Comment by G. Schäfer on the Paper "Non-kinematicity of the Dilation-of-time Relation of Einstein for Time-intervals" by S. Golden, Z. Naturforsch. 55a, 846 (2000)

[178] João R. T.: Recent Results of the Observatory Pierre Auger de Mello Neto Instituto de Física Universidade Federal do Rio de Janeiro S.Tomée Príncipe, S.Tomée Príncipe, September2009

[179] Joos, G.: *Lehrbuch der theoretischen Physik.* 15. Aufl. – Wiesbaden: Aula-Verlag 1989

[180] Joseph, G.: Geometrie and special relativity. Philos. Sci. 46, 425 (1979)

[181] Kaufmann, W.: Über die Konstitution des Elektrons. Ann. d. Phys. 4. Folge, Bd. 19, 487 (1906) (Messung von *m(v)* für Elektronen, wahrscheinlich erste Messung von *m(v)* überhaupt)

[182] Kelly, E. M.: Interferometer ether-drift experiment nullified by resynchronisation of observers clock. Opt. Lett. (USA) 11, 697 (1986) (kritisch zu Marinov)

[183] Kelly, E. M.: Resolution of the Ehrenfest Paradox by New Contraction (Expansion) Criteria. Z. Naturforsch. 43a, 865 (1988)

[184] Kennedy, R. J.; Thorndike, E. M.: Experimental Establishment of the Relativity of Time. Phys. Rev. 42, 400 (1932)

[185] Kliem, B.: *Current sheets in solar corona.* in: A. O. Benz, A. Krüger (Eds.) Coronal magnetic energy releases, Konferenz 1994, S. 93, Springer Verlag 1995

[186] Kornack, T. W., Sollins, P. K., Brown, M. R.: Experimental observation of correlated magnetic reconnection and Alfvénic ion jets. Phys. rev. E 58, R36 (1998)

[186.1] Kopczyński, W. & Trautman, A., Spacetime and Gravitation, Wiley & Sons, Chichester 1992.

[187] Kraus, K.: Note on Lorentz Contractions and the Space Geometry of the Rotating Disc. Z. f. Naturforschung 25a, 792 (1970)

[188] Kuijpers, J.: Particle acceleration., in C. Chuideri, G. Einaudi (Eds) Plasma Astrophysics, Lectures 1994, Springer Verlag 1995

[189] Kundt, W. ed., *Jets from stars and galactic nuclei,* (1995) Springer Verlag Berlin

[189.1] Lahav, Liddle, *cosmological parameters, (2010)* arXiv:1002.3488v1

[190] Landau, L. D.; LIFSCHITZ, E. M.: *Lehrbuch der theoretischen Physik,* Bd. 2. Berlin: Akademie-Verlag 1967, 1990 (Seite 23, 190, 302, 381, §90 d. 4. Aufl.,)

[191] Langevin, P.: L'evolution de l'espace et du temps. Scientia 10, 31 (1911) (vermutl. Entdecker der Zwillingsparadoxie)

[192] Laugwitz, D.: *Differentialgeometrie.* 3. Aufl. Stuttgart: B. G. Teubner 1977, (Seite 116)

[192.1] Leibundgut, B., supernovae and cosmology, arXiv:0802.4154v1 (2008)

[193] Leonard, P. J. T., Bonnell, J. T. gamma-ray bursts of doom, Sky & Telescope, Feb. 1998, P. 28–34

[194] Lesch, H., Birk, G. T.: Particle acceleration ..., A&A 324, 461 (1997)

[195] Lesch, H.: Electron heating in accretion disks of active galactic nuclei. A&A 245, 48 (1991)

[195.1] Lévy, J. *From Galileo to Lorentz ... and beyond.* Montreal: Apeiron 2003 p. 63

[196] Liebscher, D.-E.: *Kosmologie. Einführung für Studierende der Astronomie, Physik und Mathematik.* Leipzig: Heidelberg: Johann Ambrosius Barth 1994 (Seite 158, 215)

[197] Liebscher, D.-E.: *Relativitätstheorie mit Zirkel und Lineal.* Braunschweig, Wiesbaden: Friedr. Vieweg u. Sohn 1977, (Seite 28)

[198] Lightman, A., P., Press W., H., Price, R., H., Teukolsky, S., A.: Problem book in relativity and gravitation. Princeton University Press Princeton, New Yersey 1975

[199] Lipschutz, M.: *Differentialgeometrie.* 2. Aufl. Düsseldorf. McGrawHill 1980, (Seite 242)

[200] Lodge, Sir O., The Geometrisation of Physics, and its Supposed Basis on the MICHELSON-MORLEY Experiment, Nature 106 No. 2677, 795 (1921)

[201] Logunov, A. A.; Chugreev, Y. u. V.: Special theory of relativity and centrifuge experiments. Fiz. Astron. (USSR) 43, 3 (1988) (exp. Vorschläge für rotierende Scheiben)

[202] Lorentz, H. A., The MICHELSON-MORLEY Experiment and the Dimensions of Moving Bodies, Nature 106, No 2677, 793 (1921)

[203] Lorentz, H. A.: Alte und neue Fragen der Physik, Physikalische Zeitschrift XI, 1234 (1910)

[204] Lorentz, H. A.: Der Interferenzversuch Michelsons. Aus: *Versuch einer Theorie der elektrischen und optischen Erscheinungen in bewegten Körpern* (Leiden 1895) in: [207]

[205] Lorentz, H. A.: Elektromagnetische Erscheinungen in einem System, das sich mit beliebiger, das Licht nicht erreichter Geschwindigkeit bewegt. Proc. Acad. Sc. Amsterdam 6, 809 (1904) in: [207]

[206] Lorentz, H. A.: *The Theory of Electrons and its Application to the Phenomena of Light and Radiant Heat.* New York: 1909, 1915

[207] Lorentz, H. A.; Einstein, A.; Minkowski, H.: *Das Relativitätsprinzip. Darmstadt:* Wissenschaftliche Buchgesellschaft 1958

[208] Lorenzen, P.: Relativistische Mechanik mit klassischer Geometrie und Kinematik. Math. Z. 155, 1 (1977)

[209] Lorenzen, P.: Zur Revision der Einsteinschen Revision. PN 16, 382 (1976/77)

[210] Lowry, E. S.: The clock paradox. Am. J. Phys. 31, (1963), 59

[211] MacGregor, M. H.: Do Dewan-Beran Relativistic Stresses Actually Exist? Lett. Nuovo Cimento 30, 417 (1981)

[212] Maciel, A. K. A.; Tiomno, J.: Experimental Analysis of Absolute Space-Time Lorentz Theories. Found. of Phys. 19. 521 (1989)

[213] Maciel, A. K. A.; Tiomno, J.: Experiments to detect possible weak violations of special relativity. Phys. Rev. Lett. 55, 143 (1985)

[214] Maciel, A. K. A.; Tiomno, J.: Reply to "Nonequivalence of ether theories and special relativity.. Comments on recent interpretation of Lorentz' ether theory". Found. of Phys. Lett. 2. 601 (1989)

[215] Mansouri, R.; Sexl, R. U.: A Test Theory of Special Relativity: I. Simultaneity and Clock Synchronisation. Gen. Rel. and Grav. 8, 497 (1977) (Die Definitionen zur Messung der Ein-Weg-Lichtgeschwindigkeit sind korrekt, aber unüblich, deshalb Kritik von[273]) (Seite 503, 512)

[216] Mansouri, R.; Sexl, R. U.: A Test Theory of Special Relativity: II. First-Order Tests. Gen. Rel. and Grav. 8, 515 (1977)

[217] Mansouri, R.; Sexl, R. U.: A Test Theory of Special Relativity: III. Second-Order Tests. Gen. Rel. and Grav. 8, 809 (1977)

[218] Maran, S. P. ed., *The astronomy and astrophysics encyclopedia,* (1991) Cambridge university press, Cambridge, Melbourne, Sidney, J. Krolik, H. p. 8

[219] Marder, L.: *Reisen durch die Raum-Zeit.* Braunschweig, Wiesbaden: Friedr. Vieweg u. Sohn 1979 (Literaturhinweise Uhrenparadoxie)

[220] Martin, A.; Roy-Keys, C.: The ether revisited. ln: Frontiers of Fundamental Physics, Ed. by M. Barone F. Selleri, New York: Plenum Press 1994 (S. 209)

[221] Martin, J. L.: *General Relativity.* Chichester Ellis Horwood 1988

[222] Maund, B.: The conventionality of temporal relations in relativity theory. Philos. Sci. 41, 394 (1974)

[223] May, E.: *Am Abgrund des Relativismus*, Berlin. Dr. Georg Lüttke Verlag 1941 Preisgekrönt von der Preußischen Akademie der Wissenschaften, (*nur der Titel ist unzeitgemäß*) (S. 74ff, 86, S. 87, S. 210)

[224] McCrea, W. H.: Rotating Relativistic Ring. Nature 234 399 (1971) Kap, 7.5

[225] McCrea, W. H.: The Clock Paradox in Relativity Theory. Nature 167, 680 (1951)

[226] Meschkowski, H.; Laugwitz, D. (Hrsg.): *Meyers Handbuch über die Mathematik:* Mannheim, Wien, Zürich: BI Allgemeiner Verlag 1967

[227] Meschowski, H.: *Nichteuklidische Geometrie.* 2. Aufl. Braunschweig, Wiesbaden: Friedr. Vieweg u. Sohn 1961

[228] Michelson, A. A.; Morley, E. H.: On the Relative Motion of the Earth and the Luminiferous Ether. Am. J. Sci. 33 (1887) (Vorversuche fanden 1881 in Berlin statt.)

[229] Minkowski, H.: Raum und Zeit. Vortrag 1908. In: [207]

[230] Misner, Ch. W.; Thorne, K. S.; Wheeler, J. A.: *Gravitation.* San Francisco: W. H. Freeman u. Co. 1973. (Seite 603, 665, 721, 738)

[231] Mitsopoulos, T. D.: The isotropy of velocity of light and the clock paradox. Phys. Essays (Canada) 6, 233 (1993)

[232] Mittelstaedt, P.: Conventionalism in Special Relativity. Found. of Phys. 7, 573 (1977)

[233] Mittelstaedt, P.: *Der Zeitbegriff in der Physik.* Mannheim, Wien, Zürich: BI Wissenschaftsverlag 1989

[234] Mohorovicic, S.: Raum und Zeit in: *Kritik und Fortbildung der Relativitätstheorie*, Bd. 1, Hrsg.: K. Sapper, Akademische Druck- und Verlagsanstalt Graz, Österreich 1958 (gute Darstellung des Ätherbegriffs)

[235] Møller, C.: *The general theory of relativity.* Oxford: Clarendon Press 1972. (Seite 294)

[236] Montanus, H.: Special relativity in an absolute Euclidean space-time. Phys. Essays (Canada) 4, 350 (1991)

[237] Morris, T.: The limiting nature of light-velocity as the causal factor underlying relativity. In: Frontiers of Fundamental Physics, Ed. by M. Barone, F. Selleri, New York. Plenum Press 1994 (S. 203)

[238] Mova, S.: Post-relativistic theory of the ether and its impact with some experimental verifications of the special theory of relativity and with recent cosmological observations. G. Fis. (Italy) 38, 163 (1987)

[239] Mueller, G. O.: Forschungsprojekt „95 Jahre Kritik an der Speziellen Relativitätstheorie (1908-2003)“ www.ekkehard-friebe.de

[240] Mueller, G. O.: Über die absolute Größe der speziellen Relativitätstheorie. CD 2002 (Sehr umfangreiches Literaturverzeichnis über kritische Untersuchungen zur Relativitätstheorie)

[241] Müller, A.: *Die philosophischen Probleme der Einsteinschen Relativitätstheorie.* Braunschweig: Friedr. Vieweg u. Sohn 1922. (Seiten 127, 132)

[242] Mundy, B.: The Physical Content of Minkowski Geometry. Brit. Philos. Sci. 37, 25 (1986)

[243] Niklowitz, K.-H., Die Lorentz-Transformation als Folge der physikalischen Grenzgeschwindigkeit, Mathematisch-Physikalische Korrespondenz Nr. 177, 9 (1994) Hrsg. G. Unger, P. Gschwind, Benedikt Hugiweg 18, CH 4143 Dornach (Die Lorentz-Interpretation findet unter anthroposophischen Naturwissenschaftlern erfreuliche Zustimmung.)

[244] Niklowitz, K.-H., Die Lorentz-Transformation und die Ganzheitsidee, w. o. Nr. 199 (1999)

[245] Nolting, W.: Grundkurs Theoretische Physik 5/1 Quantenmechanik – Grundlagen. 6. Aufl. Springer-Verlag Berlin Heidelberg, New York 2004, S.199

[246] Oberhummer, H.: *Kerne und Sterne.* Leipzig, Berlin, Heidelberg: Johann Ambrosius Barth 1991, (Seite 85)

[247] Ohrstrom, P.: Conventionality in distant simultaneity. Found. of Phys. 10, 333 (1980)

[248] Oppenheimer, J.R., Volkoff, G. M.: *On massive neutron cores.* Phys.Rev.55(1939)374

[249] O'Rahilly, A., *Electromagnetic Theory – a critical examination of fundamentals*, Volume II, Chapt. XIII The Aether, Dover Publications, New York 1940(?)

[250] Ott, C. D., Schnetter, E., Burrows, A., Livne, E., O'Connor, E., Loeffler, F.: *Computational Models of Stellar Collapse and Core-Collapse Supernovae.* (2009) arXiv:0907.4043

[251] P. O. Mazur, E. Mottola, Gravitational condensate stars: An alternative to black holes. arXiv: gr-qc/0109035 v5 27 Feb 2002

[252] Pachner, J.; Miketinac, M. J.: Exact equations for the stationary equilibrium of relativistic rotating objects. Phys. Rev. D 6, 1474 (1972)

[253] Pais, A., *Ich vertraue auf Intuition – Der andere Albert Einstein,* Heidelberg, Berlin, Oxford: Spektrum Akademischer Verlag 1998

[254] Pais, A.: *Raffiniert ist der Herrgott ... Albert Einstein. Eine wissenschaftliche Biographie.* Spektrum Akademischer Verlag Heidelberg Berlin 2000 S. 124, 243

[255] Palacios, P.: Relatividad. Madrid: 1960 (Palacios hat wegen der Uhrenparadoxie eine Relativitätstheorie ohne Zeitdilatation entwickelt)

[256] Parnell, Claire E.: Magnetic reconnection: Classical aspects. in: J.-P. Rozelot, L. Klein, J. C. Vial (Eds), Transport and energy conversion in heliosphere, Konferenz 1998, S. 61, Springer Verlag 2000

[257] Pauli, W in: [314], analog: Herglotz, G. [150], Einstein in [353]

[258] Peat, H.: A revolution in Physics. Multidisciplinary Res. (USA) 4, 37 (1976)

[259] Peat, H.: Can some "anomalous" structural interaction be explained by an excitable ether"? Multidisciplinary Res. (USA) 4, 44 (1976)

[260] Pecht, A.: Remarks on steady rotation about a fixed axis in relativity. Acta Mech. (Österreich) 29, 283 (1978)

[260.1] Perlmutter, S., Schmidt, B. P.: Measuring cosmology with Supernovae. arXiv:astro-ph/0303428v1 (2003)

[261] Petkov, V.: Relativity and the nature of spacetime. Springer-Verlag Berlin Heidelberg, New York 2005 S. 219

[262] Pfarr, J.: Zur Interpretation des Michelson Versuchs. In: Nitsch, L; Pfarr, J.: Stachow, E. W. (Hrsg.): *Grundlagenprobleme der modernen Physik* Mannheim, Wien, Zürich: BI Wissenschaftsverlag 1981

[263] Phipps, T. E. Jr.: Do Metric Standards Contract? – A Reply to Cantoni. Found. of Phys. 10, 811 (1980)

[264] Phipps, T. E. Jr.: Light on Light: A Response to Grøn. Found. of Phys. 11, 633 (1981)

[265] Phipps, T. E.: Kinematics of a "Rigid" Rotor. Lett. Nuovo Cimento 9, 467 (1974)

[266] Pierre Auger Collaboration: *Correlation of the Highest-Energy Cosmic Rays with Nearby Extragalactic Objects*. Science 318 (2007) S. 938

[267] Pierseaux, Y., *La "structure fine" de la théorie de la Relativité Restreinte,* L'Harmattan, Paris, France ISBN 2-7384-8057-8, Dissertation,

[268] Pierseaux, Y., The "fine structure" of special relativity: with or without hidden variable? Vortrag: Physical Interpretations of Relativity Theory VII British Society for the Philosophy of Science London, 15-18 September 2000

[269] Pocci, G.; Sjödin, T.: Outline of a relativistic theory for non-Lorentzian edler. NC B OB, 601 (1981)

[270] Podlaha, M.: The axiomatic foundations of the theory of special relativity – reply to Stiegler. Int. J. Theor. Phys. 11, 69 (1974)

[271] Podlaha, M. F.: Critique of Some Statements in the Theory of Relativity. Nuovo Cimento 66B 9 (1981)

[272] Podlaha, M. F.: Length contraction and time dilatation in the special theory of relativity – real or apparent phenomena? Indian J. Theor. Phys. 23, 69(1975)

[273] Podlaha, M. F.: Light signal synchronisation and clock transport synchronisation in the theory of relativity. Brit. J. Philos. 30, 376 (1979)

[274] Podlaha, M. F.: Notes about relativity and about liberty in science. British Society for Philosophy of Science: Physical Interpretations of Relativity Theory 11. Proceedings, London 3.-8. Sept. 1990 (Sunderland, UK: Sunderland Polytechnic 1990) 222-63 vol. 2

[275] Podlaha, M. F.: On the impossibility to measure the one-way velocity of light (complementary remarks to Sjödin's paper). Lett. Nouvo Cimento 28, 216(1980)

[276] Podlaha, M. F.: Some new aspects of relativity: remarks on Zahar's Paper. Brit. J. Philos. Sci. 27, 261 (1976)

[277] Podlaha, M. F.; Sjödin, T.: An Explanation of the Clock Problem and of the First-Order Experiments from Nonrelativistic Premisses. Lett. Nuovo Cimento 20, 593 (1977)

[278] Pohl, R. W *Elektrizitätslehre*. 21. Aufl. Berlin, Göttingen, Heidelberg: Springer Verlag 1975, 1992

[278.1] Port, K.: Philosophische Schriften, Gesamtausgabe Bd. I - IV, Bd.I Wertphilosophie und Ethik, Esslingen: Port-Verlag 1993 - 1996

[279] Pound, R. V., Rebka, G. A.: *Apparent weight of Photons*. Phys. Rev. Lett. 4 (1960). 539

[280] Priest, E. R., Forbes, T. G.: The magnetic nature of solar flares. A&A Rev 10, 313 (2002)

[281] Priest, E. R.: *Solar Flares* in: Flares and Flashes: proceedings of IAU Colloquium 151, Springer Verlag 1995

[282] Priest, E.: Forbes, T.: *Magnetic reconnection – MHD theory and applications*. Cambridge University Press 2000

[283] Podlaha, M. F.: De Broglie waves, length contraction and time dilatation. Indian J. Theor. Phys. 25, 37 (1977)

[284] Prokhovnik, S. J.: Did Einsteins Programme supersede Lorentz's? Brit. J. Philos. Sci. 25, 336 (1974)

[285] Prokhovnik, S. J.: An introduction to the non-Lorentzian relativity of Builder. Speculations Sci. and Technol. (Schweiz) 2, 225 (1979)

[286] Prokhovnik, S. J.: The Operation of the Relativistic Doppler Effect. Found. of Phys. 10, 197 (1980)

[287] Prokhovnik, S. J.: The Physical Interpretation of Special Relativity – a Vindication of Hendrik Lorentz. Z. Naturforsch. 48a, 925 (1993)

[288] Prokhovnik, S. J.: The Twin Paradoxes of Special Relativity: Their Resolution and Implications. Found. of Phys. 19, 541 (1989)

[289] R. Schödel et al.: A star in a 15.2-year orbit around the supermassive black hole at the centre of the Milky Way. Nature **419**, 694 (2002)

[290] Raab, I.: Untersuchungen über das Uhrenparadoxon, Dissertation. Innsbruck 1963

[291] Raab, I.: Der Einfluss der Metrik auf die Definition der trägen Masse in der Relativitätstheorie. Acta Physica Austriaca 28 216 (1968)

[292] Ragot, B. R., Schlickeiser, R.: The acceleration of energetic particles by transit-time damping, Astroparticle physics 9, 79, (1998)

[293] Raschewski, P. K.: *Riemannsche Geometrie und Tensoranalysis.* Berlin: Deutscher Verlag d. Wissenschaften 1959, (Seiten 87, 160)

[294] Rembielinski, J.: The relativistic ether hypothesis. Phys. L. 78A, 33 (1980)

[295] Renninger, M: Die Lorentz-Transformationen als Ausdruck der Superposition gegenläufiger Raum-Zeit-Beziehungen, Preisgabe des Relativitätsprinzips. Ann. Physik 44, 378 (1987)

[295.1] Riess, Adam G. et al.: A Redetermination of the Hubble Constant with the Hubble Space Telescope from a Differential Distance Ladder, arXiv:0905.0695 (2009)

[296] Rietdijk, C. W.: Thought experiments relevant to special and general relativity – and some theses. British Society for Philosophy of Science: Physical Interpretations of Relativity Theory II. Proceedings, London 3.-8. Sept. 1990 (Sunderland, UK: Sunderland Polytechnic 1990) 246 vol. 2

[296.1] Ritchie, B. W. et al.: A VLT/FLAMES survey for massive binaries in Westerlund 1: II. Dynamical constaints on magnetar progenitor masses from the eclipsing binary W13, A&A August 11, 2010

[297] Rindler, W.: Einstein's Priority in Recognizing Time Dilation Physically. Am. J. Phys. 38, 1111 (1970)

[298] Rindler, W.: *Introduction to special relativity,* 2. Aufl., Oxford: Clarendon Press 1990

[299] Rindler, W.:Relativity – special, general, and cosmological. Oxford University Press 2001 S. 24, S. 231

[300] Robertson, H. P.: Postulate versus Observation in the Special Theory of Relativity. Rev. Mod. Phys. 21, 378 (1949)

[301] Robertson, H. P.: Geometrie als Zweig der Physik. S. 221 In Schilpp, A.

[302] Rodrigues, W. A. jr.: The Standard of Length in the Theory of Relativity and Ehrenfest Paradox. Nouvo Cimento 74B, 199 (1983)

[303] Rodrigues, W. A. jr.; Tiomno, J.: On Experiments to Detect Possible Failures of Relativity Theory. Found. of Phys. 15, 945 (1985)

[304] Roscoe, D. F.: Geometrized mass as the relativistic aether. British Society for Philosophy of Science: Physical Interpretations of Relativity Theory II. Proceedings, London 3.-8. Sept. 1990 (Sunderland, UK: Sunderland Polytechnic 1990) 256 vol. 2

[305] Rossi, B.; Hall, D. B.: Variation of the Rate of Decay of Mesotrons with Momentum. Phys. Rev. 59, 223 (1941) (Das zeitlich erste Experiment mit Teilchenzerfällen)

[306] Roulet, B., Viennot, L., Rotating rigid rods or incompressible fluids: How to determine the stress?, Am. J. Phys. 66, 75 (1998)

[307] Rowlands, P.: The abstract ether theory of Oliver Lodge. British Society for Philosophy of Science: Physical Interpretations of Relativity Theory II. Proceedings, London 3.-8. Sept. 1990 (Sunderland, UK: Sunderland Polytechnic 1990) 259-63 vol. 2

[308] Ruark, A. E.: The Physical Rationale for Special Relativity. Found. of Phys. 5, 21 (1975)

[309] Ruder, H.; Ruder, M.: *Die spezielle Relativitätstheorie.* Braunschweig, Wiesbaden: Friedr. Vieweg u. Sohn 1993

[310] Ruderfer, M.: Remarks on Erlichson's discussion on one-way light tests. Am. J. Phys. 43, 279 (1975)

[311] Ruderfer, M.: Comments on "A New Experimental Test of Special Relativity". Lett. Nuovo Cimento 3, 658 (1970)

[312] Rudnick, L., Brown, S., Williams, L. R.: *Extragalactic Radio Sources and the WMAP Cold Spot.* arXiv: 0704.0908v2 astro-ph (2007)

[313] s. [Bergmann Bd. 1], S. 937

[313.1] s. [113], S. 32, [334]

[314] Sama, N.: On the Ehrenfest Paradox. Am. J. Phys. 40, 415 (1972)

[315] Schäfer, G., Comment on the Paper "Non-kinematicity of the Dilation-of-time Relation of Einstein for Time-intervals" by S. Golden, Z. Naturforsch. 55a, 845 (2000)

[316] Schaffner, K. F.: The Lorentz Electron Theory of Relativity. Am. J. Phys. 37, 408, (1969) (historisch)

[317] Schaifers, K.; Traving, G *Meyers Handbuch über das Weltall.* 3. Aufl. Mannheim, Wien, Zürich: BI Meyers Lexikonverlag 1973

[318] Schilpp, A. Hrsg.: *Albert Einstein als Philosoph und Naturforscher.* Stuttgart: W. Kohlhammer Verlag 1951.

[319] Schleichert, H.: Lösungsversuche für das Uhrenparadoxon, erkenntnislogisch betrachtet. PN 9, 326 (1966) (unter Anwendung formaler Logik)

[320] Schock, R. The inconsistency of the theory of relativity. Z. allg. Wissenschaftstheorie 12, 285 (1981)

[321] Schöne, N.: *Differentialgeometrie.* Thun, Frankfurt am Main: Verlag Harri Deutsch 1978, (Seite 51)

[322] Schonefeld, W.: *Protophysik und spezielle Relativitätstheorie,* Würzburg: Könighausen und Neumann, 1999

[323] Schönfelder, V. Gammastrahlung aus dem Kosmos, Phys. Bl. 54, 325 (1998)

[324] Schopper, R., Lesch, H., Birk, G. T.: Magnetic reconnection and particle acceleration in active galactic nuclei, A&A 335, 26 (1998)

[325] Schreiber, P.: *Grundlagen der konstruktiven Geometrie.* Berlin: Deutscher Verlag der Wissenschaften 1984, (Seite 134)

[326] Schröder, U. E.: *Spezielle Relativitätstheorie* - Thun, Frankfurt am Main: Verlag Harri Deutsch 1987, 1994

[327] Schröder, W., *Emil Wiechert, Physiker, Geophysiker, Wissenschaftsorganisator,* Mitteilungen des Arbeitskreises Geschichte der Geophysik 19, Heft 1-2, (2000), ISSN

0179-5658 darin: W. Schröder, Ein Beitrag zur frühen Diskussion um den Äther und die Einsteinsche Relativitätstheorie, auch: Annalen der Physik 7. Folge, Band 47, 475 (1990) Seiten 107, 112, 129

[328] F. Selleri, J. Brandes, J. Czerniawski, U. Hoyer, K. Wohlrabe, *Die Einstein'sche und lorentzianische Interpretation der speziellen und allgemeinen Relativitätstheorie.* Karlsbad: VRI 1998

[329] Selleri, F. (Editor), *Open Questions in Relativistic Physics,* Proceedings, Apeiron, Montreal, Canada,ISBN 0-9683689-1-3, Artikel v. Selleri, F., Brandes, J. Goy, F., Wesley, J. P., u. a.

[329.2] Selleri, F.: Space-time Transformations in Ether Theories. Z. Naturforsch. 46a, 419 (1990/91)

[330] Selleri, F.: Special relativity as a limit of ether theories. British Society for Philosophy of Science: Physical Interpretations of Relativity Theory II. Proceedings, London 3.-8. Sept. 1990 (Sunderland, UK: Sunderland Polytechnic 1990) 508 vol. 3

[331] Selleri, F.: Weak relativity – the physics of space and time without paradoxes. Preprint 2009

[332] Sen, A.-. How Galileo could have derived the special theory of relativity. Am. J. Phys. 62, 157 (1994)

[333] Sexl, R. U.: Die Hohlwelttheorie. Der mathematische und naturwissenschaftliche Unterricht (MNU) 36, 453 (1983) (über eine unsinnige Theorie, philosophisch bedeutsam) (Seite 459)

[334] Sexl, R. U.; Urbantke, H. K.: *Gravitation und Kosmologie.* Mannheim, Wien, Zürich: BI Wissenschaftsverlag 1990 (Seite 328)

[335] Sexl, R. U.; Urbantke, H. K.: *Relativität, Gruppen, Teilchen. Spezielle Relativitätstheorie als Grundlage der Feld- und Teilchenphysik.* 3. Aufl. Wien, New York: Springer Verlag 1992 (Seite 45f, anschauliche Beschreibung der Interpretation durch Ehrenfest, 1913) (Seite 35, 45)

[336] Sexl, R.; Schmidt, H. K.: *Raum Zeit Relativität – Relativistische Phänomene in Theorie und Beispiel,* 4. Aufl. – Braunschweig, Wiesbaden: Fr. Vieweg & Sohn 2000

[337] Sexl, R.; Schmidt, H. K.: *Relativitätstheorie – Grundkurs Physik in der Sekundarstufe II,* Stuttgart: J. B. Metzlersche Verlagsbuchhandlung 1988

[338] Sexl, R.; Sexl, H.: *Weiße Zwerge – Schwarze Löcher.* 2. Aufl. Braunschweig, Wiesbaden: Friedr. Vieweg u. Sohn 1979, 1999. (Seite 28ff)

[339] Shamir, J., Fox, R.: A New Experimental Test of Special Relativity. Nuovo Cimento 62 B. 258, (1969) (reply s. [311)

[340] Sherwin, Ch. W.: New experimental test of Lorentz's theory of relativity. Physical Rev. A 35, 3650 (1987) (kein Test einer aktuellen Theorie)

[341] Shimmin, W. L.: A conjecture regarding changes in dimensions of bodies moving through the ether. Galileian Electrodyn. (USA) 5, 55 (1994)

[342] Shupe, M. A.: The Lorentz-invariant vacuum medium. Am. J. Phys. 53, 122(1985)

[343] s. z. B. Fließbach, Seite 32; Sexl, Urbandtke

[344] Simhony, M.: Structure of matter and space in view of Michelson-Morley, Rutherford and Anderson experiments. Specul. Sci. Technol. (UK) 13, 155 (1990)

[345] Sjödin, T.: A Note on Poincarés Principle and the Behaviour of Moving Bodies and Clocks. Z. Naturforsch. 35a, 997 (1979) (historisch) (Seite 997)

[346] Sommer, K., P.: *Prioritätsstreit zwischen Hilbert und Einstein – Wer entdeckte die Allgemeine Relativitätstheorie?* Phys. Unserer Zeit 36 (2005) 231 (Sommer empfiehlt die Sprachregelung Hilbert-Einstein-Gleichungen statt einsteinsche Feldgleichungen, um der Priorität HILBERTs gerecht zu werden.)

[347] Somov, B. V., Kosugi, T.: Collisionless reconnection and high-energy particle acceleration in solar flares. Ap. J. 485, 859 (1997)

[348] Spavieri, G.: Comments on Chang and Torr's "Dual properties of spacetime under an alternative Lorentz transformation". Comparison of ether theory predictions with the result of a recent optical experiment. Found. of Phys. Lett. 2, 61 (1989)

[349] Spavieri, G.: Nonequivalence of ether theories and special relativity. Physical Rev. A 34, 1708 (1986)

[350] Spavieri, G.: The Arago experiment as a test for modern ether theories and special relativity. Nuovo Cimento 91B, 143 (1986)

[351] Spavieri, G.; Bergamaschi, J.: Observation of starlight with coupled telescopes: a first-order test of the isotropy of space. Nuovo Cimento B 104B, 497(1989)

[352] Sperner, E.: *Einführung in die analytische Geometrie und Algebra.* Teil 1. Göttingen: Vandenhoeck u. Ruprecht 1969

[353] Stachel, J.: Einstein and the Rigidly Rotating Disk. In [148] Bd. 1, S. 1-15, (Seite 7)

[354] Stachel, J.: *Einstein and the rotating disk.* in A. Held, Hrsg.: General Relativity and Gravitation, New York, London: Plenum Press 1980, Bd. 1, S. 1-15

[355] Stedman, G. E.: A Unidirectional Test of Special Relativity. Am. J. Phys. 40, 782 (1972) (enthält weitere Literaturhinweise)

[356] Stedman, G. E.: Reply to Erlichson: Is the Apparent Speed of Light Independent of the Sense in Which It Traverses s Closed Polygonal Path? Am. J. Phys. 41, 1300 (1973)

[357] Stephani, H.: *Allgemeine Relativitätstheorie.* 4. Aufl. Berlin: Deutscher Verlag der Wissenschaften 1991, (Seite 105, 108, 109, 117, 198, 218, 222, 240f, 248) 10,27 (23.21), (23,38)

[358] Straumann, N.: *General Relativity and Relativistic Astrophysics.* Berlin, Heidelberg, New York: Springer-Verlag 1984

[359] Strauss, M.: Rotating frames in special relativity. Int. J. Theor. Phys. 11, 107 (1974)

[360] Suresh, A.: The elastic rotating cylinder. Int. J. Eng. Sci. (GB) 18, 885 (1980)

[361] Süßmann, G.: Begründung der Lorentz-Gruppe. Z. Naturforsch. 24a, 495 (1969)

[362] Syrovatskii, S. I.: On the Problem of the "retardation" of relativistic contraction of moving bodies. Sov. Phys. Usb. 19, 273 (1976)

[363] Taylor, E. F., Wheeler, J. A.: *Physik der Raumzeit.* Spektrum Verlag 1994

[364] Terletzkii, Y. P.: *Paradoxes in the Theory of Relativity.* New York: Plenum Press 1968 (Seite 41)

[365] Tetens, H.: *Was "revolutioniert" die Relativitätstheorie? Wissenschaftstheoretische Überlegungen zur Speziellen Relativitätstheorie.* Aus: Relativitätstheorie und Philosophie, Akademie-Vorträge, Bd. 19, Katholische Akademie Schwerte 1985 (Ein Schüler v. H. Dingler, P. Lorenzen)

[366] Theimer, W.: *Die Relativitätstheorie. Lehre – Wirkung – Kritik.* Bern, München: Francke Verlag 1977 (Zitat Seite 51: "Einstein schlägt zwei Fliegen mit einer Klappe ... Die dritte Fliege, die er erschlägt, ist die Relativitätstheorie selbst ..." aber: viele, nützliche Literaturhinweise.)

[367] Tolman, R.: C.: Relativity, Thermodynamics and Cosmology. Dover Publications, INC. New York 1987, reprint 1934, Formel (88.4), S. 322

[368] Treder, H.-J., *Philosophische Probleme des physikalischen Raumes – Gravitation, Geometrie, Kosmologie und Relativitat,* Akademie-Verlag Berlin 1974, Kap. 26, S.7, in Englisch: Treder, H.-J., Global and Local Principles of Relativity, Foundations of Physics 1, 77 (1970)

[369] Treder, H.-J.: Aktive und passive Verallgemeinerungen der Lorentz-Poincaré-Transformationen und das Licht- und das Relativitätsprinzip von Einstein. I.+II. Teil. Experimentelle Technik der Physik 23, 113+211 (1975) (Seite 211, 217)

[370] Trudeau, R. J.: *The Non-Euclidean Revolution.* Basel, Berlin, Stuttgart: Birkhäuser 1987, (Seite 237)

[371] Tyapkin, A. A.: On the Impossibility of the First-Order Relativity Test. Lett. Nuovo Cimento 7, 760 (1973) (Tyapkin hat die Aussichtslosigkeit solcher Experimente wegen der Lorentz-Interpretation klar erkannt.)

[372] Ungar, A. A.: Formalism to deal with Reichenbach's special theory of relativity. Found. of Phys. 21, 691 (1991)

[373] Ungar, A. A.: The Lorentz transformation group of the special theory of relativity without Einstein's isotropy convention. Philos. Sci. 53, 395 (1986)

[374] Ungar, A. A.: The abstract Lorentz transformation group. Am. J. Phys. 60 (1992)

[375] Ungar, A. A.: Thomas precession and its associated grouplike structure. Am. J. Phys. 59, 824 (1991)

[376] Ungar, A., Ether and the one-way speed of light, Am. J. Phys. 56, 814 (1988)

[377] Unsöld, A., Baschek, B.: *Der neue Kosmos, Einführung in die Astronomie und Astrophysik.* 7. Aufl. Paris, Tokyo: Springer 2002

[378] Unsöld, A., Baschek, B.: *Der neue Kosmos.* 4. Aufl. Paris, Tokyo: Springer 1988, S. 238

[379] Unsöld, A.; Baschek, B.: *Der neue Kosmos.* 5. Aufl. Berlin, Heidelberg, New York: Springer Verlag 1984, (Seite 382)

[380] v. Meyenn, K.: *Die großen Physiker.* Bd. II, München: Beck´sche Verlagsbuchhandlung 1997

[381] Vargas, J. G.: Relativistic experiments with signals on a closed path (reply to Podlaha). Lett. Nuovo cimento 28, 289 (1980)

[382] Vargas, J. G.: Revised Robertson's Test Theory of Special Relativity. Found. of Phys. 14, 625 (1984)

[383] Vargas, J. G.; Torr, D. G.: Testing of the line element of special relativity with rotating systems. Physical Rev. A 39, 2878 (1989)

[384] Varicak, V.: Zum Ehrenfestschen Paradoxon. Phys. Z. 12, 169 (1911)

[385] Weber, T. A., A note on rotating coordinates in relativity, Am. J. Phys. 65, 486 (1997)

[386] Weigert, A., Wendker, H. J. *Astronomie und Astrophysik,* 3. Aufl. (1996) VCH Weinheim

[387] Weinberg, H.; Mosel, M.: Theory for a Unidirectional Interferometric Test of Special Relativity. Am. J. Phys. 39, 606 (1971)

[388] Weinberg, S.: *Gravitation and Cosmology.* New York: John Wiley u. Sons 1972

[389] Weinstein, D. H.: Ehrenfest's paradox. Nature 232, 548 (1971)

[390] Welling, H., Zawischa, I., Der Gravitationswellendektor GEO 600, Phys. Bl. 55, Nr. 7/8 S. 69 (1999)

[391] Wesley, J. P.: Comments on Prokhovnik's critique of Marinov's experiment. Found. of Phys. 10, 803 (1980) (Mit einer Erwiderung von Prokhovnik)

[392] Westphal, W. H *Physik.* 26. Aufl. Berlin, Heidelberg, New York: Springer Verlag 1970

[393] Wetterich, Ch., Quintessenz – die fünfte Kraft. Physik Journal 3 Nr. 12, 43 (2005)

[393.1] Weyl, H., *Raum, Zeit, Materie.* Berlin: Springer-Verlag 1920, (Seite 254f, 257) (H. Weyl verließ Deutschland vor dem Krieg aus Protest gegen das Unrecht gegen seine jüdischen Kollegen.)

[394] Whealton, J. H.: Illustrations of a Dynamical Theory of the Ether. Foundations of Phys. 5, 543 (1975)

[395] Whittaker, E.: A History of the Theories of Aether and Electricity, Bd. I + B. The History of Modern Physics 1800–1950 Vol. 7. Reprint: Tomash Publishers; American Institute of Physics, USA 1987

[396] Wiechert, E., Relativitätsprinzip und Äther, Phys. Z. 12, 698 (1911)

[397] Wikipedia, Internet-Enzyklopädie – Artikel über bellsche Raumschiff-Paradoxie

[397.1] Wikipedia, Internet-Enzyklopädie – Artikel über Zwillingsparadoxie und die Diskussion v. 17.12.2007.

[397.2] Wikipedia, Internet-Enzyklopädie – Artikel über Supernova

[398] Wilhelm, E.: Physical foundations and implications of Lorentz transformations in comparison with experiments and absolute space-time physics. Phys. Essays (Canada) 6, 420 (1993)

[399] Wilhelm, H. E.: Lorentz Transformation as a Galilei Transformation with Physical Length and Time Contractions. Z. Naturforsch. 43a, 859 (1987)

[400] Winnie, J. A.: The Twin-Rod Thought Experiment. Am. J. Phys. 40, 1091 (1972)

[401] Winterberg, F. Statistical Mechanical Interpretation of Black Hole Entropy, Z. Naturforsch. 49a, 1023–1030 (1994)

[402] Winterberg, F. *The Planck Aether Hypothesis – An Attempt for a Finistic Theory of Elementary Particles,* Herausgeber und Anhang: J. Brandes, Karlsbad: VRI 2000, S. 38
Die Idee positiver und negativer Massen und die Idee einer nichtlokalen Zwangskraft (eine Anregung v. H. J. Treder) haben F. Winterberg zu einer vielleicht bedeutenden Äthertheorie geführt. Kritisch: G. Cavalleri [48].

[403] Winterberg, F., Resolution of the Ehrenfest Paradox in the Dynamic Interpretation of Lorentz Invariance, Z. Naturforsch. 53a, (1998)

[404] Winterberg, F.: A Crucial Test for Einstein's Special Theory of Relativity Against the Lorentz-Poincaré Ether Theory of Relativity. Z. Naturforsch. 41a, 1261 (1986)

[405] Winterberg, F.: Nonlinear relativity at high energies. Atomkemenerg. Kerntech. 44, 88 (1984)

[406] Winterberg, F.: Lorentz Invariance as a Dynamic Symmetry. Z. Naturforsch. 42a, 1428 (1987)

[407] Winterberg, F.: Possible Evidence for Weak Violation of Special Relativity. Z. Naturforsch. 42a, 1374 (1987)

[408] Wood, R. W.: Physical Optics – MacMillan, 2nd ed. 1911 (Seite 690) Längenparadoxie

[408.1] Woodhouse, N., M., J.: *General Relativity*. London: Springer-Verlag 2007, Kap. 7.4

[409] Woosley, St., Janka, Th.: *The physics of core-collapse supernova.* arXiv:astro-ph/0601261

[410] Yaglom, I. M.: *A Simple Non-Euclidean Geometry and Its Physical Basis.* Berlin, Heidelberg, New York: Springer-Verlag 1979

[411] http://www.astrotreff.de/topic.asp?TOPIC_ID=105729 - Artikel: Neues aus der Astronomie – Wieviel Masse braucht man für ein Schwarzes Loch? - Autor Caro – Diskussion xlorentz.

Die obigen Quellen in – unvollständige – Sachgebiete:

[all] **Allgemeine Relativitätstheorie, Einführungen und Lehrbücher**: Audretsch, Berry, Born,Carroll, d'Inverno, Møller, Einstein, Falk, Fließbach, Martin, Misner, Sexl, Stephani, Straumann, Weinberg, S., Weyl, Woodhouse

[ehr] **Ehrenfest-Paradoxie:** Berenda, Browne, Carmeli, Cavalleri, Cantoni, Davies, Ehrenfest, Grøn, Grünbaum, Held, Hrvoje, Herglotz, Ives (1939), Kelly, Logunov, Lorentz (1921), McCrea, Pachner, Pauli, Pecht, Phipps, Rodrigues, Roulet, Sama, Stachel, Strauss, Suresh, Vargas, Weber, Weinstein, D. H., Winterberg,

[ex1] **Experimentelle Bestätigungen der Speziellen Relativitätstheorie:** Alley, Bailey, Frisch, Grove, Häfele, Ives, Kaufmann, Kennedy, Michelson, Rossi

[ex2] **Experimentelles zur LI:** Chang (1988), Kelly, Maciel, Sherwin, Shamir, Spavieri, Rodrigues, Ruderfer (1970), Wesley, Winterberg (1986, 1987),

[he1] **Herleitung der Lorentz-Transformationen auf der Basis der LI und dazu ähnliche Überlegungen:**
Lorentz, Wiechert, Huntington, Lodge, Broad, Ives, Builder, Raab, Erlichson, Podlaha, Janossy, Grieder, Lorenzen, Rindler (1970), Mansouri I-III, Giannoni, Prokhov-

nik, Sjödin, Podlaha, Chang, Bridgman, Erlichson, Vargas, Ungar, Spavieri, Bell, Wilhelm, Brandes (1988, 1968), Renninger, Hoyer, Günther, Fritsch, Maciel, Selleri, Montanus, Herrmann, Schröder, Pierseaux, Niklowitz, Czerniawski, Levy, Duffy
Eine zu [Hentschel] vergleichbare historische Literaturstudie gab es bislang nicht. Das hat sich mit der Dissertation von Y. Piersevaux geändert, sie enthält ca. 900 Literaturhinweise zu beiden Interpretationen. Überdurchschnittlich viele Literaturhinweise finden sich in [80], [104]. Aus dem englisch-amerikanischen Sprachraum: Erlichson [105], Prokhovnik [287] sowie Mansouri, Sexl [217]. Außerdem [6] und besonders zahlreich und nicht nur zur LI: Müller, G. O.
Wer aktuell sein will, kann sich informieren in: Zeitschrift f. Naturforschung, American Journal of Physics und den Proceedings of Physical Interpretations of Relativity Theory VII, British Society for the Philosophy of Science London, 15-18 September 2000 und spätere Jahre, M. C. Duffy (Chairman),http://www.physicsfoundations.org/ PIRT conferences in London, archives 2000 – 2008. Es gibt auch Kurz-Biografien dissidenter Physiker (einige von ihnen sind lorentzianisch): J. P. Wesley (ed.) Weiherdammstr. 24, D-78176 Blumberg.

[he2] **Herleitung der Lorentz-Transformationen auf der Basis einer Einstein-Interpretation und dazu ähnliche Überlegungen:** Berzi, Einstein, Ives, Mittelstaedt, Pfarr, Raab, Robertson, Sen

[mag] **Magnetische Rekonnektion:** Birk, Biskamp, Brown, Craig, de Gouveia dal Pino, Hirayama, Kliem, Kornack, Kuijpers, Lesch, Parnell, Priest, Ragot, Schopper, Somov

[neu] **Neuere physikalisch theoretische Ansätze zu Theorien auf der Basis von ausgezeichneten Inertialsystemen (Äther):** Achuthan, Arminjon, Aspden, Cavalleri, Claybourne, Dingle (1967), Dirac, Duffy, Dudley, Einstein-Äther, Feinberg, Hunt, I-vert, Martin, Mitsopoulos, Mohorovicic, Mova, Morris, O'Rahilly, Peat, Pocci, Prodlaha(1977), Prokhovnik(1980), Rembielinski, Rowlands, Schaffner, Selleri, Shimmin, Simhony, Shupe, Whealton, Winterberg, Whittaker

[nic] **Nichteuklidische Geometrie:** Efimov, Greenberg, Meschowski, Raschewski, Schreiber, Trudeau, Yaglom,

[ph1] **Philosophisch-grundlagenwissenschaftliche Beiträge zur Frage der Realität der Lorentz-Kontraktionen:** Atkinson, Dewan, Einstein, Evett, Jefimenko, Joseph, Kraus, MacGregor, Podlaha, Syrovatskii, Varicak, Winnie

[ph2] **Philosophische Raum-Zeit-Diskussionen:**
Anderson, Beauregard, Brown H., Büchel, Buth, Capek, De Ritis, Dessauer, Dieks, Dingler, Dörling, Earman, Ghosal, Grünbaum, Jammer, Janich, Maund, May, Montanus, Müller, A., Mundy, Robertson, Rietdijk, Petkov, Podlaha (1976), Roscoe, Schilpp, Schock, Tetens,Treder, Ungar, (s. a. [Hentschel], insbes. zu Reichenbach, H. und Grünbaum, A.).

[sp1] **Spezielle Relativitätstheorie – Einführungen:** Bader, Sexl, Bergmann; Gerthsen, Westphal, Pohl, Joos, Lorentz,

[sp2] **Spezielle Relativitätstheorie, Lehrbücher:** Einstein, French, Landau, Rindler, Ruder, Schröder,

[zur] **Zur Messung der Ein-Weg-Lichtgeschwindigkeit:** Brown, Chang, Cialdea, Clifton, Erlichson, Ohrstrom, Rindler, Ruderfer, Stedman, Tyapkin, Ungar, Vargas, Weinberg

(1971)
(Obwohl diese Messungen ihr eigentliches Ziel nicht erreicht haben, sind sie in der Regel Genauigkeitssteigerungen von [169])

[zwi] **Zwillingsparadoxie:** (vor allem [Schleichert], [Prokhovnik]) American, Dingle, Eisele, Fock, Genz, Ives, Langevin, Lowry, Marder, McCrea, Møller, Palacios, Prokhovnik, Schleichert, Terletzkii, Taylor

Vorträge des Autors, die vor allem der 3. und 4. Auflage dieses Buches zu Grunde lagen:

[vor1] Brandes, J., *Lorentzian approach to general relativity – Einsteins closed universe reinterpreted*, Relativistic Physics and some of its Applications: International Conference Athens 1997 and Proceedings Open Questions in Relativistic Physics, Edited by Franco Selleri, Bari, Italy, 1998

[vor2] Brandes, J., *Die Einstein'sche und lorentzianische Interpretation der speziellen und allgemeinen Relativitätstheorie,* Vortrag am Institut für Theoretische Physik, Prof. Dr. G. Mahler, Universität Stuttgart am 21.4. 98

[vor3] Brandes, J., *Experimental possibilities to prove Lorentzian interpretation*, Physical interpretations of relativity theory VI, British Society for the Philosophy of Science and M. C. Duffy, S.C.E.T. University of Sunderland, London: 11.-14. Sept. 1998,

[vor4] Brandes, J., *The Nimtz Experiment and the Lorentzian interpretation of special and general relativity,* Workshop on Superluminal(?) Velocities (W. Hehl, P. Mittelstaedt, G. Nimtz), Köln, Juni 1998. (Auf dieser Tagung hat sich die These von G. Nimtz, Information ließe sich mit Überlichtgeschwindigkeit übertragen (Mozart'sche Symphonie, 4.7c, s. [328], Seite 334), nicht durchsetzen können.)

[vor5] Brandes, J., *Die lorentzianische (und Einstein'sche) Interpretation der speziellen und allgemeinen Relativitätstheorie*, 63. Physikertagung, Deutsche Physikalische Gesellschaft, Frühjahrstagung Gravitation und Relativitätstheorie, Heidelberg, 15.-19.März 1999

[vor6] Brandes, J., *Die lorentzianische (und Einstein'sche) Interpretation der speziellen und allgemeinen Relativitätstheorie,* Tagung Aktuelle Entwicklungen in der Gravitationstheorie (C. Kiefer, Freiburg, V. Perlick, TU Berlin, G. Schäfer, Jena), Physikzentrum Bad Honnef 6.-8. September 1999

[vor7] Brandes, J., *Die lorentzianische Interpretation der Relativitätstheorie am Beispiel der Ehrenfestparadoxie,* Deutsche Physikalische Gesellschaft, Frühjahrstagung Didaktik der Physik, Ludwigsburg, 8.-10.3.1999

[vor8] Brandes, J., *Interpretationen der speziellen Relativitätstheorie – Born, Einstein, Lorentz,* 64. Physikertagung, Deutsche Physikalische Gesellschaft, Frühjahrstagung Didaktik der Physik, Dresden, 20.–24. März 2000, Tagungs-CD, Redaktion: V. Nordmeier, Münster

[vor9] Brandes, J., *Die lorentzianische Interpretation der Relativitätstheorie und die Winterberg'sche Hypothese eines Planckäthers,* 64. Physikertagung, Deutsche Physikalische Gesellschaft, Frühjahrstagung Gravitation und Relativitätstheorie, Dresden, 20.–24. März 2000

[vor10] Brandes, J., *Possible astronomical observations to prove Lorentzian interpretation of general relativity theory*, Physical Interpretations of Relativity Theory VII, British Society for the Philosophy of Science, London, 15-18 September 2000

[vor11] Brandes, J., *Schwarze Löcher als Ursprung ultrarelativistischer kosmischer Strahlung – ein Test der lorentzianischen Interpretation der Relativitätstheorie,* 66. Physikertagung, Deutsche Physikalische Gesellschaft, Frühjahrstagung Teilchenphysik, Leipzig, 18.-22. März 2002

[vor12] Brandes, J., *Die Dualität der klassischen und lorentzianischen Interpretation als didaktisches Hilfsmittel zur Einführung in die allgemeine Relativitätstheorie* in: Tagungs-CD Leipzig 2002 Didaktik der Physik Redaktion: V. Nordmeier, Münster

[vor13] Brandes, J., Doll, P. *Mögliche Beobachtung hoch energetischer Luftschauer aus der Richtung galaktischer Kerne,* 67. Physikertagung Deutsche Physikalische Gesellschaft, Frühjahrstagung Teilchenphysik Aachen, 10.–13. März 2003

[vor14] Brandes, J., *Die Zwillingsparadoxie – noch immer ungelöst?* in: V. Nordmeier, Berlin, Tagungs-CD: Didaktik der Physik – Augsburg 2003, Berlin: Lehmanns

[vor15] Brandes, J., Doll, P. *Teilchenemission aus galaktischen Kernen,* 68. Physikertagung Deutsche Physikalische Gesellschaft, Frühjahrstagung Teilchenphysik Mainz, 29.03 – 1.04 2004

[vor16] Brandes, J., *Fortsetzung: Die ungelöste Zwillingsparadoxie*. in: V. Nordmeier & A. Oberländer, Berlin Didaktik der Physik Düsseldorf 2004 Tagungs-CD Düsseldorf 2004 Didaktik der Physik

[vor17] Brandes, J., *Kosmische Strahlung und Gammabursts,* 69. Physikertagung, Deutsche Physikalische Gesellschaft, Frühjahrstagung Teilchenphysik, Berlin, 4.–9. März 2005

[vor18] Brandes, J., *Neue Konzepte in der Lehre der allgemeinen Relativitätstheorie (ART) und ihre Anwendung auf kosmische Strahlung und Gammabursts* in: Didaktik der Physik Berlin 2005 Nordmeier, V. & Oberländer, A. (Hrsg.), Berlin: Lehmanns Media 2005

[vor19] Brandes, J., *A cheap, rational and testable refinement of special and general relativity*, Physical Interpretations of Relativity Theory X, *British Society for the Philosophy of Science,* London, 8. –11. September 2006
http://www.physicsfoundations.org/ PIRT conferences in London, archives 2000 - 2008

[vor20] Brandes, J., *Quintessenz und Didaktik der allgemeinen Relativitätstheorie (ART)* in: Nordmeier, V. / Oberländer, A. (Hrsg.): Didaktik der Physik – Kassel 2006. Berlin: Lehmanns Media, 2006

[vor21] Brandes, J., *Ein neuartiger Mechanismus zur Umwandlung von Gravitationsenergie in Strahlungsenergie bei Gammabursts und Supernovae,* Deutsche Physikalische Gesellschaft, Frühjahrstagung Teilchenphysik, Heidelberg, 5.–9. März 2007

[vor22] Brandes, J., *Jets, supernova, gamma bursts – more light for theory?* Poster Cosmic Matter, Würzburg 24.9 – 29.9.2007

[vor23] Brandes, J., *Relativitätstheorie und philosophische Gegenargumente* in: Nordmeier, V. / Oberländer, A. / Grötzebauch, H. (Hrsg.): Didaktik der Physik – Regensburg 2007. Berlin: Lehmanns Media, 2007

[vor24] Brandes, J., *The smallness of the cosmological constant* Λ , Deutsche Physikalische Gesellschaft, Frühjahrstagung Teilchenphysik, Freiburg, 3.–7. März 2008 und München 9.–13. März 2009

[vor25] Brandes, J., *Relativitätstheorie und philosophische Gegenargumente; die Kleinheit der Kosmologischen Konstante* in: Nordmeier, V. / Grötzebauch, H. (Hrsg.): Didaktik der Physik – Berlin 2009. Berlin: Lehmanns Media, 2009.

[vor26] Brandes, J., *Relativitätstheorie und philosophische Gegenargumente II* (2010) in Internetzeitschrift(geplant): PhyDid B - Didaktik der Physik - Beiträge zur DPG-Frühjahrstagung, http://www.phydid.de/index.php/phydid-b.

... und die Quelle [328] etwas ausführlicher:

F. Selleri
J. Brandes
J. Czerniawski
U. Hoyer
K. Wohlrabe

DIE **EINSTEIN**SCHE UND LORENTZIANISCHE INTERPRETATION DER SPEZIELLEN UND ALLGEMEINEN **RELATIVITÄTSTHEORIE**

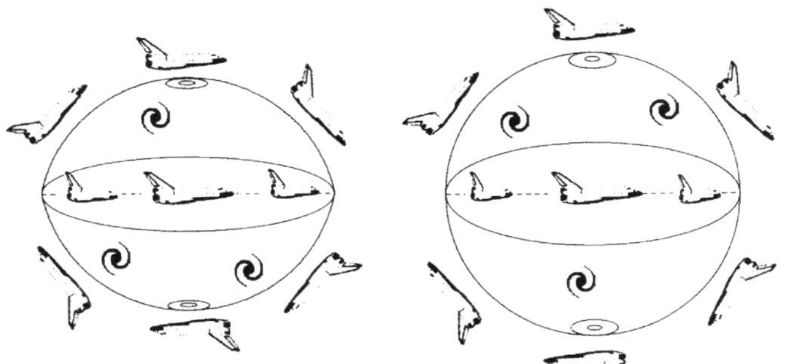

Zwei verschiedene Interpretationen der Relativitätstheorie? Bei identischen Formeln und Experimenten? Die Frage ist nicht, ob es das gibt, sondern, ob es auch Ihnen vorenthalten wurde. Dieses Buch führt ein in beide Interpretationen und diskutiert allgemeinverständlich:

- Lorentz-Transformationen, alternativ hergeleitet. (J. Czerniawski)
- Sagnac-Effekt und seine Bedeutung im physikalischen Raum der inertialen Transformationen. (F. Selleri)
- Thomas-Präzession, Beispiel einer ungewöhnlichen Paradoxie.
- Lorentzkontraktion, Zeitdilation, wann real, wann nur ein Messeffekt?
- Reinterpretation des endlichen, geschlossenen Universums. (J. Brandes)
- Zirkel der Gleichzeitigkeit. (K. Wohlrabe)
- Relativistische Formeln vor Einstein.
- Das Popper'sche Schisma der Physik im Lichte beider Interpretationen.

Mal die exakte Herleitung, mal nur das Modell, stets klar und detaillierbar, alles **mit dem Ziel:** das eigene Urteil zu Raum und Zeit, das eigene Urteil zu den relativistischen Paradoxien.

... und darüber hinaus: eine handfeste Vertiefung der relativistischen Theorie mit Konsequenzen in Forschung und Lehre.

Einer der Autoren, Franco Selleri, ist **weltweit bekannt** durch sein Werk "Quantum Paradoxes and Physical Reality", deutsch: "Die Debatte um die Quantentheorie", das in sechs verschiedenen Sprachen veröffentlicht wurde.

Erschienen: Jan. 1998
351 Seiten, 55 Abbildungen
Verlag: VRI – Karlsbad
ISBN 3930879050

25.4 Die Autoren

Jürgen BRANDES, geb. 1939 in Berlin, Physiker, Diplom in Experimentalphysik bei DESY, Hamburg. Philosophisch beeinflusst von der Wertphilosophie und Ethik Kurt PORTs. Herausgeber und einer der Autoren von "*Die Einstein'sche und lorentzianische Interpretation der speziellen und allgemeinen Relativitätstheorie*" und Autor von "*Die relativistischen Paradoxien und Thesen zu Raum und Zeit*", dessen Ergebnisse in dieser 4. Auflage vertieft werden. Dem Autor ist die Lorentz-Interpretation, insbesondere die Erkenntnis, was das *negative* newtonsche Gravitationspotenzial wahrscheinlich bedeutet, wichtiger als materielle Erfolge. Der Weg zur Lorentz-Interpretation begann mit dem Versuch, dem Philosophen PORT die Überlegenheit der relativistischen Raumzeit-Philosophie gegenüber Kant und Newton nahezubringen. Die bislang konstante wissenschaftliche Anerkennung sind die schlechten Gegenargumente.
Meine Homepage: www.grt-li.de

Jan CZERNIAWSKI, Dr., Philosoph und Physiker, Kraków, Polen, geb. 1957 in Bychawa, Polen, Magister der Physik 1981 und der Philosophie 1988, Promotion in Philosophie 1995 an der Jagiellonian Universität, Kraków. Seit 1983 Auseinandersetzung mit relativistischen Fragen, erkannte durch eigene Studien die dynamische Interpretation und fand danach die Bestätigung in den Werken von S.J. PROKHOVNIK und vielen anderen Autoren, insbesondere H.A. LORENTZ. Daraus wurde ein eigenes Buch: *„Die Relativitätstheorie verstehen"*, in Polnisch, 1993. Sein neuestes Arbeitsgebiet ist der philosophisch radikale Aristotelismus (d. h. seine eigene Version von T. KOTARBIŃSKIs Reismus) und P. LORENZENs Protophysik zur zusätzlichen Unterstützung der dynamischen Interpretation. Die Ergebnisse wurden publiziert u.a. in seinem Buch *„Bewegung, Raum, Zeit"*, in Polnisch, 2009.

25.5 Stichwortverzeichnis

2

2M, 2M_S
Schwarzschildradius

A

absolut real 103, 105
absolut scheinbar 103
absolute Bewegung 110
absolute Effekte 223 Abb. 9.5 Kap. 24.1
absolute Geschwindigkeit 108
absolute Gleichzeitigkeit 26, 108, 110
absolute Länge 109
absolute Masse 109
absolute Raumgeometrie 116
absolute Zeit 115
Abstand in der Ebene: Abb. 16.7
für Kugelkoordinaten: Abb. 18.4
(s. a. Metrik)
Additionstheorem 38, 41, 44
adiabatische Uhrensynchronisation 85
adiabatischer Uhrentransport 88, 97
affin 84
AGN 19, 290, 352
aktiver galaktischer Kern
Akkretion 353
allgemein-relativistische Lösung 173
Andromedanebel 279
anisotrop 287
Anisotropie 112
Anisotropie der Geschwindigkeit 109
Antinomie 139, 150, 169, 170, 171, 176
antinomisch 169, 178
Anti-Relativismus 106
Aphel 234
Äquivalenz von Masse und Energie 105
Äquivalenzprinzip 24, 305, 311
Astronomische Beobachtungen 352
Äther 116, 213, 227, 337, 342, 343
Äthertheorie 80, 81, 214, 386
AUDRETSCH 248
AUGUSTINUS 277, 298
Ausdehnung des Universums Kap. 19.8.5
ausgezeichnetes Bezugssystem Abb. 8.5
ausgezeichnetes Inertialsystem 306

B

ballistische Theorie 107
Baryonenzahl 317
BASCHEK 293
BELL 96, 130, 347
bellsche Raumschiff-Paradoxie 155, 223, 344, 345
BERAN 130
BERENDA 152
BERENDS 4, 77
BERGMANN-SCHÄFER 342
BERGSTRÖM 356
BERRY 293
Berührkreis 262
Beschleunigungseinwand 161
Beschleunigungsfeld 174
Beschleunigungsphase 179
Beschleunigungsphase Zwilling Abb. 10.10, 10.11
bewegte Uhren Abb. 5.1
bewegter Stab 210

Bezugssystem 33
Bezugssystem, rotierend 338
Bimetrik 117
Birkhoff-Theorem 249, 259, 329, 332
Blick ins Weltall Abb. 19.6
Block-Universum 114, 115
BORN 78, 133, 337, 338, 341
Born-Einstein'sche These 339
Born-Einstein-Lorentz-Interpretation Abb. 24.2
BRANDES 342, 392
BROWN, 214
BURGSTALLER, S. 4

C

CAPEK 205
Casimir-Effekt 341
CBM
  Kosmischer Mikrowellen-Hintergrund
CZERNIAWSKI 7, 158, 227, 392

D

D'INVERNO 314, 327
DE GOURMONT 223
Deckelparadoxie 144 Abb. 10.3, 10.4
DESCARTES 226
DESSAUER 26
DEWAN 130
Dichtefluktuation 289, 290
Differentialgeometrie 262
differentielle Rotation 353
Dimensionsbegriff Abb. 11.1
DINGLER 117, 209
DIRAC 216
DITTUS 353
Doppler-Formel 301 (14.9)
Drehwinkel 144, 244
drei-plus-eins-dimensional 186
DUFFY 215, 387
Dunkle Energie 352
Dunkle Materie 292, 352, 353, 358

E

EHRENFEST 148
Ehrenfest-Paradoxie 148, 223, 338, 347, 388 Abb. 10.5, 10.7
EI
  Einstein-Interpretation
Eigenzeit 61, 104, 109, 160, 163, 166, 175, 180, 247, 255, 282, 302, 314
ein- und mehrdimensional 182
EINSTEIN 26, 53, 66, 77, 78, 83, 116, 125, 138, 152, 153, 196, 209, 210, 215, 226, 227, 235, 246, 247, 249, 258, 296, 305, 335, 337, 341, 343, 345, 361, 363, 369, 384, 387
Einstein- und Lorentz-Interpretation Kap. 23
Einstein- und Lorentz-Interpretation RWM Kap. 19.8
Einstein-Interpretation 21, 26, 65, 70, 106 Kap. 2, 6.4, 6.6, 12 Abb.2.1
Einstein-Interpretation, RWM Kap. 19.8
Einstein-Interpretation, SM Kap. 16.62
Einstein-Kontraktion 98, 100 Abb. 8.3
Einstein-Konvention der Uhrensynchronisation 36, 72
einsteinsche Postulate 83, 93, 94
einsteinsche Standardprozedur 108
einsteinsche Synchronisationsprozedur 95
Einsteinverkürzung 99
Ein-Weg-Lichtgeschwindigkeit 53, 57, 107, 209, 220, 226

Elementarteilchen 41, 50, 51, 72, 337
Ellipsoid 203
Empfindung 188
endlicher Raum 277
Energie, negative potentielle 7
Energieerhaltung 19, 26, 28, 42, 46, 317, 322, 333, 336
Energieerhaltung Licht Kap. 21.1
Energieerhaltung RWM 331 Kap. 22
Energieerhaltung SM Kap. 21
Energieerhaltung, frei fallende Teilchen 316
Energieerhaltungssatz 312
Energieerhaltungssatz von Einstein 350
Entartungsdruck 326
Ereignishorizont 332
erste Postulat 94
expandierender Raum 277, 332
expandierendes Universum 258, 327, 331, 334 Abb. 19.8
Experimente Kap. 5, 16.7,24.11

F

FALK 170, 173
Fallgesetz 312 Abb. 21.1, 21.2 21.3
Falllinie 244, 245
Feldstärke, elektrische und magnetische 218, 219
fermatsche Prinzip der Allgemeinen Relativitätstheorie 347
Fernwirkung 216
FIZEAU 142
Flare 323, 353
FLIESSBACH 233, 290
Fluchtgeschwindigkeit 284, 287, 288, 301
Flugzeug Abb. 5.1
frei fallende Teilchen 331
Freie Fall 28
FRENCH 132, 153, 196
Friedmann-Kosmos 331
Fundamentalsystem 113, 115

G

Galaxienverteilung Abb. 19.3
Galilei-Raum 196
Galilei-Raum-Zeit 118
galileische Raumzeit 115
galileische Trägheitsraum 259
Galilei-Transformation 32, 92 Abb. 11.3
Gammaburst 19, 352, 354 Abb.24.7
Garage Paradoxie Abb. 10.1
Garagenproblem 140
Gaswolke 290
GAUSS 257, 275
gaußsches Koordinatensystem 244
Gedankenexperiment 71, 74, 131, 171, 343
Gedankenexperiment LI/EI Abb. 7.1
Gedankenexperiment v. Einstein 125 Abb. 91
Gegenstand 188, 189, 190
Gegenüberliegen 211, 224 Abb. 11.6,1, 11.6.2
Gegenwartsargument 26
gekrümmte Fläche Abb. 18.2
GENZEL 25
Geodäte 29, 348
geödätische Bewegung 348
Geometer Abb. 18.9
Geometrie s. a. Raum
Geometrie, elliptische 276, 283, 298
Geometrie, hyperbolisch 257, 275, 276 Abb. 18.12
geometrischer Äther 116, 120
Gesamtenergie 29 freier Fall Abb. 21.4, 21.5
geschlossener Raum 277
Gewichtskraft 348

Gezeitenkraft 321
gläubige Physiker 226
Gleichförmigkeit des Uhrentransportes 85
Gleichzeitigkeit 108, 209
Gleichzeitigkeit, absolut 65, 80, 206 Abb. 11.6.0 Abb. 7.4 Kap. 2.4
Gleichzeitigkeit, kosmologisch 281, 298, 300, 364 Kap. 14.8.4
Gleichzeitigkeit, philosophische 204
Gleichzeitigkeit, relativ 342
Gleichzeitigkeit, speziell relativistisch 7, 35, 62, 65, 77, 126, 133, 139, 141, 143, 144, 146, 153, 169, 202, 206, 300, 301, 392 G Kap. 8.6.2 Abb. 7.4 Kap. 2.4 Kap. 2.3
globale Eigenschaften 274
Gödel'sche Lösung 114
Gödel'sche Modell 115
GOOBAR 356
Gravitationsdruck 297, 326
Gravitationsgesetz, newtonsches 295, 296
Gravitationskollaps 325 Kap. 19.8.3
Gravitationskraft 29, 232, 319, 348
Gravitationsrotverschiebung 24, 29, 310
Gravitationswelle 19
gravitative Masse 333
Grenzfall, g unendlich 178
Grenzfall, Kreisring 153
Grenzfall, materiefrei 258
Grenzfall, newtonsche 295, 363
Grenzfall, speziell-relativistische 229, 298, 300, 302
Grenzfall, v→ c 200
GRØN 151, 153
Großkreis 230, 245, 265, 275, 286
GRÜNBAUM 209

H

H.E.S.S. 19
HAERING 212
HÄFELE und KEATING 49, 159, 235
HAMILTON 121
HECKMANN 296
HERING 133, 153, 337, 342, 343
Herleitung Lorentz-Transformationen 60, 67 Abb. 6.1
HERRMANN 213
Higgs-Mechanismus 319
HILBERT 345
Hintergrundgeometrie 117, 118, 120
Hintergrundstrahlung 113, 288, 290, 291
Hohlkugel 327, 329
Hohlraum 332
Hohlzylinder 133, 135
HOLST 78
Homogenität des Weltalls 279, 289
Hooke'sche Gesetz 153
Hubble-Gesetz 334 Abb. 19.5
Hubble-Konstante 287 K Abb. 19.9
hyperbolische Beschleunigung 177
hyperbolische Bewegung 132, 176
Hyperebene 118

I

Impulserhaltung 42
inertiale Transformationen 65
Inertialsystem 199 Abb. 4.1
Inertialsystemforderung 170
Inflationäre Modell 290
innere Krümmung Abb.
Innere Schwarzschildmetrik 320
Interferometer Abb. 5.3
Interpretation BORN, EINSTEIN, LORENTZ 337
Interpretationen der Relativitätstheorie 83

invariante Ruhlänge 109
Invarianz 128, 193
Invarianz der Lichtgeschwindigkeit 109
Isometrie-Problem 244
isotrop 84
isotrope Koordinaten Abb. 16.11
Isotropie 67, 279
IVES 50, 150, 151, 160
IVES-STILWELL 50, 57

J

JAMMER 216, 257
JANICH 66
JANOSSY 78
Jet 19, 352
JOB 213

K

Kanalstrahlen 50
KANT 7
KAUFMANN 50
KENNEDY 53
Kernbrennstoff 256, 297
Kernfusion 297
Kerr-Metrik 323
kinematische Interpretation Abb. 24.1
kinematische Transformation 86
KLEIN 345
Kleinheit der Kosmologischen Konstante 304, 309, 356
kohärent 154
Konstanz der Lichtgeschwindigkeit 39, 52, 107, 111
konstituierende und gravitative Masse 29
Kontraktionshypothese 342
konventional 97
Konventionalität 98
Koordinatensystem 33
Koordinatenzeit 177, 249, 282, 302
KOPCZYŃSKI 124
Körper der Relativitätstheorie 203
Korrespondenz-Prinzip 115
kosmische Zeit 113, 115, 116
Kosmischer Mikrowellenhintergrund 355
Kosmologie 277
kosmologische Gleichzeitigkeit 19, 25, 277, 304, 335 Kap. 19.8.4
Kosmologische Konstante 259, 334, 336, 346, 352, 356 G
kosmologische Zeit 302, 303
kosmologisches Prinzip 285, 298 Abb. 19.1 Abb. 19.9 Kap. 19.3
KOTARBIŃSKI 393
Kovarianz 253
Kovarianzprinzip 24, 305
Kraftbegriff 216
KRAUS 138
Kreisbewegung 132
kreisförmig beschleunigt 133, 136
Kreisring 136 Abb.
Kreisscheibe 137, 148, 149, 262, 272, 275
Kritiker der Lorentz-Interpretation 346
Krümmung 230, 238, 254
Krümmung, äußere 262
Krümmung, innere 262, 263, 268, 274
Kugel t = 0, t' = 0 Abb. 11.5
Kugelfläche 260, 265, 267, 268, 270
Kugelfläche S_2 Abb. 18.6
Kugelfläche S_3 Abb. 18.8
Kugelkoordinaten Abb. 16.6

L

LÄMMERZAHL 353
LANDAU 297, 319, 327, 338, 347
Länge, gemessene 128
Länge, reale 128

Längen und Abstände Abb. 9.2
Längenkontraktion 39, 96
LANGEVIN 159
Laufzeit 52, 53, 55, 143, 235
Laufzeitverzögerung Abb. 16.4
Lebensdauer 41, 50, 72
LEIBNIZ 7
Leibniz-Geometrie 120
Leibniz-Raum-Zeit 118
LI
Lorentz-Interpretation
Lichtablenkung Abb. 16.1
Lichtgeschwindigkeit für geschlossene Wege 107
Lichtkrümmung 258
LIEBSCHER 194, 195
LIFSCHITZ 297, 319, 327, 338, 347
LIGHTMAN 327
linear beschleunigt 129
Linearitätserfordernis 83
LISLE 121
LOBATSCHEWSKI 275
lokales Inertialsystem 314, 346
Lokalsystem 343
LORENTZ 53, 57, 59, 77, 78, 83, 151, 337, 342, 345, 393
Lorentz-FitzGerald-Kontraktionshypothese 94
Lorentz-Interpretation 21, 26, 65, 70, 220, 393 Abb.2.1 Kap. 20
Lorentz-Interpretation, Definitionen Kap. 2, 6.4, 6.6, 12, 13, 20
Lorentz-Interpretation, experimentelle Beweise Kap. 7,1, 6.7
Lorentz-Interpretation, historisch Kap. 14.4
Lorentz-Interpretation, Kritiker Kap. 24.5
Lorentz-Interpretation, RWM Kap. 19.5, 19.8
Lorentz-Interpretation, SM Kap. 16.6
Lorentz-Interpretation, Stab 212
Lorentz-Interpretation, Staubstern Kap. 22.2
Lorentz-Interpretation, Stellungnahme Kap. 7.4
Lorentz-Kinematik 83, 93, 111
Lorentz-Kontraktion 22, 25, 98, 99, 100, 138 Abb. 8.3, 9.1, 9.2
Lorentz-Kontraktion, real 125
Lorentz-Raumzeit 115
Lorentz-Transformation 32, 34, 92, 113 v=c Abb. 11.4
Lorentzverkürzung 99
LORENZEN 116, 393
Lot 270, 272
Luftballonbeispiel 288
Luftballon-Vergleich Abb. 19.2
LUTHER 346

M

machsche These 138, 215, 367
Magnetar 354
magnetische Rekonnektion 323, 353
Mannigfaltigkeit 182
MANSOURI 80, 82
Masse m(v) Abb. 4.3, 5.2
Massenerhaltung 42
Massenzuwachs 96, 102
Maßstabskontraktion 25
Maßstabsveränderung, tangential Abb. 20.2 radial Abb. 20.1
Maßstabsverzerrung 272
maxwellsche Gleichungen 22, 24, 47
MAY 211
MCCREA 160
MCCULLOCH 19
Metagalaxie 303
Metrik 84
metrogen 101

MICHELSON 53
MICHELSON-MORLEY 53, 54, 57, 60, 341, 344, 360
Mikrowellenstrahlung 334
Milchstraße 353
Milchstraßensystem 279
MINKOWSKI 83, 189, 190, 196, 197
Minkowski-Diagramm 99 Abb. 8.4, 11.2
Minkowski-Geometrie 117, 120
Minkowski-Raum 80, 195, 196, 198, 199, 200, 204, 206, 210, 222, 230, 239, 248, 254, 257, 278, 300 Abb. 11.6.3 G Kap. 11.3
Minkowski-Raum, alternative Interpretation Kap. 11.4
Minkowski-Raumzeit 115, 119
MISNER 315, 327
mitbewegte Koordinatensystem Kap. 19.3
Mittelpunktsebene 242, 244, 245
MITTELSTAEDT 77
MØLLER 152, 173, 176
MORLEY 53
MÜLLER, A. 187, 189
Myonen 41

N

negative Eigenzeit 178
negative Masse 7, 336
negative newtonsche Gravitationspotenzial 348, 351
negatives Gravitationspotenzial 336
Neutronenstern 204, 297, 354, 362
NEWTON 29
newtonscher Eimereffekt 223
nicht kausale Zukunft 205
Nichtrealitätsthese 97, 104
nichtrelativistische Grenzfall 326
nicht-relativistischer Dopplereffekt 103
NOLTING 82
Nullpunktsschwingung 214

O

Occam's razor 347
Ökonomieprinzip 343
Ökonomieprinzip (Occam's razor) 342
ontologisch 106
Oppenheimer-Volkhoff-Gleichung 321, 324
OVG
  Oppenheimer-Volkhoff-Gleichung

P

Paarinstabilitäts-Supernova 354
PAIS 335
Paradoxie 139
Paradoxien 19 Kap. 10
parallel 34, 149, 243, 267, 269, 275, 276, 293
PAULI 152, 312
Periheldrehung 233, 250
PETKOV 158, 310
Phänomenologie 187, 267
Phasendifferenz 75, 76
Philosophie, Raum und Zeit 387
philosophische Einwände 19
philosophische Gleichzeitigkeit 26, 27
PHIPPS 151, 152, 153
Pierre-Auger-Observatorium 19, 353
PIERSEAUX 66, 387
Pionier-Anomalie 353
Planetenbahn Abb. 16.2
POINCARÉ 59, 183, 257, 294, 335
Poincaré-Modell Abb. 18.12
poincarésche 276
poincarésche Modell 276, 363
poincarésche These 229, 363

Polynomdivision 325
PORT 393
Positionen Zwilling Abb. 10.9
potentielle Energie 28
POUND 310
Prinzip der Konstanz der Lichtgeschwindigkeit 22, 37, 48, 57, 219
Prinzip der Konstanz der Lichtgeschwindigkeit der LI 225
Prinzip der methodischen Ordnung 116
privilegiertes Bezugssystem 105, 107, 109
privilegiertes System 106, 107, 110, 114
Projektion 184, 266, 272, 273, 283
Projektion, stereographische 275
PROKHOVNIK 214, 393
Protophysik 116
pseudo-euklidischer Raum 106
pseudo-riemannscher Raum 24, 306
Pseudo-Rotation 95
Pseudosphäre Abb. 18.11
Pseudotensor 306
psychische Vorgänge 187
PYTHAGORAS 56, 193, 196, 241, 264

Q

Quantenäther 214, 226, 259, 336, 341
Quantenfeldtheorie 317, 357
Quantengravitation 317, 343, 354
Quantenmechanik 317
Quasar 290
Quintessenzmodell 304

R

Radar-Methode 95
Radarsignale Venus Abb. 16.3
radiale Bewegung 351
Radius des Weltalls Abb. 19.7
Rand des Universums 283, 295
RASCHEWSKI 191, 196
Raum und Zeit Kap. 11, 16.4, 19.5
Raum, expandierend 301, 364 Kap. 14.8.4
Raum, fünfdimensional 185
Raum, hyperbolisch 229, 230, 281, 293, 294, 296, 297, 300, 338, 339 Kap. 14.7 (14.1)
Raum, pseudohyperbolisch 230
Raum, pseudoriemannsch 230
Raumschiff Abb. 16.9
Raumzeit 106
Raum-Zeit-Intervall 220
reale und scheinbare Größen 129
reale Welt 194
REICHENBACH 99, 209
Rekombinationsstrahlung 355
relative Gleichzeitigkeit 26
Relativgeschwindigkeit 34, 38, 65, 78, 302
relativistische Additionsgesetz 108
relativistische Gravitationsgesetz 349
relativistische Grenzfall 326
relativistischer Doppler-Effekt 102
Relativität der Gleichzeitigkeit 89
Relativitätsprinzip 22, 32, 48, 53, 65, 67, 71, 77, 78, 79, 80, 90, 92, 94, 106, 111, 128, 139, 150, 170, 197, 207, 209, 213, 215, 219, 220, 230, 345
Relativitätsprinzip der LI 225
Relativitätsprinzip, galileisches 66
Relativitätsprinzip, geändert 81
Relativitätsprinzip, lorentzsches 66
Relativitätsprinzip, verallgemeinertes 253
Relativitätsprinzip, zwei ähnliche 78
REPKA 310

Resultierende 55
Revisionsschacht 144, 145
Reziprozitätsprinzip 64
riemannscher Raum 24
RINDLER 28, 29, 310, 316
RITCHIE et al. 354
RITZ 107
Robertson-Walker-Metrik 25, 277, 356 Kap. 19.4
rollendes Rad Abb. 9.4
RÖMER 342
Röntgenstrahlung 290
Rotationslänge 126
rotierende Kreisring 135
rotierendes Rad Abb. 24.5
Rotverschiebung 244, 245, 287, 288, 291, 295, 302, 303
Ruhemasse 29
Ruhlänge 104
Ruhmasse 104, 109
Ruhmasse, Ruhlänge 44, 46, 51, 125, 126, 128, 129, 130, 131, 134, 136, 140, 153, 184, 185, 186, 218, 338, 339
RUPPEL 170, 173
RWM Abb. 19.4
  Robertson-Walker-Metrik

S

Sachs-Wolfe-Effekt 355
Sagnac-Effekt 111, 113, 154, 155, 224 Abb. 10.7.1 – 10.7.4
Saphiro-Effekt 250
Sattelfläche 263, 281
Scharnhorst-Effekt 341
Scheibe, rotierend Abb. 10.6, 24.3
Schienenfahrzeug Abb. 24.6
SCHILLER 182, 204
SCHREIBER 276
SCHRÖDER, U. E. 67, 69
SCHRÖDER, W. 345
Schrumpfung in SM Abb. 16.9
Schwarze Löcher 20, 25, 297, 331, 336, 352 Abb. 21.6 Kap. 22 Kap. 21
Schwarze Löcher, SM und OVG 321
Schwarzschild-Metrik 25, 232, 321
Schwarzschildradius 317, 332
SELLERI 156, 158, 392
Selleri-Transformationen 65
SEXL 77, 79, 80, 81, 82, 247, 293, 347, 387 Abb. 7.1, 7.2
Simulation, Supernova 353
SINGH 327
SL
  Schwarzes Loch
SM Abb. 16.8
  Schwarzschild-Metrik
SOMMER 345
SOMMERFELD 190
Spannungskräfte 130, 132, 149, 150, 151, 152
speziell-relativistische Gleichzeitigkeit 25
speziell-relativistischer Grenzfall 304
Stab x, x' Abb. 11.6.1, 11.6.2
Standardmodell 289, 291, 302
Standardmodell, kosmologisches 293
Staubmodell 291, 298
Staubstern 258, 277, 298, 301, 327, 331, 334 Abb. 22.1
Stellungnahmen 77
STEPHANI 292, 298, 310, 315, 319, 327, 328, 333, 347
Sternkollaps 298
STILWELL 50
Superhaufen 279
Supermassives Objekt Abb. 21.7
Supernova 19, 277, 352
Synchronisationseffekt 172
Synchronisierungsprozedur 84

T

Teilchenbild 317
Teilchenzerfall 71
Tensor 217, 219, 220, 221
Test 2. Postulat Abb. 7.2
TETENS 213
Thomas-Präzession 139, 160
THORNDIKE 53
THORNE 315, 327
TOLMAN 28, 29, 352
Torus Gedankenexperiment Abb. 16.12
Trägheitsgesetz 85
Traktrix Abb. 18.11
TRAUTMAN 124
TREDER 77, 78, 345
Triangulation 257

U

UHECR 19, 21, 336, 353
ultra high energetic cosmic rays
Uhrdilation 25
Uhrenparadoxie 159 Abb. 10.8 s. a. Zwillingsparadoxie
Uhrensynchronisation Abb. 8.2
Umkehrphase 180
unelastischer Stoß Abb. 4.2
Universum, als Metagalaxie 298, 302
Universum, endlich geschlossen 260, 278, 281, 283, 285
Universum, expandierend 276, 296, 297, 298
Universum, homogenes isotropes 299
UNSÖLD 293
URBANTKE 82
Urbedeutung 211
Urknall 113, 283, 286, 288, 293, 300, 301, 356 G Kap. 14.8.2

V

V. LAUE 78
Vakuum 213
Vakuumfluktuation 214
Variationsprinzip 347
Variationsrechnung 250
vektorielle Addition Abb. 5.4
verallgemeinerte Galilei-Transformation 94, 112, 113
Vergleich der Einstein- und Lorentz-Interpretation 223, 336
Verräumlichung der Zeit 95
Verzeitlichung des Raumes 95
vierdimensionale 184, 185, 193, 267
vierdimensionaler Abstand 127
vierdimensionales 182, 197
Viererabstand 221
Vierergeschwindigkeit 221
Viererimpuls 221
Viererlänge 217
Vierervektor 217, 219, 220, 221, 225
VIRCHOW 187
Virialsatz 349

W

Wahrnehmung 188, 189
Wellenbild 317
Wellenenergie 317
Weltpunkt 190, 196
Weltradius 331
Weltradius (Skalierungsfaktor) 280, 282, 287, 291, 292 Abb. 14.7
wesenspsychologisch 188
WESLEY 387
WEYL 242, 247, 250, 252, 254
WHEELER 293, 315, 327
WIECHERT 345
WIKIPEDIA 179, 345
Winkelfunktion, hyperbolische 275
wirklicher Raum 210

Wirklichkeit 27, 206
Wirklichkeitsbegriff 208
WMAP cold spot 355
WOHLRABE 392
WOOD 142
WOODHOUSE 348
woodsche Paradoxie Abb. 10.2

Z

Zahlenbeispiel 35, 36, 38, 40, 41, 42, 168, 172, 190, 193, 239, 240, 261, 264, 267, 272, 273, 303, 338
Zeit Observable 82
Zeitdilation 22, 27, 40, 96, 102
Zeitfluss 114
Zeitproblem der Quantengravitation 121
Zusatzannahmen, Verifizierbarkeit Kap. 20.2
zweites Postulat 93
Zwei-Weg-Lichtgeschwindigkeit 38, 53, 208, 226
Zwillingsparadoxie 27, 97, 104, 159, 223, 344 s. a. Uhrenparadoxie Kap. 10.8
Zylinderfläche Abb. 18.10
Zylinderkoordinaten Abb. 18.5

Rezension zu ‚Spezielle und Allgemeine Relativitätstheorie für Physiker und Philosophen' von J. Brandes und J. Czerniawski 4. Auflage 2010

Dr. habil. Ludwig Neidhart

11.10.2015

Das größtenteils von Jürgen Brandes geschriebene Buch, zu dem Jan Czerniawski ein Kapitel beisteuerte, ist eine tiefgehende und fachlich gründliche Darstellung der bislang nur von wenigen beachteten „Lorentzianischen Interpretation der Relativitätstheorie" (LI), die der Einsteinschen StandardInterpretation (EI) dieser Theorie gegenübergestellt wird.
Es ist der neueste Stand eines „work in progress", das seit 1994 nun schon in der 4. erweiterten Auflage erscheint. Das Buch besticht mit einer mathematisch exakten und dennoch größtenteils allgemeinverständlichen Darstellung, sowie mit physikalisch wie auch philosophisch transparenten Argumenten und einer Fülle von Ideen, einschließlich neuer Ideen, Revisionen früherer Ansätze und kritischen Betrachtungen auch im Hinblick auf Argumente innerhalb des Lorentzianischen Lagers (so wird etwa die von manchen Lorentzanhängern behaupteten Differenz zwischen der EinWegLichtgeschwindigkeit und der Durchschnitts-Lichtgeschwindigkeit auf geschlossenen Wegen auf S. 75 und 107 zurückgewiesen). Der Leser hat insgesamt den Eindruck, hier Einblick in eine sehr lebendige und innovativen Forschungs- und Denkrichtung jenseits des Mainstream zu erhalten. Daneben lernt man auch etwas durch passend ausgewählte und allgemein weniger bekannte Zitate von Einstein und anderen Forschern, die das Gesagte untermauern (vor allem Stellungnahmen zur LI in Kap. 7). Angesichts dieser vielen positiven Merkmale fällt es nicht wesentlich ins Gewicht, dass vielleicht die eine oder andere Formulierung missverständlich erscheint und einige marginalen Fehler im Text und auch in einigen Formeln zu verzeichnen sind, die aber in keinem einzigen Fall die Korrektheit der Ergebnisse und Schlussfolgerungen betreffen.
Das Bemerkenswerte und Besondere dieses Buches im Vergleich zu anderen bisher erschienenen Lehrbüchern zum Thema Relativitätstheorie ist, dass das Thema „Relativitätstheorie" in mehrfacher Hinsicht umfassender und differenzierter als gewöhnlich behandelt wird. So werden *physikalische* und *philosophische* Aspekte zugleich beleuchtet (Kap. 11), es wird deutlich zwischen *Fakten* (vgl. das Kap. 5 über experimentelle Beweise) und *Interpretationen* unterschieden, und während der Leser schrittweise in die Relativitätstheorie eingeführt wird, lernt er immer zugleich die beiden wichtigsten konkurrierenden Interpretationen (*LI* und *EI*) der

Relativitätstheorie kennen, wobei die Autoren, obgleich sie selbst eindeutig für die LI plädieren (vgl. zusammenfassend Kap. 12), Einseitigkeiten vermeiden und auch die EI in fairer Weise so präsentieren, so dass der Leser sich selbst ein Urteil bilden kann. Schließlich wird neben der *Speziellen Relativitätstheorie*, auf welche sich die StandardDarstellungen der LI üblicherweise beschränken, auch die *Allgemeine Relativitätstheorie* und die Kosmologie mit einbezogen (Kap. 14-22), wobei die Ausweitung der LI auf die Allgemeine Relativitätstheorie und Kosmologie zum Teil eine neuere Weiterentwicklung der LI ist, an der die Autoren selbst maßgeblichen Anteil haben, basierend auf der Idee von Poincaré, die unanschauliche Raumzeitkrümmung der EI in anschaulicher Weise als Maßstabsverzerrung zu deuten.

Für die EI existieren keine absoluten (bezugssystem-unabhängigen) räumlichen und zeitlichen Längen, und es existiert weder Ruhe noch Bewegung noch Gleichzeitigkeit im absoluten Sinn. Für die LI dagegen existiert all dies, weil hier die Existenz eines bevorzugten absolut ruhenden Bezugssystems postuliert wird (auch wenn dieses System nicht durch Messungen ausfindig gemacht werden kann). Dieses für die LI kennzeichnende Postulat kommt zu den Einsteinschen Postulaten, die nicht negiert werden müssen, einfach noch ergänzend hinzu (vgl. Kap. 6.6, 13 und 20), während das Besondere der EI ist, dass sie genau dieses Postulat negiert.

Beide Interpretationen stimmen mit allen bislang gemachten Beobachtungen überein und gelten somit als experimentell gleichwertig, wie schon Sexl und Mansouri in ihrer „test theory of special relativity" festgestellt haben (Kap. 7.4). Experimentelle Entscheidungen für die eine oder andere Theorie sind daher nicht ohne Weiteres möglich. In den Randbereichen der Theorie jedoch, vor allem in ihrer Ausdehnung auf die allgemeine Relativitätstheorie und Kosmologie kann es dennoch experimentell testbare Differenzen zwischen den Voraussagen beider Theorien geben; und so zeigt sich, dass es bei Anwendungen der allgemeinen Relativitätstheorie und Kosmologie in der Tat prinzipiell experimentell überprüfbare Unterschiede gibt (Kap. 21.2, 21.5, 24,8 und 24.11). Daneben ist es in diesem Zusammenhang von Bedeutung, dass der LI (nicht aber der EI) zufolge bei der LorentzKontraktion Kräfte auftreten, dass sich in der LI-Version anders als in der EI-Version der Allgemeinen Relativitätstheorie Energieerhaltung und die negative Newtonsche Gravitationspotential problemlos erklären lassen, und dass es Unterschiede in der Lösung der Paradoxien gibt, die in der LI oft einfach und somit überzeugend erscheinen, während basierend auf der EI manchmal verschiedene (und sich widersprechende) Lösungen angeboten werden. Allgemein bekannte und auch weniger bekannten Paradoxien und ihre Lösungen werden hier im Detail erläutert: die Paradoxien von Bell (9.3 und 24.3), Wood (10.3), Ehrenfest (10.5), Sagnac (10.7) und allgemein die Problematik kreisförmig beschleunigter Körper (Kap. 9.4 und 24.1.3) sowie das Garagen- und Deckelparadoxon (10.2. und 10.4), besonders ausführlich aber werden die verschiedenen Lösungen für das bekannteste Paradoxon dargestellt: das Uhren- oder Zwillingsparadoxon (Kap. 10.8). Von besonderem Interesse für den Dialog zwischen Naturwissenschaft und Philosophie sind die in

Kap. 11 vorgelegten „philosophischen Beiträge“ zur EI und LI, wo unter anderem Aspekte der Phänomenologie der Zeit, verschiedene Interpretationen des Minkowski-Raums, das Ätherkonzept und die Deutung physikalischer Größen in der EI und LI erörtert werden. Philosophische Reflexionen sind hier nicht zuletzt auch deshalb angebracht, weil der Unterschied zwischen den beiden Interpretationen bereits für Einstein und Lorentz selbst hauptsächlich philosophisch motiviert war.
Erhellend ist auch das von Czerniawski geschriebene Kap. 8, wo zunächst aus vier plausiblen Annahmen eine allgemeine kinematische Transformationsformel hergeleitet wird. Die Linearität der Formel gehört dabei bemerkenswerterweise nicht zu den vorausgesetzten Annahmen, sondern ergibt sich aus ihnen. Je nach Festlegung gewisser Parameter geht die allgemeine Transformationsformel in die nichtrelativistische Galileitransformation oder in die relativistische Lorentztransformation über. Die Hinzunahme von zwei zusätzlichen Annahmen, nämlich Einsteins Relativitätsprinzip und das Prinzip von der Konstanz der Lichtgeschwindigkeit, erzwingt dann die Richtigkeit der Lorentztransformation. Czerniawski verteidigt die absolute Realität relativistischer Effekte und distanziert sich von radikaleren Kritikern Einsteins, welche z.B. die Einsteinschen Postulate ablehnen. Als eigentlichen Kern der LI sieht er das Postulat nicht-invarianter, absoluter Größen und damit verbunden eines privilegierten Bezugssystems. Für dieses Postulat spricht nach Czerniawski die Erfahrung des Zeitflusses und das Korrespondenzprinzip, wonach eine neuere physikalische Theorie die alte als Spezial- oder Grenzfall enthalten sollte (dieses Prinzip sieht er verletzt, wenn man die Minkowski'schen Raumzeit als real ansieht, wie es in der EI geschieht; denn in dieser Raumzeit gibt es kein Element, das mit der absoluten Zeit der nicht-relativistischen Physik korrespondiert). Czerniawski unterscheidet schließlich einen materiellen Äther (dessen Existenz hypothetisch ist) von dem von der LK geforderten „protophysikalischen“ geometrischen Äther, der mit dem ausgezeichneten Bezugssystem identisch ist. Falls ein materieller Äther existiert, kann man das in diesem Äther ruhende Bezugssystem als das ausgezeichnete ansehen; andernfalls kann man mit Bezug auf Uhren, die man durch geeignete Korrekturen vom Einfluss der Gravitation und Bewegung befreien kann, absolute Gleichzeitigkeit bestimmen, und dann durch die Weltlinien, die orthogonal zu den Hyperebenen absoluter Gleichzeitigkeit verlaufen, ein ausgezeichnetes Bezugssystem definieren.
Insgesamt kann das Buch Wissenschaftsphilosophen und Fachphysikern, aber auch allen am modernen physikalischen Weltbild interessierten Laien sehr empfohlen werden. Auch wer dem Standpunkt der Autoren kritisch gegenübersteht, wird es mit Gewinn lesen können, weil die hier vorgelegten Fakten und Argumente sicher auch den Kritiker in vieler Hinsicht zum Denken anregen können und in jedem Fall geeignet sind, den Horizont des Lesers wesentlich zu erweitern.

47444458R00242

Printed in Poland
by Amazon Fulfillment
Poland Sp. z o.o., Wrocław